21世纪高等学校系列教材

REGONG JICHU JI LIUTI LIXUE

热工基础及流体力学

（第二版）

主　编　郁　岚

副主编　卫运钢　杜雅琴

编　写　杨小琨　李　琳　尚玉琴

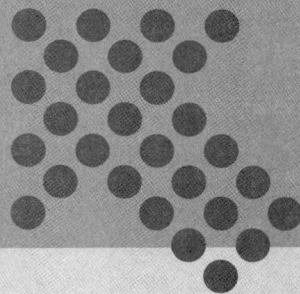

中国电力出版社

CHINA ELECTRIC POWER PRESS

内 容 提 要

本书包括工程热力学、工程流体力学和传热学三部分，主要内容有：气体的热力性质、热力学基本定律、水蒸气及湿空气、气体和蒸汽的流动、蒸汽动力循环、流体的基本物理性质、流体静力学、流体动力学基础、黏性流体管内流动的能量损失、边界层概述、热量传递的基本方式概述、导热、对流换热、热辐射及辐射换热、传热过程与换热器。

本书可作为高等学校自动化、建筑环境与设备工程、环境工程等专业本科及高职高专教材，也可作为能源动力类短训班、培训班教材和工程技术人员的参考用书。

图书在版编目（CIP）数据

热工基础及流体力学/郁岚主编. —2版. —北京：中国电力出版社，2014.2（2025.6重印）
21世纪高等学校规划教材
ISBN 978-7-5123-3943-9

Ⅰ.①热… Ⅱ.①郁… Ⅲ.①热工学—高等学校—教材②流体力学—高等学校—教材 Ⅳ.①TK122②O35

中国版本图书馆 CIP 数据核字（2012）第 315311 号

中国电力出版社出版、发行
（北京市东城区北京站西街 19 号 100005 http://www.cepp.sgcc.com.cn）
北京雁林吉兆印刷有限公司印刷
各地新华书店经售
*
2006 年 9 月第一版
2014 年 2 月第二版 2025 年 6 月北京第十九次印刷
787 毫米×1092 毫米 16 开本 21.25 印张 514 千字
定价 45.00 元

前　言

　　《热工基础及流体力学》教材已使用七年，受到了广大读者的欢迎，并对教材修订给予了很多意见和建议。编者结合近年来的教学实践经验，按照专业需要，本着提高工程应用能力的原则，在保持原教材框架不变的基础上，对烦琐的理论推导部分进行了调整和删减，并增加相关的新技术和新理论，将教材修订出版。

　　此次修订着重于提高教材的可读性和实用性。教材内容以基本知识为主，减少复杂的理论推导，强调基本定律的物理描述。教材内容与现代大型发电机组相适应，以适合不同专业学生的学习和阅读。主要修改了以下内容：

　　（1）第二章：孤立系统熵增原理一节中，简化不可逆过程中熵变公式的推导，主要讲清热力学第二定律在实践中的指导作用。

　　（2）第五章：删掉有关蒸汽—燃气联合循环内容。

　　（3）第八章：简化各微分方程式的推导，以方程式的应用为主。

　　（4）第九章：简化紊流切应力和速度分布公式推导，以物理过程的描述为主。

　　（5）第十二章：删掉非稳态导热理论推导内容，以介绍基本概念为主。

　　本书第一、二章由杨小琨编写，第三～五章由尚玉琴编写，第六、第八～十章由郁岚编写，第七章由李琳编写，第十一～十五章由卫运钢编写。在本次修订过程中，杜雅琴对第一篇工程热力学内容进行了调整和修改。

　　由于编者水平有限，本书难免存在不足之处，恳请读者批评指正。

编　者

2014 年 2 月

第一版前言

　　本书是按照简明、易读和突出实用性的原则编写的，在编写过程中侧重于基本理论的物理描述，尽量减少复杂的理论推导，重视应用基本理论解决工程实际问题。本书包括工程热力学、工程流体力学和传热学三部分，可作为电厂热工控制及自动化、电厂化学、热工测量仪表、环境工程、建筑环境与设备工程等专业教学用书，也可作为能源动力类短训班、培训班使用教材。

　　本书主要内容包括气体的热力性质、热力学基本定律、水蒸气及湿空气、气体和蒸汽的流动、蒸汽动力循环、流体的基本物理性质、流体静力学、流体动力学基础、黏性流体管内流动的能量损失、边界层概述、热量传递的基本方式概述、导热、对流换热、热辐射及辐射换热和传热过程与换热器，共十五章。

　　本书第一、二章由杨小琨编写，第三、四、五章由尚玉琴编写，第六、八、九、十章由郁岚编写，第七章由李琳编写，第十一～第十五章由卫运钢编写，郁岚担任主编。

　　华北电力大学博士生导师王松岭教授对书稿进行了认真的审阅，提出了许多宝贵意见和建议，使本书质量有了较大提高。

　　由于编者水平有限，本书难免存在不足之处，恳请读者批评指正。

编　者

2006.5

目　录

第二篇　工　程　流　体　力　学

第一篇 工程热力学
第一章 气体的热力性质

工程热力学是热力学最早发展起来的一个分支，它侧重热力学在工程中的应用，主要研究的对象是工程技术上有关热能和机械能相互转换的规律。工程热力学开始形成于19世纪上半叶，与当时生产实践迫切需要改进已被广为利用的蒸汽机——实现热能向机械能转换的动力机械，有密切的联系。工程热力学理论体系在随后的热机实践中起到了指导作用，使内燃机、蒸汽轮机、燃气轮机和喷气推进机等热机相继得到发展。随着科学的发展，现代工程热力学的研究范围进一步扩展到了燃烧、溶解等一些热化学现象。归根到底，热工理论的发展受生产发展推动，正确的热工理论总要从生产实践中产生，而又为解决生产实践中的热工问题服务，并接受实践的进一步检验。

各种不同形式的能量可以相互转换，但总要保持能量总量的恒定。这是公认的能量守恒和转换定律。任何永动机都是不可能存在的，热机发展中的经验教训再次证明这个客观存在的真理。

热能向机械能转换要通过热机实现。概括地看来，无论哪一种热机，总是用某种媒介物质从某个物体获取热能，使它具有高能量而对机器做功，最后又把余下的热能排向大气或冷却水等。我们将热机中用于携带热能，并实现热能转变为机械能的媒介物质称为工质；把工质从中吸取热能的物体叫做高温热源，或称为热源；把接受工质排出热能的物体叫做低温热源，或称为冷源。热机的工作过程实质就是工质从高温热源吸取热能，将其中一部分转化为机械能而做功，并把余下的另一部分热能传递给低温热源的过程。

热能向机械能的转化是通过工质在热机中的膨胀实现的。由于气态物质具有良好的流动性和膨胀性，体积最容易发生变化，所以热机使用的工质都是气体，或者由液态过渡为气态时的蒸气，水的蒸气习惯上称为蒸汽。蒸汽机和蒸汽轮机，都是用蒸汽做工质的蒸汽发动机。而内燃机和燃气轮机则用燃料燃烧所生成的气体作为工质，可以叫做燃气发动机。

第一节 热 力 系

分析任何事物均需选择一定的对象，在热力学中分析一个现象或过程时，常把研究对象与周围有关的一切其他物体相分隔，这种人为分离出来的研究对象称为热力学系统，简称热力系。热力系以外的其他有关物体统称为外界或环境。而热力系与外界的分界面就是边界。边界可以是真实的，也可以是虚构的；可以是固定的，或是可变的。例如当研究汽油机气缸中燃气的膨胀过程时，如图1-1（a）所示，可以取气缸壁和活塞内壁面

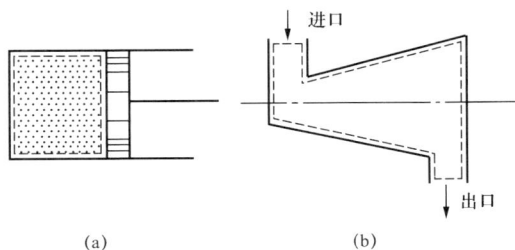

图1-1 闭口热力系和开口热力系

为边界，此时的边界是真实的，工质和气缸壁之间的边界是固定不动的，但工质和活塞之间的边界却可以移动而不断改变位置。又如当取汽轮机中的工质作为热力系时，如图 1-1（b）所示，在进口前后和出口前后的工质并无实际的边界，而是人为设想一个边界把系统中的工质和外界分隔开，此时的边界就是虚构的。热力系与外界之间的一切相互作用，如物质交换和能量的传递都通过边界进行。

按热力系与外界进行物质交换的情况，可将热力系分类为：

闭口热力系——热力系与外界无物质交换，或者说没有物质穿过边界。闭口热力系简称为闭口系，也可称为封闭热力系。此时，热力系内部的质量恒定，故又可称为定质量热力系或控制质量热力系。

开口热力系——热力系与外界有物质交换，或者说有物质穿过边界。开口热力系简称为开口系。由于热力系内部的质量是可变的，但这种变化通常在某一划定的空间范围内进行，故又称为变质量热力系或控制体积热力系。

相应地，此时控制质量或控制体积与外界的分界面也称为控制面。

根据热力系与外界进行能量和物质交换的情况，热力系还包括：

绝热热力系——热力系与外界无热量交换。绝热热力系简称为绝热系。在工程分析中，对许多虽有热量交换，但热量相对于通过边界的其他能量可忽略其数量的系统，也常作为绝热热力系来对待。如蒸汽在汽轮机中的膨胀、流体流过阀门等。

孤立热力系——热力系与外界既无能量交换也无物质交换。孤立热力系简称为孤立系。孤立系的一切相互作用都发生在系统内部。

热力系的选取取决于所研究对象的特点以及研究的目的和任务。例如我们可以把整个蒸汽动力装置划作一个热力系统，计算在一段时间内从外界投入的燃料、向外界输出的功量，以及冷却水带走的热量等。这时整个蒸汽动力装置与外界没有物质交换，是闭口热力系；如果只分析其中某个设备，比如锅炉或汽轮机的工作过程时，它们不仅有吸热做功等能量交换的过程，还有工质流进或流出的物质交换的过程，这时的锅炉或汽轮机就是开口热力系。同样地，内燃机在气缸进排气阀门都关闭时，取封闭于气缸和活塞间的工质为系统就是闭口热力系；而把内燃机进排气及燃烧膨胀过程一起研究时所划定的空间就是开口热力系。

在分析热力系时，不仅要考虑热力系内部的变化，同时还需考虑热力系通过边界与外界发生的能量和物质交换，而对外界的变化则不必追究。因此，边界的划定、热力系的选择，对分析研究能量的交换甚为重要，选取不当，势必难以获得正确的结论。

第二节 热力学状态参数

一、状态参数和热力过程

工质在某一瞬间所呈现的全部宏观物理特性，称为热力状态，简称状态。用于描述工质状态的宏观物理量叫做热力学状态参数，简称状态参数，如压力、温度、比体积等，这些物理量反映了大量分子运动的宏观统计效果。工程热力学只从总体上去研究工质所处的状态及其变化规律，所以我们只采用宏观量来描述工质所处的状态。状态参数一旦完全确定，工质的状态也就确定了；状态参数的全部或一部分发生变化，即表明物质所处的状态发生了变化。

密闭容器内密度不均的气体，在不受外界影响时，由于物体各部分之间的热量传递及气体内部各部分之间的相对位移，使它们的状态随时间而变化，逐渐达到一种静止状态，称此种静止状态为平衡状态。所以，平衡状态是指热力系在无外界影响下，宏观性质不随时间而变化的状态。一个热力系，当其内部无不平衡力，且作用在边界上的力和外力相平衡，则该热力系处于力平衡。若热力系内的各部分温度均匀一致，且等于外界温度，则该热力系处于热平衡。力平衡和热平衡是工质处于平衡状态的两个必要条件。若热力系内部还存在化学反应，则尚应包括化学平衡。

处于平衡状态的系统，若受到外界影响，就不能保持平衡状态。例如系统和外界间因温度不平衡而产生热量交换，因压力不平衡而产生功的交换，都会破坏系统原来的平衡状态。系统和外界间相互作用的结果，会导致系统和外界共同达到一个新的平衡状态。此时，系统和外界又处于相互平衡，即工质从一个平衡状态经过一系列中间状态过渡到另一个平衡状态，则称工质经历了一个热力过程。

各种热机的运转都是由于工质在特定的条件下不断地改变其压力、温度、体积等一些宏观特性，依赖于工质吸热、膨胀、放热、压缩等热力过程来实现的。若工质从初状态出发，经过吸热、膨胀、放热、压缩等热力过程又回到原来的初状态，称工质经历了一个热力循环。要说明热机的工作过程，就必须研究工质所处的状态和它所经历的热力循环中的各个状态变化过程。

本书只对平衡状态进行研究，因为处于不平衡状态时的热力系各部分的性质不尽相同，且随时间变化，无法用共同的宏观特性来简单描述热力系所处的状态。

实践的结果发现，对于气体、液体或者不引起化学变化的气体混合物，绝对压力 p、热力学温度 T 以及比体积 v 三项中任意给定两项，第三项的值就跟着被确定，即 p、T、v 这三个状态参数只有两个是彼此独立的，用公式表示时，则

$$f(p,v,T)=0 \qquad (1-1)$$

函数 f 的具体形式视物质的种类而定。式（1-1）叫做物质的状态方程式。这样，对于气态工质，就有可能以两个相互独立的状态参数构成状态参数坐标图。图中任意一个特定的点就表示相应的一个热力状态，任意一条特定的曲线就代表相应的一个热力过程。状态参数坐标图对热力过程的分析和比较提供了某种直观性，有很大的实用意义。在工程热力学中，常使用以比体积 v 为横坐标，以压力 p 为纵坐标的压容图，又叫做 p-v 图；以比熵 s 为横坐标，以热力学温度 T 为纵坐标的温熵图，也称为 T-s 图。例如已知工质的初始状态为 p_1、v_1，经历一个熵不变的膨胀过程后，其终状态为 p_2、v_2，则此过程表示在 p-v 图和 T-s 图上如图 1-2 所示。

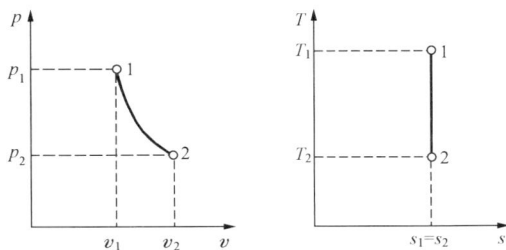

图 1-2　定熵膨胀过程的 p-v 图和 T-s 图

在研究热力过程时，由于温度、压力和比体积可以直接测量或通过简单计算求取，所以采用温度、压力、比体积作为工质的三个基本状态参数。另外在以后的学习中还要涉及热力

学能、焓、熵等常用状态参数。

二、比体积和密度

设有质量为 $m\,\mathrm{kg}$ 的工质占据体积 $V\,\mathrm{m^3}$，则其比体积的定义为

$$v = \frac{V}{m} \tag{1-2}$$

显然，比体积表示了工质的疏密程度，其单位是 $\mathrm{m^3/kg}$。若比体积增大表示工质膨胀，比体积减小表示工质被压缩。比体积的倒数，即单位体积中所容纳的工质质量，叫做密度，用 ρ 表示，单位是 $\mathrm{kg/m^3}$，即

$$\rho = \frac{1}{v} = \frac{m}{V} \tag{1-3}$$

密度与比体积互为倒数，即

$$v\rho = 1$$

三、压力

1. 压力的定义

压力即物理学中的压强，是工质在单位面积的壁面上所施加的垂直力，记作 p。按照分子运动论理论，气体的压力是大量分子撞击容器壁面的统计量。

压力的单位在国际单位制中为牛顿/平方米（$\mathrm{N/m^2}$），表示为帕斯卡（简称为帕，Pa）。工程上因 Pa 作为单位过小，常用千帕（kPa）或兆帕（MPa）表示。

$$1\mathrm{MPa} = 10^3\,\mathrm{kPa} = 10^6\,\mathrm{Pa}$$

此外，在工程上还曾用巴（bar）、标准大气压（atm）、工程大气压（at）、毫米汞柱（mmHg）、毫米水柱（$\mathrm{mmH_2O}$）等度量单位，它们与帕的换算关系如表 1-1 所示。

表 1-1　　　　　　　　　　　　　　　常用压力单位换算

单位	Pa(帕)	bar(巴)	atm (标准大气压)	at(kgf/cm²) (工程大气压)	mmHg (毫米汞柱)	mmH₂O (毫米水柱)
Pa	1	1×10^{-5}	9.86923×10^{-6}	1.01972×10^{-5}	7.50062×10^{-3}	1.01972×10^{-1}
bar	1×10^5	1	9.86923×10^{-1}	1.01972	7.50062×10^{2}	1.01972×10^{4}
atm	1.01325×10^5	1.01325	1	1.03323	760	1.03323×10^{4}
at	9.80445×10^4	9.80665×10^{-1}	9.67841×10^{-1}	1	735.559	1×10^{4}
mmHg	133.322	1.33322×10^{-3}	1.31579×10^{-3}	1.35951×10^{-3}	1	13.5951
mmH₂O	9.80665	9.80664×10^{-5}	9.67841×10^{-5}	1×10^{-4}	735.559×10^{-4}	1

2. 绝对压力、表压力和真空

绝对压力 p 是指以绝对真空为基准而算起的压力，又称为真实压力。表压力 p_e 和真空 p_v 是以大气压力为基准计算的压力，又称为相对压力。由于压力的测量原理一般都是建立在力平衡基础上的，而压力表（计）本身又处于大气环境中，因此压力表的读数都是相对压力。

工质的绝对压力 p 和大气压力 p_b、表压力 p_e 之间的关系可表示为

$$p = p_b + p_e \tag{1-4}$$

真空 p_v 为大气压力与绝对压力的差值，即

$$p_v = p_b - p \tag{1-5}$$

如图 1-3 所示，当工质的绝对压力 p 大于大气压力时，U 形管压力表（计）所读出的压力为绝对压力与大气压力的差值，即表压力 p_e；若工质的绝对压力 p 低于大气压力，U 形管压力表（计）所读出的压力为真空 p_v，此时的压力表常叫做真空表。

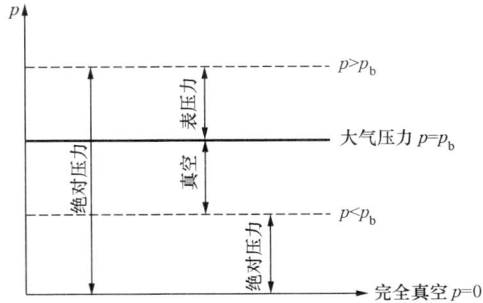

绝对压力、大气压力、表压力和真空之间的关系可由图 1-4 表示。

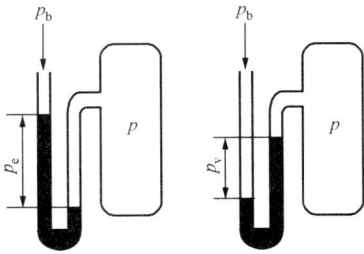

图 1-3　压力测量原理　　　　图 1-4　绝对压力、表压力和真空之间的关系

由于大气压力随各地的纬度、高度和气候条件有所变化，因此即使工质的绝对压力不变，表压力和真空仍有可能变化，因此作为工质状态参数的压力应当是绝对压力。在用压力表进行热工测量时，必须同时用大气压力计测量当地大气压力，才能得到工质的绝对压力。

四、温度

温度是描述物体冷热程度的一个物理量。而在热力学中，是利用热平衡来定义温度。将冷热程度不同的两个物体相互接触，它们之间会发生热量传递。热物体逐渐变冷，冷物体逐渐变热，经过一段时间后，它们将达到相同的冷热程度而不再进行热量交换。所达到的这种状态称为热平衡，也称温度相同。也就是说，处于热平衡状态的两个热力系具有相同的温度。

从微观上看，温度标志物质分子热运动的激烈程度。气体的温度是气体内部分子不规则热运动激烈程度的度量，是与气体分子平均速度有关的一个统计量。气体温度越高，表明气体分子的平均动能越大。

表示温度的大小，要用温标，即选取温度的基准点，规定温度计量单位的大小。工程上常用的温标有摄氏温标和热力学温标。摄氏温标符号用 t 表示，单位为摄氏度（℃）。它规定在标准大气压下纯水的冰点是 0℃，沸点为 100℃，在冰点与沸点之间设置 100 间格，每个间格代表单位 1℃。

在国际单位中，热力学温度是基本温度，以符号 T 表示，单位是开尔文（简称为开，K），热力学温度也常叫做绝对温度。它以水的三相点（即水的固、液、汽三态共存）为基本定点，并定义其温度为 273.16K。1K 等于水的三相点热力学温度的 1/273.16。

1960 年国际权度会议对摄氏温标给予新的定义，即

$$t = T - 273.15 \tag{1-6}$$

这样，重新规定的摄氏温标的全名是热力学摄氏温标。由式（1-6）可知，热力学摄氏温标和热力学温标的温度间隔完全相同，只是零点的选择不同。摄氏温度 0℃ 相当于热力学温度 273.15K。由此可知，水的三相点温度就是热力学摄氏温度 0.01℃。

五、热力学能

1. 热力学能

能量是物质运动的度量，运动具有各种不同的形式，相应地就有各种不同的能量。热力系中与物质内部分子结构，以及分子运动形式有关的微观能量，统称为热力学能，也叫做内能。热力学能是物质内部各种微观能量的总和，它包括了分子运动的内动能（包含分子的移动动能、转动动能和分子内部原子的振动动能）、分子间由于相互作用力而具有的内位能，此外还包括与分子结构或原子结构有关的化学能和原子核能。

在热力状态变化过程中，物质的分子结构和原子结构都不发生变化，化学能、原子核能等都不起作用，所以在热力学中认为热力学能仅由内动能和内位能组成。只有在涉及化学反应的化学热力学部分，才把化学能也包括在热力学能中。

从分子运动论可知，物质内部分子运动的动能越大，其温度也越高。因此内动能与热力系的温度有关，即内动能是温度的函数。而热力系的内位能则决定于分子间的平均距离，即决定于比体积。由于温度升高时分子间碰撞的频率增加，分子间相互作用增强，因而内位能也和温度有关。由此可见，热力系的热力学能决定于热力系的温度和比体积，即和工质的热力状态有关。一旦工质的状态发生变化，热力学能也就跟着变化，因此热力学能也是状态参数。

热力学能用符号 U 表示，其单位在国际制中为焦耳（简称焦，J）或千焦耳（简称千焦，kJ）。1kg 工质的热力学能用 u 表示，称为比热力学能，其单位是 J/kg 或 kJ/kg。

2. 储存能

热力系本身所具有的总能量称为储存能，常用符号 E 表示。它分为两部分：一部分是考虑物质本身所具有的热力学能，还有一部分是相对于热力系以外的参考坐标系所具有的宏观能量，如宏观动能 E_k 和宏观位能 E_p。这两种能量形式与所选定的参考坐标系有关，并由质量、高度和速度等宏观参数确定，其变化量与变化途径无关，它们都属于机械能，而热力学能是热能，这表明热力系可以存储不同形式的能量。

$$E = U + E_k + E_p \tag{1-7}$$

对于闭口热力系，由于质量保持恒定，当把系统作为一个整体来计算它的宏观动能和宏观位能时，可按力学上的一个具有恒定质量的质点来处理。若系统质量为 m，速度为 c，在重力场中的高度为 z，则储存能可以写成

$$E = U + \frac{1}{2}mc^2 + mgz \tag{1-8}$$

1kg 工质的储存能可写为

$$e = u + \frac{1}{2}c^2 + gz \tag{1-9}$$

六、焓

一个闭口系统中，热力系所具有的能量就是储存能。但在一个开口系统中，总是连续地（汽轮机和燃气轮机）或者周期性地（蒸汽机和内燃机）将已做过功的工质排出，并重新吸入新的工质，工质的热力循不要在整个动力装置中完成。对于热机或与之相配套的其他热力设备，是有工质进出的开口热力系。那么，对于开口热力系而言，工质进入或流出系统时携带的能量又是什么呢？

图 1-5 所示为一开口热力系。在状态变化期间，外界的工质推动 δm_1 kg 工质从 A-A 截面进入热力系而做功；与此同时，热力系内部质量为 δm_2 kg 的工质从 B-B 截面流出热力系而对外界做功。这种工质进入或流出热力系时对热力系或外界所做的功是为了维持工质的流动，叫做推动功，这种推动功通常是从泵或风机所加给被输送工质的功，跟着工质的流动而向前方转移的能量，因此有时被称为流动功或移动功。

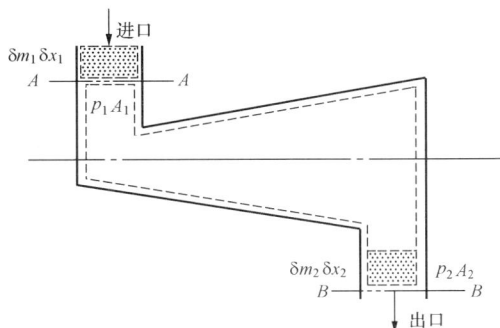

图 1-5 流动工质携带的能量

当工质进入热力系时，对热力系做的推动功为

$$p_1 A_1 \delta x_1 = \delta m_1 p_1 v_1$$

当工质流出热力系时，对外界做的推动功为

$$p_2 A_2 \delta x_2 = \delta m_2 p_2 v_2$$

由于在稳定工况下，$\delta m_1 = \delta m_2$，1kg 工质流过设备时，热力系从外界上游得到推动功 $p_1 v_1$，而对外界下游工质做出推动功 $p_2 v_2$，则热力系对外界做出的推动净功为

$$\Delta(pv) = p_2 v_2 - p_1 v_1 \tag{1-10}$$

由于流动工质除了本身具有热力学能以外，总随带推动功一起转移，因此规定

$$H = U + pV \quad \text{或} \quad h = u + pv \tag{1-11}$$

式中 H 称为焓，单位 J。h 是 1kg 工质具有的焓，称为比焓，单位是 J/kg。焓或比焓是一个取决于工质热力状态的综合量，它们也是一个热力状态参数。焓代表了流动中的工质沿流动方向向前传递的总能量中取决于热力状态的部分。在热力设备中，工质总是不断地从一处流到另一处，在忽略动能和位能变化情况下，随着工质的移动而转移的能量不等于热力学能而等于焓，故在热力工程的计算中焓有更广泛的应用。

七、熵

工质热力状态发生变化时，会与外界交换功和热量，与外界交换的功和热量的多少具体取决于工质由初态变至终态的过程性质。

对于可逆过程，令

$$dS = \frac{\delta Q}{T} \tag{1-12}$$

或

$$\delta Q = TdS \tag{1-13}$$

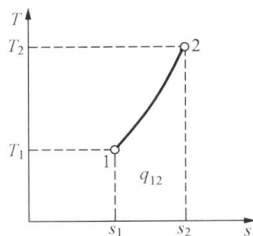

并可以用热力学第二定律严格地证明 S 的确是一个热力状态参数，S 被命名为熵，单位 J/K。对于 1kg 工质的熵用 s 表示，称为比熵，单位 J/（kg·K）。

在一个可逆过程 1—2（见图 1-6）中，1kg 工质从外界吸热量为

$$q = \int_1^2 Tds \tag{1-14}$$

图 1-6 温熵图

若以热力学温度 T 作为纵坐标，以比熵 s 为横坐标绘制温熵图（T-s 图），则可逆过程线 1—2 与横坐标所包围的面积就代表可逆过程中工质与外界交换的热量，因此温熵图常称作示热图。

第三节　理想气体及其状态方程式

各种热力设备中都是通过工质的状态变化来实现能量的传递和转换。但是，能量的传递（吸热或放热）与转换（做功）不仅与工质的状态变化过程有关，而且还与工质本身的热力性质密切相关，要研究能量传递和转换，就必须熟悉常用工质热力性质方面的基本知识。研究工质的性质，主要是研究工质在一定状态下三个基本状态参数之间的关系，即状态方程式。只有知道了工质的状态方程和比热容，其他状态参数如热力学能、焓和熵才可以推算出来，从而可以进一步根据热力学第一定律计算状态变化过程中工质传递的热量和功量。

在热力设备中常用的工质是气态物质，而气态物质根据其偏离液体的远近，工程习惯上分为气体和蒸气，本节只研究气体的性质。

一、理想气体的概念

所谓理想气体，是指状态变化完全遵循波义耳—查理定律的气体。从微观来看，理想气体模型具有两层含义：①其分子可视为是一些弹性的，不占体积的质点（即气体分子之间发生完全弹性碰撞且气体体积可以被无限压缩）；②分子之间不存在相互作用力（即不考虑气体内部的分子位能）。因此理想气体也可以认为是气体压力趋于零，比体积趋于无穷的情况。反之，不符合上述微观模型的气体则称为实际气体。

理想气体实际上是一种并不存在的假想模型，之所以要提出理想气体这个概念，主要是为了研究问题的方便。如果分析中考虑了气体分子之间的相互作用力和分子本身占据的体积，则气体的性质非常复杂，状态参数之间呈现极其复杂的函数关系，这会给分析计算带来一定的困难。引入理想气体的概念后，气体分子运动的规律大为简化，各状态参数之间可以得出简单的函数关系，简化了分析计算。最后，再根据具体情况通过实验对分析计算结果进行修正，就可以得到符合实际气体特征的结论。因此，对实际分析对象进行合理的简化、假想是必要、有利的，在科学研究和生产实践中常常作为分析问题的一种方法。

在判断一种气体是否是理想气体时，常根据此气体偏离液态的程度而定。根据实验研究，当气体的温度愈高、压力愈低时，气体的比体积就愈大，气体更远离液态。由于其分子间的距离很大，与距离有关的分子之间的作用力就很小，分子本身的体积相对于气体分子运动所占据的空间也显得极为微小。此时忽略气体本身的体积和相互作用力时带来的误差较小，可以将气体作为理想气体对待。当一种气体偏离液态不远，就是实际气体。在热力工程的分析中，许多气体（单一组分或多组分），如通常压力和温度下的 O_2、N_2、H_2、CO、CO_2 或它们组成的燃气（烟气）等，在工程计算要求的精度范围内，都可以作为理想气体对待。甚至在压力高到 10～20atm，温度为常温或高于常温时，带来的误差不过百分之几。分析蒸汽动力循环时，锅炉产生的水蒸气则常作为实际气体对待。而常态下的空气所含有的水蒸气，由于其含量很少，比体积很大，偏离液态较远，则可作为理想气体来研究。

二、理想气体状态方程式

人们通过实验，在 17 世纪后半叶发现定量气体的温度维持不变时，其比体积与压力成反比，这就是波义耳—马略特定律。在 18 世纪后半叶发现，定量气体的体积保持不变时，其压力与绝对温度成正比，这就是查理定律。随后又发现，定量气体的压力维持不变时，其体积与绝对温度成正比，这就是盖—吕萨克定律。显而易见，这三条实验定律可被综合表示为

$$pv = R_g T \tag{1-15}$$

或对于 m kg 的气体有

$$pV = mR_g T \tag{1-16}$$

对于每一种气体，R_g 是一个常数，叫做气体常数，其单位是 J/（kg·K）。由于在相同的压力和温度条件下，不同种类的 1kg 气体所占据的体积是不一样的，甚至有很大的差别，因而 R_g 值取决于气体的种类。

以上两式表明了理想气体在任一平衡状态时 p、v、T 之间的关系，叫做理想气体状态方程式，也叫做理想气体特性方程式或克拉贝隆方程。它表明理想气体只有两个状态参数是独立的，可以根据任意两个已知状态参数确定另一个参数。在分子运动论中，依据对理想气体分子所做的假设，可以用理论方法推导出理想气体状态方程式，它与实验结果是一致的。具体的推导过程可参考其他相关书籍。

由于 R_g 与气体种类有关，在工程计算应用中有所不便。而不同气体的比体积 v 和该气体的分子量 u（数值上等于气体的千摩尔质量 M）的乘积 vu 是一个与气体种类无关的常量，并且在 1.01325×10^5 Pa 和 0℃时，vu 的值约为 22.4，即 1 千摩尔（kmol）或每 u kg 任何气体都将占据 22.4m³ 体积。于是由式（1-15）得

$$p(uv) = (uR_g)T \quad 或 \quad pV_m = RT \tag{1-17}$$

式中 V_m 叫做千摩尔体积，R 叫做千摩尔气体常数，因其与气体种类和气体所处的具体状态无关，所以又叫做普适气体常数。对于标准状态，已知 $p_0 = 101325$ Pa，$T_0 = 273.15$ K 时 $R = 8314.5$ J/(kmol·K)。于是，只要知道气体的千摩尔质量 M，就不难计算该气体的气体常数。

$$R_g = \frac{R}{M} = \frac{8314.5}{M} \tag{1-18}$$

附录 1 中列出了某些常用气体的千摩尔质量和气体常数。

若对于 n 千摩尔气体，有

$$pV = nRT \tag{1-19}$$

【例题 1-1】　有一体积 $V = 0.3$m³ 的空气瓶，内装有 $p_1 = 8$MPa，$T_1 = 303$K 的压缩空气，用来启动柴油机。启动后瓶内空气压力降低为 $p_2 = 4.6$MPa，温度 $T_2 = 303$K，问用去了多少千摩尔空气，相当于多少千克？

解　根据 n kmol 理想气体的状态方程式，对使用前后的空气瓶中空气分布可写出

$$p_1V = n_1RT_1 \quad 和 \quad p_2V = n_2RT_2$$

已知 $V = 0.3$m³，$T_1 = T_2 = 303$K，$p_1 = 8$MPa $= 8 \times 10^6$Pa，$p_2 = 4.6 \times 10^6$Pa，用去的空气量为

$$\Delta n = n_1 - n_2 = \frac{p_1V}{RT_1} - \frac{p_2V}{RT_2} = \frac{V(p_1 - p_2)}{RT_1}$$

$$= \frac{0.3 \times (8 - 4.6) \times 10^6}{8314.3 \times 303} = 0.405(\text{kmol})$$

空气的千摩尔质量可由附录 1 查出，$M = 28.97\text{kg/kmol}$，故用去的空气质量

$$m = nM = 0.405 \times 28.97 = 11.73(\text{kg})$$

用去 0.405kmol 空气，质量为 11.73kg。

第四节　理想气体的比热容

一、比热容的概念和分类

对气体加热，将使气体的状态发生变化，在一般情况下，常常表现为气体温度的升高。气体温度每升高 1℃所需要供给的热量，就叫做该气体的热容。由于选用的物量单位的不同，经历加热过程的不同，以及温度范围的不同，气体的热容可以有不同的数值，分别解释如下。

1. 质量热容、容积热容和摩尔热容

工程上气体的物量单位可以取 1kg、1m^3 或 1kmol。相应地就有质量热容，也称作比热容，它常用 c 表示，单位是 J/(kg·K)；体积热容，常用 C' 表示，单位 $\text{J/(m}^3\text{·K)}$；摩尔热容，它常用 C_m 表示，单位是 J/(kmol·K)。三种比热容关系可表示为

$$C_m = 22.4C' \tag{1-20}$$

2. 比定压热容和比定容热容

热力设备中，气体往往是在压力不变或体积不变的条件下吸热或放热，因此定压过程和定容过程的比热容最常用，它们分别叫做比定压热容和比定容热容，通常都用下标 p 和 V 表示。例如，比定压热容记作 c_p，比定容热容记作 c_V。

气体在定压下吸热时，由于在温度升高的同时，还要克服外界抵抗力而膨胀做功，所以同样升高 1℃，比定容吸热时所需要的热量更多。而且可以证明，越容易膨胀的物质，这种差别就越大。对水和其他液态物质而言，由于其体积受压力变化的影响很小，实际应用中不再区分比定压热容和比定容热容。

对于理想气体，其比定压热容和比定容热容存在以下关系：

$$c_p - c_V = R_g \tag{1-21}$$

式（1-21）叫做迈耶公式。

在工程热力学中，除了用到 c_p 与 c_V 之差的关系外，还经常用到 c_p 与 c_V 的比值 c_p/c_V，我们称之为比热容比，对理想气体又称等熵指数，记作 κ，即

$$\kappa = c_p/c_V \tag{1-22}$$

联立求解式（1-21）和式（1-22），可得

$$c_V = \frac{R_g}{\kappa - 1} \tag{1-23}$$

$$c_p = \frac{\kappa R_g}{\kappa - 1} \tag{1-24}$$

这两个关系式告诉我们，已知工质的等熵指数 κ，就可以确定比定容热容 c_V 和比定压热容 c_p。对于理想气体，κ 仅与气体的分子结构有关，单原子气体 $\kappa = 1.67$，双原子气体 $\kappa = 1.4$，多原子气体 $\kappa = 1.3$。例如 O_2、N_2 是双原子气体，$\kappa = 1.4$；CO_2 的 $\kappa = 1.3$；主要

由 O_2、N_2 组成的空气 $\kappa = 1.4$。

3. 真实比热容和平均比热容

实际过程中每升高 $1^\circ C$，气体所需热量并非常量，而是随着气体所处的状态不同而有所变化。总的来说，压力和比体积对气体比热容的影响不大，往往可以忽略不计；而温度对气体比热容的影响就比较显著。在分析计算中，除非温度很高，一般可以把气体比热容当做温度的线性函数处理，这种对应于每一温度下的气体比热容，就叫做真实比热容。

已知气体的真实比热容随温度变化的关系时，气体由 t_1 升高到 t_2 所需热量可按积分办法来计算，因其在实际应用中很不方便，故在工程计算中引入了平均比热容的概念。定义

$$c \mid_{t_1}^{t_2} = \frac{q_{12}}{t_2 - t_1} = \frac{\int_{t_1}^{t_2} c \mathrm{d}t}{t_2 - t_1} \tag{1-25}$$

式中，$c \mid_{t_1}^{t_2}$ 称为该气体在 t_1 和 t_2 温度范围内的平均比热容。如图 1-7 所示，当 $c = f(t)$ 被取作线性关系时，容易证明 $c \mid_{t_1}^{t_2}$ 在数值上恰好等于 $t_m = (t_1 + t_2)/2$ 时的 c。

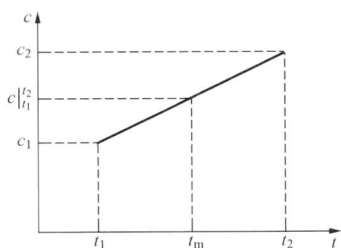

图 1-7　平均比热容

如果预先将气体从 $0^\circ C$ 到 $t^\circ C$ 的平均比热容编制成数据表，则可以用式（1-26）计算 t_1 到 t_2 温度范围中的平均比热容。常用的热工手册中都附有详细的常用气体 C_{Vm} 和 C_{pm} 的值，精确计算时可供查用。如需比定容热容，可由表中查出比定压热容后再按迈耶公式求出。

$$c \mid_{t_1}^{t_2} = \frac{c \mid_{t_0}^{t_2} t_2 - c \mid_{t_0}^{t_1} t_1}{t_2 - t_1} \tag{1-26}$$

根据平均比热容表给出的有关数据，利用平均比热容表法计算热量既简单又准确。

二、用比热容计算热量

如果比热容是常量，则 m kg 气体温度升高 Δt 时所需要的热量为

$$Q = mc\Delta t$$

或

$$q = c\Delta t$$

已知气体的真实比热容随温度变化的关系时，气体由 t_1 升高到 t_2 所需热量可按式（1-27）计算：

$$q = \int_{t_1}^{t_2} c \mathrm{d}t = c \mid_{t_1}^{t_2} (t_2 - t_1) \tag{1-27}$$

【例题 1-2】　在燃气轮机装置中，用从燃气轮机中排出的乏气在回热器中对空气进行加热，然后将加热后的空气送入燃烧室进行燃烧。若空气被加热时从 $127^\circ C$ 定压加热到 $327^\circ C$，按下列比热容值计算对每千克空气所加入的热量。

（1）按平均比热容表；

（2）按定值比热容。

解　空气在回热器中定压加热，则

$$q_p = c_p \mid_{t_1}^{t_2} (t_2 - t_1)$$

（1）按平均比热容表进行计算。

查平均比热容表：

$$t = 100℃, C_{pm} = 1.006 \text{kJ}/(\text{kg} \cdot \text{K})$$
$$t = 200℃, C_{pm} = 1.012 \text{kJ}/(\text{kg} \cdot \text{K})$$
$$t = 300℃, C_{pm} = 1.019 \text{kJ}/(\text{kg} \cdot \text{K})$$
$$t = 400℃, C_{pm} = 1.028 \text{kJ}/(\text{kg} \cdot \text{K})$$

用插入法，得

$$C_{pm0}^{127} = C_{pm0}^{100} + \frac{C_{pm0}^{200} - C_{pm0}^{100}}{200 - 100} \times (127 - 100)$$

$$= 1.006 + \frac{1.012 - 1.006}{100} \times 27 = 1.0076 [\text{kJ}/(\text{kg} \cdot \text{K})]$$

$$C_{pm0}^{327} = C_{pm0}^{300} + \frac{C_{pm0}^{400} - C_{pm0}^{300}}{400 - 300} \times (327 - 300)$$

$$= 1.019 + \frac{1.028 - 1.019}{100} \times 27 = 1.0214 [\text{kJ}/(\text{kg} \cdot \text{K})]$$

$$C_{pm127}^{327} = \frac{C_{pm0}^{327} \times 327 - C_{pm0}^{127} \times 127}{327 - 127}$$

$$= \frac{1.0214 \times 327 - 1.0076 \times 127}{200} = 1.03016 [\text{kJ}/(\text{kg} \cdot \text{K})]$$

$$q_p = C_{pm127}^{327}(327 - 127) = 1.03016 \times 200 = 206.03 (\text{kJ}/\text{kg})$$

（2）按定值比热容进行计算。

$$C_{pm} = \frac{kR_g}{k-1} = \frac{1.4 \times 0.287}{1.4 - 1} = 1.004 [\text{kJ}/(\text{kg} \cdot \text{K})]$$

$$q_p = C_{pm}(t_2 - t_1) = 1.004 \times (327 - 127) = 200.8 (\text{kJ}/\text{kg})$$

第五节 理想气体混合物

热力工程上常用的气态工质往往是由多种气体混合而成。如空气是由 N_2、O_2，以及少量的 CO_2 和惰性气体组成。燃料燃烧后生成的燃气，主要成分是 N_2、CO_2、H_2O、O_2，有时还有少量的 CO、SO_2 等。这些混合气体中的各组成气体都具有理想气体的性质，整个混合气体也具有理想气体的性质，其 p、T、v 之间的关系仍然符合理想气体状态方程式，这样的混合气体叫做理想气体混合物。在这种混合气体中，各组成气体之间不发生化学反应，它们各自互不影响地充满整个容器，理想气体混合物的性质实际上就是各组成气体性质的组合。

一、理想气体混合物的成分

理想气体混合物中各组成气体的含量可以用成分表示。成分是指各组成气体的含量占总量的百分数，依照计量单位的不同有三种表示方法：质量分数 $w_i = \frac{m_i}{m}$、摩尔分数 $x_i = \frac{n_i}{n}$ 和体积分数 $\varphi_i = \frac{V_i}{V}$。式中 m_i、n_i、V_i 分别代表混合气体中第 i 种组成气体的质量、摩尔数和体积。

理想气体混合物中各种组成气体的分子，由于无规则的热运动而处于均匀混合状态。若假想一种单一气体，其分子数和总质量恰与混合气体相同，这种假想单一气体的摩尔质量和气体常数就是混合和气体的平均摩尔质量和平均气体常数。

根据质量守恒，若 M_i 为第 i 种组成气体的千摩尔质量，则理想气体混合物的平均摩尔质量为

$$M_{eq} = \frac{\sum n_i M_i}{n} = \sum x_i M_i \qquad (1-28)$$

相应的平均气体常数再由式（1-29）确定：

$$R_{geq} = \frac{R}{M_{eq}} = \frac{8314.5}{M_{eq}} \qquad (1-29)$$

二、理想气体混合物的基本定律

1. 分压力和道尔顿分压定律

设有温度为 T、压力为 p 以及物质的量为 n 的理想气体混合物，占有的体积为 V。根据理想气体的状态方程式有

$$pV = nRT$$

如图 1-8 所示，若组成气体分离开来后，第 i 种组成气体在与混合气体温度相同的情况下，单独占据整个容器体积 V 时，所具有的压力叫做分压力，用 p_i 表示。对每种组成气体都可以写出状态方程为

$$p_i V = n_i RT$$

将各组成气体的状态方程式相加，得

$$V \sum p_i = RT \sum n_i$$

根据物质平衡定律：混合气体的物质的量等于各组成气体物质的量之和，即 $n = \sum n_i$。比较上式和混合气体的状态方程式可知

$$p = \sum p_i \qquad (1-30)$$

上式表明混合气体的总压力 p 等于各组成气体分压力之和。1801 年，道尔顿（Dalton）用实验证实了该结论，故称为道尔顿分压定律。

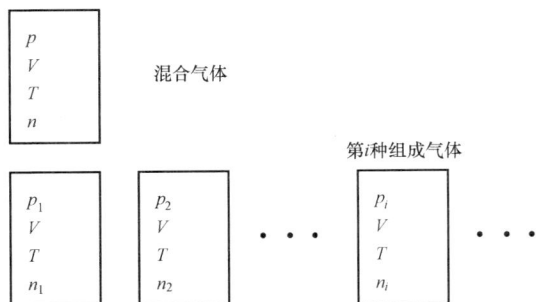

图 1-8　分压力

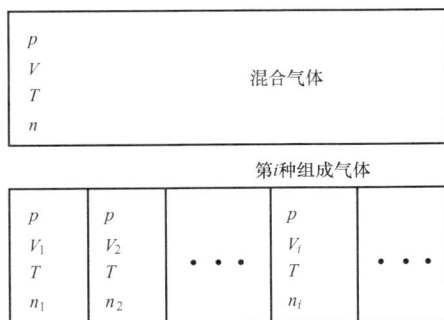

图 1-9　分体积

2. 分体积和阿美格分体积定律

在分离混合气体时，如图 1-9 所示，第 i 种组成气体处于与混合物相同的温度 T、压力 p 下，各自单独占据的体积 V_i 叫做分体积。对于第 i 种组成气体写出状态方程式为

$$pV_i = n_i RT$$

对各组成气体相加得

$$p \sum V_i = RT \sum n_i$$

同理可得

$$V = \sum V_i \qquad (1-31)$$

式（1-31）表明混合气体的总体积 V 等于各组成气体分体积之和，这个结论称为阿美格分体积定律。

　　显然，只有当混合气体中各组成气体的分子不占据体积，分子间没有相互作用力时，各组成气体对容器壁面的撞击效果才如同单独存在于容器时的一样，因此道尔顿分压定律和阿美格分体积定律对于理想气体状态才严格成立。

复 习 思 考 题

　　1-1　什么是工质的状态参数？表压力和真空是状态参数吗，为什么？
　　1-2　焓在实际热力设备的分析计算中比热力学能用得更多，为什么？
　　1-3　密闭容器内气体的绝对压力不变，其表压力是否有可能变化？
　　1-4　理想气体的热力学能和焓有什么特点？

习　　题

　　1-1　容器被一刚性壁分隔为两部分，两部分均分别盛有气体，并在各部位分别装有压力表，如图 1-10 所示。压力表 B 与左边部分的气体相通，但置于右边气体中。压力表 B 上的读数为 7.5×10^4 Pa，压力表 C 上的读数为 1.3×10^5 Pa。若大气压力为 9.6×10^4 Pa，试确定压力表 A 上的读数，并分别确定容器两部分气体的绝对压力。

　　1-2　某电厂锅炉出口蒸汽压力用压力计测得表压力为 13.87atm，汽轮机进口的蒸汽压力用压力计测得表压力为 133bar，凝汽器真空度为 720mmHg，炉膛烟气的真空度为 9.8mmH$_2$O，送风机出口表压力为 350mmH$_2$O。若当地大气压为 0.99atm，求各处的绝对压力为多少 MPa。

　　1-3　如图 1-11 所示，用一倾斜式微压计测量容器真空度，管子的倾斜角为 30°，微压计充以密度 $\rho = 0.81 \times 10^3$ kg/m^3 的酒精。现测得斜管内液柱长度 $L=185$mm，已知当地大气压力为 0.096MPa，求容器内的表压力和绝对压力（Pa）。

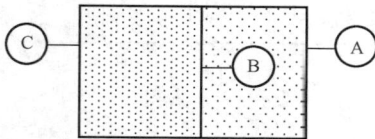

图 1-10　习题 1-1 图　　　　图 1-11　习题 1-3 图　　　　图 1-12　习题 1-4 图

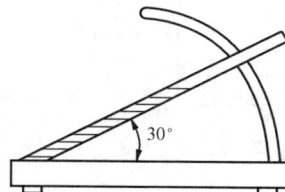

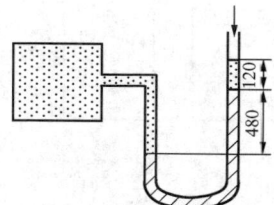

　　1-4　如图 1-12 所示，用 U 形管压差计测量容器内气体的压力，采用水银作测量

液。为防止水银蒸气对人体的危害，故在水银面上注有一层水。现测得水银柱高 480mm，水柱高 150mm。若当时当地大气压 p_b＝755mmHg，求容器内气体的绝对压力（MPa）。

1-5　一钢瓶的体积为 0.21m³，内装压力为 3.0MPa 和温度为 27℃的氧气。当瓶内压力下降为 1.8MPa，而温度仍然维持 27℃时，问钢瓶内的氧气被用去多少千克？

1-6　有一体积为 3m³ 的刚性储气罐，罐内所储存 CO_2 气体的表压力为 32kPa、温度 36℃。若向罐内再充入 CO_2 气体，当表压力达 300kPa，温度 70℃时，问充入的气体质量是多少？当地大气压力为 98kPa。

1-7　锅炉空气预热器将温度为 40℃的空气定压加热到 300℃。空气的流量为 3500m³/h（标准状况）。求每小时加给空气的热量。试按定比热容、直线关系的平均比热容计算。

1-8　理想气体混合物的摩尔成分为：$x_{N_2} = 0.40$，$x_{CO} = 0.10$，$x_{O_2} = 0.10$，$x_{CO_2} = 0.40$。试求混合气体的平均分子量、平均气体常数和质量成分。

1-9　理想气体混合物的质量成分为：$w_{N_2} = 0.85$，$w_{CO_2} = 0.13$，$w_{CO} = 0.02$。试求混合气体的平均分子量、平均气体常数和摩尔成分。

1-10　刚性容器内原有压力为 p_1、温度为 T_1，质量为 m_1 的氢气。后来绝热地充入压力为 p_2，温度相同，质量为 m_2 的氮气。试写出混合气体的总压力和总体积。

第二章 热力学基本定律

第一节 可逆过程

一、准平衡过程

一个热力过程，实质就是热力系的平衡遭到破坏后又恢复到另一个平衡的过程。在热力过程中若热力系状态变化的速度（即破坏平衡的速度）远远小于其内部分子的运动速度（即恢复平衡状态的速度），也即外界对热力系平衡状态的每一次破坏都能迅速地重新建立起新的平衡，或者说，热力过程中的每一个状态都非常接近平衡状态（叫做准平衡状态）。则可以认为此时热力过程中的每一瞬间，热力系都处于平衡状态。这种由一系列准平衡状态（准确地说，是无限接近平衡的状态）所组成的过程称为准平衡过程或准静态过程。热力过程中若热力系的状态和平衡态有一定的偏离，则整个热力过程就不能由一系列平衡状态点表示，就称为非准平衡过程或非准静态过程。

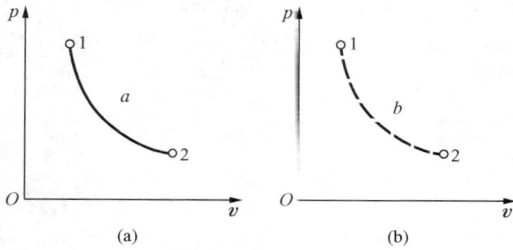

图 2-1 准平衡和非准平衡过程

准平衡过程可由一系列平衡状态点来描述，也就可以在状态参数坐标图中用一系列平衡状态点的连线来表示。如图 2-1（a）中由状态 1 沿路径 a 到状态 2 的热力过程即为一个准平衡过程。如热力过程为非准平衡态的，就不能用状态坐标上的平衡状态点来描述其过程，但由于过程初始点和终点处于平衡状态，因此在状态坐标图上可用虚线连接 1、2 两点，但此时虚线仅表示过程进行的方向，并不表示过程进行的路径。如图 2-1（b）中热力过程线 1b2 就表示一个非准平衡过程。

判断一个过程是否为准平衡过程，依据的是热力系内部是否时刻处于力平衡和热平衡。

二、可逆过程

一个准平衡过程进行完成后，如能使热力系沿相同的路径逆行恢复至原态，且相互作用中所涉及的外界亦恢复原态，而不留下任何痕迹，则此过程称为可逆过程。因此，可逆过程不仅在热力系内部是可逆的，而且外部作用也是可逆的。

图 2-2 中，若气体膨胀过程进行时无摩擦，$f=0$；而气体内部压力 p 处于平衡且与外力 p_{out} 也随时保持平衡，即 $p=p_{out}$；气体内部温度处于平衡且与外界环境的温度保持一致，则过程为可逆过程。

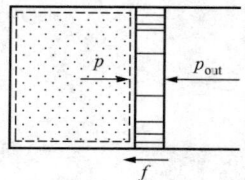

图 2-2 可逆过程

当热力过程中存在任何一种不平衡，就会出现不可逆情况。例如有限压差下使工质膨胀或压缩所产生的不可逆性或有限温差下的传热所产生的不可逆性都会使工质经历一个不可逆过程。当存在任何种类的摩擦阻力时，会使一部分机械能转变为热能，造成能量的损失，也会导致过程不可逆。

由此可见，可逆过程应具备以下两个特点：

（1）热力系内部，以及热力系和外界之间恒处于平衡状态，即随时保持力的平衡和热的平衡；

（2）在过程变化期间，无任何能量的不可逆耗散存在。

三、准平衡过程和可逆过程的关系

对热力系而言，准平衡过程与可逆过程同为一系列平衡状态所组成。因此，都能在热力状态参数坐标图上用一条连续的曲线来描述，并用热力学方法对之进行分析。但准平衡过程和可逆过程又有一定的区别，可逆过程不仅要求热力系内部是平衡的，而且热力系与外界之间的相互作用也是平衡的，也即可逆过程必须要保持热力系内、外的力平衡与热平衡，且又无任何摩擦阻力等能量耗散。而准平衡过程只是着眼于热力系内部的平衡，至于外界是否有摩擦阻力对热力系内部的平衡并无影响，即使内部稍有不平衡，只要在热力系与外界间的平衡受到破坏时，热力系分子运动速度超过状态改变的速度，则热力系内部仍能随时恢复平衡。因此，准平衡过程的概念只包括热力系内部的状态变化，而可逆过程则是分析热力系与外界所产生的总效果。可逆过程必然是准平衡过程，而准平衡过程只是可逆过程的条件之一。

实际的热力过程都是不可逆过程，只是不可逆程度不同而已。有些过程虽然是不可逆的，但热力系内部却可认为是准平衡过程，因而热力系的状态变化可在状态参数坐标图上描述，也就可以进行分析。有时我们也常将一些热力系内的不可逆性推之于外界，以准平衡过程代替该不可逆过程来研究热力系状态变化的基本规律，因此对准平衡过程的研究是具有实际意义的。可逆过程虽不能实现，然而可逆过程中能量的不可逆损失为零，理论上由热变功的能力最大，也就是说在可逆过程中可能获得最大的功。研究可逆过程热力系与外界所产生的总效果，可作为改进实际过程的一个准绳，并指出需要努力的方向；可以帮助人们识别造成不可逆的各种实际因素，判别其不利影响，以便抓住主要矛盾，提出最合理的工程方案；有利于热功转换的计算。可逆过程是将一切实际过程理想化后所得到的一种科学抽象概念，是进行热力学分析时一种重要的研究方法。

第二节　功

功的力学定义是力与沿力作用方向的位移的乘积。以图 $2-3$ 为例，活塞在外力 $F = pA$ 的作用下沿力的方向有一微小位移 $\mathrm{d}x$，则外力对活塞所做的微量功为 $\delta w = F\mathrm{d}x$，若物体由位置 a 移至 b，则外力完成的功为 $W_{ab} = \int_a^b F\mathrm{d}x$。

上述积分中，功与过程进行情况有关，它是过程中能主传递与转换的度量。当过程结束，传递与转换就结束。因此，功与状态参数不同，说热力系在某已知状态下有多少功是毫无意义的。也就是说，功是过程的函数，而

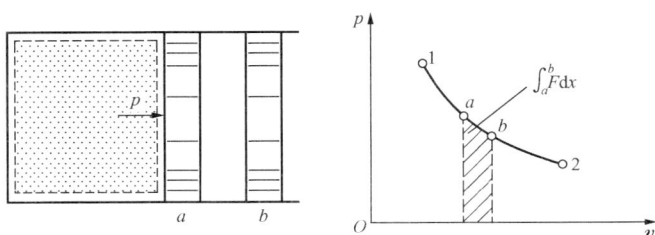

图 $2-3$　功和 p-v 图

不是状态的函数。因而常用 δ 表示微量功，而不表示功的微分形式。

　　在热力学研究中，热力系与外界进行功量交换时，力或位移常常不易辨认。若将功的定义和热力学状态及状态变化过程联系起来，则可将功定义为当热力系通过边界与外界发生能量传递时，对外界的唯一效果可归结为举起重物，则热力系对外界做了功。在这里，举起重物实际上就是力的作用通过一定位移的结果。应当注意，此处定义中并非说真有一重物被举高了，而是说过程产生的效果相当于（或可以折合为）举起重物。功的热力学定义是具有普遍意义的。功常用 W 表示，单位焦耳（J）。

　　热力系做功的方式是多种多样的，工程热力学中重点讨论与气体体积变化有关的功，叫做体积功。如图 2-3 所示，取气缸活塞封闭的定量气体为热力系，则此热力系具有一个可移动的边界在 1—2 的范围内移动。活塞面积为 A，则气体作用于活塞上的力为 pA，同时，外界对活塞施一相反力 $p_{out}A$。在气体可逆的膨胀过程中，外力与热力系的作用力相差为无限小，即 $p = p_{out}$。这样，若活塞移动一微小距离，则系统通过边界上传递的功应为

$$\delta W = pA\mathrm{d}x = p_{out}A\mathrm{d}x = p\mathrm{d}V$$

式中，$\mathrm{d}V$ 为膨胀过程中气体体积的变化量。若活塞从位置 1 移动到位置 2，其所做功为

$$W_{12} = \int_1^2 p\mathrm{d}V \tag{2-1}$$

W_{12} 叫做膨胀功。反之，若气体被压缩，则称外界对热力系做了压缩功。膨胀功和压缩功都是体积功。

　　单位质量的工质所做的功叫做比功，用 w 表示，单位是焦耳/千克（J/kg）。对于可逆过程 1—2 有

$$\delta w = p\mathrm{d}v \tag{2-2}$$

或

$$w_{12} = \int_1^2 p\mathrm{d}v \tag{2-3}$$

在 $p\text{-}v$ 图中可以用过程曲线 1—2 与横坐标包围的面积表示过程的功量 w_{12}。因此压容图也叫做示功图。

　　显然，只有当状态发生变化时，热力系与外界才可能有功的传递。一旦功通过热力系边界，它就成为热力系或外界所具有能量的一部分，因此功是能量传递的一种形式。若工质沿另一不同的过程曲线由状态 1 变化到状态 2，两曲线与横坐标所包围的面积是不同的，这表明了不同热力过程中的功量常常是不同的，功的数值不仅取决于过程的初终态，而且还和过程经过的路径有关。

　　若热力系由状态 1 变化到状态 2 的过程中，工质膨胀，比体积增大，即 $\mathrm{d}v > 0$，则 $w_{12} > 0$，功为正值，此时热力系对外界做膨胀功；若工质由状态 2 变化到状态 1 的过程中，工质被压缩，比体积减小，即 $\mathrm{d}v < 0$，则 $w_{12} < 0$，功为负值，此时外界对工质做压缩功。

　　【例题 2-1】　　2kg 温度为 100℃的水，在压力为 0.1MPa 下完全汽化为水蒸气。若水和水蒸气的比体积分别为 0.001m³/kg 和 1.673m³/kg，汽化过程为可逆过程，求此 2kg 水因汽化膨胀对外所做功量。

　　解　取 2kg 水及水蒸气为热力系，过程特征：可逆，压力不变。
　　由式（2-3），有

$$w_{12} = \int_1^2 pdv = p(v_2 - v_1) = 0.1 \times 10^6 \times (1.673 - 0.001) = 167.2 \, (\mathrm{kJ/kg})$$

所以 $W = mw = 2 \times 167.2 = 334.4 \, (\mathrm{kJ})$

计算结果讨论：功为正值，表示热力系对外界做功，水汽化比体积增加而做膨胀功。

必须指出，热能转变为机械能，一定要通过工质膨胀才能实现，即 $dv > 0$，才有体积功 $\int_1^2 pdv$。对于可逆过程，p 表示工质压力；对于不可逆过程，p 表示外界压力。上述体积功的表达式，不仅适用于封闭的工质，对于流动工质同样也适用，但在开口热力系中，功的表达式与闭口热力系不尽相同，但其实质完全一致。

在实际过程中，由于存在各种能量耗散，如机械摩擦阻力，而要消耗一部分功，使得热力过程总是不可逆的，外界所能获得的有效功要比工质所做的容积功 $\int_1^2 pdv$ 小。工程热力学目的是研究如何通过工质的状态变化而将热能最大限度地转变为机械能的问题，因此着重于探讨工质的热力性质与选择有利的过程。摩擦生热发生在工质已将热能转变为机械能以后，由机械能再转变为热能，它仅取决于热力设备的结构、制造工艺等，已不属于热力学研究范围。所以在分析热能转变为机械能的规律时，除非特别指明，一般总采用理想化的方法，即不考虑机械摩擦阻力。当具体计算热机功率时，则根据实际情况对理论结果加以修正，如在工程中常用机械效率 η_m 来修正摩擦阻力对实际结果的影响。

若热力系由平衡状态 1 经历一不可逆过程变化至另一平衡状态 2，由于不能确定其所通过的各中间状态，故无法在 $p\text{-}v$ 图上的 1、2 之间用确切的连续曲线表示其变化过程。但为了便于讨论，常以虚线表示该不可逆过程，此时虚线下的面积无实际物理意义，并不表示过程中热力系所做的容积功，仅示意过程进行的方向而已。

第三节　热　　量

热量是当热力系与外界之间或热力系内各部分之间存在温差的作用而交换的能量形式。只要有温差的存在，必然会伴随有热量的传递过程。热量的传递不能像功的传递那样可以折合成为举起重物的单一效果，所以它是与功不同的另一种能量传递方式。

热量常用 Q 表示，单位是焦耳（J），而单位质量工质与外界交换的热量叫做比热量，用 q 表示，单位是焦耳/千克（J/kg）。热量和功都是在过程进行中热力系和外界交换的能量，它们都是过程函数，而不是状态参数，我们常用 δQ 或 δq 表示微量的热量。热力系从一个平衡状态 1 变化到另一个平衡状态 2，过程中所传递的热量可写成

$$Q_{12} = \int_1^2 \delta Q \tag{2-4}$$

类比于容积功的形式 $\delta w = pdv$，式中压力 p 是做功的推动力，而 dv 是判断热力系对外界做功或外界对热力系做功的标志；在传递热量的过程中，温度 T 是传热的推动力，只要热力系与外界存在微小的温差就有热量的传递。相应地此过程中也应有一个类似的状态参数，它的改变标志热力系与外界间的热量传递的方向，这个状态参数就是熵 S，在一个可逆过程中有

$$\delta Q = TdS \quad \text{或} \quad Q_{12} = \int_1^2 TdS \tag{2-5}$$

也可写作

$$\delta q = T\mathrm{d}s \quad 或 \quad q_{12} = \int_1^2 T\mathrm{d}s \qquad (2-6)$$

在温熵图（$T\text{-}s$ 图，见图 2-4），可逆过程 1—2 与横坐标包围的面积表示了热力系在此过程中与外界所交换的热量。温熵图与压容图均是热力学研究中常用的状态参数坐标图。

可逆过程中有 $\delta q = T\mathrm{d}s$，由于热力学温度反映了分子热运动的剧烈程度，而分子总在做无规则热运动，因此 T 始终是正值。若 $\mathrm{d}s > 0$，即过程中热力系的熵增加，则 $\delta q > 0$，表示热力学从外界吸热，此时定义热量为正值；若 $\mathrm{d}s < 0$，即过程中热力系的熵减少，则 $\delta q < 0$，表示热力系对外界放热，此时定义热量为负值；若 $\mathrm{d}s = 0$，则 $\delta q = 0$，表示热力系与外界无热量传递，即为绝热热力系。由此可见，根据热力状态参数熵的变化，可判断热力系在可逆过程中是吸热、放热，还是绝热。

若热力系经历的是不可逆过程，在 $T\text{-}s$ 图上无法以确切的连续曲线表示，仅以虚线示意，表示过程进行的方向。虚线下的面积无物理意义，不等于也不代表热力系在不可逆过程中与外界交换的热量。但此时熵是一个和不可逆过程有密切联系的状态参数。根据给定的条件，过程的不可逆损失不但可在 $T\text{-}s$ 图上表示出来，而且还可以进行具体的计算。熵这一特点将在以后章节深入学习。

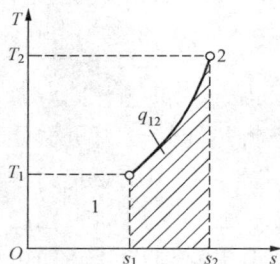

图 2-4　$T\text{-}s$ 图

第四节　热力学第一定律

一、热力学第一定律的实质

能量转换和守恒定律指出"在自然界中，一切物质都具有能量，能量有各种不同的形式，且可以从一种形式转变为另一种形式；在转换过程中，能量的总量保持不变"。能量转换和守恒定律是人类在长期生产斗争和科学实践中积累的丰富经验的总结，并为无数实践所证实。它是自然现象中最普遍、最基本的规律之一，普遍适用于机械、热、电磁、原子、化学、生物等变化过程。物理学中的功能原理，工程力学中的机械能守恒定律等，其实质都是能量转换和守恒定律。热力学第一定律就是能量转换和守恒定律在热现象上的应用。它建立了热力过程中能量平衡的基本关系，给出了数量计算的基础，因而也是热力学宏观分析的主要依据。

在工程热力学中，热力学第一定律表述为"通过热力循环，热可以变为功，功也可以变为热。一定量的热消失时，必产生与之数量相当的功；消耗一定量的功时，也必出现与之数量相当的热"。在热变功的热力循环中，工质经一完整的循环后恢复原状态，根据热力学第一定律，工质的循环吸热量应等于工质的循环做功量。

$$\oint \delta Q = \oint \delta W \qquad (2-7)$$

热力学第一定律表明了热能和机械能可以相互转换，并在转换时存在着确定的数量关系，所以热力学第一定律也称为当量定律。热力学第一定律是一个普遍的自然规律，是对参与热力过程的各种能量进行数量分析的基本依据，它存在于一切热力过程中，并贯穿于热力过程的始终。

历史上，人们为了满足生产对动力的日益增多的要求，曾企图制造一种不消耗能量而能连续不断做功的机械，叫做第一类永动机，但所有此类尝试均告失败。针对这种创造永动机的企图，热力学第一定律可以表述为"第一类永动机不可能造成"。热力学第一定律的确立，对于第一类永动机的设想给予了科学的最后判决，使人们放弃幻想，进而转向努力研究各种能量形式之间的相互转换关系，掌握自然规律以求得利用自然界所能提供的多种多样的能源。

二、热力学第一定律的数学表达式

1. 闭口系能量方程

定量工质，如封闭在气缸活塞间的工质，在从外界吸收热量而膨胀做功时，工质具有的储存能可能会改变。根据能量守恒的原则，能量收支必须平衡。即

输入热力系的能量－热力系输出的能量＝热力系储存能量的变化

考虑到工质的宏观动能和位能未发生变化时，工质储存能的改变就是工质热力学能的改变，则对工质来说，热力学第一定律可以表达为如下数量关系式：

$$Q = \Delta U + W \qquad\qquad (2-8)$$

或对 1kg 工质有

$$q = \Delta u + w \qquad\qquad (2-9)$$

式（2-8）和式（2-9）叫作闭口系能量方程式。其中，根据实际情况，式中每一项都可以是正数、零或负数。如果 q 是负数，表明工质对外界传出热量；如果 w 是负数，就表明工质接受了外界的压缩功；如果 Δu 是负数，就表明工质的热力学能减少了。

由式（2-8）可见，闭口热力系做功的唯一能量来源是热能（外界传入的热量 Q 或工质本身的热力学能的变化 ΔU）；而热能转变为机械能的唯一途径是通过工质体积的膨胀，且转变的数量关系满足式（2-7）。这是热变功的实质，所以不论热力系是封闭的还是开口的，这个结论都是正确的。

对于微小的变化过程，则闭口系能量方程式可以表示为

$$\delta Q = dU + \delta W \qquad\qquad (2-10)$$

或对 1kg 工质

$$\delta q = du + \delta w \qquad\qquad (2-11)$$

若热力系经历的是可逆过程，则有 $\delta W = pdV$，上两式也可写作

$$\delta Q = dU + pdV \qquad\qquad (2-12)$$

$$\delta q = du + pdv \qquad\qquad (2-13)$$

或写成积分形式

$$Q = \Delta U + \int_1^2 pdV \qquad\qquad (2-14)$$

$$q = \Delta u + \int_1^2 pdv \qquad\qquad (2-15)$$

式（2-12）～式（2-15）也叫做热力学第一定律解析式。它是研究热力学有关问题的常用能量方程式之一。

【例题 2-2】 如图 2-5 所示，热力系由状态 a 经状态 c 变化到状态 b 时，吸取热量 90kJ，同时对外做功 40kJ。试问：

（1）热力系若由状态 a 经状态 d 变化到状态 b 时，对外做功 10kJ，则吸取的热量是

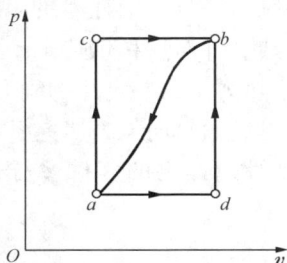

图 2-5　例题 2-2 图

多少?

（2）热力系若由状态 b 经曲线所示过程返回状态 a，外界对热力系做功 20kJ，则放出的热量是多少?

解　取热力系为闭口热力系，根据闭口系能量方程

（1）热力系由状态 a 经状态 c 变化到状态 b，其热力学能的变化量为

$$\Delta U_{a-c-b} = Q_{a-c-b} - W_{a-c-b} = 90 - 40 = 50 \text{(kJ)}$$

热力系经由状态 a 经状态 d 变化到状态 b 时，因其初、终状态与 $a-c-b$ 过程的初、终状态相同，故两个不同路径的热力学能的变化量相同，即

$$\Delta U_{a-d-b} = \Delta U_{a-c-b} = 50 \text{(kJ)}$$

因此 $a-d-b$ 过程中吸热量为

$$Q_{a-a-b} = \Delta U_{a-d-b} + W_{a-d-b} = 50 + 10 = 60 \text{(kJ)}$$

（2）热力系由状态 b 返回状态 a，因 $b-a$ 过程进行的方向与前两个过程的方向相反，故过程 $b-a$ 的热力学能变化量在数值上与 ΔU_{a-c-b} 相等，而符号相反，即

$$\Delta U_{b-a} = -\Delta U_{a-c-b} = -50 \text{(kJ)}$$

由于过程 $b-a$ 是外界对热力系做功，因此功为负值。对于 $b-a$ 过程

$$Q_{b-a} = \Delta U_{b-a} + W_{b-a} = -50 + (-20) = -70 \text{(kJ)}$$

计算讨论：由该题计算结果可知，虽然三个热力过程变化的途径各不相同，但由于它们的初终状态相同，因而它们的热力学能变化量的绝对值是相等的。这是由于热力学能是状态参数，状态参数的变化量仅取决于初终状态，而与达到状态的路径无关。状态参数的这一特点，在分析能量传递和转换关系时很有用。

2. 稳定流动能量方程

前面讨论了闭口热力系的能量平衡关系，根据定量工质状态变化来确定通过热力系边界所传递的功和热之间的数量关系，得到一个重要的结论："热能转变为机械能的唯一途径是通过工质体积的膨胀"，这是热能转变为机械能的基本特征。

然而，在实际的热力设备中实施的能量转换过程常常是比较复杂的。工质要在热力装置中循环，不断地流经各个相互衔接的热力设备，完成不同的热力过程，才能实现热功转换。在这种情况下，要跟踪气流中的某一定量工质进行分析有其不便之处。若对整个设备空间进行研究，即划定开口热力系，可使分析更为方便。分析开口热力系的步骤与分析闭口热力系一样，首先，对开口热力系划定一定的空间区域（即控制体），并确定其边界（即控制面）。一般情况下，控制体的位置、体积都可以变化，但这里仅对控制体的位置为固定的基本情况进行讨论。其次，计算通过控制面进出控制体的能量。为了能够计算工质的状态参数及携带的能量，至少要求有质量迁移的那部分控制面上的物质的状态必须是平衡态，且流动特性也不随时间而变。本书中只研究简单的一维稳定流动时的能量平衡，对非稳定流动状态下开口热力系的能量方程式的研究请参见有详细叙述的热力学书籍。

各种实际的热力设备在正常工况运行时，工质的状态和流动基本上是稳定的。所谓稳定是指控制体内部以及控制面上每一点的所有特性参数（如流速 c、状态参数等）都不随时间而变，特别重要的是有质量迁移的那些控制面上的参数不随时间而变。为了保证流动处于稳

定，必须具备以下条件：

（1）工质进出控制面时，各截面上工质的参数（p、v、T、流速 c 等）恒定不变，但不同截面上各参数可不同，也即工质的全部参数（包括流速）只沿流动方向存在变化，称为一维流动；

（2）进入控制体的工质质量 m_1 恒等于同时间内离开控制体的工质质量 m_2，即 $m_1 = m_2 = m$，且不随时间而变；

（3）热力系与外界交换的热量和功不随时间而变，维持定值。

图 2-6 所示热力设备，若选取设备内部为控制体，以设备内壁和进出口处两个虚拟截面 1—1、2—2 为控制面，其中截面 1—1 和 2—2 为有物质进出的控制面。此热力系为稳定流动下的开口热力系。

由于在稳定流动过程中，控制体内的任一给定点上无质量、能量变化，因此根据能量转换与守恒定律可知，输入控制体的能量应等于从控制体输出的能量。

输入控制体的能量有：

（1）工质流入控制面 1—1 所携带储存能 $E_1 = m\left(u_1 + \dfrac{c_1^2}{2} + gz_1\right)$。

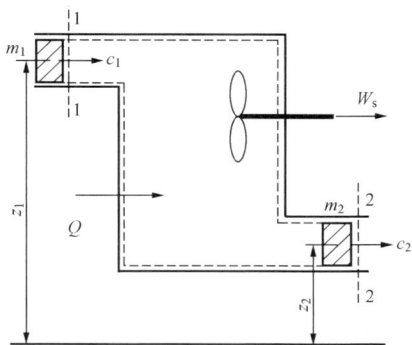

图 2-6 开口系统示意图

（2）控制面上游流体为进入热力系所做的推动功 $p_1 V_1$。

（3）热力系与外界交换的净热量 Q。

控制体输出的能量有：

（1）工质流出控制面 2—2 所带出的储存能 $E_2 = m\left(u_2 + \dfrac{c_2^2}{2} + gz_2\right)$。

（2）热力系中的工质流出时对控制面下游工质所做的推动功 $p_2 V_2$。

（3）热力系向外界所做的轴功 W_s。

于是能量平衡关系式表示为

$$Q + m\left(u_1 + \frac{c_1^2}{2} + gz_1\right) + p_1 V_1 = m\left(u_2 + \frac{c_2^2}{2} + gz_2\right) + p_2 V_2 + W_s$$

整理后

$$Q = m\left(\Delta u + \frac{\Delta c^2}{2} + g\Delta z\right) + \Delta pV + W_s \tag{2-16}$$

或对 1kg 工质有

$$q = \Delta u + \frac{\Delta c^2}{2} + g\Delta z + \Delta pv + w_s \tag{2-17}$$

若引入状态参数焓，则式（2-17）可简化为

$$Q = \Delta H + \frac{m\Delta c^2}{2} + mg\Delta z + W_s \tag{2-18}$$

或

$$q = \Delta h + \frac{\Delta c^2}{2} + g\Delta z + w_s \tag{2-19}$$

将上两式写成微分形式为

$$\delta Q = \mathrm{d}H + mc\,\mathrm{d}c + mg\mathrm{d}z + \delta W_s \qquad (2-20)$$

$$\delta q = \mathrm{d}h + c\mathrm{d}c + g\mathrm{d}z + \delta w_s \qquad (2-21)$$

式（2-16）～式（2-21）即为热力学第一定律应用于开口热力系稳定流动时的能量方程式，简称稳定流动能量方程，是热力工程计算中常用的基本公式之一。稳定流动能量方程是根据能量守恒定律导出的，除要求工质是稳定流动外，别无其他任何前提条件，故对于任何工质，无论过程是否可逆均可适用。

上述各式中，热量和功的数值可从控制面外进行测量，其余各项能量的数值，则根据工质所通过的控制面上的有关参数值计算得到。因此，对于周期性连续工作的热力设备，即使其内部流动是不稳定的，且不论变化是否可逆，而只要单位时间内与外界交换的热量、功量保持不变，进出口工质平均流量保持不变，进出截面上参数的平均值保持不变，其内部储存能必然不变。在此情况下，仍可应用上述各式进行能量分析。

3. 稳定流动能量方程式的分析

比较闭口热力系与开口热力系的能量方程可见，由于研究对象的特点不同，采用了不同的分析方法，所得到能量方程的形式不一样。但开口热力系能量方程与闭口热力系能量方程所涉及的都是热功转换的问题，且都以能量转换和守恒定律为基础，那么两方程之间存在着何种关系呢？

由前述已知，工质体积膨胀是热能转变为机械能的根本途径。工质流经开口热力系时，同样也要做容积功，不过于口热力系对外表现出来的功和闭口热力系不同，并不是体积功的形式。以水蒸气在汽轮机中的膨胀做功过程为例，当蒸汽流经汽轮机喷嘴时，蒸汽体积膨胀，将本身的部分热能转变为动能，然后高速气流冲击汽轮机叶片，驱动主轴而对外做功。这种轴功和工质体积改变的膨胀功不但对外表现的形式不同，而且在数量上也有差别。下面就容积功和轴功之间的关系进行讨论，并表示在 $p\text{-}v$ 图上，这将有助于对两种不同形式能量方程一致性的理解。对于稳定流动的开口热力系，由式（2-17）得

$$q - \Delta u = \frac{\Delta c^2}{2} + g\Delta z + \Delta pv + w_s$$

此等式右侧四项均为机械能，左侧两项都是和热能有关的能量，且通过体积的变化可转换为机械能。根据闭口系能量方程，在可逆过程中，$q - \Delta u = \int_1^2 p\mathrm{d}v$，因此上式可写成

$$\int_1^2 p\mathrm{d}v = \Delta(pv) + \frac{1}{2}\Delta c^2 + g\Delta z + w_s$$

可见，工质流经开口热力系时，由热能转变而来的膨胀功，一部分消耗于维持工质流入流出时克服前方阻挡而需要的推动功的差额，一部分用于增加工质的宏观动能和宏观位能，其余部分才作为热力设备输出的轴功。

若将 $\frac{1}{2}\Delta c^2$、$g\Delta z$、w_s 三项之和总称为技术功，以符号 w_t 表示，则

$$w_t = \frac{1}{2}\Delta c^2 + g\Delta z + w_s \qquad (2-22)$$

可逆变化时，

$$w_t = \int_1^2 p\mathrm{d}v - \int_{p_1 v_1}^{p_2 v_2} \mathrm{d}(pv) = \int_1^2 p\mathrm{d}v + p_1 v_1 - p_2 v_2$$

由图 2 - 7 可知，$\int_1^2 p\mathrm{d}v + p_1 v_1 - p_2 v_2 = $ 面积 12341 ＋ 面积

14O51－面积 23O62＝面积 12651＝$-\int_1^2 v\mathrm{d}p$

即

$$w_t = -\int_1^2 v\mathrm{d}p \qquad (2-23)$$

若工质进出热力系的宏观动能和宏观位能的变化量很小，可
略去不计，则式（2-23）变为

$$w_s = w_t = -\int_1^2 v\mathrm{d}p \qquad (2-24)$$

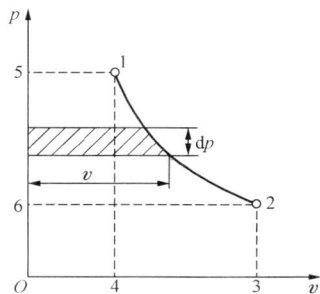

图 2 - 7 技术功的表示

式（2-24）表明，工质流经热力设备时所做的技术功应等于膨胀功和推动功的代数和，
即容积功克服进出口的流动阻力后所得的净功（或技术上所能获得的有用功）。在这种情况
下，技术功表现为过程曲线 12 与纵坐标所包围的面积。$-\int_1^2 v\mathrm{d}p$ 中比体积 v 恒为正值，积分
号前的负号表示技术功的正负与压力变化的方向相反，可知：

若 $\mathrm{d}p$ 为负，工质膨胀、压力降低，则 w_t 为正，此时，工质对外界做技术功。

若 $\mathrm{d}p$ 为正，工质被压缩、压力升高，则 w_t 为负，此时，外界对工质做技术功。

将式（2-22）和式（2-23）代入式（2-19），则在可逆稳定流动过程中热力学第一定
律也可写成如下形式：

$$q = \Delta h - \int_1^2 v\mathrm{d}p \qquad (2-25)$$

或

$$\delta q = \mathrm{d}h - v\mathrm{d}p \qquad (2-26)$$

对于 $m\mathrm{kg}$ 工质，有

$$Q = m\Delta h - m\int_1^2 v\mathrm{d}p = \Delta H - \int_1^2 V\mathrm{d}p \qquad (2-27)$$

以上三式又称为热力学第一定律的第二解析式。

式（2-25）也可由热力学第一定律的第一解析式直接转化而来。

$$q = \Delta u + \int_1^2 p\mathrm{d}v = \Delta u + \Delta(pv) + \int_1^2 p\mathrm{d}v - \Delta(pv) = \Delta h - \int_1^2 v\mathrm{d}p$$

由此可见，热力学第一定律的两个解析式在形式上并不相同，但由热能转变为机械能的
实质都是一致的，只是在不同的场合下，各有其特殊应用。

4. 稳定流动能量方程的应用

稳定流动能量方程反映了工质在稳定流动过程中能量转换的一般规律，这个方程在工程
上应用很广。当然，在应用能量方程分析具体问题时，应和所研究的实际过程中的不同条件
结合起来，有时可将某些次要因素略去不计，使能量方程得以简化。现以几种典型的热力设
备为例，说明稳定流动能量方程的具体应用。

（1）动力机。工质流过汽轮机或燃气轮机等动力机时，压力降低，对外做功；进口和出
口工质速度相差不多，相对高度变化细微，动能差和位能差很小；工质向外界略有散热损
失，q 为负数，但通常数量不大，相对于轴功可忽略不计，如图 2-8 所示。因此，稳定流
动能量方程应用于汽轮机和燃气轮机时就简化为

$$w_s = h_1 - h_2 \tag{2-28}$$

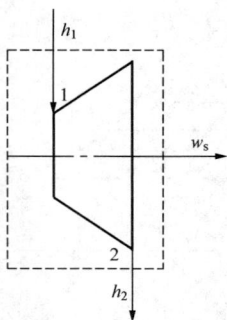

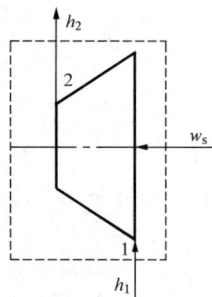

图 2-8　动力机能量平衡　　　　图 2-9　泵与风机能量平衡　　　图 2-10　锅炉的能量平衡

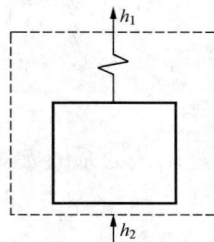

故工质在汽轮机和燃气轮机中所做的功等于工质焓的减少。

（2）泵与风机。工质流经泵与风机时，如图 2-9 所示，压力增加，外界对工质做功；工质向外界散热，q 为负数，但由于工质流经设备的时间很短，散热量通常可以忽略；进出口动能、位能差都很小。因此，根据稳定流动能量方程，有

$$-w_s = h_2 - h_1 \tag{2-29}$$

工质在泵与风机中被压缩时，热力系所消耗的功等于工质焓的增加。

（3）锅炉。如图 2-10 所示，水在锅炉中定压吸热变为蒸汽 $\mathrm{d}p = 0$，且工质对外不做功，故 $w_s = 0$。因过程中工质的高度变化一般只有几十米，位能增量很小。例如若高度变化 30m，则位能增量 $\mathrm{g}(z_2 - z_1) = 0.294\mathrm{kJ/kg}$，与每千克工质水在锅炉中的吸热量 q（约为 2090kJ/kg）相比，可以忽略不计。同样，工质动能增量也远远小于吸热量。因此，稳定流动能量方程应用于锅炉时就简化为

$$q = \Delta h = h_2 - h_1 \tag{2-30}$$

上述结论对其他各种换热器，如高低压回热加热器、凝汽器等均适用。若求得的结果 q 为负值，则表明工质向外界放热。

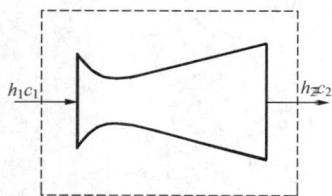

（4）喷管。喷管是一截面连续变化的管道，如图 2-11 所示，是使工质产生高速流动的设备。

图 2-11　喷管的能量平衡

在喷管中工质没有输出轴功，即 $w_s = 0$，且在喷管中气流高速通过，因而与外界交换的热量很小，可认为 $q = 0$，同时工质相对高度基本不变，位能差为零。此时稳定流动能量方程变化为

$$\frac{1}{2}(c_2^2 - c_1^2) = h_1 - h_2 \tag{2-31}$$

可见，喷管中工质动能的增加等于其焓的减少。

（5）节流。工质流过阀门时，流动截面突然收缩，流速加快，这种流动称为节流。由于存在摩擦和涡流，节流是不可逆的过程。在离阀门不远的两个截面处，工质的状态趋于平衡。节流中流动是绝热的，前后两截面间动能差和位能差忽略不计，又不对外做功，见图 2-12，则对两截面间的工质应用稳定流动能量方程可得

$$h_2 = h_1 \tag{2-32}$$

即绝热节流前后焓不变。

由以上一些例子可见，能量守恒是一切热力设备在能量转换时要遵从的共同原则，是一切热力过程的共性，但此种共性是通过各种不同形式过程的个性表现出来的。要正确应用能量方程式，首先必须牢固掌握能量守恒这个基本原则，其次还必须学会分析各具体热力过程所实施的条件，最后将一般规律和具体条件结合起来，从而得到反映该热力过程的具体规律。

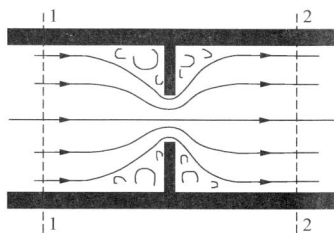

图 2-12　绝热节流

【**例题 2-3**】　汽轮机的进口水蒸气参数为 $p_1=9\text{MPa}$、$t_1=500℃$、$c_1=50\text{m/s}$；出口水蒸气参数为 $p_2=0.5\text{MPa}$、$t_2=180℃$、$c_2=120\text{m/s}$。蒸汽的质量流量 $q_m=330\text{t/h}$，蒸汽在汽轮机中绝热膨胀。试求：

（1）汽轮机的功率；

（2）忽略流动工质的宏观动能变化时，汽轮机功率的计算误差是多少？

解　取汽轮机进出口截面和缸壁所围空间为开口热力系。

（1）根据题意，$q=0$，$g\Delta z=0$，根据式（2-19），有

$$w_s=(h_1-h_2)+\frac{1}{2}(c_1^2-c_2^2)$$

根据给定的参数由水蒸气热力性质表（第三章介绍）查得

$$h_1=3386.4\text{kJ/kg};h_2=2812.1\text{kJ/kg}$$

代入轴功计算式中可得

$$w_s=(3386.4-2812.1)+\frac{1}{2}(50^2-120^2)\times10^{-3}=568.4(\text{kJ/kg})$$

所以汽轮机的功率为

$$P=q_m w_s=330\times10^3\times568.4=187.6\times10^6(\text{kJ/h})$$
$$=5.21\times10^4(\text{kW})$$

（2）若忽略流动工质的动能变化，则其轴功变化为

$$w'_s=3386.4-2812.1=574.3(\text{kJ/kg})$$

变化后得汽轮机功率为

$$P'=q_m w_s=330\times10^3\times574.3=189.5\times10^6(\text{kJ/h})$$
$$=5.26\times10^4(\text{kW})$$
$$\Delta P/P=(P'-P)/P=(5.26-5.21)\times10^4/5.21\times10^4=0.95\%$$

结果讨论：由以上计算结果可以看出，汽轮机进出口的工质速度虽然变化较大，但其宏观动能变化量相对于汽轮机轴功而言，是一个小到可以忽略的量。因此在汽轮机功率的工程计算中，若没有特别的精度要求，往往可以忽略宏观动能变化的影响。

第五节　理想气体的热力过程

在一定的热力状态下，工质的各种热力参数如 p、v、T 等都有它一定的数值，但确定工质的热力状态需要知道两个彼此独立的热力参数。对气体来说，在通常情况下，可以认为

u 和 h 单值地依变于温度，因此相互独立的热力参数只是 p、v、T（或 h 和 u）以及 s。任意固定其中两项，热力状态就被确定，可见气体所经历的不可能有定压定比体积过程、定温定比体积过程等等，但完全可以在一定压力或一定比体积内发生热力状态的变化过程，也可以在一定温度下发生热力状态的变化。这样的过程分别叫做定压过程、定容过程和定温过程。当然，工质还可以在不和外界发生热量交换的情况下发生热力状态的变化，在排除摩擦等不可逆因素的理想情况下，这就是可逆的绝热过程或称定熵过程。定压、定容、定温、绝热这四种过程代表着工质热力状态发生变化时所遵循的四种基本的特殊规律。在实际的热工设备里，定容过程、定压过程、绝热过程都比较常见，而且容易实现。例如，汽油机工作时，气缸里被压缩了的汽油蒸气和空气的可燃混合气体被电火花点燃，在一瞬间爆发，活塞还来不及移动，气体的压力和温度就骤然升高很多，这样一个过程实质上可以看成是一个定容过程。又如蒸汽在锅炉里产生的过程，可以看成是一个定压过程。而蒸汽在通过蒸汽机或汽轮机时所进行的膨胀过程，就可以看成是绝热的过程。至于定温过程的实现，通常比较困难。

热力设备里的气体状态变化过程实际上进行得很快，对外热量交换也不可能没有温度差，所以气体内部有明显的扰动，外加机械部件的摩擦、散热、流动受阻等等影响，使实际过程的研究复杂化起来。作为初步近似的方法，在工程热力学里照例要先研究相应的可逆过程，使初、终状态和对应的对外能量交换与实际的不可逆过程尽量接近；由这种可逆过程的分析结果再换算成实际过程时，可以在数量上引进各种有关的经验修正系数，这将在以后另作交代。

对于任何可逆过程，总能够在状态参数坐标图上用一条曲线表示出来。这条状态变化的轨迹曲线方程式，例如 $p = f(v)$ 就叫做过程方程式。这样，给定某一个热力状态的两个独立的初始状态参数后，只要知道终状态的一个状态参数，就可以根据过程方程式和状态方程式计算出终状态的另一个状态参数，从而确定其终状态。应该留意，过程方程式人为地通过外界约束条件限定了该过程所经历的任意两个状态下状态参数间的变化情况，而状态方程式客观地反映出气体在某一状态下状态参数 p、v、T 间的内在联系。以气体的定温过程为例，在 T-s 图上的过程方程式为 $T=$ 常量。如果给定状态 1（p_1、v_1）和状态 2 的压力 p_2，则利用理想气体状态方程式，对于状态 1，$p_1 v_1 = RT_1$；对于状态 2，$p_2 v_2 = RT_2$。既然 $T_1 = T_2$，则 $p_1 v_1 = p_2 v_2$，或 $pv=$ 常量，就成为气体的定温过程在 p-v 图上的过程方程式，表现为一条等边双曲线。

分析一个热力过程，主要是要确定该过程中工质的参数变化及与外界的热量交换和功量交换。分析的方法是将一般规律与过程的特征相结合，导出适用于具体过程的计算公式。分析的内容和步骤可以归纳为以下几点：

（1）根据过程的特点，利用理想气体状态方程式和热力学第一定律解析式，得到过程方程式 $p = f(v)$。

（2）结合理想气体状态方程式和过程方程式，找出不同状态时状态参数间的关系式，从而由已知初态确定终态参数，或反之。

（3）将过程中状态参数的变化规律表示在 p-v 图和 T-s 图上。

（4）确定工质初、终态比热力学能、比焓、比熵的变化量。

对于定容过程 $\delta w = 0$，对于定压过程有 $\delta w_t = 0$，根据热力学第一定律可以写出 $\delta q_v = du = c_V dT$，$\delta q_p = dh = c_p dT$，即 $du = c_u dT$，$dh = c_p dT$。

　　虽然此结论是从定压或定容加热过程中得到的，但由于热力学能和焓都是状态参数，因此相同初终态的任意过程的热力学能和焓的变化量与定容过程中热力学能变化量或定压过程中焓变化量是相同的。即可以得到对于任意过程 1—2，有

$$\Delta u = \int_1^2 c_V \mathrm{d}T \qquad\qquad (2-33)$$

$$\Delta h = \int_1^2 c_p \mathrm{d}T \qquad\qquad (2-34)$$

根据热力学第一定律用于可逆过程的能量方程式 $\delta q = \mathrm{d}u + p\mathrm{d}v$ 和 $\delta q = \mathrm{d}h - v\mathrm{d}p$，熵的定义式 $\delta q = T\mathrm{d}s$，上述热力学能、焓的微分表达式和理想气体状态方程 $pv = R_\mathrm{g}T$，可得熵变化量的计算式：

$$\Delta s = c_p \ln \frac{T_2}{T_1} - R_\mathrm{g} \ln \frac{p_2}{p_1} \qquad\qquad (2-35)$$

$$\Delta s = c_V \ln \frac{T_2}{T_1} + R_\mathrm{g} \ln \frac{v_2}{v_1} \qquad\qquad (2-36)$$

$$\Delta s = c_V \ln \frac{p_2}{p_1} + c_p \ln \frac{v_2}{v_1} \qquad\qquad (2-37)$$

　　（5）根据可逆过程的特征，求容积功 w 和技术功 w_t。

　　各种可逆过程的容积功都可由 $w = \int_1^2 p\mathrm{d}v$ 计算，而技术功可由 $w_\mathrm{t} = -\int_1^2 v\mathrm{d}p$ 计算。

　　（6）用热力第一定律表达式或用比热容计算过程中的热量。

　　过程中的热量 q 在求出 w 和 Δu 之后，可按 $q = \Delta u + w$ 计算。定容过程和定压过程的热量还可按比热容乘以温差计算，定温过程可由温度乘以比熵差计算。

　　必须指出，工质热力状态变化的规律及能量转换状况与工质是否流动无关，对于确定的工质，它只取决于过程特征。比如，空气在闭口热力系中经可逆定压过程时初、终状态参数的变化，与空气稳定地流过开口热力系同样进行可逆定压过程时进、出口状态参数的变化是一致的，过程中有同样的热能 $\Delta u = c_V(T_2 - T_1)$ 转变为机械能。只是闭口热力系中这部分机械能以容积功的形式全部对外输出，而在开口热力系中转换而来的机械能一部分用于改变工质宏观动能、位能，维持工质的流动，其余部分以轴功的形式输出。

一、定容过程

　　工质比体积保持不变的过程叫定容过程。如一定量的气体在刚性密闭容器中的加热和冷却过程，其过程方程式为

$$v = 定值$$

初、终态参数间的关系可根据 $v=$定值及 $pv = RT$ 得出：

$$v_2 = v_1, \qquad \frac{p_2}{p_1} = \frac{T_2}{T_1} \qquad\qquad (2-38)$$

定容过程中气体的压力与热力学温度成正比。

　　定容过程的过程曲线在 $p\text{-}v$ 图上是一条与横坐标垂直的直线。在 $T\text{-}s$ 图上，过程曲线可用下面的方法确定：

$$\mathrm{d}s = c_V \frac{\mathrm{d}T}{T}$$

如果取比热容为定值，将上式积分得

$$\int_{s_0}^{s} \mathrm{d}s = \int_{0}^{T} c_V \frac{\mathrm{d}T}{T}$$

得

$$T = \mathrm{e}^{(s-s_0)/c_V}$$

由上式可见，定容过程线在 T-s 图上为一指数函数曲线，如图 2-13（b）所示，曲线上切线的斜率为

$$\left(\frac{\partial T}{\partial s}\right)_V = \frac{T}{c_V} \tag{2-39}$$

因为定容过程中 $\mathrm{d}v=0$，所以过程中气体的容积功 $w=0$。定容过程的技术功为

$$w_t = -\int_{1}^{2} v\mathrm{d}p = v(p_1 - p_2) \tag{2-40}$$

由上式可知，对于定容流动过程，技术功等于流体在进、出口处推动功之差。当压力降低（$p_1 > p_2$）时技术功为正，对外做技术功；反之，技术功为负，外界对系统做技术功。

过程的热量可根据热力学第一定律第一解析式得出

$$q_V = \Delta u = u_2 - u_1 \tag{2-41}$$

或由比热容计算：

$$q_V = \int_{1}^{2} c_V \mathrm{d}T \tag{2-42}$$

在定容过程中加入的热量全部变为气体的热力学能，对外放出的热量是由气体的热力学能转变而来，这是定容过程能量转换的特点。如图 2-13 所示，1—2 过程为定容吸热过程，1—2′ 过程为定容放热过程。

二、定压过程

气体压力保持不变的过程称为定压过程。其过程方程式为

$$p = 定值$$

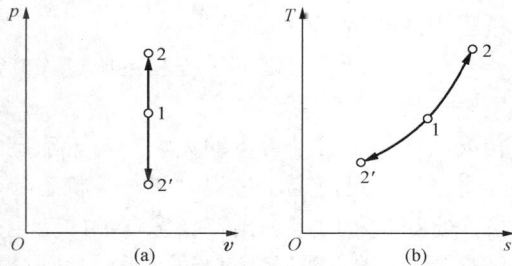

图 2-13 定容过程

初、终态参数间的关系可根据 $p=$定值及 $pv=R_g T$ 得出

$$p_2 = p_1, \quad \frac{v_2}{v_1} = \frac{T_2}{T_1} \tag{2-43}$$

定压过程中气体的比体积与热力学温度成正比。

由于压力是一定值，定压过程线在 p-v 图上是一条与横坐标垂直的直线。在 T-s 图上，定压过程的过程曲线可仿照定容过程的方法确定。

$$T = \mathrm{e}^{(s-s_0)/c_p}$$

由上式可见，定压过程线在 T-s 图上也为一指数函数曲线，如图 2-14（b）所示，曲线上切线的斜率为

$$\left(\frac{\partial T}{\partial s}\right)_p = \frac{T}{c_p} \tag{2-44}$$

由于在相同温度下总有 $c_p > c_V$，所以定压过程线比定容过程线更为平坦些。

因为定压过程中 $\mathrm{d}p=C$，所以过程中气体对外做的膨胀功为

$$w = \int_1^2 p\mathrm{d}v = p(v_2 - v_1) \tag{2-45}$$

定压过程中的技术功为

$$w_{\mathrm{t}} = -\int_1^2 v\mathrm{d}p = 0$$

它表明定压流动过程中的膨胀功全部用于进、出口推动功的增加，以维持工质的流动。

过程的热量可根据热力学第一定律第二解析式得出

$$q_p = \Delta h = h_2 - h_1 \tag{2-46}$$

或由比热容计算：

$$q_p = \int_1^2 c_p \mathrm{d}T \tag{2-47}$$

在定压过程中加入的热量全部变为气体的焓，气体膨胀、温度升高；对外放出的热量是由气体的焓转变而来，气体被压缩、温度降低。如图 2-14 所示，定压过程 1—2 为吸热升温膨胀过程，1—2′ 为放热降温压缩过程。

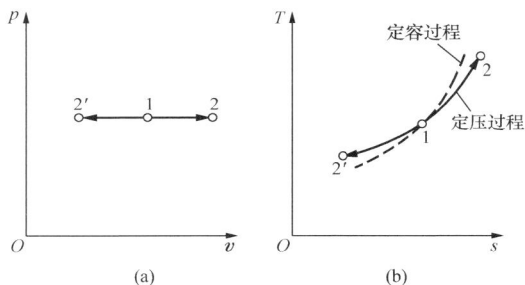

图 2-14　定压过程

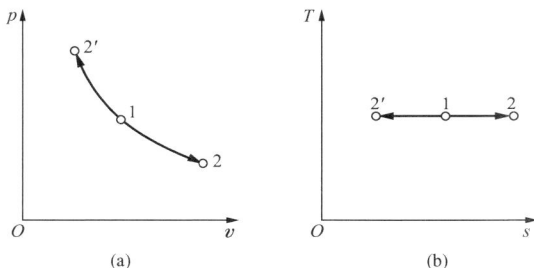

图 2-15　定温过程

三、定温过程

气体温度保持不变的过程称为定温过程，$T=$ 定值。代入理想气体状态方程 $pv=RT$，得过程方程式为

$$pv = 定值$$

初、终态参数间的关系可由此写出

$$T_2 = T_1, \quad p_2 v_2 = p_1 v_1 \tag{2-48}$$

定温过程中气体的比体积与压力成反比。

如图 2-15 所示，定温过程线在 $p\text{-}v$ 图上是一条等边双曲线，在 $T\text{-}s$ 图上是一条水平线。

定温过程中气体对外做的膨胀功为

$$w = \int_1^2 p\mathrm{d}v = pv\int_1^2 \frac{\mathrm{d}v}{v} = pv\ln\frac{v_2}{v_1} = pv\ln\frac{p_1}{p_2} \tag{2-49}$$

定温流动过程中的技术功为

$$w_{\mathrm{t}} = -\int_1^2 v\mathrm{d}p = -pv\int_1^2 \frac{\mathrm{d}p}{p} = pv\ln\frac{p_1}{p_2} = pv\ln\frac{v_2}{v_1}$$

可见，定温过程中，膨胀功与技术功在数值上相等。

理想气体的热力学能和焓都只是温度的单值函数，故定温过程也是定热力学能过程、定焓过程，即 $\Delta u = \Delta h = 0$，所以根据热力学第一定律能量方程，定温过程中的热量为

$$c_T = w = w_t = R_g T \ln \frac{v_2}{v_1} = R_g T \ln \frac{p_1}{p_2} \tag{2-50}$$

上式说明，在定温过程中加入的热量等于对外做的功；定温压缩时，对气体所做的功等于气体向外界放出的热量。

此外，定温过程的热量也可通过熵的变化计算：

$$q_T = \int_1^2 T \mathrm{d}s = T(s_2 - s_1) \tag{2-51}$$

如图 2-15 所示，过程 1—2 为定温吸热膨胀过程，1—2'定温放热压缩过程。

四、绝热过程

气体与外界没有热量交换的变化过程叫做绝热过程，绝热过程的特征为 $\delta q = 0$。对于可逆绝热过程

$$\mathrm{d}s = \frac{\delta q}{T} = 0$$

因此，可逆绝热过程也叫做定熵过程。根据理想气体熵的微分式

$$\mathrm{d}s = c_V \frac{\mathrm{d}p}{p} + c_p \frac{\mathrm{d}v}{v}$$

可得

$$\frac{\mathrm{d}p}{p} + \kappa \frac{\mathrm{d}v}{v} = 0$$

当取等熵指数 κ 为定值时，上式积分可得

$$\ln p + \kappa \ln v = 定值$$

即

$$pv^{\kappa} = 定值 \tag{2-52}$$

根据过程方程式及理想气体状态方程，可得绝热过程初、终态参数间的关系：

$$p_2 v_2^{\kappa} = p_1 v_1^{\kappa}, \quad \frac{T_2}{T_1} = \left(\frac{v_1}{v_2}\right)^{\kappa-1}, \quad \frac{T_2}{T_1} = \left(\frac{p_2}{p_1}\right)^{\frac{\kappa-1}{\kappa}} \tag{2-53}$$

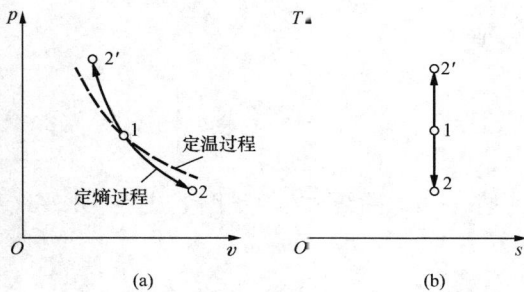

图 2-16　绝热过程

由上述关系式可知，当气体绝热膨胀（$v_2 > v_1$）时，p 与 T 均降低；当气体被绝热压缩（$v_2 < v_1$）时，p 与 T 均增高。绝热过程中压力与温度的变化趋势一致，而比体积和温度的变化趋势相反。

从过程方程式可以看出，在 p-v 图上绝热过程是一高次双曲线，如图 2-16（a）所示。根据过程方程式可知其斜率为 $\left(\frac{\partial p}{\partial v}\right)_s = -\kappa \frac{p}{v}$。与定温线斜率 $\left(\frac{\partial p}{\partial v}\right)_T = -\frac{p}{v}$ 相比，因 $\kappa > 1$，定熵线斜率的绝对值大于定温线，所以定熵线更陡一些。定熵过程线在 T-s 图上是一条垂线。图中过程线 1—2 表示绝热膨胀降压降温过程，1—2'是绝热压缩增压升温过程。

绝热过程中气体与外界不交换热量，$q = 0$。代入热力学第一定律闭口系能量方程

$q=\Delta u+w$ 得

$$w=-\Delta u=u_1-u_2$$

上式表明可逆绝热过程中对外做的体积功来自工质本身能量的变化。绝热膨胀时，膨胀功等于工质热力学能降低；绝热压缩时，消耗的压缩功等于工质热力学能增量。此公式由能量守恒导出，可普遍适用于理想气体和实际气体的可逆和不可逆绝热过程。

对于可逆绝热过程，气体对外做的膨胀功还可表示为

$$w=\int_1^2 p\mathrm{d}v=pv^\kappa\int_1^2\frac{\mathrm{d}v}{v^\kappa}$$

$$=\frac{1}{\kappa-1}R_gT\left[1-\left(\frac{v_1}{v_2}\right)^{\kappa-1}\right]=\frac{1}{\kappa-1}R_gT\left[1-\left(\frac{p_2}{p_1}\right)^{\frac{\kappa-1}{\kappa}}\right] \tag{2-54}$$

根据热力学第一定律稳定流动能量方程 $q=\Delta h+w_t$，可得绝热过程的技术功为

$$w_t=-\Delta h=h_1-h_2$$

对于理想气体可逆过程，技术功可由 $w=-\int_1^2 v\mathrm{d}p$ 和 $pv^\kappa=$ 定值求得，即

$$w_t=\frac{\kappa}{\kappa-1}R_gT\left[1-\left(\frac{v_1}{v_2}\right)^{\kappa-1}\right]=\frac{\kappa}{\kappa-1}R_gT\left[1-\left(\frac{p_2}{p_1}\right)^{\frac{\kappa-1}{\kappa}}\right] \tag{2-55}$$

可见，可逆绝热过程中技术功是膨胀功的 κ 倍。

以上分析的是四种基本热力过程，在实际热机中工质的膨胀或压缩过程，往往并不严格地就是上述所介绍的四种基本热力过程中的任何一种。此时，除了把情况理想化，把它当成比较接近上述某一种基本过程来考虑以外，另一种办法就是把它考虑成可以用

$$pv^n=定值 \tag{2-56}$$

这一方程式来代表的过程。式中，指数 n 是不随状态改变的定值。这种过程，叫做多变过程。

第六节　热力学第二定律

一、热力学第二定律的实质

通过长期的生产、生活实践，人们总结出了热力学第一定律，从而定量地揭示了各种形式的能量在传递和转换过程中，必须遵守能量守恒的普遍规律。它反映了各种不同形式能量的共性，指出不消耗能量而做功的第一类永动机是无法实现的。然而，满足热力学第一定律的过程或循环是否一定可以实现呢？大量的事实告诉我们，这是不一定的。如两个温度不同的物体 A、B，在相互接触而发生热传递过程时，热量是怎样传递的呢？热力学第一定律指出，只要 $Q_A=Q_B$，不论是热量由 A 传递给 B 或由 B 传递给 A 都满足热力学第一定律。然而实践告诉我们，在没有任何附加条件下，热量总是自发地从温度较高的物体传向温度较低的物体，使两物体的温度逐渐趋于一致，一直到两者温度相等为止，见图 2-17。而它的逆过程，即热量自发地、不付任何代价地从低温物体传递给高温物体的过程，却根本不可能出现。此外，通过摩擦，机械能不需任何附加条件就可全部耗散为系统的热力学能，而它的逆过程同样是不能实现的。

实践中的大量事实告诉我们，在能量的传递和转换过程中，不但

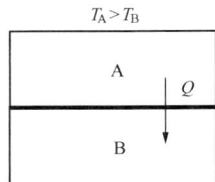

图 2-17　温度的传递方向

要遵守热力学第一定律，还需遵守能量传递和转换过程中有关条件、方向与限度的客观规律，这就是热力学第二定律。

如上述，热力学第一定律只反映了各种形式的能量在传递和转换过程中的共性，即数量关系，而不能回答不同形式能量传递、转换过程的方向性问题。因而热力学第二定律是独立于热力学第一定律的另一任何热现象所普遍遵守的客观规律。它有着十分重要的理论意义和实际价值，同样是每一个工程技术人员都应当理解和掌握的基本规律之一。

二、热力学第二定律的表述

自然过程的种类是无穷无尽的，人类根据长期生产实践和科学研究中积累的丰富经验，从大量不同的现象中总结出反映同一客观规律的多种叙述方式。克劳修斯（Clausius，1850年）和开尔文（Kelvin，1851年）正是从不同角度分别独立地提出了热力学第二定律。

克劳修斯以温差传热过程的不可逆性来表述热力学第二定律，他提出"热量不可能自发地、不付任何代价地从低温物体传到高温物体"。

开尔文则从能量转换的角度认为"不可能制造出从单一热源吸取热量并使之完全转变为功而不留下其他任何变化的热机"。

由于从单一热源吸热而连续做功的热机并不违反热力学第一定律，其所做的功等于所吸收的热量，能量仍是守恒的，但它违反了热力学第二定律，人们把这种单一热源的发动机称为第二类永动机。如果第二类永动机能够实现，则可将从大气或海洋吸取热量并全部转变为功，显然这是不可能的。因此，热力学第二定律也可表述为"第二类永动机不可能制成"。

虽然对于热力学第二定律，从能量传递和能量转换的角度得出了两种不同的表述形式，但它们反映的是同一客观规律——自然过程的方向性，其实质是相同的。只要其中一种表述是可能的，则另一种也成立。

如图 2-18（a）所示，假设热力学第二定律的开尔文说法不成立，即一热机在一个循环中从温度为 T_1 的热源吸取热量 Q_1，并使之完全转变为功，用于带动一个工作在高温热源 T_1 和低温热源 T_2 之间的制冷机。该制冷机在耗功 W 的条件下，自冷源吸收热量 Q_2，并向热源放出热量 Q_3。由热力学第一定律，制冷机完成一个循环后，应有

$$|Q_3| = |Q_2| + |W| = |Q_2| + |Q_1|$$

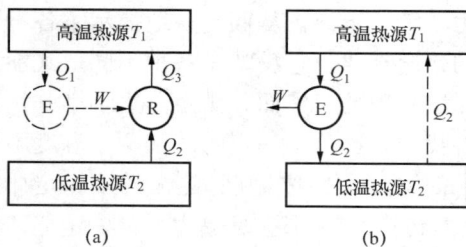

图 2-18　克劳修斯和开尔文说法的一致性证明

由此可见，两部机器联合运行一个循环后，唯一的效应是低温热源失去了热量 Q_2，而高温热源则得到了热量 Q_2，即热量 Q_2 自发地从低温物体传递给高温物体，这显然违反了克劳修斯说法。同理，如图 2-18（b）所示，用类似的方法可以证明违反克劳修斯说法，则开尔文说法也必不成立，证明从略。因此，热力学第二定律的开尔文说法和克劳修斯说法是等效的。

热力学第二定律和热力学第一定律一样，是建立在长期积累的无数经验的基础上，就目前而言，任何想反驳热力学第二定律或其推论的意图，都因不能找到事实依据而失败；反之，随着实验技术的日益准确，进一步地表明热力学第二定律及其推论是符合客观实际的。

第七节　卡诺循环及卡诺定理

热力学第二定律指出，任何热机都不能将吸取的热量循环不息地全部转变为功。那么，在一定的高温热源和低温热源条件下，循环中吸取的热量最多能有多少转变为功，热效率可能达到的极限究竟有多大？在两个热源之间工作的不同工质，不同过程（包括可逆或不可逆过程）的热效率又会怎样？卡诺循环和卡诺定理回答了这些问题。

一、卡诺循环

在蒸汽机发明以后，不少人为提高其效率继续进行研究，有人设想了以空气代替水蒸气作为工质，并研制了以空气为工质的外燃式发动机（即热气机）。在这些实践经验的基础上，卡诺（Sadi Carnot）于 1824 年发表了重要论文"关于火的动力"。文中提出了一种理想的热力循环，即著名的卡诺循环。但由于受到当时热素说的影响，他未能建立循环热效率的概念。对卡诺循环的严格论证以及热效率公式的导出，最后由克劳修斯于 1850 年左右完成。

热机的经济性常以循环热效率来衡量。它是指在循环中单位质量工质所做循环净功 w_{net} 与从高温热源所吸取的热量 q_1 的比值，它从数量上反映了能量转换的完善程度。根据热力学第一定律，对于循环，$\oint \delta q = \oint \delta w$，循环净功 w_{net} 为循环中工质吸热量 q_1 与放热量 q_2 之差，即 $w_{net} = q_1 - q_2$，此处 q_1、q_2、w_{net} 均为绝对值。因此，任何热机的循环热效率 η_t 为

$$\eta_t = \frac{w_{net}}{q_1} = \frac{q_1 - q_2}{q_1} \tag{2-57}$$

1. 卡诺循环及其热效率

卡诺循环是由两个可逆定温过程和两个可逆绝热过程组成，以理想气体为工质的热机循环，其 $p\text{-}v$ 图和 $T\text{-}s$ 图如图 2 - 19 所示。

图中：

$a\text{-}b$ 为可逆定温吸热过程，工质在温度 T_1 下从相同温度的高温热源吸取热量 q_1；

$b\text{-}c$ 为可逆绝热膨胀过程，工质从温度 T_1 降低至 T_2；

$c\text{-}d$ 为可逆定温放热过程，工质在温度 T_2 下向相同温度的低温热源放出热量 q_2；

$d\text{-}a$ 为可逆绝热压缩过程，工质从温度 T_2 升高至 T_1。

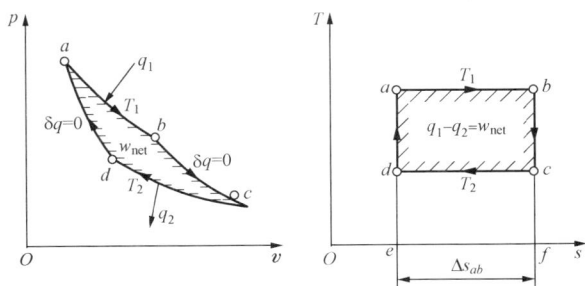

图 2 - 19　卡诺循环

在定温吸热过程 $a\text{-}b$ 中，工质的吸热量为

$$q_1 = R_g T_1 \ln \frac{v_b}{v_a}$$

在定温放热过程 $c\text{-}d$ 中，工质的放热量为

$$q_2 = R_g T_2 \ln \frac{v_c}{v_d}$$

由于过程 b-c 和过程 d-a 是两个可逆绝热过程，因而根据其过程方程式和理想气体状态方程，可得

$$v_b = v_c \left(\frac{T_c}{T_b} \right)^{\frac{1}{\kappa-1}} = v_c \left(\frac{T_2}{T_1} \right)^{\frac{1}{\kappa-1}}$$

$$v_a = v_d \left(\frac{T_d}{T_a} \right)^{\frac{1}{\kappa-1}} = v_d \left(\frac{T_2}{T_1} \right)^{\frac{1}{\kappa-1}}$$

所以

$$\frac{v_b}{v_c} = \frac{v_a}{v_d}, \quad 即 \frac{v_b}{v_a} = \frac{v_c}{v_d}$$

将上述公式代入热效率公式可得理想气体的卡诺循环热效率为

$$\eta_C = \frac{T_1 - T_2}{T_1} = 1 - \frac{T_2}{T_1} \tag{2-58}$$

上式就是卡诺循环热效率公式。从该式中可以得出以下重要结论：

(1) 卡诺循环的热效率只决定于高温热源和低温热源的温度，即工质吸热和放热的温度。因此要提高其循环效率，根本的途径是提高高温热源的温度和降低低温热源的温度。

(2) 因 $T_1 = \infty$ 或 $T_2 = 0$ 都是不可能的，所以卡诺循环的热效率只能小于 1，也就是说，在循环发动机中不可能将热能全部转变为机械能。

(3) 当 $T_1 = T_2$ 时，循环的热效率为零。这就是说，在温度平衡的体系中，热能不可能转变为机械能，或者说单热源热机是不存在的。要利用热能来产生动力，就一定要有温度差，即一定要有温度高于环境的高温热源。

例如海水发电试验装置利用不同深度海水的温差来发电。设海面上海水温度为 30℃，同一地区 500m 以下的深海处温度为 5℃，那么在这一温限内工作的卡诺循环热效率为

$$\eta_C = \frac{T_1 - T_2}{T_1} = \frac{(30+273)-(5+273)}{30+273} = 8.25\%$$

由于存在的各种不可逆损失，目前这种试验装置的热效率约为 3.5%。

倘若没有可利用的天然温度差，就必须用人工方法造成温度差，如利用燃料燃烧时由化学能转变而来的热能，或原子核分裂释放的核能转化为热能，以获得高于外界环境的温度。例如现代火力发电厂锅炉为烟气平均温度为 1000K，环境温度为 300K，在这一温限内工作的卡诺循环热效率为

$$\eta_C = \frac{T_1 - T_2}{T_1} = \frac{1000-300}{1000} = 70\%$$

实际上，由于水和水蒸气在锅炉内吸热时的平均温度比烟气的平均温度低得多，此外还存在其他一些不可逆损失，所以火力发电厂中蒸汽动力装置的实际热效率通常为 30%～40%。

2. 卡诺逆循环

逆向进行的卡诺循环，称为卡诺逆循环。正如正循环中由高温热源吸取热量 q_1，向低温热源放出热量 q_2，对外做功 w；则在逆循环中只需耗费同量的功 w，就可由低温热源吸取热量 q_2，而向高温热源送还热量 q_1。其相应的 p-v 图、T-s 图如图 2-20 所示。

卡诺逆循环可用于制冷或供暖。用于制冷时，其目的是从温度较低的热源吸取热量 q_2 以维持其低温环境。它的性能可用制冷系数 ε 来评价，定义为由低温热源吸取的热量 q_2 与

所耗外功 w_{net} 之比：

$$\varepsilon = \frac{q_2}{w_{net}} = \frac{q_2}{q_1 - q_2} = \frac{T_L}{T_0 - T_L}$$

$$(2-59)$$

当逆循环用于供暖时，其目的是
向温度较高的热源提供热量，其性能
用供暖系数 ε' 来评价，其定义为向高温
热源提供的热量 q_1 与所耗外功 w_{net} 的
比值：

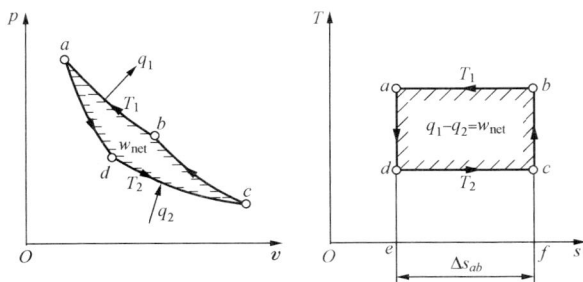

图 2-20　卡诺逆循环

$$\varepsilon' = \frac{q_1}{w_{net}} = \frac{q_1}{q_1 - q_2} = \frac{T_H}{T_H - T_0}$$

$$(2-60)$$

式中　　T_0——外界环境温度。

卡诺循环是理论上最为完善的热机循环，在相同温度的高温热源和相同温度的低温热源
之间，卡诺循环具有最高的循环热效率，但实际上卡诺循环是不能实施的。首先，工质作可
逆变化，势必恒与外界保持热和力的平衡，使其过程无限迟缓；此外，无完全绝热和完全传
热的物质，而使工质能够绝热变化和在定温条件下交换热量。因此卡诺循环为一理想循环，
属于极限情况。但它是研究热机性能不可缺少的准绳，指明了提高循环热效率的基本方向，
在热力学中具有极为重要的意义。

二、卡诺定理

卡诺循环热效率的推导过程中作了一些假定，如工质是定比热容的理想气体，过程是可
逆过程，那么卡诺循环是否仅仅是这种可能的理想热力循环中的一个呢？卡诺定理正是要告
诉我们，卡诺循环是实现连续热功转换时理论上最为完善的一种方案，因而对指导热机的设
计和改进具有特殊的意义。它包括两个定理，分别讨论了卡诺热机效率和任意工质任意循环
的可逆热机效率，可逆热机和不可逆热机的热效率问题。

定理一：在两个不同温度的恒温热源之间工作的所有可逆热机，其热效率都相等，且与
工质的性质无关。

卡诺定理的证明可以从热力学第二定律出发，利用反证法加以证明。

设有一个以理想气体为工质的卡诺热机 A 和任意可逆（采用任意工质）热机 B。A、B
同时工作于两个恒温热源 T_1、T_2 之间。它们的热效率分别为 $\eta_{tA} = 1 - \frac{q_2}{q_1}$ 及 $\eta_{tB} = 1 - \frac{q'_2}{q_1}$。

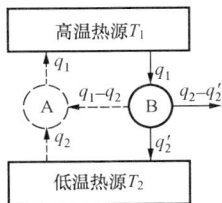

如图 2-21 所示，A、B 两热机组成联合装置。A 热机作逆循
环，从低温热源吸热 q_2，向高温放热 q_1，其耗功 $(q_1 - q_2)$ 由任意
可逆热机 B［从高温热源吸热 q_1，向低温热源放热 q'_2，输出功量
为 $(q_1 - q'_2)$］提供。若假定 $\eta_{tB} > \eta_{tA}$，则 $q_2 > q'_2$。由于高温热源失
去热量 q_1 的同时又得到同样数量的热量，状态未发生变化。于是
此联合装置将连续地自低温热源吸取热量 $(q_2 - q'_2)$，并将其全部
转变为功对外输出。联合装置为第二类永动机，这违反了热力学
第二定律，因此 $\eta_{tB} > \eta_{tA}$ 的假设不成立。同理，若 B 机作逆循环，

图 2-21　卡诺定理
的证明

其耗功由 A 机提供，又可推出 $\eta_{tB} < \eta_{tA}$ 的假定不成立。从上述两个结论可得出 $\eta_{tA} = \eta_{tB}$，即

工作在相同温限热源间的采用任意工质的一切可逆热机的热效率均相同。

定理二：在两个不同温度的恒温热源之间工作的任何不可逆循环，其热效率必小于同样热源间工作的可逆循环。

组成循环的过程中，如果有不可逆过程存在，则整个循环变为不可逆循环。首先，力不平衡引起的不可逆循环中有能量的耗散，所以在循环中即使吸取了相同的热量，不可逆循环所做的功必然小于可逆循环所做的功，即不可逆循环的热效率低于可逆循环的热效率。若不可逆性是由于热不平衡引起的，即热源与工质间存在温差的情况，吸热时工质的温度 T_1' 低于高温热源的温度 T_1，放热时工质的温度 T_2' 高于低温热源温度 T_2。若在吸热和放热时，工质的温度 T_1' 和 T_2' 保持不变，则我们可假定高温热源 T_1 在温差（T_1-T_1'）下不可逆地将热量传给另一个热源 T_1'，再由该热源可逆地将相同数量的热量传给工质。工质用同样的方法将热量传递给低温热源。若其他过程都是可逆的，则对工质而言，就形成了一个在 T_1' 和 T_2' 之间工作的可逆循环来代替原来的不可逆循环，则其热效率为

$$\eta_t' = 1 - \frac{T_2'}{T_1'}$$

由于 $T_1'<T_1$，$T_2'>T_2$，故其热效率

$$\eta_t' < 1 - \frac{T_2}{T_1} = \eta_t$$

可见，具有任何不可逆性的循环，其热效率必低于在相同的两热源间工作的可逆循环的热效率。当然，此结论也可通过和定理一相同的方法证明得到。

三、概括性卡诺循环

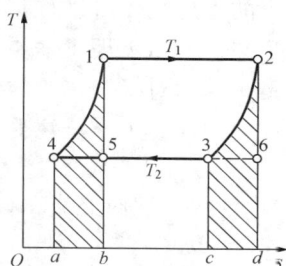

图 2 - 22　概括性循环

卡诺循环和卡诺定理指出了循环热效率的极限和提高循环热效率的基本途径。现根据此理论来分析一个由两个等温过程和两个多变过程组成的热机循环，如图 2 - 22 所示。工质自高温热源 T_1 吸取热量，向低温热源 T_2 放出热量。过程 2—3、4—1 为在水平方向上距离相等（多变指数 n 相等）的两个多变过程，由图可见，过程 2—3 也有向外界的放热过程。如果它直接向低温热源放热，由于过程中工质的温度是不断变化，并不等于低温热源的温度，2—3 过程存在温差传热而变为不可逆过程，整个循环也成为不可逆循环。由卡诺定理可知，此循环的热效率必然低于在相同两热源间工作的可逆热机。因此，要提高循环的热效率，就必须使循环变为可逆循环。为此要采用无限多的蓄热器，其温度在 T_1 和 T_2 之间无限小的变化，使多变放热过程 2—3 和这些温度趋于连续变化的无限多蓄热器接触。这样工质随时在等于热源的温度下放热。同样，在 4—1 吸热过程中，工质也不能直接从高温热源 T_1 吸取热量，可利用上述无限多个蓄热器依相反次序逐个与工质相接触，使工质随时在定温条件下吸取各蓄热器在 2—3 过程中所接受的热量。由于过程 2—3、4—1 在水平方向上距离相等，所以两曲线下面积 $S_{23cd2}=S_{41ba4}$，即过程 2—3 中所放出的热量在过程 4—1 中相应地全部加给了工质。工质经历一个循环后，无限多的蓄热器又恢复原态。可见，上述循环在采用无限多蓄热器后仍仅与一个高温热源和一个低温热源交换热量。我们把这种在两个热源间工作的可逆循环叫做概括性卡诺循环。根据卡诺定理，其热效率和同温度范围内卡诺循环（循环 12651）的热效率相同。

概括性卡诺循环的实现，需要借助温度连续变化的无限多蓄热器。虽然这在实际的动力装置中无法完全做到，但是它从原则上提出了减小温差传热损失，使过程接近可逆的一种办法，就是利用工质排出的部分热量来加热工质。这种方法称为回热，采用回热的循环称为回热循环。目前，回热循环已广泛用于大、中型蒸汽动力装置和燃气轮机装置循环。

【例题 2 - 4】   1kg 某种工质在 2000K 的高温热源与 300K 的低温热源间进行可逆的热力循环。循环中，工质从高温热源吸取热量 100kJ。求：

（1）此热量中最多有多少可转变为功，热效率为多少？

（2）若工质从高温热源吸热过程中存在 125K 的温差，循环中其他过程与（1）相同，则在此循环中 100kJ 的热量可转变为多少数量的功，热效率又将为多少？

解   （1）由卡诺定律可知，在两个不同的恒温热源之间工作的可逆热机的热效率均等于卡诺热机的热效率。

$$\eta_t = 1 - \frac{T_2}{T_1} = 1 - \frac{300}{2000} = 0.85$$

故 100kJ 热量中可转变为功的数量为

$$w = \eta_t q_1 = 0.85 \times 100 = 85 (\text{kJ/kg})$$

（2）由已知条件，工质在温度 $T_1' = 1875K$ 下吸热，在温度 T_2 下放热，无其他内部不可逆性。因此可用一个在 T_1' 和 T_2 之间工作的可逆循环来代替原来的不可逆循环，其热效率为

$$\eta_t' = 1 - \frac{T_2}{T_1'} = 1 - \frac{300}{1875} = 0.83$$

循环输出功为 $w' = \eta_t' q_1 = 0.83 \times 100 = 83 (\text{kJ/kg})$

由此可见，具有不可逆性的循环的热效率，总是低于在相同两热源间工作的可逆循环的热效率。

第八节 孤立系统熵增原理

一、熵流和熵产

1. 可逆过程中的熵变

在第一章中我们已经简要介绍了熵的概念，在本节中，将再次从卡诺定理出发，进一步深入讨论熵。由卡诺循环的热效率公式

$$\eta_C = 1 - \frac{q_2}{q_1} = 1 - \frac{T_2}{T_1}$$

得

$$\frac{q_1}{T_1} = \frac{q_2}{T_2}, \quad \text{即} \frac{q_1}{T_1} - \frac{q_2}{T_2} = 0$$

上式中的吸热量 q_1 和放热量 q_2 均为绝对值。如按吸热为正，放热为负的规定将 q_1 和 q_2 以代数值代入上式，可得

$$\frac{q_1}{T_1} + \frac{q_2}{T_2} = 0$$

即

$$\sum \frac{q}{T} = 0$$

　　由此可见，在卡诺循环中，传递的热量与所在热源热力学温度比值的代数和等于零。

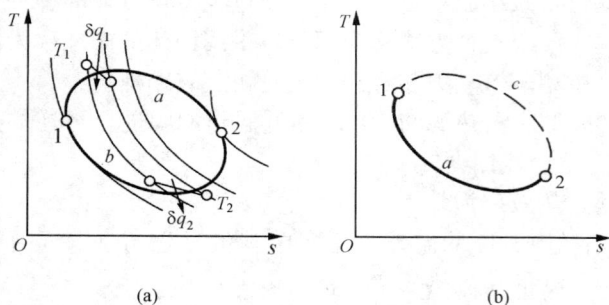

图 2-23　过程中的熵变

图 2-23（a）中 $1a2b1$ 为一个任意的可逆循环，吸热过程 $1a2$ 或放热过程 $2b1$ 中，温度在不断的变化，同时和外界有热量交换。由可逆过程条件可知，应当有无限多个不同温度的高温热源和低温热源，逐个依次连续地向工质加热和从工质吸热，才能实现可逆传热，因而任意可逆循环的热源是无限多个。

　　现用无限多的可逆绝热线群，将这个循环分割成无限多个微元循环。因相邻的两个可逆绝热线无限接近，因此每个微元循环都可认为是由两个可逆绝热过程和两个可逆定温过程所组成，是一个卡诺循环。这样，对每一个微元循环仍有

$$\frac{\delta q_1}{T_1} + \frac{\delta q_2}{T_2} = 0, \quad \frac{\delta q_3}{T_3} + \frac{\delta q_4}{T_4} = 0, \cdots$$

合并组成任意可逆循环 $1a2b1$ 的所有微元循环可得

$$\int_{1a2} \frac{\delta q}{T} + \int_{2b1} \frac{\delta q}{T} = 0 \quad 或 \quad \int_{1a2} \frac{\delta q}{T} = \int_{1b2} \frac{\delta q}{T}$$

也可写成

$$\oint \frac{\delta q}{T} = 0 \tag{2-61}$$

　　式（2-61）表明，任意工质经过一个任意可逆循环后其环积分为零。这正是状态参数所具有的特征，因此 $\frac{\delta q}{T}$ 是一个状态参数的全微分，热力学中用熵 s 来表示这个状态参数。

　　对于可逆过程

$$\mathrm{d}s = \frac{\delta q}{T} \tag{2-62}$$

或

$$\Delta s = s_2 - s_1 = \int_1^2 \frac{\delta q}{T} \tag{2-63}$$

　　熵和比体积、压力、温度一样，都是状态参数，所以熵也可作为描述工质状态的独立参数之一。应当注意：由于熵是状态参数，因而在初、终两个平衡态一定时，不管所经历的过程是否可逆，其熵的变化量（$s_2 - s_1$）总是相同的，但熵变量的积分计算只能沿可逆过程进行。熵不像温度、压力可以直接测量，也不能从实验中直接测定，只能由可直接测量的物性量，如 c、T、p 等数据间接计算其数值。此外，在一般的热工计算中只需要两个状态之间的熵变量，而熵的绝对值只在化学热力学中才涉及，因此在计算时可任意选定某一基准的熵为零点。

　　2. 不可逆过程中的熵变

　　若热力系由初态 1 经 a 可逆地变化至终态 2，如图 2-23（b）所示，对应于初终态的熵值为 s_1、s_2。令此系统再由 2 经 c 不可逆地变化至 1。这样，两个过程组成了一个不可逆循

环。同样采用无限多的可逆绝热线群细分不可逆循环 $1a2c1$。根据卡诺定理二，对于任意一个微元循环，有

$$1 - \frac{\delta q_2}{\delta q_1} < 1 - \frac{T_2}{T_1}$$

同样将上式变化为代数和的形式，可得

$$\frac{\delta q_1}{T_1} + \frac{\delta q_2}{T_2} < 0$$

则对于整个不可逆循环 $1a2c1$ 有

$$\int_{1a2} \frac{\delta q}{T} + \int_{2c1} \frac{\delta q}{T} < 0$$

即

$$\oint \frac{\delta q}{T} < 0 \tag{2-64}$$

此式称为克劳修斯不等式。

对于不可逆循环 $1a2c1$ 有

$$\oint \frac{\delta q}{T} = \int_{1a2} \frac{\delta q}{T} + \int_{2c1} \frac{\delta q}{T} < 0$$

而对于图 2-23（a）中的可逆循环 $1a2b1$ 有

$$\oint \frac{\delta q}{T} = \int_{1a2} \frac{\delta q}{T} + \int_{2b1} \frac{\delta q}{T} = 0$$

比较上两式得

$$\int_{2c1} \frac{\delta q}{T} < \int_{2b1} \frac{\delta q}{T}$$

根据熵的定义，对于可逆过程 $2b1$，有 $\int_{2b1} \frac{\delta q}{T} = s_1 - s_2$ ，因此

$$s_1 - s_2 > \int_{2c1} \frac{\delta q}{T} \tag{2-65}$$

或

$$ds > \frac{\delta q}{T} \tag{2-66}$$

结合式（2-62）和式（2-66），对闭口热力系中进行的任何过程有

$$ds \geqslant \frac{\delta q}{T} \tag{2-67}$$

式中等号适用于可逆过程，不等号适用于不可逆过程。此式为热力学第二定律应用于闭口热力系的数学表达式。此处要特别注意，只要热力系的初、终态一定，不论状态变化过程是否可逆，熵变量均相同。只是 $\int \frac{\delta q}{T}$ 在可逆过程中等于熵变量，而在不可逆过程中其值小于熵变量。

我们定义 $\frac{\delta q}{T}$ 和 $\int \frac{\delta q}{T}$ 为系统与外界发生热交换时，由于系统获得外界的传热量而引起的熵的变化量，称为熵流，即

$$ds_f = \frac{\delta q}{T} \quad \text{或} \quad (s_2 - s_1)_f = \int_1^2 \frac{\delta q}{T} \tag{2-68}$$

根据熵流的定义可知熵流的符号与热量符号相同：系统吸取热量，熵流为正；系统放出

热量，熵流为负。因此，系统与外界之间的热量传递是必然伴随有熵流的能量传递过程；与此相反，功传递的过程则是一种没有熵流的能量传递过程。

对于可逆过程，系统的熵变化恒等于熵流。在不可逆过程中有

$$s_2 - s_1 > \int_1^2 \frac{\delta q}{T} \quad 或 \quad ds > \frac{\delta q}{T}$$

上式表明对于不可逆过程来说，系统的熵变化总大于由于传热而引起的熵流。我们把系统在过程中的熵变化 Δs 和熵流 s_f 的差值称为熵产 s_g，它是由于系统内部不可逆性损耗而导致的。

$$ds_g = ds - ds_f \tag{2-69}$$

对于不可逆过程，由于存在能量的耗散，熵产总是正值。因此在自然界中的一切自发进行的过程，其熵产恒为正值。其极限情况，即可逆过程中，熵产为零。

综上所述，系统在状态变化过程中，因与外界的热量交换而产生熵流，又因系统内部的不可逆性而产生熵产。因此系统的熵变量为

$$ds = ds_f + ds_g \tag{2-70}$$

此即闭口热力系的熵平衡方程；其中熵流可为正，可为负，也可为零；熵产恒为正，在极限情况，即可逆过程时为零。

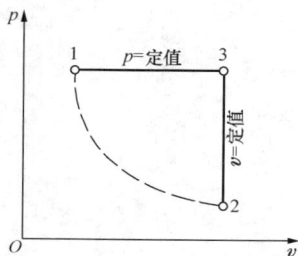

图 2-24　例题 2-5 图

【例题 2-5】　若理想气体的一个绝热过程的两个端点 1 和 2 的状态分别为：$p_1=0.3$MPa、$T_1=400$K；$p_2=0.2$MPa、$T_2=320$K。试用克劳修斯不等式判断过程的方向，是由状态 1 变化为状态 2，还是相反？［气体的 $c_p=1004$J/(kg·K)，$c_V=718$J/(kg·K)］

解　用可逆定压过程 1—3 和可逆定容过程 3—2 和该绝热过程一起组成一个循环，如图 2-24 所示。其中点 3 的状态可求得为

$$p_3 = p_1 = 0.3\text{MPa}, \quad T_3 = T_2 \frac{p_3}{p_2} = 320 \times \frac{0.3}{0.2} = 480\text{K}$$

若循环方向为 1321，其循环积分 $\oint \frac{\delta q}{T}$ 为

$$\oint_{1321} \frac{\delta q}{T} = \int_1^3 \frac{\delta q}{T} + \int_3^2 \frac{\delta q}{T} + \int_2^1 \frac{\delta q}{T}$$

$$= c_p \ln \frac{T_3}{T_1} + c_V \ln \frac{T_2}{T_3}$$

$$= 1004 \times \ln \frac{480}{400} + 718 \times \ln \frac{320}{480}$$

$$= 183.1 - 291.1 = -108[\text{J/(kg·K)}] < 0$$

此循环可以实现，且为一不可逆循环，过程 2—1 可以实现。

同理，假定循环进行的方向为 1231，即绝热过程的方向由状态 1 变化为状态 2，则循环的 $\oint \frac{\delta q}{T}$ 为

$$\oint_{1231} \frac{\delta q}{T} = \int_1^2 \frac{\delta q}{T} + \int_2^3 \frac{\delta q}{T} + \int_3^1 \frac{\delta q}{T} = 108[\text{J/(kg·K)}] > 0$$

该循环是不能实现的。从而可断定过程 1—2 是不可能的。

因此，绝热过程的方向只能从状态 2 压缩到状态 1，而且是不可逆的。

二、孤立系熵增原理

若系统是封闭的，且与外界无任何热量交换，即 $\delta q = 0$。于是，由式（2-67）得

$$ds_{is} \geqslant 0 \tag{2-71}$$

由此可见，在绝热的闭口热力系中，熵总是增加的，只有在可逆的变化极限情况下，才保持不变。绝热系 $\delta q = 0$，则熵流为零，其熵之所以增加，全在于系统内部存在不可逆性导致熵产。不可逆程度越严重，熵产越大，绝热系的熵增也越大。

如果系统并非绝热，与外界有热量交换，则不但要考虑系统内部的熵变，还涉及了与系统热交换有关的外界部分的熵变化。此时可将系统及与之有关的外界一并由某任意边界划为一个新的扩大了的热力系。由于其边界上没有能量的传递和质量交换过程，因此该扩大了的系统成为一个孤立系。孤立系自然满足绝热、封闭的条件，故其总熵变为原系统熵变和有关外界熵变之和，且

$$ds_{is} = ds_{sys} + ds_{sur} \geqslant 0 \tag{2-72}$$

若孤立系所有部分的内部及彼此之间的相互作用均为可逆变化，则其总熵将保持不变；若系统内任意一部分发生不可逆过程或各部分之间的相互作用中伴有不可逆性，则其总熵必然增加，这就是孤立系熵增原理。

根据孤立系熵增原理可知，"孤立系的状态变化只能朝着熵增的方向进行，当其熵达到最大值时过程才停止。凡是使孤立系熵减少的过程都是不可能发生的。在理想的可逆情况下，也只能实现使孤立系的熵保持不变"。由于实际的自发过程都是由不平衡状态趋向于平衡状态，达到平衡状态后便不再变化。这意味着自发过程总是朝着熵增大的方向进行，只有当孤立系的熵达到最大值时，即系统相应地达到平衡状态时，过程就不再进行了。如果孤立系中某些部分熵减小，则孤立系中就必须同时进行使熵增大的补偿过程，并且使其熵的增大等于或多于在数量上前者引起的熵减，从而使孤立系的总熵保持不变或增加。如热量自低温热源传递给高温热源的过程是不可能单独进行的，因为它使系统的熵减少，因而必须以消耗循环功使其转化为热能的过程作为补偿。

根据孤立系熵增原理，可以判断某些复杂的热力过程和化学反应能否实现，以及作为系统达到平衡状态的判断依据，特别是在化学热力学方面对判断化学反应的方向，有十分重要的作用。

三、孤立系熵增和不可逆损失

当孤立系统中有任何不可逆因素存在时，系统必然有能量损失，此时孤立系的熵增大。下面我们讨论熵增值与不可逆损失的关系。

如图 2-25（a）所示，由高温热源 T_1、低温热源（环境温度）T_0 组成的卡诺循环，若循环是可逆的，将系统和外界有关环境划为一个孤立系，经过一个循环，工质从高温热源吸收热量 q，由卡诺循环可知该循环输出的最大功为

$$w_{max} = q\left(1 - \frac{T_0}{T_1}\right)$$

若在上循环中工质与高温热源间存在温差传热，工质吸热温度为 T_1'，如图 2-25（b）所示，该循环为不可逆循环，当工质从高温热源吸收同样的热量 q 时，我们把该不可逆循环看成发生在 T_1'、T_0 间的可逆循环，可分析出该循环的功为

$$w = q\left(1 - \frac{T_0}{T'_1}\right)$$

由于温差传热使孤立系统内发生了不可逆过程造成做功能力的降低，其值为

$$w_1 = w_{\text{max}} - w = q\left(1 - \frac{T_0}{T_1}\right) - q\left(1 - \frac{T_0}{T'_1}\right) = T_0\left(\frac{q}{T'_1} - \frac{q}{T_1}\right) \qquad (2 - 73)$$

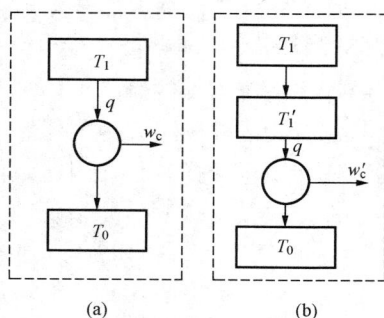

图 2 - 25 温差传热过程的熵的变化量

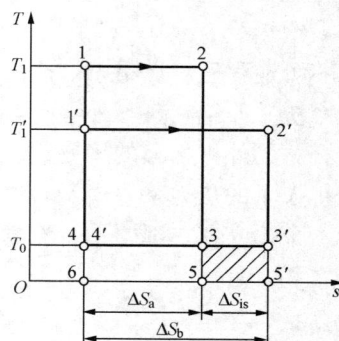

图 2 - 26 做功能力损失和熵的变化

由于不可逆传热，孤立系的熵增为

$$\Delta s_{\text{is}} = -\frac{q}{T_1} + \frac{q}{T'_1} = \left(\frac{1}{T'_1} - \frac{1}{T_1}\right)q > 0$$

因此，式（2 - 73）等效于

$$w_1 = T_0 \Delta s_{\text{is}} \qquad (2 - 74)$$

由式（2 - 74）可知，当孤立系统存在不可逆因素造成系统做功能力损失值与系统不可逆引起的熵增成正比，其关系见图 2 - 26。图中 qT_0/T_1（面积 3564）为 1—2 过程中的吸热量 q 转变为功过程中必不可少的废热，当热量 q 由温度较高水平 T_1 转移到温度较低水平 T'_1 后（吸热过程 1′—2′），其数量并未发生变化，但它向低温热源的放热量增加（如图中阴影部分所示），即其做功能力降低了。事实上，任何热变功的过程总不能达到完善的可逆过程。图中由于温差传热的不可逆性而引起热的做功能力的损失 $T_0 \Delta s_{\text{is}}$ 也是一种能量的贬值，这一部分损失才是过程或循环中真正的损失，也是我们要设法尽量减少的损失。所以利用上述熵分析的方法可对任意循环或过程的细节进行分析，找出能量利用的薄弱环节，即找出不可逆损失最大的环节，这样才能抓住主要矛盾，有效提高循环或过程的完善性。

【例题 2 - 6】 容器 A 和 B 的容积分别为 $3m^3$ 和 $2m^3$，两者用一根带有阀门的管子相连接，见图 2 - 27。开始，阀门是关闭的，容器 A 中储存有 0.5MPa、500K 的空气，而 B 中为真空，外界环境温度 $T_0 = 298K$。假定阀门打开后，流动是绝热的，并略去连接管和阀门的容积，试计算做功能力的损失。

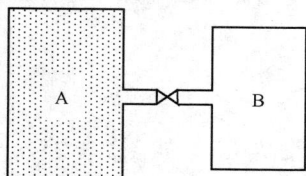

图 2 - 27 例题 2 - 6 图

解 若以 A 和 B 两个容器为整个系统，打开阀门后的过程是绝热过程，有

$$q = 0 \qquad w = 0$$

由热力学第一定律得

$$\Delta u = 0, \text{即} \quad c_V(T_2 - T_1) = 0$$

可得过程终态温度 $\quad T_2 = T_1 = 500K$

$$m = \frac{p_A V_A}{R_g T_A} = \frac{5 \times 10^5 \times 3}{287 \times 500} = 10.45 (\text{kg})$$

$$\Delta s_{12} = c_V \ln \frac{T_2}{T_1} + R_g \ln \frac{V_2}{V_1}$$

$$= R_g \ln \frac{V_2}{V_1} = 287 \times \ln \frac{5}{3}$$

$$= 146.6 [\text{J}/(\text{kg} \cdot \text{K})]$$

$$= 0.1466 [\text{kJ}/(\text{kg} \cdot \text{K})]$$

$$\Delta S_{12} = m \Delta s_{12} = 10.45 \times 0.1466 = 1.53 (\text{kJ}/\text{K})$$

做功能力损失 $\qquad W_1 = T_0 \Delta S_{12} = 456.5 (\text{kJ})$

此过程为绝热自由膨胀过程，过程中系统总质量、总能量不变，但由于容积增大，压力下降，系统总熵增大，存在做功能力损失。

四、热力学第二定律对实践的指导作用

热力学第二定律是自然界最普遍的定律之一，它与质量守恒、动量守恒、能量守恒定律一起构成整个连续介质力学的基础。只不过这三个定律属于某种物理量的守恒关系，比较容易理解，而热力学第二定律描述的是过程方向性的规律，不是守恒关系，但它给出的一些结论和判据对于指导实践是极其重要的。

（1）热力学第二定律是在研究热机、制冷机、热功转换及热量传递过程中总结出来的。

热力学第二定律的两种典型表述对于热机及制冷机的设计具有理论指导意义。它告诫人们不要违反热力学第二定律企图制造第二类永动机，并给人们指出了提高热转换效率的方向，即应尽量提高高温热源温度，降低低温热源温度，减少一切不可逆因素，并尽量向卡诺循环靠近。

（2）根据热力学第二定律可以预测过程进行的方向，判断系统是否处于平衡状态。

热力学第二定律给出了各种形式的过程进行方向、条件、限度的判据。对于研究自然界的一些复杂现象，如天气预报、地壳变化、化学反应以至生态平衡等都将具有理论指导作用。一些简单过程的进行方向是容易判断的，如两个不同温度物体的接触，热量由高温物体传给低温物体直至两物体温度一致达到热平衡状态，其熵达到最大值。对于一些复杂过程，如化学反应要直接预测其进行方向，判断其是否达到平衡是困难的。我们可以通过孤立系统熵的计算判断。由于自发过程只能向着使孤立系统熵增的方向进行，熵达到极大值时最稳定。我们可以据此来进行气象及地震预报，判断地壳是否平衡，甚至可以利用热力学第二定律的规律性，补充某些条件，使一些非自发过程得以进行，达到改造自然的目的。

（3）指导节能及新能源开发利用。

热力学第二定律指出一切实际过程都具有不可逆性，努力减少不可逆损失就可提高热能利用的经济性。热力学第二定律指出能量有品质优劣和品位高低之分，在用能时必须根据需要合理使用，不能"优质劣用，高位低用"。例如电能是优质能，用电炉取暖就是很大浪费，因为取暖需要的只是劣质的品位不太高的热能。即使通过燃料燃烧取暖也很浪费，因为燃烧可以获得高温高品位的热能，取暖只需要低品位的热能。利用低温热能，如地热和工业废水废气则比较合理。还有一些工厂中一方面消耗冷却水去冷却一些设备，把可以利用的高品位热能不可逆地变为低品位热能；而另一方面又消耗高品位燃料去加热一些设备，这也是不合理的，应该设法回收要冷却设备的热量并在加热设备中加以利用。

复 习 思 考 题

2-1 气体压力越大，所具有的功越大；物质温度越高，则所具有的热量越多。此结论是否正确，为什么？

2-2 工质从同一初态 A 出发，分别经过两个不同的过程，达到终态点 B。那么，在这两个过程中的热量及功是否相等，为什么？

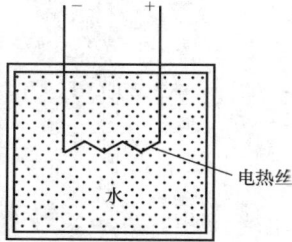

2-3 一电热器，放在储有水的绝热刚性容器内，如图 2-28 所示。电热器通有电流，电热器本身及水被加热。若分别取①电热器、②水、③电热丝和水为热力系，试判断各热力系与外界之间热量及功的正负（各物体体积变化可忽略）。

2-4 准平衡过程和可逆过程的条件是什么？它们的区别和联系如何？

2-5 列出热力学第一定律在闭口热力系、稳定流动的开口热力系和孤立系中的具体计算形式，并说明各式的特点。

图 2-28 思考题 2-3 图

2-6 下列说法是否准确？

(1) 热量可以从高温物体传向低温物体而不产生其他影响。

(2) 热量可以从低温物体传向高温物体而不产生其他影响。

(3) 热可以转变为功而不产生其他影响。

(4) 功可以转变为热而不产生其他影响。

(5) 吸热过程熵一定增加，而放热过程熵一定减少。

(6) 绝热过程即为定熵过程；反之，定熵过程必然为绝热过程。

2-7 试判断下列过程是否可行？是否可逆？简要说明理由。

(1) 理想气体的绝热定温膨胀过程；

(2) 不可压缩流体的绝热升温过程；

(3) 不可压缩流体的绝热降温过程；

(4) 定熵吸热过程；

(5) 完全绝热的过程。

2-8 运用热力学第一定律分析下列说法是否正确：

(1) 工质吸热后必然膨胀；

(2) 理想气体放热后温度必然下降；

(3) 工质边膨胀边放热；

(4) 应设法利用烟气离开锅炉时带走的热量；

(5) 对工质加热，其温度反而降低；

(6) 工质吸热后热力学能一定增加。

2-9 判断下列各式是否正确，若正确，指出其系统、工质或过程的应用条件：

(1) $\delta q = \mathrm{d}u + \delta w$ (2) $\delta q = c_V \mathrm{d}T + \mathrm{d}(pv)$

(3) $\delta q = \mathrm{d}u + p\mathrm{d}v$ (4) $\Delta q = \Delta h + \Delta w_s$

(5) $\delta q = \mathrm{d}h - \int v\mathrm{d}p$

2-10　内壁绝热的容器，中间用隔板分为两部分，A空间中存有高压空气，B空间中为真空，如图 2-29 所示。如果将隔板抽去，容器中的空气的温度会如何变化？

2-11　试用热力学第二定律证明，在状态参数坐标图上，两条可逆绝热过程线不可能相交。

2-12　根据热力学第二定律，热量中只有一部分能转变为有用功，而根据热力学第一定律，理想气体工质在定温过程中吸收的热量全部转换为对外的有用功，两者是否矛盾，为什么？

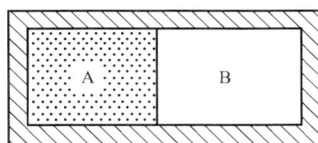

图 2-29　思考题 2-10 图

2-13　某闭口热力系由状态 A 经历一熵增的可逆过程到达状态 B，则该热力系是否能经一绝热过程回到原状态？

2-14　如何理解"温度水平高的热能其品质优于温度水平低的热能；机械能的品质优于热能"这两句话？

2-15　如图 2-30 所示的燃气轮机，空气经压气机 1 升压后送入回热加热器 2，吸收燃气轮机排出废气中的一部分热量后进入燃烧室 3，与油泵5 送来的油混合燃烧生成高温燃气，然后在燃气轮机 4 中做功，排出的废气经回热加热器 2 降温后排出。其中压气机、油泵、发电机均由燃气轮机带动。试建立整个系统的热平衡式。

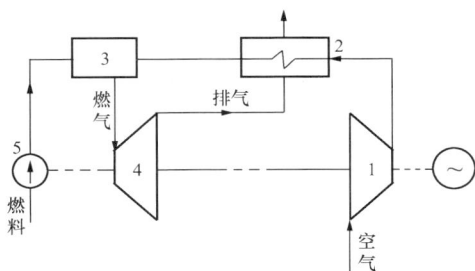

图 2-30　思考题 2-15 图

习　题

2-1　在冬季，某车间 1h 通过各种途径向外界散失的热量为 $7×10^5$ kJ。车间内各种工作机器消耗的动力中有 50kW 完全转变为热能；另外，室内常点着 50 盏 100W 的电灯。为使此车间温度保持恒定，每小时需加入的热量为多少？

2-2　某一闭口热力系从状态 1 变化到状态 2，此过程中系统放热 15kJ，并做出 20kJ 的功。若对此系统加热 25kJ 使其恢复初态 1，则在恢复过程中系统是否做功？

2-3　某一气缸内充有空气，气缸截面积为 100cm²，活塞距离底面高度为 10cm。活塞及其上重物的总重量为 195kg。当地大气压 98kPa，环境温度 $t_0=27℃$。当汽缸内的气体与外界处于热力平衡时，将活塞重物取出 100kg，活塞将突然上升，最后重新达到平衡。假定活塞和汽缸壁之间无摩擦，气体可以通过汽缸壁和外界充分换热，求活塞上升的距离和气体的换热量。

2-4　电厂中的锅炉给水泵将给水从压力 6kPa 升压至 10MPa，若给水的流量为 $2×10^5$ kg/h，假定给水泵的效率为 0.88，带动此给水泵至少要多大功率的电动机？

2-5　国产 125MW 机组的汽轮机高压缸进口的蒸汽焓为 3461.46kJ/kg，出口焓为 3073kJ/kg，蒸汽流量为 380t/h。求汽轮机高压缸产生的功率为多少？

2-6　某闭口热力系的工质在一可逆过程中压力和体积的关系如图 2-31 所示。试计算 1-2、2-3、3-1 各段及整个过程 1231 中所做膨胀功。

2-7　对定量的某种气体加热 100kJ，使其由状态 1 沿 A 变化至状态 2（图 2-32），同时对外做功 60kJ。若外界对该气体做功 40kJ，使其从状态 2 沿 B 返回状态 1，问在返回过程中工质是吸热还是放热？其量为多少？若返回时沿路径 C，此时压缩气体的功为 50kJ，结果又如何？

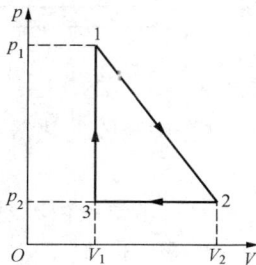

图 2-31　习题 2-6 图

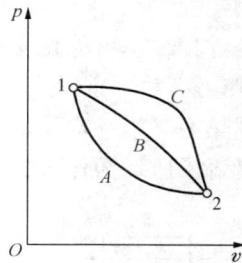

图 2-32　习题 2-7 图

2-8　空气在某压气机中被压缩，压缩前空气的参数为：$p_1 = 0.15\text{MPa}$，$v_1 = 0.845\text{m}^3/\text{kg}$。压缩后的参数为：$p_2 = 0.8\text{MPa}$，$v_2 = 0.175\text{m}^3/\text{kg}$。在压缩过程中每千克空气的热力学能增加 176.5kJ，同时向外放出热量 45kJ。压缩机每分钟产生压缩空气 7kg。求：

（1）压缩过程中对每千克的空气所做功；

（2）每生产 1kg 压缩空气所需的技术功；

（3）带动此压气机要用多大功率的电动机？

2-9　两个质量相等、比热容相同且为定值的物体。A 物体初温为 T_A，B 物体初温为 T_B，用它们作可逆热机的有限热源和有限冷源，热机工作到两物体温度相等时为止。试证明平衡时的温度为 $T_m = \sqrt{T_A T_B}$。

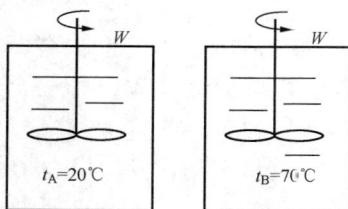

图 2-33　习题 2-10 图

2-10　用搅拌器搅拌图 2-33 所示绝热容器内的水，在水的质量、搅拌器耗功、搅拌器和容器热容量相同的条件下，哪一种情况的不可逆损失大？若两容器内水的温度均为 20℃，而质量不同，A 中水为 2kg，B 中水为 4kg，则哪个的不可逆损失大？

2-11　1kg 温度为 127℃的空气在定容下加热，使其温度升高为初压的 2.52 倍，然后经绝热膨胀，体积增大到原来的 10 倍，再定温压缩回复至最初状态，完成循环。求该循环的热效率、净功，以及在此循环的上下限温度间的最高理论热效率。

2-12　已知在 527℃的高温热源和 27℃的低温热源之间工作的三个循环，试补充下表并说明这三个循环是否可逆。

循环	Q_1（kJ/h）	Q_2（kJ/h）	W（kJ/h）	效率 η_t（%）
1	1×10^5		2400	
2	1×10^5	7×10^5		
3	1×10^6			62.5

2-13　假设一卡诺热机工作于 500℃和 30℃的两个热源之间，该卡诺循环每分钟从高温热源吸取热量 100kJ，求：

（1）卡诺热机的热效率；

（2）每分钟所做的功；

（3）卡诺热机每分钟向低温热源排出的热量；

（4）卡诺热机的功率（kW）。

2-14 某 8×10^5 kW 的核动力电厂，反应堆温度为 586K，利用 293K 的河水作为冷却水，求：

（1）该厂的最大热效率和排向河水的最小热量；

（2）若河水的容积流量为 $165m^2/s$，河水温度将上升多少？

2-15 某制冷设备工质在温度为 33℃ 的高温热源和 -20℃ 的低温热源之间，为了使冷库保持温度，工质从冷库吸热 1.2kJ/s，求：

（1）制冷设备的最大制冷系数为多少？

（2）加给制冷设备的最小功率是多少？

2-16 冬季室内取暖时，燃烧煤获得的温度为 T_1（1200K）的热量 Q_1 直接降至室温 T_{en}（20℃）供热。若采用另一种方法，即先以 T_1 作为卡诺热机的高温热源，加给热机的热量为 Q_1，并以室外冷空气（$T_0=0$℃）作为低温热源，由该热机产生的功再带动一按卡诺逆循环工作的热泵从室外冷空气提取热量 Q_b，而供给室内的热量 Q。求用后一种供热方法所提供的热量是前一种方法提供热量的多少倍？

2-17 有人声称设计了一台热力设备，该设备可以工作在 540K 的高温热源和 300K 低温热源之间，若从高温热源吸热 1kJ，可以产生 0.45kJ 的功。判断该设备是否可行，为什么？

2-18 空气由初始状态 $p_1=1\times10^5$Pa、$t_1=25$℃ 被压缩到终态 $p_2=5\times10^5$Pa、$t_2=180$℃，试判断该过程是否能实现，为什么？若其他条件相同，但压缩终温为 250℃，此过程是否能实现呢？

2-19 某可逆热机工作于 $T_H=1400$K 的高温热源和 $T_L=60$℃ 的低温热源之间。若每次循环热机从高温热源吸取 5000kJ 的热量，求：

（1）高温热源和低温热源的熵变化量；

（2）系统的总熵变量。

2-20 初始状态为 $p_1=5$MPa、$t_1=17$℃ 的空气自由膨胀到 $p_2=4$MPa、$t_2=17$℃。已知环境状态为 $p_0=0.1$MPa、$t_0=17$℃。求：

（1）1kg 空气在初、终态下的做功能力；

（2）在初、终态间的最大有用功为多少？

2-21 按卡诺循环工作的工质从温度为 $T_1=1000$K 的高温热源吸热，向 $T_2=300$K 的低温热源放热，工质与两热源都存在 20K 的温差。求：

（1）该不可逆循环的热效率；

（2）若环境温度 $T_0=27$℃，则每向低温热源放热 1000kJ 热量，工质的做功能力损失为多少？

第三章　水蒸气及湿空气

气态物质通常可分为两类，即气体和蒸气。两者之间并无明显的界限。蒸气只是泛指刚刚脱离液态，或比较接近液态的气态物质，当其被冷却或被压缩时，很容易变回液态。蒸气是一种实际气体，一般来说，蒸气分子之间的相互作用力和分子本身所占据的体积不能忽略，因此其性质远比理想气体复杂，它的状态也不能用理想气体状态方程 $pv=RT$ 来描述。当蒸气温度逐渐升高，压力逐渐降低时，在性质上会接近一般气体，并以理想气体为其极限情况。如燃气轮机中燃气所含有的水蒸气，由于其温度高，分压力相当低，偏离液态很远，完全可以使用理想气体状态方程加以描述。

工程上常遇到各种物质的蒸气，如用作制冷剂的氨和氟利昂等低沸点介质的蒸气。而水蒸气，由于它相对于其他各种蒸气更加容易取得，而且无毒无味，比热容大，具有良好的热力学性质，是热工技术上广泛应用的一种工质。它不仅被普遍用作热力发电厂中蒸汽动力循环装置的介质，而且在供暖、加热和加湿处理中也得到了广泛应用。

各种物质的蒸气必然有其各自的特点，但也有共性。本章以水蒸气为特例，介绍水蒸气的产生、性质、参数计算以及基本热力过程。同时还将着重讨论为工程计算而编制的有关蒸气热力性质图表的结构及其应用。

第一节　基　本　概　念

物质的形态在一定条件下可以相互转变。物质由液态转变为气态的现象称为汽化。相反，物质由气态转变为液态的现象称为液化（也称凝结）。

从微观机理上，汽化是由于液面某些动能较大的液体分子克服了邻近分子的引力，脱离液面逸入空间而形成蒸气。温度愈高，液面愈大，液面上空的分子愈稀，则汽化愈快。同样，蒸气分子在杂乱运动中，也会撞回液面而成为液体，这就是液化。液面上空蒸气密度愈大，撞回液面的分子数就愈多，即液面上蒸气的压力愈大，液化愈快。所以液化速度取决于蒸气压力，而汽化速度取决于液体的温度。

当汽化速度等于液化速度时，若不对之加热或吸热，则汽液两相将保持一定的相对数量而处于动态平衡，两相平衡的状态即为饱和状态。处于两相平衡时的蒸气称为饱和蒸汽，这时的液体称为饱和液体，饱和蒸汽和饱和液体的混合物称为湿饱和蒸汽。饱和状态时蒸气的压力已达到该温度下的最大值，此状态下的压力称为饱和压力 p_s，此时的温度称为饱和温度 t_s。若对处于饱和状态的工质加热或吸热使其温度变化，则平衡遭到破坏，蒸气空间分子密度会变化至某一新的确定值，重建动态平衡，此时蒸气压力对应于新温度下的饱和压力。可见，对应于某一饱和温度必然有一确定的饱和压力，两者互为依变数，是一一对应的，即 $p_s = f(t_s)$。

对应于某一压力 p 时水的饱和温度为 t_s。若此压力 p 下水的温度 $t=t_s$，此时的水为饱和水；$t<t_s$，液态水尚未达到饱和状态，称为未饱和水或过冷水，其温度低于饱和温度的数

值称为过冷度，过冷度 $\Delta t = t_s - t$；若 $t > t_s$，此时其温度大于饱和温度，工质水已变为气态，称为过热蒸汽或未饱和蒸汽，其温度超过饱和温度的数值称为过热度，$\Delta t = t - t_s$，过热度越高，表示蒸汽偏离饱和状态越远。

第二节 水蒸气的产生

工程上使用的水蒸气一般都是在锅炉内产生的，水蒸气在锅炉内的产生过程中压力变化不大，可以认为水蒸气在锅炉内的产生过程是定压过程。

一、水蒸气的产生过程

如图 3-1 所示，设下端封闭的筒状容器中盛有 1kg 0℃的水，保持一定的压力 p 并与外界介质隔离。水的初始状态参数为 p、v_0、t_0，此时由于水温低于压力 p 所对应的饱和温度 t_s，处于未饱和水状态 [见图 3-1 (a)]。

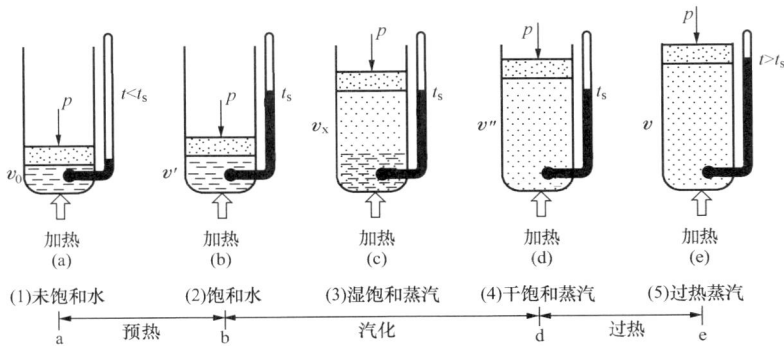

图 3-1 水蒸气的定压产生过程

1. 水的定压预热过程

对水加热，其温度升高比体积增大，但因为水膨胀性很小，因此比体积变化不明显。当水温达到某一个温度——饱和温度 t_s，由未饱和水变为饱和水，其对应的状态参数为 p，v'，t_s [见图 3-1 (b)]。

定压下将未饱和水变为饱和水的过程，称为水的定压预热过程。定压加热阶段中，把 1kg 0℃的水定压加热为饱和水所需的热量称为液体热，用 q_1 表示。因此

$$q_1 = h' - h_0 = \int_0^{t_s} c_p \mathrm{d}t \qquad (3-1)$$

在 p 和 t 都不太高时，可取 $c_p = 4.1868 \mathrm{kJ/(kg \cdot K)}$ 以简化计算。但高温高压范围内水比热容的变化很大。精确的比热容值可参考有关图册。

2. 饱和水的定压汽化过程

在定压下继续加热，水便逐渐汽化，这时水和汽的温度都保持不变。当容器中最后一滴水完全变为蒸汽时 [见图 3-1 (d)]，温度仍然是 t_s，这时的蒸汽叫做干饱和蒸汽（简称为饱和蒸汽），状态参数为 p、v''、t_s。由饱和水变为饱和蒸汽的过程中，容器中有汽水共存的状态 [见图 3-1 (c)]，通常把这种混有饱和水的饱和蒸汽叫做湿饱和蒸汽（简称为湿蒸汽），状态参数为 p，v_x，t_s。

　　将定压下由饱和水加热成干饱和蒸汽的过程称为饱和水的定压汽化过程。

　　把 1kg 饱和水变为干饱和蒸汽所需的热量称为汽化潜热以 γ 表示，则

$$\gamma = h'' - h' = (u'' - u') + p_s(v'' - v') \tag{3-2}$$

式中，等号右边第一项表示汽化时分子克服相互作用力而做的功，即内位能的增加，为内潜热 ρ；第二项为汽化时比体积由 v' 增至 v'' 而对外做的功，称为外潜热 ψ，故式（3-2）也可写成

$$\gamma = \rho + \psi \tag{3-3}$$

　　由于汽化过程中饱和温度 T_s 不变，由 $\delta q = T ds$，得

$$\gamma = T_s(s'' - s') \tag{3-4}$$

　　由于湿蒸汽是由压力、温度相同的饱和蒸汽和饱和水按不同的比例组合而成的，所以要具体确定湿蒸汽所处状态，除了说明它的压力或温度外，一般还指出它的成分比例，即每千克湿蒸汽含有的干饱和蒸汽质量——干度 x。

$$x = \frac{\text{干饱和蒸汽质量}}{\text{湿蒸汽质量}}$$

　　干度是饱和状态下工质的特有参数。对于饱和水，$x = 0$；对于干饱和蒸汽 $x = 1$；对于任一湿蒸汽状态，$1 > x > 0$。

　　3. 水蒸气的定压过热过程

　　如果对干饱和蒸汽再加热，蒸汽温度又开始上升，这时蒸汽的温度已超过饱和温度，成为过热蒸汽［见图 3-1（ᵈ）］，其状态参数为 p、v、t。

　　由干饱和蒸汽定压加热成过热蒸汽的过程，称为水蒸气的定压过热过程。

　　1kg 干饱和蒸汽定压加热成过热蒸汽所需的热量叫做过热热，用符号 q_{su} 表示：

$$q_{su} = h - h'' \tag{3-5}$$

　　过热热也可用式（3-6）计算：

$$q_{su} = \int_{t_s}^{t} c_p dt \tag{3-6}$$

式中　c_p——过热蒸汽比定压热容。

　　在一定温度下，过热蒸汽的 c_p 随 p 递增。在一定压力下，c_p 随 t 的升高而减少，具体数值可查有关图表。

　　在定压下将 0℃ 的水变为过热蒸汽所需的总热量以 q 表示，显然

$$\begin{aligned} q &= q_1 + \gamma + q_{su} \\ &= (h' - h_0) + (h'' - h') + (h - h'') \\ &= h - h_0 \end{aligned} \tag{3-7}$$

　　由此推知只需知道过热蒸汽焓值和给水焓值，就可很容易求得水被加热成过热蒸汽在锅炉中所吸收的总热量。

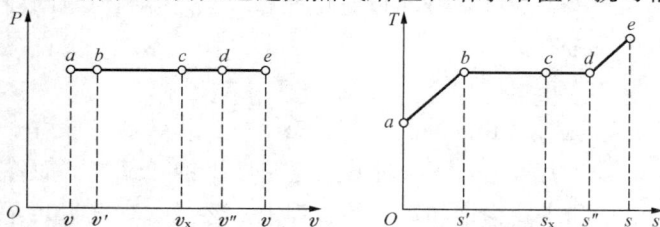

图 3-2　水蒸气定压产生过程的 p-v 和 T-s 图

　　将水蒸气的定压产生过程表示在 p-v 图和 T-s 图上，如图 3-2 所示。其中点 a 为某一确定压力下 0℃ 水的状态；同样的压力下，点 b 为饱和水的状态；点 c 为汽水混合的湿蒸汽状态；点 d

为饱和蒸汽状态；点 e 为过热蒸汽状态。

由图中可以看出，在 $p\text{-}v$ 图上水蒸气的定压形成过程是一条连续的平行于 v 轴的直线。整个过程中压力不变而比体积不断增加，即 $v<v'<v_x<v''<v$；而在 $T\text{-}s$ 图上，整个过程不是一条直线。$a\text{-}b$ 段和 $d\text{-}e$ 段均为向右上方延伸的对数曲线，由于在蒸汽的定压形成过程中不断加热，熵始终是增加的，即

$$s_0<s'<s_x<s''<s$$

不论 $p\text{-}v$ 图及 $T\text{-}s$ 图，汽化过程线 bcd 都是垂直于纵轴的直线，表示水的汽化过程从开始到结束，其压力和温度均保持不变，汽化过程线既是定压线又是定温线。

二、水蒸气的 $p\text{-}v$ 图和 $T\text{-}s$ 图

上述水蒸气的形成过程是在某个确定压力下进行的。若在其他压力 p_1、p_2、…对水加热，也会发生上述类似的汽化过程，它们的状态如图 3－3 所示。

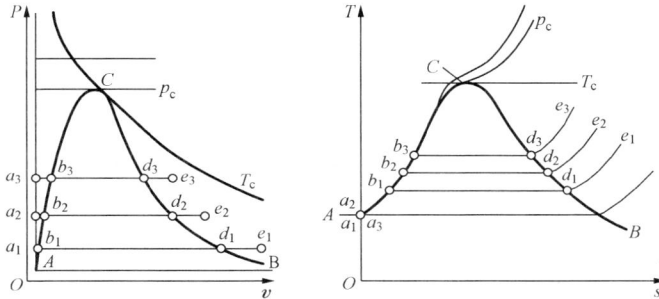

图 3－3　水蒸气的 $p\text{-}v$ 和 $T\text{-}s$

图中点 a_1、a_2、…均为 0℃的水；点 b_1、b_2、…为饱和水；点 d_1、d_2、…为干饱和蒸汽；点 e_1、e_2、…为过热蒸汽。各条 $abde$ 线为不同的定压线。

在 $p\text{-}v$ 图中 $a_1a_2a_3$ 线表示 0℃时水的 pv 关系。因为低温时水几乎不可压缩，压力升高，比体积变化极小，线 $a_1a_2a_3$ 近乎垂线。$T\text{-}s$ 图上各种压力下 0℃水的熵均为 $s_0\approx0$，故重合为一点。

连接不同压力下饱和水状态点 b_1、b_2、b_3、…而成的曲线 AC 称为饱和水线（也称为下界限线）。由于水受热膨胀的影响大于压力升高受压缩的影响，故饱和水线 AC 向右上方倾斜，表示 t（或 p）升高时 v' 和 s' 增大。又由于水压缩性小，绝热压缩或膨胀后温度变化极小，所以在 $T\text{-}s$ 图上，未饱和水到饱和水的定压线与曲线 AC 很靠近。

连接不同压力下干饱和蒸汽点 d_1、d_2、d_3、…而成的曲线 BC 称为干饱和蒸汽线（也称为上界限线）。由于蒸汽受热膨胀的影响小于压力升高受压缩的影响，而 $p_s=f(t_s)$ 关系中 p_s 增长较 t_s 增长快，故干饱和蒸汽线向左上方倾斜，表示 t（或 p）升高时，v'' 和 s'' 减小，汽化过程中比体积变化（$v''-v'$）逐渐减小，汽化过程中的汽化潜热 $T_s(s''-s')$ 也逐渐减小。

饱和水线和干饱和蒸汽线会合于 C 点，称为临界点。此时饱和水和干饱和蒸汽处于同一状态。临界点处的热力参数叫做临界参数。水的临界参数 $p_c=22.115\text{MPa}$，$t_c=374.12℃$，$v_c=0.003147\text{m}^3/\text{kg}$，$h_c=2095.2\text{kJ/kg}$，$s_c=4.4237\text{kJ/(kg·K)}$。水在临界压力下没有汽化过程，汽化潜热为零。$t_c$ 是最高的饱和温度，当 $t>t_c$ 时，不论 p 多大也不能使蒸汽液化。

　　曲线 AC 和 BC 之间为汽化区，它是汽液两相共存的饱和蒸汽区，曲线 AC 的左侧为液相区，曲线 BC 右侧为过热蒸汽区。

　　综上所述，水的相变过程在 p-v 图及 T-s 图所表示的规律，可归纳为一点（临界点），两线（上、下界限线），三区（液相区、湿饱和蒸汽区、过热蒸汽区），五状态（未饱和水、饱和水、湿饱和蒸汽、干饱和蒸汽，过热蒸汽）。

　　【例题 3 - 1】　1kg 水在压力 0.1MPa 时饱和温度 $t_s=99.64℃$，当保持压力不变，温度提高到 150℃，则水处于何种状态？若 1kg 中含有蒸汽 0.3kg，则又处于何种状态？此时温度又如何？

　　解　水的温度 $t=150℃>t_s$，此时水处于过热蒸汽状态，其过热度为 50.36℃ 若 1kg 中含有蒸汽 0.3kg，处于汽、水共存状态，必然为湿蒸汽。其温度等于饱和温度 t_s，干度 $x=0.3$。

第三节　水和水蒸气热力性质表和图

　　如前述指出，水蒸气的性质与理想气体截然不同，p、v、T 的关系不再符合 $pv=RT$，热力学能和焓也不再是温度的单值函数。如果用数学公式来表示，其形式复杂，只有借助于计算机求取所需的参数。工程上为分析和计算的方便，一般利用水蒸气性质图表。它是按工质水的各个相区分别进行的，主要是通过实验测定，结合热力学微分方程推算出水蒸气的各参数，将不同压力、温度下水及水蒸气的比体积、焓、熵等列成表或绘制成图。从而极大方便了蒸汽动力装置的热工计算。

　　本节主要介绍如何应用水和水蒸气热力性质表和图来确定水蒸气的状态参数。

一、水和水蒸气热力性质表

　　现有的水蒸气表遵循国际标准规定，取水的三相点时液相水的热力学能和熵值为零。

　　1. 饱和水与干饱和蒸汽热力性质表

　　为了使用方便，饱和水与饱和蒸汽表通常可有两种编排形式：一种如附录 12 所示，以温度为自变量列出相应的饱和压力 p_s、比体积 v、焓 h、汽化潜热 γ、熵 s；另一种如附录 13 所示，以压力为自变量，列出相应的饱和温度 t_s，以及饱和水和干饱和蒸汽的各参数值。

　　为了寻找表中没有列出的某些中间压力或中间温度下各变量的数值，可以采用内插法。

　　由于饱和水与饱和蒸汽表中并无湿蒸汽参数，无法直接查出。但湿蒸汽是由饱和水和干饱和蒸汽组成，对干度为 x 的湿蒸汽，可根据给定的压力和干度分别查出饱和水和干饱和蒸汽参数进行计算。

$$v_x = xv'' + (1-x)v' = v' + x(v''-v') \tag{3-8}$$

$$h_x = xh'' + (1-x)h' = h + x(h''-h') \tag{3-9}$$

$$s_x = xs'' + (1-x)s' = s' + x(s''-s') \tag{3-10}$$

$$u_x = h_x - pv_x \tag{3-11}$$

　　2. 未饱和水与过热蒸汽表

　　未饱和水与过热蒸汽表的参数合并列在同一表中，见附录 14。表中，以温度为最左侧第一列的变数，以压力为最上面第一行的变数，由该两变数的交点可查得 v、h 和 s 三个参数。表中画有一条粗黑的阶梯线表示临界参数，其上为未饱和水参数，其下为过热蒸汽参数。热力学能恒按 $u=h-pv$ 计算。

【例题 3 - 2】 150℃的水放置在一个密闭容器中，容器内压力为 p。若要求容器内的水保持液体，则压力 p 应为多少？

解 查以温度为自变量的饱和水和饱和蒸汽表。

$$t = 150℃, p_s = 0.476MPa$$

只有在压力 $p \geqslant 0.476MPa$ 的条件下才能保持液体水的状态。

【例题 3 - 3】 100kg150℃的水蒸气中含水 20kg，求此蒸汽的状态和参数。

解 蒸汽含水表明处于湿蒸汽状态，其干度为

$$x = \frac{100-20}{100} = 0.8$$

由以温度为自变量的饱和水和饱和蒸汽表查得 150℃时饱和水和饱和蒸汽的有关参数，按式（3 - 8）～式（3 - 10）计算湿蒸汽的有关参数。

湿蒸汽的压力必为饱和压力，查得 $p_s = 0.47597MPa$。

湿蒸汽的比体积：

$$v_x = v' + x(v''-v') = 0.00109 + 0.8 \times (0.39261 - 0.00109)$$
$$= 0.3143(\text{m}^3/\text{kg})$$

湿蒸汽的焓：

$$h_x = h' + x(h''-h') = h' + xr = 632.2 + 0.8 \times 2114.1$$
$$= 2323.5(\text{kJ/kg})$$

湿蒸汽的熵：

$$s_x = s' + x(s''-s') = 1.8416 + 0.8 \times (6.8381 - 1.8416)$$
$$= 5.8388[\text{kJ/(kg·K)}]$$

二、水蒸气焓熵图

在水蒸气的定压产生过程中，可以用 p-v 图和 T-s 图来分析和表示加热的过程及其状态变化，但它们在热工计算方面还不够方便。利用水和水蒸气热力性质表确定蒸汽的状态时，常常用到内插法，因而又显得烦琐。如果在热力参数坐标图上，精确地画出标有数据的定压线、定温线等，会更容易确定蒸汽的状态。由于在热工计算中常遇到绝热过程和焓变化量的计算，所以最常见的水蒸气状态参数图是以焓 h 为纵坐标，熵 s 为横坐标的焓熵图。在图中，水的汽化热、过热热及绝热膨胀技术功都可以用线段表示。因此，焓熵图具有很大的实用价值，成为工程上广泛使用的一种重要工具。

焓熵图是一种平面直角坐标图，是根据由实验和理论分析编制的水和水蒸气热力性质表的数据绘制的。

焓熵图上绘制有定焓线、定熵线、定压线、定容线和定干度线。如图 3 - 4 所示。

如图 3 - 4，AC 线为饱和水线，CB 线为饱和蒸汽线。ACB 线下方为湿蒸汽区，其上方是过热蒸汽。由定压下 $\delta q = \delta h = Tds$ 知，湿蒸汽区的定压线是倾斜的直线。由于此区域中压力和温度成依变关系，所以在湿蒸汽区域中定压线也是定温线。此外，湿蒸汽区域中还标有定干度线。

而在过热蒸汽区

$$\left(\frac{\partial h}{\partial s}\right)_p = T$$

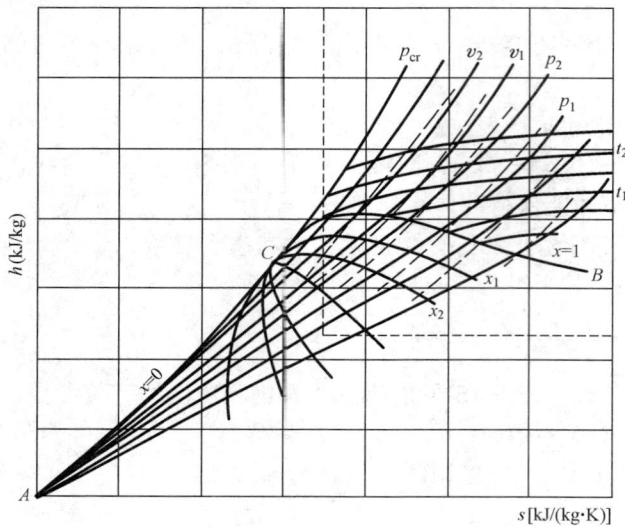

图 3-4　水蒸气的焓—熵图

定压线的斜率随温度的提高而增大，为一簇上翘的曲线。定温线向右上方倾斜并延伸至低压区，逐渐趋于水平。

焓熵图中定容线延伸方向同定压线相似，但定容线的斜率大于定压线的斜率，即定容线更陡。在图中通常将定容线印成红线或虚线，使查阅方便。

工程实际中，在热机内工作的蒸汽的干度 x 很少小于 0.5，所以实用的 h-s 图只限于图 3-4 中右上黑线框出部分 [$h = 1600 \sim 4000\text{kJ/kg}; s = 5 \sim 12.5\text{kJ/(kg·K)}$]。对于超出此范围的过热蒸汽，因其已经远离临界点 C 的状态，可以作为理想气体加以处理。

两条线的交点可以确定一点的位置，因此利用 h-s 图查一个状态时，需已知两个参数。但注意在湿蒸汽区，压力和温度互为依变数，因此还需要另外一个独立参数才能确定状态点的位置。而在确定干饱和蒸汽状态时，因状态点必然在干饱和蒸汽线上，只需一个已知量即可。

【例题 3-4】　利用水蒸气表，确定下列各点水的状态和 h、s 值：

（1）$t = 60.09℃$，$v = 7.6515\text{m}^3/\text{kg}$

（2）$p = 0.75\text{MPa}$，$t = 40℃$

（3）$p = 0.35\text{MPa}$，$x = 0.9$

（4）$p = 13.6\text{MPa}$，$t = 535℃$

解　（1）由已知条件可知该状态为饱和水状态，查饱和水和饱和蒸汽表得

$$p_s = 0.02\text{MPa}, h' = 251.46\text{kJ/kg}, s' = 0.8321\text{kJ/(kg·K)}$$

（2）查未饱和水和过热蒸汽表可知该状态下的水是未饱和水，由于表压力为间隔分布，无 $p = 0.09\text{MPa}$，此时可采用内插法。

$$h = 168.05\text{kJ/kg}, s = 0.5718\text{kJ/(kg·K)}$$

（3）由条件可知为湿饱和蒸汽，查饱和水和饱和蒸汽表得

$$h' = 584.3\text{kJ/kg}, s' = 1.7273\text{kJ/(kg·K)}$$

$$h'' = 2732.5\text{kJ/kg}, s'' = 6.9414\text{kJ/(kg·K)}$$

由式（3-9）、式（3-10）可得

$$h_x = 0.9 \times 2732.5 + 0.1 \times 584.3 = 2517.7\text{kJ/kg}$$

同理

$$s_x = 6.4200\text{kJ/(kg·K)}$$

（4）由条件可知为过热蒸汽，查未饱和水和过热蒸汽表。

利用内插法可得在 $p = 12\text{MPa}$，$t = 535℃$ 时：

$$h = 3441.2\text{kJ/kg}, s = 6.6060\text{kJ/(kg·K)}$$

在 $p=13$MPa，$t=535℃$ 时：
$$h = 3430.2\text{kJ/kg}, s = 6.5585\text{kJ/(kg} \cdot \text{K)}$$
对以上结果再次使用内插法可得 $p=13.6$MPa，$t=535℃$ 时：
$$h = 3436.8\text{kJ/kg}, s = 6.5870\text{kJ/(kg} \cdot \text{K)}$$

【例题 3-5】 蒸汽由 $p_1=16.5$MPa、$t_1=550℃$ 定熵膨胀至 5kPa，试用 $h\text{-}s$ 图求解有关参数和 Δh。

解 在水蒸气 $h\text{-}s$ 图上，由 $p_1=16.5$MPa 的定压线与 $t_1=550℃$ 的定温线的交点 1，直接读得初态参数为
$$s_1 = 6.46\text{kJ/(kg} \cdot \text{K)}, h_1 = 3430\text{kJ/kg}, v_1 = 0.0206\text{m}^3\text{/kg}$$
由点 1 沿定熵线和 $p_2=5$kPa 定压线交于点 2，点 2 即为膨胀终点。由点 2 可读出终态参数为
$$s_2 = s_1, h_2 = 1917\text{kJ/kg}, v_2 = 22.1\text{m}^3\text{/kg}, x_2 = 0.757$$
膨胀前后的焓降 $\Delta h = h_1 - h_2 = 1513$kJ/kg

第四节　水蒸气的热力过程

蒸汽的基本热力过程也是定压、定容、定温和绝热过程。其中定压和绝热过程在蒸汽动力循环中出现得最多。

在前面，我们已讨论了理想气体的基本热力过程，它们都是从热力学第一定律、理想气体状态方程和热力过程的特点出发，通过演绎而得出的。但由于水蒸气和理想气体性质上的差异，因此水蒸气的分析不采用计算而常用热力性质图表。分析中，通常已知过程初态的两个独立参数，过程的种类以及过程终了的某一个参数。这样可从完全确定了的初态点，沿过程线直到和终态点的已知参数线相交从而得到终态点。有了初、终态点及其过程线，就可用公式、线段长度或面积计算、分析过程中的热量及做功。

下面应用水蒸气的 $h\text{-}s$ 图，分析水蒸气的典型热力过程。

一、定容过程

已知初态（p_1 和 x_1）的湿蒸汽，定容加热至 t_2。

按上述的分析步骤，首先根据已知的两个参数确定初态点 1，由 $v=v_1=v_2$ 的定容线与已知的 t_2 等温线的交点确定终态点 2，见图 3-5（a）。

定容过程中工质比体积始终不变，因此 $w=0$。

定容过程中技术功：$w_t = \displaystyle\int_1^2 v\mathrm{d}p = v(p_2 - p_1)$

因定容过程中膨胀功为零，根据热力学第一定律，定容过程所加入的热量全部用来增加蒸汽的热力学能，即 $q = \Delta u = (h_2 - h_1) - v(p_2 - p_1)$

二、定温过程

已知 t_1 及 x_1，定温加热到 p_2。

首先在 $h\text{-}s$ 图上，由已知的 t_1 及 x_1 确定点 1。然后延定温线与已知的 p_2 定压线交于终点 2，见图 3-5（b）。

由于水蒸气是实际气体，其热力学能不仅是温度的函数，而且与比体积有关，所以水蒸

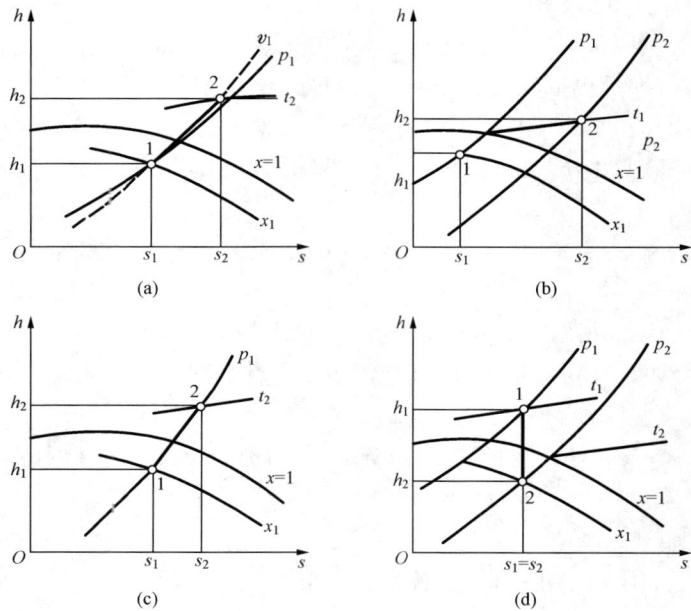

图 3-5　水蒸气的热力过程

（a）定容过程；（b）定温过程；（c）定压过程；（d）绝热过程

气的定温过程不是定热力学能过程，其热力学能在过程中是变化的。

$$\Delta u = u_2 - u_1 = (h_2 - h_1) - (p_2 v_2 - p_1 v_1)$$

定温过程中的热量为 $q = \int_1^2 T \mathrm{d}s = T(s_2 - s_1)$。

由热力学第一定律，定温过程中所做膨胀功为

$$w = q - \Delta u = T(s_2 - s_1) - \left[(h_2 - h_1) - (p_2 v_2 - p_1 v_1)\right]$$

技术功为 $w_t = q - \Delta h = T(s_2 - s_1) - (h_2 - h_1)$

三、定压过程

在蒸汽动力循环中，定压过程出现较多。例如，若忽略摩擦阻力等不可逆因素，则水在锅炉内的吸热汽化过程、水蒸气在凝汽器中的凝结过程、锅炉给水在回热加热器内的预热过程都可视为理想的可逆定压过程。

已知初态 p_1 及 x_1，定压加热至 t_2。

由 p_1 及 x_1 的交点确定初态点 1，查得 v_1、t_1、s_1、h_1。由 $p_1 = p_2 = p$ 的定压过程线与已知的 t_2 等温线的交点确定终态点 2，由此可得 v_2、s_2、h_2，见图 3-5（c）。

定压过程的热量为 $q = h_2 - h_1$

定压过程所做的膨胀功为 $w = \int_1^2 p \mathrm{d}v = p(v_2 - v_1)$

定压过程的技术功为 $w_t = \int_1^2 v \mathrm{d}p = 0$

定压过程中热力学能的变化为

$$\Delta u = u_2 - u_1 = (h_2 - p_2 v_2) - (h_1 - p_1 v_1)$$
$$= (h_2 - h_1) - p(v_2 - v_1)$$

四、可逆绝热过程（定熵过程）

定熵过程是可逆的绝热过程，其特点是 $\delta_q=0$，$s=$ 常数。

已知初态 p_1 和 t_1 的过热蒸汽定熵膨胀到 p_2。

在 $h\text{-}s$ 图上先由 p_1 定压线和 t_1 定温线得交点 1，然后由点 1 向下作垂线于已知的 p_2 定压线，交于终态点 2，见图 3 - 5（d）。

由热力学第一定律，定熵过程所做膨胀功是工质热力学能的降低量：

$$w=-\Delta u=(h_1-h_2)-(p_1v_1-p_2v_2)$$

过程中所做技术功是焓的减少量：$w_t=h_1-h_2$

在某些精度要求不高的场合，也可用绝热方程 $pv^{\kappa}=$ 常数代入功的公式中进行计算。注意此时该式中的指数 κ 并非等熵指数，$\kappa\neq c_p/c_v$，而是一个经验数据，且随蒸汽的压力、温度和干度而变，一般取值为

过热蒸汽	$\kappa=1.3$
干饱和蒸汽	$\kappa=1.135$
湿蒸汽（$x>0.7$）	$\kappa=1.035+0.1x$

对于变化范围不大的定熵过程，可由初态点 1 和终态点 2 按下式计算 κ 值：

$$\kappa=\frac{\ln p_1-\ln p_2}{\ln v_2-\ln v_1}$$

【例题 3 - 6】 1kg 水蒸气从 $p_1=1$MPa、$t_1=300$℃ 的初态可逆绝热膨胀到 0.1MPa，求水蒸气膨胀过程所做的膨胀功和技术功。

解 利用图 3 - 5（d）求解，由已知初参数在 $h\text{-}s$ 图上找出 1MPa 的定压线和 300℃ 的定温线，两线的交点 1 即为初始状态，查得

$$h_1=3052\text{kJ/kg},v_1=0.26\text{m}^3/\text{kg},s_1=7.12\text{kJ/(kg·K)}$$

所以
$$u_1=h_1-p_1v_1=2792\text{ kJ/kg}$$

由绝热过程中 $s_1=s_2$，从点 1 作垂线和 0.1MPa 的定压线交于点 2，即为终态点，并在图中查得

$$h_2=2592\text{kJ/kg},v_2=1.62\text{m}^3/\text{kg}$$

其热力学能
$$u_2=h_2-p_2v_2=2430\text{ kJ/kg}$$

绝热过程中所做的膨胀功
$$w=u_1-u_2=2792-2430=362\text{ kJ/kg}$$

技术功
$$w_t=h_1-h_2=3052-2592=460\text{kJ/kg}$$

第五节　湿　空　气

一、湿空气的概念

湿空气是指干空气和水蒸气的混合物。大气中的空气总含有水蒸气，因此也是湿空气，只是因其中水蒸气的含量极少，所以前面在分析空气中水蒸气含量不变的热力过程时，常把湿空气作为干空气处理。但在许多工程应用中，例如烘干物料、加湿处理以及精密仪表的防潮等，都涉及了空气中水蒸气含量的多少，这时就必须按湿空气来处理。一般情况所采用的湿空气都处于常压，其中所含水蒸气的分压力仅有几十毫米汞柱，对于此种状态的蒸汽，完

全可以作为理想气体来处理。因而湿空气也是一种理想气体混合物。理想气体混合物的性质及计算公式同样适用于湿空气。对湿空气的分析，一般也采用类似于理想气体混合物的分析方法。由道尔顿分压力定律，其总压力 p 等于干空气的分压力 p_a 和水蒸气的分压力 p_v 之和，即

$$p = p_a + p_v \qquad\qquad (3-12)$$

在表示湿空气的各种符号中，a 表示该参数是干空气的，v 表示该参数是水蒸气的。

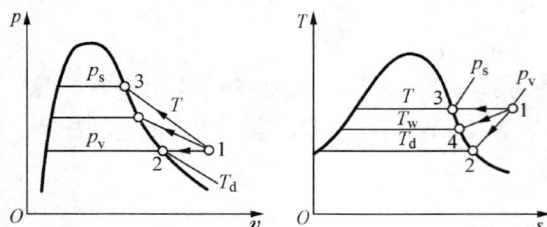

图 3-6 湿空气的饱和过程

湿空气中的水蒸气根据其分压力及温度的不同，可以处于过热状态或饱和状态，所含水蒸气处于过热状态的湿空气称为未饱和湿空气。如图 3-6 所示，湿空气温度为 T，当所含水蒸气的分压力 p_v 低于对应于温度 T 时的水蒸气饱和压力 p_s，如图中点 1 所示，此时湿空气处于未饱和湿空气状态。

保持温度 T 不变，增大湿空气中水蒸气含量，即增大水蒸气的分压力 p_v，其过程线沿定温线 1-3 向左伸展。当 p_v 等于温度 T 下水蒸气的饱和压力 p_s 时，此时其状态对应于定温线 1-3 和干饱和蒸汽线的交点 3，湿空气中的水蒸气达到了干饱和蒸汽状态，此时再增加水分，就会有水蒸气凝结析出。这种由于空气和干饱和蒸汽组成的湿空气称为饱和湿空气。饱和湿空气中水蒸气的含量已达到最大限度，除非提高温度，否则饱和湿空气中水蒸气的含量不会再增加。

若使未饱和湿空气中水蒸气的含量不变，即水蒸气分压力 p_v 不变，而湿空气的温度逐渐降低，其状态将沿定压线 1-2 与上界限线相交于点 2，此时湿空气中的水蒸气处于饱和状态。再冷却，水蒸气开始凝结析出，即结露。这个开始结露的温度称为露点，一般用 t_{DP} 表示。由图可知，露点就是湿空气中水蒸气分压力所对应的饱和温度，即 $t_{DP} = f(p_v)$。露点可用湿度仪或露点仪测定。可见，测出露点也就知道了湿空气中水蒸气的分压力 p_v。

露点在锅炉的设计及运行中有着现实的意义。由上面的论述可知，对于燃烧产物——烟气，其中总含有一定量的水蒸气和酸蒸气，如果锅炉受热面的温度低于露点，就会产生结露现象。对于电厂锅炉，其排烟温度总是高于水蒸气的露点，水蒸气的结露不会产生，但在一定条件下，烟气中的酸蒸气是可能结露的，如果酸性物质凝结在受热面上，就会造受热面腐蚀。这种低温腐蚀常发生在锅炉的尾部受热面（例如空气预热器的低温段）。

二、湿空气的湿度

如前所述，湿空气也是理想气体混合物，确定它的状态，除了两个独立的状态参数以外，还应当确知湿空气的成分，即湿空气中所含水蒸气的量。湿空气中水蒸气的含量通常用湿度来表示。其表示方法主要有三种。

1. 绝对湿度和相对湿度

每立方米湿空气中所含水蒸气的质量称为湿空气的绝对湿度。显然绝对湿度数值上等于在湿空气温度 T 和水蒸气的分压力 p_v 下的水蒸气密度 ρ_v，单位为 kg/m^3。其值可由水蒸气热力性质表查知，或由理想气体状态方程求得：

$$\rho_v = \frac{m_v}{V} = \frac{p_v}{R_v T} \qquad (3-13)$$

式中　m_v——水蒸气质量，kg；

　　　R_v——水蒸气的气体常数。

显然如果 T 一定，ρ_v 随着 p_v 增大而增大，当 p_v 等于 p'' 时，则 ρ_v 有最大值，即为此温度下饱和水蒸气的密度 ρ''。

绝对湿度只能反映湿空气中所含水蒸气的质量，而并不能说明该状态下湿空气的饱和程度或是吸收水分能力（吸湿能力）的大小。为了表征湿空气吸湿能力的大小，常引入"相对湿度"的概念，相对湿度定义为湿空气的绝对湿度 ρ_v 与同温度下饱和湿空气的绝对湿度 ρ'' 之比。以 φ 表示，即

$$\varphi = \frac{\rho_v}{\rho''} \qquad (3-14)$$

由式（3-13）得

$$\varphi = \frac{p_v}{p_s} \qquad (3-15)$$

上式说明，相对湿度也可以用湿空气中水蒸气的实际分压力与同温度下饱和湿空气中水蒸气的分压力的比值来表示。湿空气的相对湿度 φ 在 0 和 1 之间，φ 越大，表明湿空气中的水蒸气越接近饱和状态，则空气吸收水分的能力越小，即越潮湿。所以，不论湿空气的温度如何，由 φ 值的大小可以直接看出空气的潮湿程度。

2. 含湿量（比湿度）

在许多涉及湿空气问题的工程计算中，常以每千克干空气所带有的水蒸气的质量，即湿空气中所含水蒸气的质量 m_v 与干空气的质量 m_a 的比值来表示湿空气的成分。这个比值称为含湿量，以 d 表示，则

$$d = \frac{m_v}{m_a} = \frac{\rho_v}{\rho_a} \quad (\text{kg/kg 干空气}) \qquad (3-16)$$

应当注意，含湿量是以 1kg（干空气）为计算基准，它将湿空气中所含水蒸气的质量排除在外，也就是说（$1+d$）kg 的湿空气才含有 $d$kg 的水蒸气。

根据理想气体状态方程

$$d = \frac{m_v}{m_a} = \frac{p_v V M_v / R_v T}{p_a V M_a / R_{ga} T} = \frac{M_v}{M_a} \frac{p_v}{p_a} = \frac{18}{29} \frac{p_v}{p_a} \qquad (3-17)$$

$$= 0.622 \frac{p_v}{p_a} = 0.622 \frac{p_v}{p - p_v}$$

将式（3-15）代入式（3-17），得

$$d = 0.622 \frac{\varphi p_s}{p - \varphi p_s} \quad \text{kg/kg（干空气）} \qquad (3-18)$$

由上式可知，湿空气总压力一定时，含湿量只取决于水蒸气的分压力 p_v，$d = f(p_v)$。因此 d 和 p_v 不是相互独立的参数，要确定湿空气的状态，除了要知道以上两者之一外，还应知道另一个独立参数，例如温度 t。

三、湿空气的焓及焓—湿图

1. 湿空气的焓

湿空气的工程应用，大多是在稳定流动下进行，因而在分析、计算此类问题时，焓是很

重要的参数。湿空气的焓为干空气焓和水蒸气焓的总和，即

$$H = H_a + H_v = m_a h_a + m_v h_v$$

在工程应用中，湿空气中干空气的质量总保持不变，所以湿空气的焓 h 是以 1kg（干空气）为单位。将上式两边同除以 m_a，得

$$h = h_a + d h_v \tag{3-19}$$

式中 h——湿空气的（比）焓，kJ/kg（干空气）；

h_a——干空气的（比）焓，kJ/kg（干空气）；

h_v——水蒸气的（比）焓，kJ/kg（水蒸气）。

取 0℃时干空气的焓值为零，则干空气的焓可按下式计算：

$$h_a = c_p t = 1.004t \quad kJ/kg（干空气）$$

由于压力不太高的情况下湿空气中的水蒸气可看作理想气体，故其焓值的近似计算式为

$$h_v = 2501 + 1.86t \quad kJ/kg（干空气）$$

因此

$$h = 1.004t + d(2501 + 1.86t) \quad kJ/kg（干空气） \tag{3-20}$$

2. 湿空气的焓—湿图

湿空气的特性参数之间的关系，可由上述的有关公式计算求得。但为了在湿空气的计算和分析时能进一步简化过程，可将这些参数之间的关系画在一个线图上，有助于更好的研究和理解湿空气的变化过程。湿空气的焓—湿图（h-d 图）就是其中之一。在 h-d 图中，以湿空气的焓 h 为纵坐标，以含湿量 d 为横坐标，为了放大图中各种线群的交点，采用了斜角坐标，使 d 坐标与 h 坐标之间成 135°角，如图 3-7 所示。

在 h-d 图中，若温度为一常数，则焓与含湿量 d 成直线关系，所以图中的定温线群为斜率不同的直线。此外，在图中还绘制了定相对湿度线（向上凸出的曲线）。

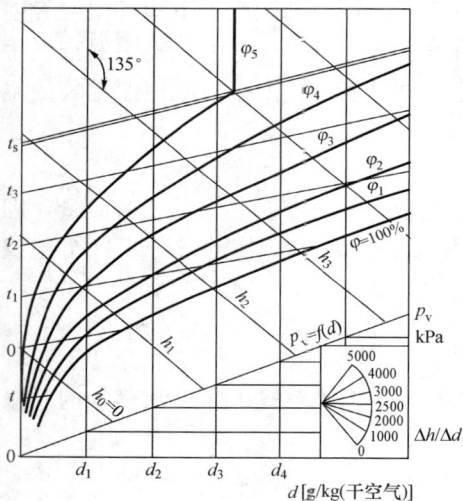

图 3-7 湿空气的 h-d 图

饱和湿空气线（$\varphi = 100\%$）将 h-d 图分为两部分，饱和湿空气线以上各点表示湿空气中的水蒸气是过热的；此线以下表示水蒸气已开始凝结，所以 $\varphi = 100\%$ 线是露点的轨迹。

在湿空气的应用中，其压力 $p =$ 常数，根据式（3-18）可知水蒸气的分压力 p_v 与含湿量 d 的关系。此方程的曲线与以上曲线无关，单独画在 h-d 图饱和湿空气线以下的位置，并在右侧纵坐标上列有 p_v 的标值。

图 3-7 是根据大气压力 $p = 1 \times 10^5$ Pa 画出的。当 p 偏离此值不大的情况下也可用此图计算，误差不大。应当指出，定相对湿度线和 $t = 99.64$℃的定温线相遇后即折向上，近成为 $d =$ 常数的直线，这是因为当 $t > 99.34$℃后，湿空气中水蒸气的饱和压力 p_s 只能保持其最大值等于 1×10^5 Pa，而不能超过大气压。由式（3-18）得 $d = f(\varphi)$，此时图中的定 φ 线也是定 d 线。

【例题 3-7】 已知标准大气压下湿空气的 $\varphi = 80\%$，$t = 40$℃，试用分析法和图解法求

湿空气的含湿量、焓、水蒸气分压力及露点并比较两种方法。

解　（1）分析法。

根据 $t=40℃$，查饱和水蒸气表得饱和压力 $p_s=0.07375\times10^5$ Pa。由式（3 - 15）得，水蒸气分压力 $p_v=\varphi p_s=80\%\times0.07375\times10^5=0.059\times10^5$ Pa。

由水蒸气分压力查饱和水蒸气表，此时的饱和温度即为露点，得 $t_{DP}=35.86℃$。

含湿量

$$d = 0.622\frac{p_v}{p-p_v}$$

$$= 0.622\times\frac{0.059\times10^5}{1.013\times10^5-0.059\times10^5}$$

$$= 0.0385[\mathrm{kg/kg(干空气)}]$$

$$= 38.5[\mathrm{g/kg(干空气)}]$$

湿空气的焓由式（3 - 20）计算。

$$h = 1.004t + d(2501+1.86t)$$

$$= 1.004\times40 + 0.0385\times(2501+1.86\times40)$$

$$= 139.31[\mathrm{kJ/kg(干空气)}]$$

（2）图解法。

如图 3 - 8 所示，$\varphi=80\%$ 及 $t=40℃$ 两线的交点 1 为给定的湿空气状态。由图中查出对应于 1 点时，

$$d = 38.6\mathrm{g/kg(干空气)}$$

$$h = 140.866\mathrm{kJ/kg(干空气)}$$

由 1 点向下引垂线与饱和湿空气线交于点 2，此交点的温度即为露点。

$$t_{DP} = 36℃$$

由 1 点向下引垂线与 $p_v=f(d)$ 相交于点 3，此点的压力即为水蒸气分压力 p_v。由点 3 向右侧纵坐标读得

$$p_v = 0.06\times10^5\mathrm{Pa}$$

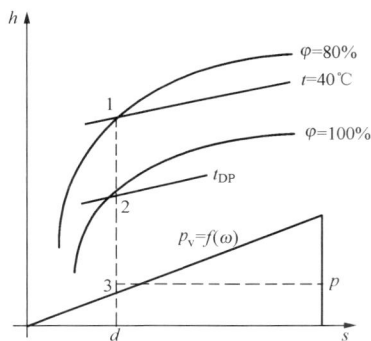

图 3 - 8　例题 3 - 7 图

由两种计算方法可以看出，采用分析法结果精确；而采用图解法计算方便，概念清晰，所得结果也较为准确。

四、湿空气的热力过程

湿空气在工程上有着广泛的应用，其过程有加热或冷却、绝热加湿、冷却去湿、绝热混合等。这些过程普遍的都是稳定流动过程，计算中主要研究湿空气的焓和含湿量的变化。分析中一般用到能量守恒定律、质量守恒定律和湿空气的特性参数。

1. 烘干

烘干是工艺技术上的一种常见过程，是利用未饱和湿空气吹过被烘干的物料，吸收物料中的水分，提高物料的干燥程度。例如电厂中的煤，为了使之容易破碎研磨，要设法干燥；长期储存的物料，也需进行干燥，以防霉变。烘干可以利用大气自然进行，但更广泛的是利用效率更高的烘干装置，如图 3 - 9 所示。

在设备中为了提高效率，一般需先加热湿空气。相对湿度为 φ_1、温度为 t_1 的湿空气在

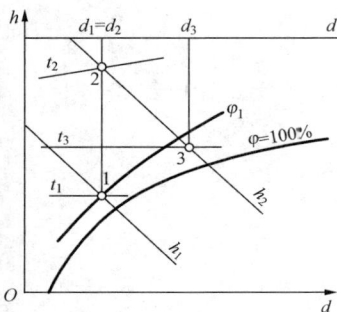

图 3 - 9 湿空气的加热吸湿过程

加热器中定压加热，其温度提高为 t_2，但湿空气中的水蒸气含量并未增加，相对湿度下降为 φ_2，提高了湿空气的吸湿能力。可以看出，湿空气在加热器中的加热过程是温度、焓均增大的定含湿量的过程，加热前后 $d_1 = d_2$。在 h-d 图中，过程线为一条向上的垂线。如图 3 - 9 中的 1—2 线。

加盐过程中单位质量干空气的吸热量为

$$q = h_2 - h_1 \quad kJ/kg（干空气）$$

加热后的湿空气在干燥器中放热（减少湿空气的焓），使湿物料中的水分汽化，由于湿空气减少的焓等于水分汽化带入空气的焓，所以干燥过程可近似看作空气温度逐渐降低而湿度逐渐增加的定焓过程，即 $h_3 = h_2$，如图 3 - 9 中 2—3 线。单位质量干空气从湿物料中带走的水分为

$$\Delta d = d_2 - d_1 \quad kg（水蒸气）/kg（干空气） \tag{3-21}$$

2. 冷却塔

大多数处于缺水地区的火力发电厂，使用冷却塔冷却循环水。如图 3 - 10 所示，在冷却塔中，吸热后的循环水从塔上部引入，喷成雾状后沿着填料层下流。大气中的未饱和空气由塔的底部引入，在浮升力的作用下向上流动。空气和热水直接接触，部分水蒸发而使水温度下降（蒸发冷却），被冷却后的循环水流至塔底的水池中，再次被引出冷却排汽。湿空气在冷却塔中经历升温、焓增、湿增的过程。因此冷却塔的冷却效果很好，但由于存在水的蒸发，需进行循环水的补充。

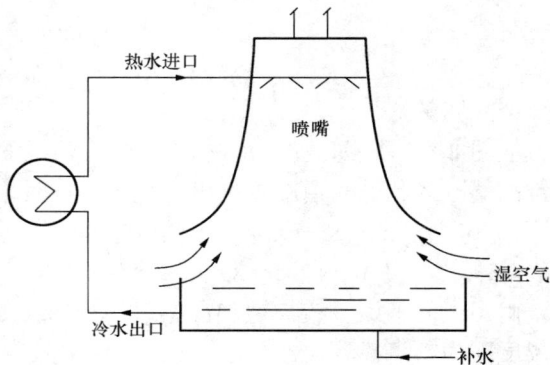

图 3 - 10 冷却塔

【例题 3 - 8】   使用 $t_1 = 15℃$、$\varphi_1 = 60\%$ 的空气作为干燥的工质。空气首先在加热器中加热至 $t_2 = 33.3℃$ 后进入干燥器干燥物料，出口处空气温度 $t_3 = 18℃$。求出口后空气的含湿量及干燥过程中蒸发 1kg 水所需干空气量及热量。

解   由 $t_1 = 15℃$，$\varphi_1 = 60\%$ 查 h-d 图（附录 26）可得：

进入加热器时空气的 $d_1 = 6.5g/kg$（干空气），$h_1 = 32kJ/kg$（干空气）。

在加热过程 1—2 中，因含湿量不变，从点 1 作定含湿量线与 $t_2 = 33.3℃$ 的定温线交于点 2，查得 $h_2 = 50kJ/kg$（干空气）。

烘干过程（过程 2—3）为定焓过程，因此自点 2 作定焓线与 $t_3 = 18℃$ 交于点 3，查得 $d_3 = 12.6g/kg$（干空气）。

由此可得每千克空气吸收水分 $\Delta d = d_3 - d_1 = 12.6 - 6.5 = 6.1(g)$

汽化 1kg 水所需干空气量为 $m_a = \dfrac{1000}{6.1} = 163.9(kg)$

加热器中每千克干空气吸热量为 $\Delta h = h_2 - h_1 = 10 - 32 = 18(kJ)$

因此汽化 1kg 水分所消耗的热量为 $q = m_a \cdot \Delta h = 2950.2(kJ)$

复 习 思 考 题

3-1　说明未饱和水、饱和水、湿蒸汽、干饱和蒸汽、过热蒸汽、液体热、汽化热、干度、湿度和临界点的含义，并表示在 $p\text{-}v$ 和 $T\text{-}s$ 图上。

3-2　任何工质在定压过程中的焓差都可用 $\Delta h = c_p \Delta T$ 来计算，而水蒸气在定压汽化过程中 $\Delta T = 0$，所以水蒸气汽化时的焓差 $\Delta h = 0$，这个推论错在哪里？

3-3　有没有 400℃ 的水，有没有 0℃ 的蒸汽？为什么？

3-4　理想气体的热力学能只是温度的函数，而实际气体的热力学能则与温度和比体积均有关系，试根据水蒸气表的数据计算过热蒸汽的热力学能以验证上述结论。

3-5　在 $p\text{-}v$ 和 $T\text{-}s$ 图上画出液态水定温吸热膨胀变为蒸汽的过程，并简述过程中状态参数的变化。

3-6　在水蒸气的焓熵图上，过热蒸汽区为何没有标定干度线？湿蒸汽区为何没有标定温线？若湿蒸汽的压力已知，如何查它的温度？

3-7　什么叫湿空气、饱和湿空气和未饱和湿空气？

3-8　下列说法对吗？为什么？

(1) $\varphi = 0$ 时，空气中完全没有水蒸气。由此类推，$\varphi = 100\%$ 时，湿空气中全部是水蒸气。

(2) 空气的相对湿度越大，其含湿量越高。

(3) 空气的相对湿度不变，湿度愈高，则空气愈干燥；反之愈潮湿。

3-9　为何阴雨天晒衣服不易干，而晴天则容易干？

3-10　何为湿空气的露点？解释降雾、结露和降霜的现象，并说明它们发生的条件。

习　　　题

3-1　确定冷凝器中 $p = 6\text{kPa}$、$x = 0.92$ 时蒸汽的比体积、焓和熵值；若此蒸汽定压凝结成水，其比体积的变化量为多少？

3-2　已知水蒸气的压力为 $p = 3.5\text{MPa}$，$t = 450℃$，分别用水蒸气性质表和 $h-s$ 图确定此状态时的状态参数。

3-3　给水泵进口处水的温度为 160℃，为防止给水泵中水汽化，此处压力最小应维持多少？

3-4　将 6MPa、45℃ 的 1.5kg 水定压加热到干度为 0.95，求：

(1) 过程中的加热量；

(2) 温度、比体积、热力学能和熵的变化量。

3-5　1kg 水蒸气由初态 $p_1 = 1\text{MPa}$，$x_1 = 0.90$，可逆定温膨胀到原来压力的 1/5，试确定水蒸气的终态、膨胀所做功及吸入的热量。

3-6　功率为 25000kW 的汽轮机，每做 1kWh 的功需要蒸汽 3.5kg。汽轮机排出压力为 5kPa、$x = 0.88$ 的蒸汽进入凝汽器，被冷却成饱和水。若循环冷却水进入凝汽器时的温度为 20℃，流出时温度提高到 30℃。求每小时冷却水的质量流量。已知冷却水比热容

$c_p = 4.1868\text{kJ}/(\text{kg} \cdot \text{K})$。

3-7 某燃煤锅炉的蒸发量为 20T/h，蒸汽的压力为 $p_1 = 3\text{MPa}$，温度 $t_1 = 400\,℃$。锅炉的给水温度为 $t_1 = 40\,℃$，锅炉热效率为 80%，每千克煤的发热量为 28000kJ/kg，求锅炉每小时的燃煤量。

3-8 16.5MPa、550℃的蒸汽定熵膨胀至 5kPa 时干度过小，对汽轮机有害。若背压不变，而将终点的干度限制在不小于 85%，求：

（1）初压不变，则初温应为多少？

（2）变化后两过程的轴功。

3-9 已知湿空气压力为 0.096MPa，温度为 30℃，所含水蒸气的分压力为 0.017×10^5。用计算法求：

（1）湿空气的相对湿度和含湿量；

（2）湿空气的焓；

（3）在 h-d 图上查出上述值并做比较。

3-10 某车间以 $t_1 = 20\,℃$、$\varphi = 55\%$ 的空气作为干燥的介质。质量流量为 5000kg（干空气）/h 的空气在加热器中被加热到 $t_2 = 65\,℃$，然后进入干燥器干燥物料。空气出干燥器时的相对湿度为 85%。求：

（1）使物料蒸发 1kg 水分需要多少干空气？

（2）每小时蒸发的水分（kg）。

（3）蒸发 1kg 水分所需的热量。

第四章　气体和蒸汽的流动

前面介绍了工质经过热力过程进行的能量转换情况。在能量转换过程中没有考虑工质流动状态的变化，实际上，气体和蒸汽在管道中的流动是工程中常见的现象，而且工质在流动过程中可以发生各种不同的能量转换过程。在热机中，热能转变为机械能的方式有两种，一种是利用气体或蒸汽的膨胀力做功，这种就是活塞式热机的工作方式，如蒸汽机、内燃机等均属此类。另一种是利用气体或蒸汽通过喷管的喷射而产生高速气流，冲动汽轮机和燃气轮机转子将动能转变为功，这就是各种回转式热机的工作原理。

汽轮机做功过程是由两个连续的过程组成的：具有一定压力和温度的蒸汽通过喷管时由于压力降低而发生了热能转变为动能的过程，因此蒸汽流速增高（几百米每秒）。此后高速度的蒸汽流经弯曲形状的叶片时，由于做弧线运动所产生的冲击力作用在叶片上，使轮盘旋转做功，即由蒸汽动能转变成机械功。这就是汽轮机的简单工作原理。

动力工程中常见的工质流动都是稳定或接近稳定流动，因此本章主要研究流体（理想气体或水蒸气）在变截面短管中的可逆绝热稳定流动过程即定熵稳定流动过程，确定流动过程中遵循的基本方程，探讨流体流动的特性和规律及其有关的热力计算，同时研究流体通过阀门及孔板等狭窄截面的流动特点及其所遵循的规律。

第一节　稳定流动的基本方程式

根据稳定流动的特征，在流道的任意点上流体的全部动力及热力学参数（如 p、v、T、h、s）都不随时间而变化。为了使问题简单化，忽略了垂直于流动方向的截面上不同点的参数差异，即认为流道内任一截面上流体的各同名参数都相同，流体的参数只沿着流动方向才有变化，这种空间各点参数不随时间变化，而只沿一个方向上有变化的流动称为一元稳定流动。

一、连续性方程

连续性方程是质量守恒定律应用于工质流动的数学表达式。

如图 4-1 所示，截面 1、2 为管道中任取的两截面。截面 1—1 面积为 $A_1 m^2$，流体的流速为 $c_1 m/s$，比体积为 $v_1 m^3/kg$，则通过 1—1 截面的质量流量为

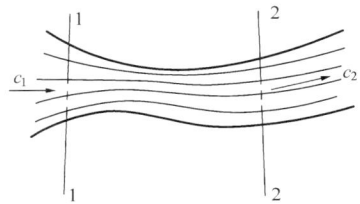

图 4-1　气体在管道中的流动

$$q_{m_1} = \frac{A_1 c_1}{v_1}$$

同样，若通过面积为 A_2 的截面 2—2 的流体流速为 $c_2 m/s$，比体积为 $v_2 m^3/kg$，其质量流量为

$$q_{m_2} = \frac{A_2 c_2}{v_2}$$

由质量守恒定律，通过每个流通截面的质量流量为常数，即

$$q_{m_1} = q_{m_2} = q_m = \frac{Ac}{v} = 常数 \tag{4-1}$$

其微分表达形式为

$$\frac{\mathrm{d}A}{A} = \frac{\mathrm{d}v}{v} - \frac{\mathrm{d}c}{c} \tag{4-2}$$

连续性方程揭示出了流体在稳定流动时，流体的流速、截面积、比体积之间的关系。它适用于一切稳定流动过程。

二、能量方程

能量方程是能量守恒定律应用于工质流动的数学表达式。

在第二章中，根据热力学第一定律推导出了稳定流动能量方程。

$$q = (h_2 - h_1) + \frac{1}{2}(c_2^2 - c_1^2) + g(z_2 - z_1) + w_s$$

流体在管道中流动时，因不对外做轴功，$w_s = 0$，高度变化 ΔZ 一般不大，位能差可忽略不计，所以上式可简化为

$$q = (h_2 - h_1) + \frac{1}{2}(c_2^2 - c_1^2)$$

又若工质的流速较大而管道的长度较短时，流体流过管道时和外界的换热量可忽略，即流动过程可以按绝热处理。因此有

$$h_2 - h_1 + \frac{c_2^2 - c_1^2}{2} = 0 \tag{4-3}$$

即在稳定绝热流动过程中，任一截面上工质的焓与动能之和总是保持不变，工质动能的增加等于其焓值的减少。它适用于任何工质的稳定绝热流动，其微分形式为

$$\mathrm{d}h + \mathrm{d}\left(\frac{c^2}{2}\right) = 0 \tag{4-4}$$

三、过程方程

过程方程是根据过程进行的特点描述工质参数变化规律的数学表达式。

工质在管道中稳定流动时，若与外界无热量交换又无摩擦和扰动（或数值较小，可以忽略不计），此时认为流动为可逆绝热过程，即定熵过程。在通常情况下，气体和远离液体的蒸汽可按理想气体来处理，此时过程方程可表示为

$$pv^\kappa = 常数$$

其微分形式为

$$\kappa \frac{\mathrm{d}v}{v} + \frac{\mathrm{d}p}{p} = 0 \tag{4-5}$$

式（4-5）描述了定熵流动中压力和比体积的变化关系。式中 κ 为等熵指数，对于理想气体 $\kappa = c_p/c_V$，对于水蒸气，κ 为一个经验值。

四、声速与马赫数

在连续介质中施加一个微弱扰动，介质就会以纵波的形式向周围介质传播这一扰动，其传播扰动的速度称为介质的声速。将石子投入平静的水面，在湖面会形成环状涟漪，逐层向外传播，其传播速度是水的横向传播速度。而声速是纵波传播速度，水的声速比环状涟漪逐层向外传播的速度要大得多。对于可压缩性流体，截面变化和流速变化的关系取决于工质的

速度与声速的关系。因此在分析工质流动中，声速是非常重要的参数。在分析时介质受到微弱扰动引起的压力波传播过程可以认为是可逆绝热过程，即定熵过程。

声速与介质以及介质所处的物理状态有关，对于状态参数为 p、v、T 的理想气体，声速 a 的表达式为

$$a = \sqrt{\kappa p v} = \sqrt{\kappa R_g T} \tag{4-6}$$

式（4-6）说明，理想气体的声速是温度的单值函数。

声速是状态参数，它与介质的性质及其所处的状态有关，所以声速是指流体在某一状态（p、v 或 T）时的声速，称为当地声速。若流体流动时状态发生变化，则当地声速也随之变化。在研究流体流动时，常以声速作为流速的比较标准。

流体流速与当地声速的比值称为马赫数 Ma，定义式为 $Ma = \dfrac{c}{a} = \dfrac{c}{\sqrt{\kappa R_g T}}$。

按马赫数的大小把流动分为三类，即

$Ma<1$，即流速小于当地声速时，称为亚声速流动；

$Ma=1$，即流速等于当地声速时，称为声速流动；

$Ma>1$，即流速大于当地声速时，称为超声速流动。

亚声速流动与超声速流动的特性具有完全不同的性质。

第二节　气体在喷管中流动的基本规律

从力学的观点来说，要使工质流速改变必须有压力差。一般地讲，气体流经喷管，只要喷管进出口截面上有足够的压差，不管过程是否可逆，气体流速总会增大。但若流道截面面积的变化能与气体体积变化相配合，那么膨胀过程的不可逆损失会减少，动能的增加量就较大，喷管出口截面上的气体流速就会更大。

本节将从稳定流动的基本方程式出发，讨论喷管截面上的压力变化、喷管截面面积变化与气流流速变化之间的关系，建立工质在管道内流动时流速与压力及流道截面面积之间的单值关系。

一、压力与流速变化的关系式

由稳定流动能量方程式

$$dh + d\left(\frac{c^2}{2}\right) = 0$$

和热力学第一定律 $dq = dh - v dp$ 可得

$$\frac{1}{2}(c_2^2 - c_1^2) = -\int_1^2 v dp \tag{4-7}$$

将式（4-7）写成微分形式，有

$$c dc = -v dp$$

以 $1/c^2$ 乘上式，等式右侧再乘以 $\kappa p / \kappa p$ 可得

$$\frac{dc}{c} = -\frac{\kappa p v}{\kappa c^2} \frac{dp}{p}$$

将式（4-6）代入上式，得

$$\frac{\mathrm{d}c}{c} = -\frac{a^2}{\kappa c^2}\frac{\mathrm{d}p}{p} = -\frac{1}{\kappa Ma^2}\frac{\mathrm{d}p}{p} \tag{4-8}$$

式（4-8）中 $\mathrm{d}c$ 和 $\mathrm{d}p$ 的符号始终相反，这表明在流动过程中工质压力的变化和速度的变化趋势相反，即若流体速度增加（$\mathrm{d}c>0$），则压力必然降低（$\mathrm{d}p<0$），此时流体膨胀；若流体速度减少（$\mathrm{d}c<0$），则压力必然增加（$\mathrm{d}p>0$），此时流体被压缩。

这也说明，要使流速增大以获得动能，就需要使工质有机会在适当的条件下降低其压力。工程上把利用压力降低使流速增大的管道称为喷管。蒸汽轮机及燃气轮机中都装有喷管，以获得用于推动轮机叶片的高速气流；相反，要获得高压流体，则必须使高速气流在适当条件下降低流速。工程上把利用流体速度减小使工质压力增加的管道称为扩压管，叶轮式压气机就是使高速气流在扩压管中降速以获得高压气体的设备。

二、比体积与速度变化的关系式

将式（4-8）代入式（4-5），可得出在相同的压力变化下，比体积变化率和速度变化率的关系式。

$$\frac{\mathrm{d}v}{v} = Ma^2\frac{\mathrm{d}c}{c} \tag{4-9}$$

由式（4-9）可知，比体积的变化和流速的变化是同向的。工质比体积增加，流速增大；比体积减小，流速降低。变化率 $\dfrac{\mathrm{d}v}{v}$ 与 $\dfrac{\mathrm{d}c}{c}$ 的大小关系则取决于工质流速，与马赫数有关。

当马赫数 $Ma<1$，即流动为亚声速流动时，有 $\left|\dfrac{\mathrm{d}v}{v}\right|<\left|\dfrac{\mathrm{d}c}{c}\right|$；

当马赫数 $Ma=1$，即流动为声速时，有 $\left|\dfrac{\mathrm{d}v}{v}\right|=\left|\dfrac{\mathrm{d}c}{c}\right|$；

当马赫数 $Ma>1$，即流动为超声速流动时，则 $\left|\dfrac{\mathrm{d}v}{v}\right|>\left|\dfrac{\mathrm{d}c}{c}\right|$。

可见工质作亚声速流动、超声速流动具有不同的流动特性。

上面讨论的是流速变化与流体状态变化的关系，这属于流体流动的内部属性。另外流速变化还需要适当的外部条件——管道截面积的变化来配合。

三、流速变化对截面积的要求

将式（4-9）代入式（4-1）可得

$$\frac{\mathrm{d}A}{A} = (Ma^2-1)\frac{\mathrm{d}c}{c} \tag{4-10}$$

式（4-10）为可压缩性流体的截面变化和速度变化之间的关系式。从中可知，二者之间的变化与流体流动的特性有关。分三种情况讨论，见图4-2。

（1）亚声速流动。$Ma<1$，则 $Ma^2-1<0$，欲使流速增加，$\mathrm{d}c>0$，应采用渐缩喷管，即截面积沿流动方向逐渐减小，$\mathrm{d}A<0$，见图4-2（a）。

渐缩喷管出口速度最大只能等于当地声速（$Ma=1$），而不会超过它，因为 $Ma>1$ 时必须使 $\dfrac{\mathrm{d}A}{A}>0$，即截面已变为渐扩了。

（2）超声速流动。$Ma>1$，则 $Ma^2-1>0$，欲使流速增加，$\mathrm{d}c>0$，应采用渐扩喷管，即截面积沿流动方向逐渐增大，$\mathrm{d}A>0$，见图4-2（b）。

（3）声速流动。$Ma=1$，则 $Ma^2-1=0$，必有 $\mathrm{d}A=0$。说明喷管中工质流速达到声速时，喷管截面积变化率为零。

如进口马赫数 $Ma<1$，而要求出口马赫数 $Ma>1$，则应当采用缩放喷管（拉伐尔喷管），见图 4 - 2（c），工质在渐缩段加速，在最小截面达到声速，而后在渐扩段继续加速变为超声速气流。

缩放喷管最小截面为临界截面（也称喉部）。临界截面是流速由亚声速变为超声速的转折点。此处的参数称为临界参数，分别以 p_{cr}、v_{cr}、A_{cr}、c_{cr} 等表示。

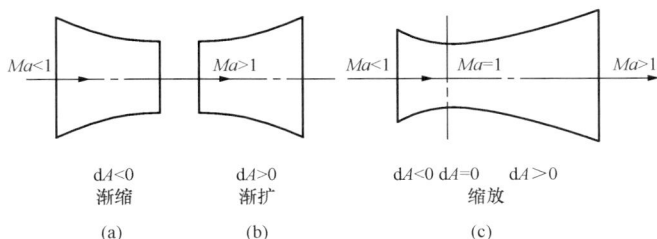

图 4 - 2　三种喷管外形

$$c_{cr} = \sqrt{\kappa p_{cr} v_{cr}} \tag{4 - 11}$$

其中临界压力是分析计算中的一个重要参数，可以用来作为选择喷管或扩压管流道形状的判断依据。

如果工质流经扩压管，则有 $dp>0$，$dc<0$，$dv<0$。同理

$Ma>1$ 时，　　　　　$\left|\dfrac{dv}{v}\right| > \left|\dfrac{dc}{c}\right|$，$\dfrac{dA}{A}<0$

$Ma=1$ 时，　　　　　$\left|\dfrac{dv}{v}\right| = \left|\dfrac{dc}{c}\right|$，$\dfrac{dA}{A}=0$

$Ma<1$ 时，　　　　　$\left|\dfrac{dv}{v}\right| < \left|\dfrac{dc}{c}\right|$，$\dfrac{dA}{A}>0$

上述关系式表明工质在扩压管中的流动和在喷管中不同，采用渐缩形可使超声速工质的流速降低，压力升高。而渐扩形使亚声速工质的流速降低，压力升高，如超声速工质进入扩压管，流出时为亚声速，则需采用缩放形扩压管。各种扩压管的形状如图 4 - 3 扩压管类型所示。

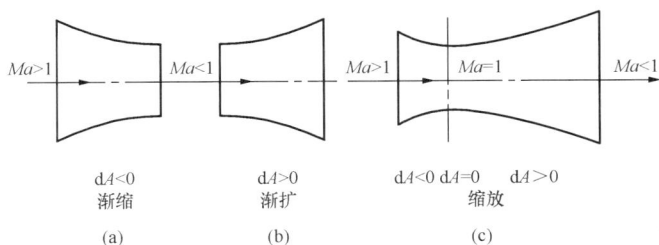

图 4 - 3　三种扩压管外形

综上所述，在喷管及扩压管绝热流动过程中，工质参数变化及能量转换特性不同，但它们都服从稳定流动基本方程式。扩压管内的流动过程是喷管流动的逆过程。要确定某一管道是喷管或扩压管并不取决于管道的形状，而是由管道内工质状态的变化所决定的。

第三节　喷　管　的　计　算

喷管的计算主要包括两个方面：一是喷管的设计计算；二是喷管的校核计算。计算时，通常已知工质的初参数和背压（喷管出口外的空间压力）。不论是喷管的设计计算还是校核计算，喷管中流体的流速计算和流量计算都是非常重要的。

一、流速的计算

工质在喷管中作绝热流动时，根据稳定流动能量方程 $h_1 + \frac{1}{2}c_1^2 = h_2 + \frac{1}{2}c_2^2$（$h_1$、$h_2$ 为喷管进、出口处工质的焓，$\frac{1}{2}c_1^2$、$\frac{1}{2}c_2^2$ 为喷管进、出口处工质所具有的动能）可求得出口流速为

$$c_2 = \sqrt{2(h_1 - h_2) + c_1^2} \tag{4-12}$$

一般情况下喷管进口沅速与出口流速相比很小，可以忽略不计，于是出口截面上的流速为

$$c_2 = 1.414\sqrt{h_1 - h_2} \tag{4-13}$$

当进口截面上工质流速小于 50m/s 时，上式的计算误差小于 1%；当进口截面上工质流速小于 100m/s 时，式（4-13）的计算误差小于 3%。式（4-13）是直接根据稳流能量方程导出的，适用于可逆和不可逆的绝热过程。

对于水蒸气，式（4-13）中的 h_1、h_2 可由蒸汽在喷管进口、出口处的状态参数 p_1、t_1、p_2 从 $h-s$ 图中查出。

对于理想气体而且流动可逆时，则流速也可按式（4-14）计算（比热容为定值）：

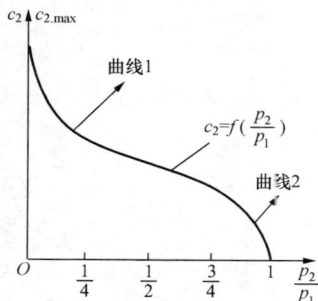

图 4-4 出口流速随压力比的变化

$$c_2 = \sqrt{2(h_1 - h_2)}$$

$$c_2 = \sqrt{2c_p(T_1 - T_2)}$$

$$c_2 = \sqrt{2\frac{\kappa R_g}{\kappa - 1}(T_1 - T_2)}$$

$$c_2 = \sqrt{2\frac{\kappa R_g T_1}{\kappa - 1}\left(1 - \frac{T_2}{T_1}\right)}$$

$$c_2 = \sqrt{2\frac{\kappa R_g T_1}{\kappa - 1}\left[1 - \left(\frac{p_2}{p_1}\right)^{\frac{\kappa-1}{\kappa}}\right]}$$

$$c_2 = \sqrt{2\frac{\kappa}{\kappa - 1}p_1 v_1\left[1 - \left(\frac{p_2}{p_1}\right)^{\frac{\kappa-1}{\kappa}}\right]} \tag{4-14}$$

由式（4-14）可看出，在初始参数 p_1、v_1、c_1 一定时，出口流速 c_2 取决于 p_2/p_1，p_2/p_1 称为压力比 β。压力比 β 越小，c_2 越大，图 4-4 为出口流速随压力比的变化关系曲线。当 β 为 1 时，此时出口压力等于进口压力，气流不流动，流速为零。当 β 逐渐减小时，c_2 逐渐增大，初期增加较快，以后逐渐减慢。当 β 趋于零，出口截面流速趋于某一最大值，其值为

$$c_{2\max} = \sqrt{2\frac{\kappa}{\kappa - 1}p_1 v_1} = \sqrt{2\frac{\kappa}{\kappa - 1}R_g T_1} \tag{4-15}$$

喷管出口截面上的流速实际上是不可能达到 $c_{2\max}$ 的。因为最大流速是对应于 $p_2 \to 0$，$v_2 \to \infty$ 的速度，而根据连续性方程，此时喷管出口的截面应无限大，显然这是不可能的。

在喷管的分析计算中，临界压力 p_{cr} 是一个十分重要的参数。把临界压力代入式（4-14），得到临界流速为

$$c_{cr} = \sqrt{2\frac{\kappa}{\kappa - 1}p_1 v_1\left[1 - \left(\frac{p_{cr}}{p_1}\right)^{\frac{\kappa-1}{\kappa}}\right]} \tag{4-16}$$

而临界流速等于当地声速，$c_{cr} = \sqrt{\kappa p_{cr} v_{cr}}$，所以有

$$\kappa p_{cr} v_{cr} = 2\frac{\kappa}{\kappa - 1}p_1 v_1\left[1 - \left(\frac{p_{cr}}{p_1}\right)^{\frac{\kappa-1}{\kappa}}\right]$$

将 $v_{cr}=v_1\left(\dfrac{p_1}{p_{cr}}\right)^{\frac{1}{\kappa}}$ 代入上式得

$$2\frac{\kappa}{\kappa-1}p_1v_1\left[1-\left(\frac{p_{cr}}{p_1}\right)^{\frac{\kappa-1}{\kappa}}\right]=\kappa p_1v_1\left(\frac{p_{cr}}{p_1}\right)^{\frac{\kappa-1}{\kappa}}$$

式中临界压力与进口压力之比 p_{cr}/p_1 称为临界压力比，常用 β_{cr} 表示，可得

$$\beta_{cr}=\frac{p_{cr}}{p_1}=\left(\frac{2}{\kappa+1}\right)^{\frac{\kappa}{\kappa-1}} \tag{4-17}$$

式（4-17）为定比热容的理想气体绝热流动时临界压力比的计算公式。可见，β_{cr} 只是等熵指数 κ 的函数，而与工质所处状态无关。

当比热容取定值时，对于理想气体有：

单原子的理想气体，$\kappa=1.67$，$\beta_{cr}=0.468$；

双原子的理想气体，$\kappa=1.4$，$\beta_{cr}=0.528$；

多原子理想气体，$\kappa=1.3$，$\beta_{cr}=0.546$。

对于水蒸气的可逆绝热流动，κ 不具有比热比的意义，而纯为一个经验数据，一般取：

过热蒸汽：$\kappa=1.3$，$\beta_{cr}=0.546$；

干饱和水蒸气：$\kappa=1.135$，$\beta_{cr}=0.577$。

将式（4-17）代入临界流速计算公式，得

$$c_{cr}=\sqrt{\frac{2\kappa}{\kappa+1}p_1v_1}=\sqrt{\frac{2\kappa}{\kappa+1}R_gT_1} \tag{4-18}$$

可见临界流速只决定于工质的初态参数。

临界压力比在分析喷管流动过程中是一个很重要的参数，根据临界压力比可以容易地计算出气体的压力降低到多少时，流速恰好等于当地声速。

对于渐缩喷管，其出口截面的最大速度只能等于当地声速，达到临界状态时，$Ma=1$，$p_2=p_{cr}$。因此，对于渐缩喷管流速与压力比 $\dfrac{p_2}{p_1}$ 的关系曲线应是图 4-4 中的曲线 2，而不是曲线 1。当背压（喷管出口外的空间压力）p_b 大于临界压力 p_{cr} 时，喷管出口截面的压力 p_2 等于 p_b，且出口截面的速度小于当地声速，即 $p_2=p_b>p_{cr}$，$c_2<a_2$，$Ma<1$，为亚声速气流。随着背压 p_b 降低，当 $p_b=p_{cr}$ 时，出口截面的速度等于当地声速，即 $p_2=p_b=p_{cr}$，$c_2=a_{cr}$，$Ma=1$，为声速气流。随着背压 p_b 继续降低，当 $p_b<p_{cr}$ 时，喷管出口截面处的压力仍等于临界压力而不等于背压，由临界压力 p_{cr} 降到背压 p_b 的膨胀是在喷管外边完成的，这种现象称为膨胀不足。此时为：$p_2=p_{cr}$，$c_2=a_{cr}$，$Ma=1$，出口仍为声速气流。因此，当喷管背压低于临界压力（$p_b<p_{cr}$）时，也就是当 $\dfrac{p_b}{p_1}<\dfrac{p_{cr}}{p_1}$ 时，随着喷管背压的降低，喷管出口处气流的压力不变，仍等于临界压力，$p_2=p_{cr}$。喷管出口速度也不变，仍等于临界速度，$c_2=a_{cr}$。

对于缩放喷管，由于有渐扩部分保证了气流在达到临界流速后的继续膨胀，因此可以获得超声速气流。

二、流量的计算

由稳定流动的连续性方程

$$q_m=\frac{Ac}{v}$$

当已知四个变量中的三个，即可求出其余的一个未知数。例如管道任意截面的 A、v 及 c 已知（通常截面积是取最小截面，如渐缩喷管的出口、缩放喷管的喉部），即可求出流量。

现取渐缩喷管的出口截面 A_2 来计算质量流量，并分析它和该截面上的压力比 p_2/p_1 的关系。由上式 $q_m = \dfrac{A_2 c_2}{v_2}$，将式（4-14）及 $v_2 = v_1 \ (p_1/p_2)^{1/\kappa}$ 代入其中得

$$q_m = A_2 \sqrt{2 \frac{\kappa}{\kappa-1} \frac{p_1}{v_1} \left[\left(\frac{p_2}{p_1} \right)^{2/\kappa} - \left(\frac{p_2}{p_1} \right)^{(\kappa+1)/\kappa} \right]} \qquad (4-19)$$

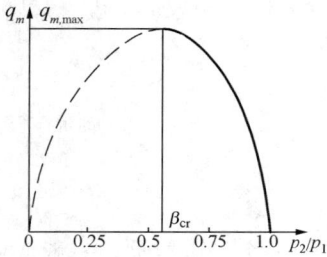

图 4-5 流量随压力比的变化

由式（4-19）可知，见图 4-6，当出口截面积 A_2、工质的初态参数 p_1、v_1 一定，流量随 p_2/p_1 而变，流量与压力比的关系曲线见图 4-5。

对于渐缩喷管，见图 4-6，当背压 p_b 等于工质的进口压力，喷管出口压力 $p_2 = p_b = p_1$，即 $p_2/p_1 = 1$，$m = 0$，此时无工质流过喷管。背压 p_b 逐渐降低时，p_2 随着降低，喷管流量逐渐增大。当背压降至临界压力时，$p_2 = p_b = \beta_{cr} p_1$，此时出口流速为声速，流量也达到最大值。如果背压继续降低，流量似乎将减小，如图 4-5 中虚线所示。但实际上，此虚线段是不存在的，渐缩喷管中出口截面上的压力不可能降低到小于临界压力。当背压 p_b 降至临界压力 p_{cr} 以下时，出口截面压力 p_2 保持临界压力 p_{cr} 不再变化。这是因为如果工质能够继续膨胀，流速将继续增加至超声速，此时气流截面要求渐扩，这在渐缩喷管中是无法满足的。故工质在喷管中只能膨胀到 p_{cr} 为止，出口流速也只能达到当地声速。当 $p_2/p_1 = \beta_{cr}$，流量达到最大值后，如背压继续下降，将不再引起出口处的流速 c_2 和压力 p_2 的变化，流量也继续保持最大值。

$$q_{m,max} = A_{min} \sqrt{2 \frac{\kappa}{\kappa+1} \left(\frac{2}{\kappa+1} \right)^{\frac{2}{\kappa-1}} \frac{p_1}{v_1}} \qquad (4-20)$$

对于缩放喷管，见图 4-7，当背压 $p_b < p_{cr}$ 时，工质能够实现完全膨胀，即 $p_2 = p_b < p_{cr}$。但在其最小截面处的压力与背压无关，恒为临界压力 p_{cr}。由流动的连续性可知，缩放喷管的流量也可用式（4-19）计算。

蒸汽的绝热流动特性和气体的相同，有关的热力计算基本也相同。只是由于蒸汽和理想气体的偏差，在流速流量计算时不能用过程方程进行计算，只能借助于水蒸气图和表。但对水蒸气作定性分析时，也可借助这些计算式。在计算时，如果水蒸气状态发生了变化，其状态的确定只能以喷管进口状态为依据。

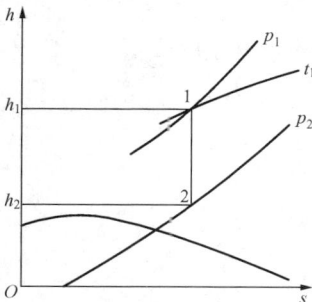

图 4-6 蒸汽在渐缩喷管中的膨胀

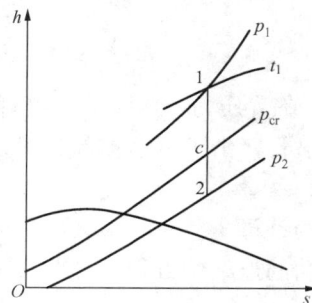

图 4-7 蒸汽在缩放喷管中的膨胀

三、喷管的设计

在给定的条件（一般为工质的初参数 p_1、v_1，背压 p_b 和流量 q_m）下进行喷管的设计，首先要选定喷管的形状是渐缩形还是缩放形，其目的就是要满足工质定熵膨胀所需的形状，否则，选形不当会阻碍能量的充分转换。确定喷管形状以后，还必须进一步计算喷管的主要尺寸。

表 4 - 1　　　　喷管的外形选择

背压 p_b	应选用的喷管外形	出口速度
$p_b > p_{cr} = \beta_{cr} p_1$	渐　　缩	$c_2 < c_{cr}$
$p_b = p_{cr} = \beta_{cr} p_1$	渐　　缩	$c_2 = c_{cr}$
$p_b < p_{cr} = \beta_{cr} p_1$	缩　　放	$c_2 > c_{cr}$

1. 外形选择

根据前面的讨论，喷管形状的选择应根据背压和临界压力而定。选择的原则是气流能在喷管内完全膨胀。如表 4 - 1 所示。

2. 尺寸计算

要满足喷管的流动要求，除了正确的选形外，对截面也要有一定的要求。由于喷管入口截面的大小只影响入口流速，而与管内的流动规律无关，所以喷管入口截面一般不作计算，只要求保持大于出口截面（渐缩喷管）或喉部截面（缩放喷管），以保证应有的管形。对于出口截面 A_2 可由式 $A_2 = q_m \dfrac{v_2}{c_2}$ 计算求得。此外，缩放喷管还需计算喉部截面 $A_{\min}$，由于在喉部工质处于临界状态，速度为临界速度，而流量为最大流量，所以有

$$A_{\min} = q_{m,\max} \frac{v_{cr}}{c_{cr}} \qquad (4 - 21)$$

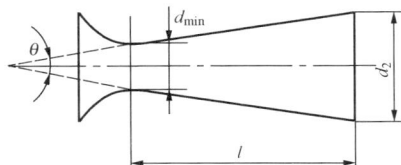

图 4 - 8　缩放喷管的顶锥角

从能量转换来看，只要有合适的管形，就能起到增加速度的作用，是不用考虑喷管长度的。但实际上，管道太长会使工质与管壁间摩阻增大；而管道过短，则截面扩张太快，会使工质与管壁分离，产生涡流损失。因此，不适当的长度会增加不可逆损失。根据经验，对于渐放部分，最有利的长度为

$$l = \frac{d_2 - d_{\min}}{2\tan \dfrac{\theta}{2}} \qquad (4 - 22)$$

式中　θ——渐扩部分的顶锥角，一般常取为 8°～12°，如图 4 - 8 所示。

【例题 4 - 1】　燃气的压力为 0.8MPa、温度为 900℃，欲使其通过一喷管流入压力为 0.1MPa 的空间。已知燃气的气体常数 $R_g = 0.287$kJ/ (kg·K)，等熵指数 $\kappa = 1.34$，试求下列情况下喷管的出口速度：①采用渐缩喷管；②采用缩放喷管；③如果渐缩喷管的出口截面面积和缩放喷管的最小截面面积都为 10cm^2，求通过这两种喷管的燃气流量。假设喷管入口速度为 $c_1 = 0$。

解　（1）采用渐缩喷管。

渐缩喷管出口截面的最低压力为临界压力，即

$$p_2 = p_{cr} = p_1 \left(\frac{2}{\kappa + 1} \right)^{\frac{\kappa}{\kappa - 1}}$$

$$= 0.8 \times 10^6 \times \left(\frac{2}{1.34 + 1} \right)^{\frac{1.34}{0.34}}$$

$$= 0.431 \times 10^6 \, (\text{Pa})$$

$$= 0.431 \, (\text{MPa})$$

可见，燃气在喷管出口截面的压力仍高于空间压力（0.1MPa），将继续自发膨胀，造成一部分能量的损失。

渐缩喷管出口截面的流速等于临界流速。

$$c_2 = c_{cr} = \sqrt{\frac{2\kappa}{\kappa+1}R_g T_1} = \sqrt{\frac{2\times1.34}{1.34+1}\times287\times1173} = 621(\mathrm{m/s})$$

（2）采用缩放喷管。

缩放喷管出口截面的压力可以降低到空间压力，出口流速为

$$c_2 = \sqrt{\frac{2\kappa}{\kappa-1}R_g T_1\left[1-\left(\frac{p_2}{p_1}\right)^{\frac{\kappa-1}{\kappa}}\right]}$$

$$= \sqrt{\frac{2\times1.34}{1.34-1}\times287\times1173\times\left[1-\left(\frac{0.1\times10^6}{0.8\times10^6}\right)^{\frac{0.34}{1.34}}\right]}$$

$$= 1044(\mathrm{m/s})$$

（3）将燃气看作理想气体，根据理想气体状态方程式

$$v_1 = \frac{R_g T_1}{p_1} = \frac{287\times1173}{0.8\times10^6} = 0.421(\mathrm{m^3/kg})$$

渐缩喷管的背压与进口压力之比为

$$\frac{p_b}{p_1} = \frac{0.1\times10^6}{0.8\times10^6} = 0.125 < \beta_{cr} = 0.528$$

因此，出口截面上的压力与进口压力之比一定等于临界压力比 β_{cr}，喷管的流量已达到最大值。根据式（4-20）得：

$$q_m = A_{min}\sqrt{\frac{2\kappa}{\kappa+1}\left(\frac{2}{\kappa+1}\right)^{\frac{2}{\kappa-1}}\frac{p_1}{v_1}}$$

$$= 10\times10^{-4}\times\sqrt{\frac{2\times1.34}{1.34+1}\times\left(\frac{2}{1.34+1}\right)^{\frac{2}{1.34-1}}\times\frac{0.8\times10^6}{0.421}}$$

$$= 0.93(\mathrm{kg/s})$$

因为缩放喷管的最小截面面积与渐缩喷管相同，所以在进口参数与背压相同的情况下最大质量流量也相同，只是缩放喷管的出口速度要高于声速。

【例题 4-2】　参数为 $p_1=2$MPa、$t_1=300℃$ 的水蒸气，经过缩放喷管流入压力为 0.1MPa 的空间，喷管的最小截面积 $A_{min}=20$cm²。求临界速度、质量流量、出口速度和出口截面积。

解　水蒸气的临界压力 $p_{cr}=0.546\times2=1.09$MPa，根据已知参数从 $h-s$ 图上查得

$$h_1 = 3027\mathrm{kJ/kg}, h_{cr} = 2888\mathrm{kJ/kg}, h_2 = 2453\mathrm{kJ/kg}$$

$$v_{cr} = 0.2\mathrm{m^3/kg}, v_2 = 1.55\mathrm{m^3/kg}$$

因此　　$$c_{cr} = \sqrt{2(h_1-h_{cr})} = \sqrt{2\times(3027-2888)\times10^3} = 525.7(\mathrm{m/s})$$

$$q_m = \frac{A_{min}c_{cr}}{v_{cr}} = \frac{0.002\times525.7}{0.2} = 5.26(\mathrm{kg/s})$$

$$c_2 = \sqrt{2(h_1-h_2)} = \sqrt{2\times(3027-2453)\times10^3} = 1071(\mathrm{m/s})$$

$$A_2 = \frac{q_m v_2}{c_2} = \frac{5.26\times1.55}{1071} = 76.2(\mathrm{cm^2})$$

第四节　有摩擦阻力的绝热流动和绝热节流

一、有摩擦阻力的绝热流动

前述所讨论的情况均在流动中没有任何能量损耗。但实际上气体或蒸汽在管内流动时，总是伴随有或多或少由于克服摩擦而引起的动能损失。由于工质通过喷管的时间很短，因此在分析中可以忽略向外界的散热。那么，由于摩擦的作用，将使一部分动能转换为摩擦热并被工质吸收，引起熵增。而由于动能减少，工质的出口流速将变小。由稳流能量方程有

$$h_1 + \frac{c_1^2}{2} = h_2 + \frac{c_2^2}{2} = 常数$$

可知出口动能的减小将引起出口焓的增大。因此工质做具有摩擦的绝热流动时其熵总是不断增加的。

以水蒸气为例，如果流动过程是可逆绝热的，则该过程可在 h-s 图（见图 4-9）上以 1—2 表示。此时 $s_1 = s_2$。在具有摩擦的绝热流动中，由于工质熵的增加，从同一初态出发的实际过程线 1—2′ 总是位于可逆过程线 1—2 的右侧，即 $s_2' > s_2$。在压力降 $(p_1 - p_2)$ 相同时，具有摩擦损耗的工质流动的终态焓值为 h_2'、温度为 t_2'。由图可知总有 $h_2' > h_2$。

由于有摩擦的流动过程中的焓降 $(h_1 - h_2')$ 小于可逆流动时的焓降 $(h_1 - h_2)$，所以有摩擦时工质在喷管出口处的速度 c_2' 要小于可逆时的速度 c_2。为此在工程计算中引入了速度系数 φ 以修正由于摩阻而减小的速度。

图 4-9　有摩擦阻力的
绝热流动

$$\varphi = \frac{c_2'}{c_2} \tag{4-23}$$

根据实际经验，对于光滑而设计正常的喷管，φ 常在 $0.92 \sim 0.98$ 之间。

有摩擦阻力时的流速公式可写成

$$c_2' = 1.414\varphi \sqrt{h_1 - h_2} \tag{4-24}$$

当工质在喷管内的流动存在摩擦时，将使出口动能也有损失，在工程上用能量损失系数 ζ 表示，即

$$\zeta = \frac{c_2^2 - c_2'^2}{c_2^2} = 1 - \varphi^2 \tag{4-25}$$

计算有摩擦阻力的喷管时，先按定熵流动的方法求得理想焓降 $(h_1 - h_2)$，然后根据喷管的速度系数或能量损失系数求取不可逆膨胀到 p_2 时的实际焓值 h_2'。

$$h_2' = h_2 + \zeta(h_1 - h_2) \tag{4-26}$$

此外，由于摩擦热被工质吸收，工质的比体积将增大。由流量计算公式，如果保持流量不变，则实际的喷管截面积必然大于按可逆绝热流动计算的截面积。

二、绝热节流

工质在管道内稳定流动时，若通道截面突然缩小，由于局部阻力，会使工质压力降低，这种现象称为节流。工程上，常遇到工质流过阀门、小孔、多孔塞等节流元件，由于截面突

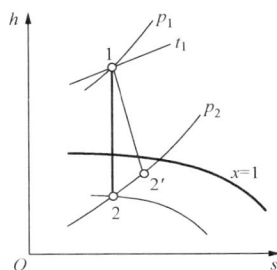

然减小，且节流过程中与外界的热量交换可忽略不计，其能量转换类似喷管的情况，工质流速增加，压力则降低。在节流元件后，截面突又扩展，工质流速又降至接近原来的速度，此时工质压力会有所提高。但在截面的突缩突扩的变化下，形成扰动，产生显著的局部阻力，从而伴随着流速的降低（几乎接近原值），压力虽有回升，但不能相应的恢复到节流前的压力，即工质流过节流元件后，会产生显著的压力降（p_1-p_2）。其值取决于节流元件的局部阻力，它与流体特性、状态以及截面突缩突扩的程度有关。节流过程中，因为有强烈的扰动，状态偏离平衡状态甚远，为不可逆过程，不能用平衡性质来描述其状态。但在距缩孔较

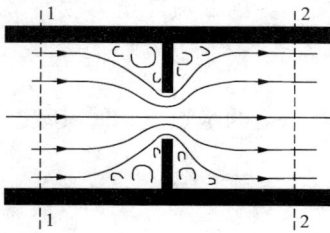

图 4-10　绝热节流

远的截面 1-1 处和截面 2-2 处流动稳定，可用平衡状态进行讨论，如图 4-10 所示。一般工质流经缩孔时可看作是绝热节流过程。节流后，在截面 2-2 处，流速已几乎恢复原值，$c_2 \approx c_1$，动能的变化可以忽略，由稳定流动能量方程

$$h_1 + \frac{c_1^2}{2} = h_2 + \frac{c_2^2}{2} = h + \frac{c^2}{2} = 常数$$

可得工质绝热节流后焓值不变，$h_1 = h_2$。

综上所述，绝热节流的特征是

$$p_2 < p_1, h_1 = h_2$$

但应当注意，绝热节流焓值不变的结论是依据节流前后的流速不变。而此条件仅在距离缩孔稍远的上、下游处才成立。而在工质流经缩孔时速度变化很大，节流过程也是不可逆的，焓值在截面 1-1 和 2-2 之间并不处处相等，因此不能错误地认为绝热节流是定焓过程。

1. 理想气体的绝热节流

理想气体的焓仅为温度的函数，焓值不变，温度也不变，节流后的其他状态参数可依据 p_2、T_2 求出。

2. 水蒸气的绝热节流

对于水蒸气的节流过程，由于水蒸气的焓不仅是温度的函数，而且在不同程度上与压力有关，因此，经绝热节流后，其温度可能降低、升高或不变，要视节流前工质的初态及节流后的压力 p_2 而定。对于一般的实际气体，在通常的压力与温度下节流，温度是降低的。

在水蒸气具体的热力计算中，利用 $h-s$ 图计算是非常方便的。如图 4-11 所示，根据节流前的状态（t_1，p_1）可确定初态点 1，从 1 点作水平线与节流后的压力 p_1' 交于点 $1_1'$，点

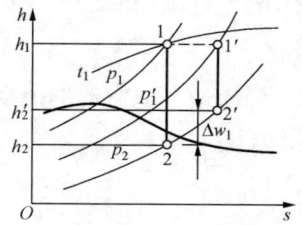

图 4-11　水蒸气绝热节流

$1_1'$ 为节流后的状态点（$h_1 = h_1'$）。节流后其温度降低，熵增加，即 $t_1 > t_1'$，$s_1 < s_1'$。水蒸气经节流后，不仅压力、温度降低，而且由 $h-s$ 图可知，如水蒸气从未节流时的状态 1 经可逆绝热膨胀至某一压力 p_2，所做技术功为 $h_1 - h_2$，而从节流后的状态 $1_1'$ 同样膨胀到同一压力 p_2 所做的技术功为 $h_1' - h_2'$，有

$$h_1 - h_2 > h_1' - h_2'$$

可见，绝热节流过程是一个不可逆过程，必将引起熵增，导致可用能的损失。上例就再次说明了熵增与能量贬值原理。从能量有效利用的观点来看，应尽量避免。但由于通过绝热节流，可以很容易实现调节流体的压力和质量流量以及降低流体的温度，而且节流元件结构十

分简单，因此工程上也常用绝热节流的方法来实现上述目的。例如，常用这种简单的节流方法来调节动力机械的功率。

【例题 4 - 3】 压力为 2MPa、温度为 490℃的蒸汽，经节流阀压力降为 1MPa，然后定熵膨胀到 0.03MPa。求绝热节流后蒸汽温度变为多少？技术功变化多少？

解 如图 4 - 11 所示。由蒸汽初参数查 $h-s$ 图得 $h_1=3445\text{kJ/kg}$。

因为绝热节流前、后焓相等，由 $h_1'=h_1$ 及 p_1' 可以确定节流后蒸汽状态点 $1_1'$，查得 $t_1'=486℃$。

节流前的蒸汽定熵膨胀到 0.03MPa，由图查得 $h_2=2500\text{kJ/kg}$。可做技术功为

$$w_t = h_1 - h_2 = 3445 - 2500 = 945(\text{kJ/kg})$$

节流后的蒸汽定熵膨胀到相同压力，由图查得 $h_2'=2610\text{kJ/kg}$。可做技术功为

$$w_t' = h_1' - h_2' = 3445 - 2610 = 835(\text{kJ/kg})$$

经绝热节流后，技术功变化了

$$w_l = w_t - w_t' = 110(\text{kJ/kg})$$

可见，由于节流，工质所做技术功减少了。

复 习 思 考 题

4 - 1 简述喷管和扩压管的区别和联系。

4 - 2 促使流体增速的条件是什么？喷管的几何尺寸起到什么作用？

4 - 3 试述三种不同的喷管形式的选取原则。

4 - 4 在渐缩喷管内的流动情况中，何种条件下流动不受背压变化的影响？

习 题

4 - 1 图 4 - 12 所示为一渐缩喷管。设 $p_1=1\text{MPa}$、$p_b=0.1\text{MPa}$。假如沿截面 $2'-2'$ 截去一段，出口截面上的压力、流速、流量将有什么样的变化？

4 - 2 当压力降相同时，喷管若有摩阻，则其出口速度、焓、比体积、温度和熵如何变化？

4 - 3 绝热节流过程是否为定焓过程，为什么？

4 - 4 压力为 6MPa、温度为 240℃的水蒸气以 80m/s 的速度流过一渐缩喷管，质量流量为 16kg/s。求喷管的出口截面面积和出口流速。如果不考虑初速度的影响，其结果有何变化？

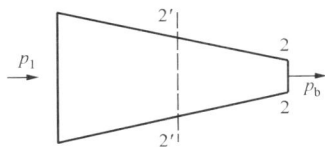
图 4 - 12 习题 4 - 1 图

4 - 5 进入出口截面面积 $A_2=10\text{cm}^2$ 的渐缩喷管的空气初参数为 $p_1=2\times10^6\text{Pa}$、$t_1=27℃$，初速度很小，可以忽略不计。求空气经喷管射出时的速度、流量以及出口截面处空气的状态参数 v_2、t_2。设喷管背压分别为 1.5MPa、1MPa。空气的比热容为 $c_p=1.005\text{kJ/}$（kg·K），$\kappa=1.4$。

4 - 6 空气等熵流经一缩放喷管，进口截面上的压力和温度分别为 0.58MPa、440K，出口截面上的压力 $p_2=0.14\text{MPa}$。已知喷管进口截面积为 $2.6\times10^{-3}\text{ m}^2$，空气的质量流量为 1.5kg/s。试求喷管喉部及出口截面的面积和出口流速。空气的比热容 $c_p=1.005\text{kJ/}$（kg·K）。

4 - 7 空气流经喷管作定熵流动，已知进口截面空气参数为 $p_1=0.7\text{MPa}$、$t_1=947℃$，

环境压力分别为 0.5MPa、0.12MPa，质量流量为 0.5kg/s，为使空气完全膨胀，应如何选择喷管形状？求此时出口截面积及流速。

4-8 水蒸气的初参数为：$p_1=2.5$MPa、$t_1=340℃$，背压为 0.1MPa。若蒸汽的流量 $m=5$kg/s，初速可忽略不计。欲使蒸汽能充分加速，试确定喷管的形式及出口截面尺寸。

4-9 水蒸气由初参数 $15.7×10^5$Pa、400℃经渐缩喷管喷射，喷管的出口截面积为 200mm²，若流动是定熵的，且不计初速，求：

（1）外界压力为 $12×10^5$Pa 时，蒸汽的出口速度及流量；

（2）外界压力降低为 $0.95×10^5$Pa 时，蒸汽的出口速度及流量。

4-10 水蒸气由初态 1.15MPa、350℃经渐缩喷管射入压力为 $6.5×10^5$Pa 的空间。若喷管的出口截面积为 30cm²，流动为定熵，初速忽略不计，求：

（1）喷管出口处蒸汽的温度、流速和流量；

（2）若过程中有摩阻损失，速度系数 $φ=0.95$，结果有何变化？

4-11 水蒸气由初参数 9.5MPa、380℃经绝热节流后压力降为 2.8MPa，求蒸汽的终态各参数及温度的变化。

4-12 3.5MPa、435℃的新蒸汽进入汽轮机做定熵膨胀，排出时压力为 6kPa，求每千克蒸汽输出功量。若使汽轮机输出功量减为上述功量的 75%，则新蒸汽进入汽轮机时必须节流至什么压力？

第五章　蒸　汽　动　力　循　环

　　将热能转化为机械能的设备称为热能动力装置或热力发动机，简称热机。在热机中，热能连续地转化为机械能是通过工质的热力循环实现的。热机的工作循环称为动力循环或热机循环。根据工质的不同，动力循环可以分为蒸汽动力循环（如蒸汽机、蒸汽轮机的工作循环）和气体动力循环（如内燃机、燃气轮机的工作循环）两大类。利用固体、液体或气体燃料燃烧放热产生动力发电的工厂称为热力发电厂（或称为火力发电厂）。火力发电厂主要是采用水蒸气作为能量转换的介质（工质），实现热能转换为机械能的蒸汽动力循环。本章主要讨论以水蒸气为工质的蒸汽动力装置循环，目的是研究影响循环工作效率的因素，探讨提高循环效率的途径。

　　所有实际动力循环都是十分复杂的，并且是不可逆的。因此在分析讨论时先将实际的不可逆循环假想为理想的可逆循环，然后根据假想的可逆循环中的不可逆因素加以修正，得到实际循环的效率，探讨提高实际循环工作效率的措施和应采取的途径。

　　讨论分析动力装置循环的方法很多：有主要采用以热力学第一定律为基础的"效率法"。这种分析方法从能量转换的数量关系来评价循环的经济性，以热效率为其指标。另一种方法是以热力学第一定律和热力学第二定律作为依据，从能量的数量和质量来分析，以"做功能力损失和　效率"为其指标的"做功能力法"。两类分析方法所揭示的不完善部位和损失的大小是不同的。为了全面地反映循环的真实经济性，在分析热力循环时，不仅要考虑能量的数量，还应考虑能量的质量。本章主要按照热力学第一定律，从能量的数量关系出发，对蒸汽动力装置循环中热能与机械能转换的情况和效果及改进途径进行分析评价。

　　以水蒸气作工质的蒸汽动力装置，工质水从提供热能的热源——锅炉中吸热汽化，然后进入热机——汽轮机或蒸汽机中膨胀对外做功，将一部分热能转化为机械能，实现能量的转换，膨胀做功后的水蒸气（排气）向冷源——凝汽器放出一部分热量并凝结为水，凝结水经过压缩装置——水泵升压，再送入锅炉中，工质实现一个循环，经历了吸热汽化、膨胀对外做功、放热凝结、压缩（升压）返回锅炉的四个过程，将热能转化为机械能（对外做功）。工质连续不断地循环，就将热能连续不断地转化为机械能。机械能再经过发电机转化为电能，可对外连续不断地提供电力。

　　本章所讨论的蒸汽动力循环是很重要的，因为迄今为止，蒸汽动力装置在火力发电厂中仍占有着统治的地位。本章将以提高蒸汽动力循环的热效率为主线，分析各种常用的蒸汽动力循环，为今后学习锅炉设备、汽轮机设备以及热力发电厂等专业课奠定理论基础。当代蒸汽动力装置是在朗肯循环的基础上逐步改进而来的。因此，本章在讨论蒸汽动力循环的基本形式——朗肯循环的基础上，再讨论具有中间再热的朗肯循环、给水回热加热循环、热电联产循环。

第一节　朗　肯　循　环

一、水蒸气的卡诺循环

从热力学第二定律可知，在相同的温度范围内以卡诺循环的热效率为最高。卡诺循环是由定温吸热、绝热膨胀、定温放热、绝热压缩四个可逆过程组成。

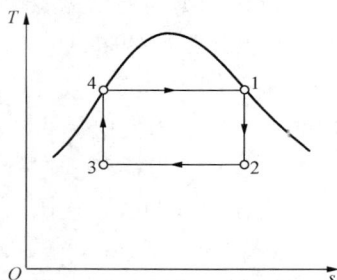

图 5-1　饱和蒸汽的卡诺循环

理论上讲，这四个过程在饱和蒸汽区域内能够实现，如图 5-1 所示的饱和蒸汽的卡诺循环（1—2—3—4—1）。

图 5-1 中，4-1 是水在锅炉内定温定压吸热汽化过程；1-2 过程是蒸汽在汽轮机中绝热膨胀，对外做功过程；2-3 过程是在冷凝器中等温等压放热凝结过程；3-4 过程是湿饱和蒸汽的绝热压缩过程。这四个过程组成一个卡诺循环。

在实际工程中是不采用饱和蒸汽卡诺循环的。这是因为：

（1）湿饱和蒸汽的绝热压缩过程（3-4 过程）中，压缩耗功很大，由于压缩的是汽水混合物压缩设备工作极不稳定；

（2）饱和蒸汽在汽轮机中绝热膨胀时，膨胀终了时蒸汽的湿度很大，对汽轮机最后几级的叶片侵蚀严重，影响汽轮机工作的安全性。汽轮机一般要求做功后的蒸汽干度不小于 0.88；

（3）饱和蒸汽区内的卡诺循环即使能够实现，其热效率也不高。这是因为吸热温度 T_1 受临界温度（374℃）的限制，放热温度 T_2 又受到大气环境温度的限制，故饱和蒸汽卡诺循环热效率 η_{tc} 不高。

通过饱和蒸汽卡诺循环的分析知道，虽然卡诺循环在实际中很难实现，但它为实用的水蒸气动力循环指明了改进方向，如将饱和蒸汽继续加热，达到提高汽轮机排汽干度的目的，同时将饱和蒸汽在凝汽器中全部凝结成水，达到减小水的升压所消耗的功，使运行稳定等。

二、朗肯循环及其热效率

针对饱和蒸汽的卡诺循环中吸热温度不高和做功后蒸汽湿度过大等问题，可采用过热蒸汽代替饱和蒸汽。而针对压缩湿蒸汽时压缩机存在的困难，可使放热过程一直延伸至蒸汽全部凝结成饱和水为止。由于此时绝热压缩的只是单相水，只需体积小，耗功少的水泵。这样就构成了一个切实可行的蒸汽循环——朗肯循环。

1. 朗肯循环的组成及 T-s 图

如图 5-2（a）所示，采用朗肯循环的蒸汽动力装置主要由四大设备锅炉、汽轮机、冷凝器和给水泵组成。工质周而复始地稳定流过这四个设备，完成循环，将工质从高温热源吸取热量的一部分转变为有用功输出。

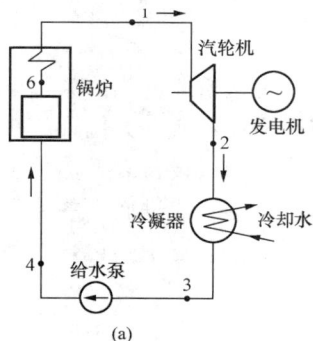

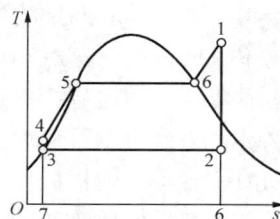

图 5-2　朗肯循环

朗肯循环在 T-s 图上的表示。见图 5 - 2 （b）。

4 - 1 过程：未饱和水在锅炉中的定压加热过程。未饱和水在压力 p_1 下吸热变成过热蒸汽，其吸热量为

$$q_1 = h_1 - h_4$$

1 - 2 过程：过热蒸汽在汽轮机中的绝热膨胀过程，压力由 p_1 降为 p_2，工质对外做功为

$$w_t = h_1 - h_2$$

2 - 3 过程：排汽在凝汽器中定压定温放热，凝结成 p_2 压力下的饱和水，其放热量为

$$q_2 = h_2 - h_3$$

3 - 4 过程：凝结水在给水泵中的绝热压缩过程，压力由 p_2 升至 p_1，给水泵耗功为

$$w_p = h_4 - h_3$$

由于水的压缩性很小，压缩过程中比体积基本不变，给水泵耗功相对于输出功极小，在热力计算中一般可忽略不计。这样朗肯循环的 T-s 图可以简化为图 5 - 3 所示。

2. 朗肯循环的分析计算

朗肯循环热效率为

$$\eta_t = \frac{w_{net}}{q_1} = \frac{q_1 - q_2}{q_1} = \frac{w_t - w_p}{q_1}$$
$$= \frac{(h_1 - h_2) - (h_4 - h_3)}{h_1 - h_3} \quad (5-1)$$

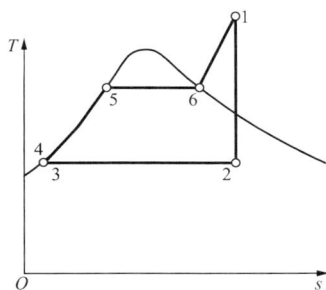

图 5 - 3 简化后的朗肯循环

若忽略给水泵耗功，则循环热效率可表示为

$$\eta_t = \frac{h_1 - h_2}{h_1 - h_3} \quad (5-2)$$

除热效率外，汽耗率和热耗率也是衡量蒸汽动力装置工作好坏的重要经济指标。汽耗率是指每作 1kWh 的功所需的新蒸汽量，通常用 d 表示。

$$d = \frac{3600}{w_t} = \frac{3600}{h_1 - h_2} \quad (5-3)$$

热耗率是指每作 1kWh 的功所消耗的热量，通常用 q 表示

$$q = d \times q_1 = d(h_1 - h_3) \quad (5-4)$$

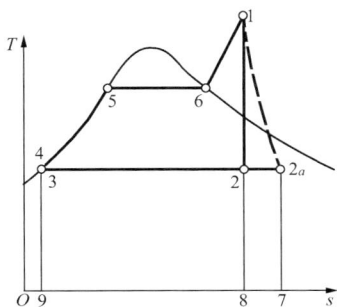

图 5 - 4 朗肯循环的
实际膨胀线

以上各式中的熵值可根据给定的状态参数确定，若循环中膨胀过程是不可逆的，膨胀终了的状态见图 5 - 4 中的 2_a 点。在计算时应用 2_a 点的熵值代替原来的 2 点值来计算。

综上所述，朗肯循环与卡诺循环的区别在于吸热过程全部在定压下进行，这使得朗肯循环平均吸热温度低于同温限范围内卡诺循环的吸热温度，因此朗肯循环的热效率也就低于同温限卡诺循环的热效率。然而由于前述的诸多优点，使朗肯循环成为现代蒸汽动力装置的基本循环。

三、蒸汽参数对朗肯循环热效率的影响

由式（5-3）知，新蒸汽焓 h_1、排汽焓 h_2 和凝结水焓 h_3 的数值影响热效率 η_t 的大小，而这些焓值又是由汽轮机进口蒸汽的温度（也称进汽温度）、压力（也称进汽压力）和汽轮机排汽压力（也称背压）所决定的。因此有

$$\eta_t = \frac{h_1 - h_2}{h_1 - h_3} = f(p_1, T_1, p_2)$$

下面将分别讨论这些蒸汽参数的变化对循环热效率的影响。

1. 进汽温度的影响

在保持进汽压力 p_1 和排汽压力 p_2 不变的情况下，提高进汽温度 t_1 可以提高循环的热效率。这是因为，进汽温度的提高增加了循环的高温加热段，使循环的平均吸热温度提高，所以热效率提高。

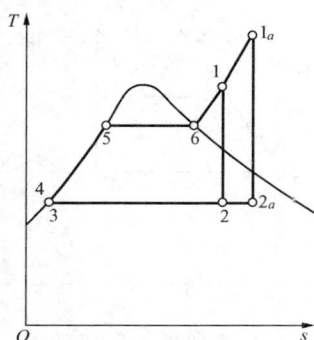

图 5-5　进汽温度对朗肯
循环的影响

此外，从图 5-5 所示的 T-s 图上还可看出，提高进汽温度后的循环其排汽状态点 2_a 的干度 x_{2a} 大于未提高进汽温度的循环排汽状态点 2 的干度 x_2，即 $x_{2a} > x_2$。这对提高汽轮机相对内效率和延长汽轮机的使用寿命都有利。

综上所述，提高进汽温度既可提高循环的热效率，又可提高排汽的干度，其影响是有利的。

但是，进汽温度的提高受到材料耐热性能的限制。如蒸汽过热器外面是高温烟气，里面是蒸汽，所以过热器壁面的温度必定高于蒸汽温度。这点与燃气轮机装置和内燃机均不同。内燃机的气缸壁因为有冷却水和进入气缸的空气冷却，燃气轮机的燃烧室和叶片也都可以冷却，其材料就可以承受较高的燃气温度，如内燃机中燃气温度可高达 2000℃。与此相比，蒸汽循环由于受金属材料耐高温性能的限制，蒸汽温度很少超过 600℃。

2. 进汽压力的影响

在保持进汽温度 T_1、排汽压力 p_2 不变的情况下，提高进汽压力 p_1 可以提高循环的热效率。由图 5-6 显见，当进汽压力提高时，由于对应的饱和温度 T_{1s} 随着提高，放热温度（对应于排汽压力 p_2 时的饱和温度）不变，循环的平均吸热温度提高，所以循环的热效率提高。且在原来进汽压力较低的情况下，提高压力对循环热效率提高的影响更加明显。

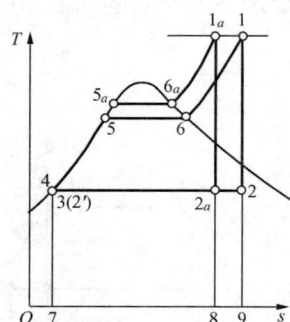

图 5-6　进汽压力对朗肯
循环的影响

但随进汽压力的提高，会使排汽干度减小，排汽中所含的水分增加，这将引起汽轮机内部效率降低。此外，水分超过某一限度时，将引起汽轮机最后几级叶片的侵蚀，缩短汽轮机的使用寿命，并能引起汽轮机的危险震动，故排汽干度不宜太低，一般不宜低于 0.88。在工程上常采用在提高进汽压力的同时，也提高进汽温度，起到既提高循环的热效率，又使排汽干度的增减抵消，达到较为理想的效果。

3. 排汽压力（背压）的影响

在保持进汽压力 p_1 和进汽温度 T_1 不变的情况下，降低排汽压力 p_2 可以提高循环的热

效率。

如图 5 - 7 所示，保持汽轮机进口蒸汽的参数 p_1、T_1 不变，排汽压力 p_2 降低，平均放热温度显著降低，虽然与此同时凝结后的饱和水温度下降导致吸热时的平均温度也稍有降低，但放热温度的降低大于吸热温度的降低。因此热效率总是随排汽压力的降低而提高。但决定排汽压力的冷凝器真空度要受到冷却水温的制约，排汽压力下的排汽温度（即该压力对应的饱和温度）必须高于环境温度，因而排汽温度受到环境温度的限制，也就是排汽压力的降低受到大气环境的限制。现代蒸汽动力装置循环的排汽压力 p_2 设计值为 $0.004 \sim 0.005\text{MPa}$，其对应的排汽压力（排汽温度）将随环境的季节性气温变化的影响而改变。另外，降低排汽压力 p_2 也将使排汽湿度和比体

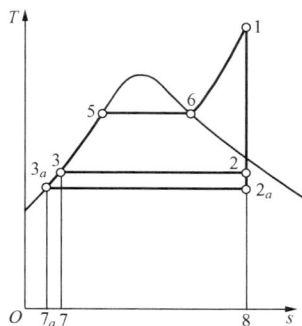

图 5 - 7 排汽压力对朗肯
循环的影响

积增大，对汽轮机末级叶片工作有不利影响。因此，在确定合理的排汽压力时仍需通过技术经济比较来综合考虑。

通过以上的分析得出结论：为了提高蒸汽动力循环的热效率，应尽可能提高进汽温度和进汽压力，并降低排汽压力。中小型火力发电厂为了节省设备投资，通常采用中低参数汽轮发电机组，所以热效率低。大型火力发电厂为提高热效率，正朝着大功率、超高参数和自动控制的方向发展。对于火力发电厂来说，提高热效率、节省燃料是十分重要的。例如，一个 100MW 的火力发电厂每天大约消耗 1000t 标准煤，如果将其热效率提高百分之一，每天就可节约十吨煤。

【例题 5 - 1】 有一朗肯循环，见图 5 - 3。已知汽轮机进汽压力 $p_1 = 4\text{MPa}$ 和温度 $t_1 = 400℃$，排汽压力 $p_2 = 0.01\text{MPa}$，①试求该循环的吸热量、做功、放热量和循环效率。②若将循环的进汽温度改为 $t_1 = 550℃$，其他参数不改变，试求进汽温度提高后的循环吸热量、做功、放热量和循环热效率。不计泵功。

解 （1）根据已知参数查水蒸气热力性质图和表得：$h_1 = 3214.5\text{kJ/kg}$，$h_2 = 2144.2\text{kJ/kg}$，$h_3 = 191.84\text{kJ/kg}$，$h_4 = 195.3\text{kJ/kg}$。

1）锅炉中定压吸热量为

$$q_1 = h_1 - h_4 = 3214.5 - 195.3 = 3019.2\text{(kJ/kg)}$$

2）汽轮机中定熵膨胀的做功量为

$$w_t = h_1 - h_2 = 3214.5 - 2144.2 = 1070.3\text{(kJ/kg)}$$

3）冷凝器中定压凝结放热量为

$$q_2 = h_2 - h_3 = 2144.2 - 191.84 = 1952.7\text{(kJ/kg)}$$

4）循环热效率为

$$\eta_t = \frac{w_{\text{net}}}{q_1} = \frac{1070.3}{3019.2} = 35.4\%$$

（2）若提高进汽温度后，根据已知参数查水蒸气热力性质图和表得：$h_1 = 3559.2\text{kJ/kg}$，$h_2 = 2292.5\text{kJ/kg}$，$h_3 = 191.84\text{kJ/kg}$，$h_4 = 195.3\text{kJ/kg}$。

1）锅炉中工质的吸热量为

$$q_1 = h_1 - h_4 = 3559.2 - 195.3 = 3363.9\text{(kJ/kg)}$$

2）汽轮机中等熵膨胀的做功为

$$w_t = h_1 - h_2 = 3559.2 - 2292.5 = 1266.7(\text{kJ/kg})$$

3）冷凝器中工质的放热量为

$$q_2 = h_2 - h_3 = 2292.5 - 191.84 = 2100.7(\text{kJ/kg})$$

4）循环热效率为

$$\eta_{\text{net}} = \frac{w_{\text{net}}}{q_1} = \frac{1266.7}{3363.9} = 0.376 = 37.7\%$$

从以上结果可以看出，提高进汽温度可使循环的热效率提高，同时也使汽轮机排汽干度增加。

四、有摩擦阻力的实际循环

以上讨论的是理想的可逆过程。实际上，蒸汽在动力装置中的全部过程都是不可逆的，尤其是蒸汽经过汽轮机的绝热膨胀与理想可逆过程的差别较为显著。以下讨论仅考虑到汽轮机中有摩擦阻力损耗的实际循环。

如果考虑汽轮机中的不可逆损失，则理想循环中的可逆绝热过程 1-2 将变为不可逆过程 $1\text{-}2_{\text{act}}$。图 5-8 所示。这样蒸汽经过汽轮机时实际所做的技术功为

$$w_{t,\text{act}} = h_1 - h_{2\text{act}} = (h_1 - h_2) - (h_{2\text{act}} - h_2) \tag{5-5}$$

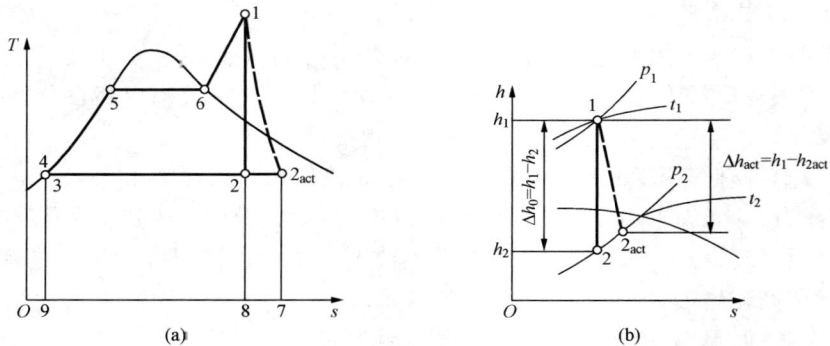

图 5-8　汽轮机中的不可逆过程

所少做的功等于在冷凝器中多排出的热量 $(h_{2\text{act}} - h_2)$，见图 5-8（b）。

汽轮机内蒸汽实际做功 $w_{t,\text{act}}$ 与理论做功 w_t 的比值叫做汽轮机的相对内效率，以 η_{oi} 表示，则

$$\eta_{\text{oi}} = \frac{w_{t,\text{act}}}{w_t} = \frac{h_1 - h_{2\text{act}}}{h_1 - h_2} \tag{5-6}$$

$$h_{2\text{act}} = h_2 + (1 - \eta_{\text{oi}})(h_1 - h_2) = h_2 + (1 - \eta_{\text{oi}})\Delta h_0$$

式中：$\Delta h_0 = h_1 - h_2$，称为理想绝热焓降。汽轮机相对内效率由生产厂根据大量试验结果提供，近代大功率汽轮机的相对内效率在 0.85～0.92 之间。

第二节　再　热　循　环

如上节所述，提高蒸汽的初压力，可以提高循环的热效率，但与此同时，除非蒸汽的初

温也一起升高，否则蒸汽在汽轮机内膨胀终了的湿度将大为增加，汽轮机最后几级叶片会受到夹带大量水滴的蒸汽的冲击而引起汽蚀。但实际上初温的提高常常受到金属耐温性能的限制，不能提得过高。为了在提高蒸汽初压时排汽干度不致过低，可以采用蒸汽中间再热循环。

一、再热循环组成

再热循环是在朗肯循环的基础上进行改进的。新蒸汽在汽轮机中膨胀做功到某一中间压力后抽出汽轮机，引入到锅炉中特设的再热器使之再吸热，其温度提高后再引入汽轮机继续膨胀到背压。

图 5 - 9（a）为中间再热循环的装置系统图，图 5 - 9（b）是其 T - s 图。与朗肯循环相比，再热循环中工质的吸热过程在原有 4561 上增加了 7 - 1′过程，而膨胀过程也变为 1 - 7 和 1′- 2′两个过程，排汽干度由 x_2 增加到 x_2'。

采用再热循环后其热效

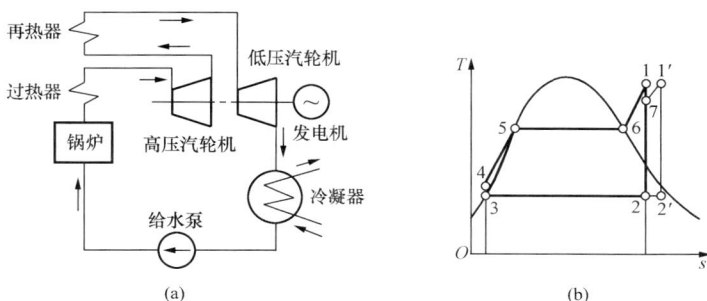

图 5 - 9 再热循环装置系统图和 T - s 图

率比原来朗肯热效率提高还是降低了？可把再热循环看作是在原朗肯循环基础上附加了循环 7 - 1′- 2′- 2 - 7。如果附加循环热效率高于朗肯循环热效率，则能够使循环的总效率提高，反之则降低。可见，如果中间再热压力选择较高，则能使再热循环热效率提高；如中间再热压力选择过低会使再热循环热效率降低。但中间再热压力选得高时对 x_2 的改善较少，而且如果中间压力过高时，附加循环与基本循环相比所占比例甚小，这样即使其热效率很高但对整个循环热效率提高也不大。因此中间再热压力的选择要遵循排汽干度在允许的范围内，并且遵循热效率最高的原则。目前我国采用再热循环的火力发电厂，其中间再热压力一般为进汽压力的 20%～30%。

二、再热循环的分析计算

再热循环中，工质从锅炉的省煤器、蒸发受热面、过热器中吸收的热量为
$$q_1' = h_1 - h_4$$
从锅炉再热器中吸收的热量为
$$q_1'' = h_{1'} - h_7$$
因此循环中工质的总吸热量为
$$q_1 = q_1' + q_1'' = (h_1 - h_4) + (h_{1'} - h_7) \tag{5-7}$$
在定熵膨胀过程 1 - 7 中，工质在汽轮机高压缸中所做轴功为
$$w_{ht} = h_1 - h_7$$
定熵膨胀过程 1′- 2′中，工质在汽轮机低压缸中所做轴功为
$$w_{lt} = h_{1'} - h_{2'}$$
因此工质在汽轮机中做出的功（忽略水泵功）为
$$w_t = w_{ht} + w_{lt} = (h_1 - h_7) + (h_{1'} - h_{2'}) \tag{5-8}$$

再热循环的热效率为

$$\eta_t = \frac{w_t}{q_1} = \frac{(h_1 - h_7) + (h_{1'} - h_{2'})}{(h_1 - h_4) + (h_{1'} - h_7)} \tag{5-9}$$

从热力学观点来说，若用很多级再热，就趋近于定温吸热，但由于再热器及往返管道中蒸汽的节流使单位工质做功能力降低，且管路复杂使运行不便。因此蒸汽动力循环一般只采用一级再热，只有在初参数高，且采用二级再热经济性合理时才考虑增加再热级数。表5-1示列了国产再热机组参数。

表5-1 国 产 再 热 机 组 参 数

单机容量（MW）	125	200	300	600
蒸汽初压（MPa）/蒸汽初温（℃）	13.5/550	13.0/535	16.5/550	16.5/535
再热压力（MPa）/再热温度（℃）	2.6/550	2.5/535	3.5/550	3.6/535

【例题 5 - 2】 有一蒸汽再热循环，见图 5 - 9。已知初参数 $p_1 = 13.5$MPa、$t_1 = 550$℃，背压为 5kPa。蒸汽在汽轮机内膨胀到 2.5MPa 时被引入到锅炉再热器中再热到 550℃，然后回到汽轮机中继续膨胀到背压。求：①由于再热使排汽干度增加了多少？②再热后循环热效率提高了多少？③循环的汽耗率和热耗率。不计泵功。

解 根据已知参数在 h - s 图及水蒸气表查得

$$h_1 = 3458\text{kJ/kg}, h_2 = 2007\text{kJ/kg}, h_4 = h_3 = 137.77\text{kJ/kg}, x_2 = 0.77$$

$$h_7 = 2972\text{kJ/kg}, h_{1'} = 3564\text{kJ/kg}, h_{2'} = 2284\text{kJ/kg}, x_2' = 0.884$$

（1）再热后干度提高　　　$\Delta x = x_{2'} - x_2 = 0.114$

（2）再热循环热效率为

$$\eta_t = \frac{w_{net}}{q_1} = \frac{(h_1 - h_7) + (h_{1'} - h_{2'})}{(h_1 - h_4) + (h_{1'} - h_7)}$$

$$= \frac{(3458 - 2972) + (3564 - 2284)}{(3458 - 137.77) + (3564 - 2972)}$$

$$= 0.4514 = 45.14\%$$

同参数朗肯循环热效率为

$$\eta_t' = \frac{h_1 - h_2}{h_1 - h_4} = \frac{3458 - 2007}{3458 - 137.77} = 43.7\%$$

采用再热使循环热效率相对提高

$$\frac{\eta_t - \eta_t'}{\eta_t} = 3.3\%$$

（3）再热循环汽耗率为

$$d = \frac{3600}{w_t} = \frac{3600}{(h_1 - h_7) + (h_{1'} - h_{2'})}$$

$$= 2.039\text{kg/(kW · h)}$$

热耗率为

$$q = d \times [(h_1 - h_4) + (h_{1'} - h_7)]$$

$$= 7976.98 \text{ kJ/(kW · h)}$$

第三节 回 热 循 环

回热循环利用蒸汽回热对水进行加热，消除朗肯循环中水在较低温度下吸热的不利影响，以提高热效率。

一、抽汽回热循环的组成

回热就是把本来要放给冷源的热量利用来加热工质，以减少工质从热源的吸热量。但是在朗肯循环中，乏汽温度仅略高于进入锅炉的未饱和水的温度，因此不可能利用乏汽在凝汽器中传给冷却水的那部分热量来加热锅炉给水。目前，工程上采用的回热方式是从汽轮机的适当部位抽出尚未完全膨胀的压力、温度相对较高的少量蒸汽去加热低温冷凝水。这部分抽汽没有经过冷凝器，因而没有向冷源放热，但是加热了冷凝水，达到了回热的目的，这种循环称为抽汽回热循环。

实际蒸汽动力循环采用从汽轮机中抽出部分在汽轮机中作过部分功的蒸汽，逐级加热锅炉给水，这种循环方式称为分级抽汽回热循环，循环中进入汽轮机的 1kg 新蒸汽中所抽出的蒸汽量称为抽汽率，用 α 表示。现代大中型蒸汽动力装置毫无例外地均采用回热循环，抽汽的级数从 2、3 级到 7、8 级，参数越高、容量越大的机组，回热级数越多。

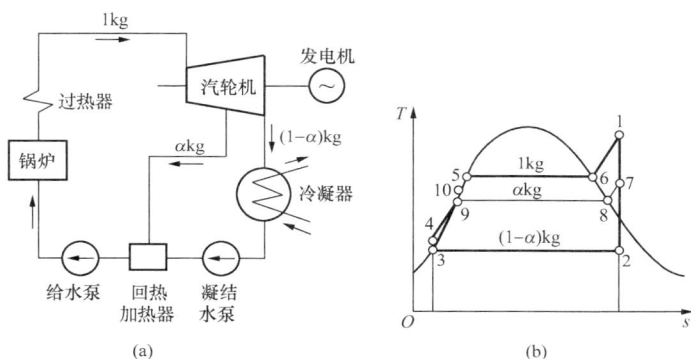

图 5 - 10 抽汽回热循环的系统图和 T- s 图

为了分析上的方便，以一级抽汽回热循环为例进行讨论。其计算原则同样适用于多级回热循环。

一级抽汽回热循环装置示意图如图 5 - 10（a）所示，循环的 T- s 图如图 5 - 10（b）所示。每千克状态为 1 的新蒸汽进去汽轮机，绝热膨胀到状态 7（p_7，T_7）后，即从汽轮机中抽出 αkg，将之引至回热加热器。剩下的 $(1-\alpha)$ kg 蒸汽在汽轮机内继续膨胀到状态 2，然后进入冷凝器，被冷却凝结成冷却水 3，再经凝结水泵升压后进入回热加热器。在其中被 αkg 的抽汽加热成饱和水，并与 αkg 蒸汽凝结的水汇成 1kg 状态为 9 的饱和水。然后被水泵加压后进入锅炉，加热、汽化、过热成新的蒸汽，完成循环。

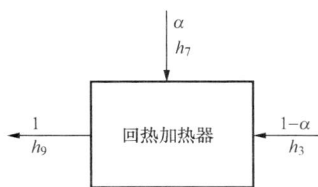

图 5 - 11 混合式回热加热器

从上面的描述可知，回热循环中，工质经历不同过程时有质量的变化，因此 T- s 图上的面积不能直接代表热量。尽管如此，T- s 图对分析回热循环仍是十分有用的工具。

二、回热循环的分析计算

回热循环的计算，首先要确定抽汽率 α，它可以从回热加热器的热平衡方程式及质量守恒式确定。图 5 - 11 是混合式回热加热器的示意图，其热量平衡方程为

$$(1-\alpha)(h_9-h_4)=\alpha(h_7-h_9)$$

若不计泵功，则 $h_4=h_3$，可得

$$\alpha=\frac{h_9-h_3}{h_7-h_3} \tag{5-10}$$

循环净功为

$$w_t=(h_1-h_7)+(1-\alpha)(h_7-h_2)$$
$$=(1-\alpha)(h_1-h_2)+\alpha(h_1-h_7)$$

从热源吸入的热量为

$$q_1=h_1-h_9$$

循环热效率为

$$\eta_t=\frac{w_{net}}{q_1}=\frac{(h_1-h_7)+(1-\alpha)(h_7-h_2)}{h_1-h_9} \tag{5-11}$$

一级抽汽回热循环与同参数朗肯循环的不同之处在于水在锅炉里的起始加热温度提高了，而且 αkg 的蒸汽在做了一部分功后不再向外热源放热，向外热源放热的只有 $(1-\alpha)$kg 蒸汽。因此，循环中工质自热源吸热量、向冷源放热量及循环净功都比朗肯循环的对应量小。但由于工质平均吸热温度提高，平均放热温度不变，故循环热效率提高。

应该特别指出，式中抽汽率的大小不是可以任意选取的，而是由回热器的热平衡所规定的。即抽出 αkg 蒸汽恰好将状态 3 的 $(1-\alpha)$ kg 的水加热到状态 9 的饱和水，且抽汽也全部凝结为相应状态的饱和水。

采用抽汽回热，能显著提高循环热效率，但由于增加了回热加热器、管道、阀门及水泵等设备，使系统更加复杂，而且增加了投资。但这方面的耗费可因下列优点而得到部分补偿：

（1）由于工质吸热量减少，锅炉热负荷降低，因而可减少受热面，节省金属材料；

（2）由于汽耗率增大，使汽轮机高压端的蒸汽流量增大，而低压端因抽汽而流量减小，这样有利于汽轮机设计中解决第一级叶片太短和最末级叶片太长的矛盾，提高单机效率；

（3）由于进入冷凝器的乏汽量减小，可减少冷凝器的换热面积，节省铜材。

综上所述，采用回热循环利大于弊，故现代大中型蒸汽动力装置都采用回热循环。当然抽汽级数过多会使系统过于复杂，维护困难，成本增加。所以，回热级数的选择应从经济、技术角度综合加以考虑。现代蒸汽动力装置实际多采用 3~8 级，最佳给水温度一般约为锅炉压力下饱和温度的 0.65~0.75。国产机组采用的回热参数如表 5-2 所示。在采用大型机组的现代蒸汽轮机电厂中，广泛采用一次再热与多级抽汽回热的循环。

表 5-2　　　　　　　　　　国产机组采用的回热参数

循环初参数 p（MPa）/t（℃）	3.5/435	9.0/535	13.5/550/550	16.5/550/550
给水温度（℃）	150~170	220~230	230~250	250~270
回热级数	3~5	5~7	6~8	7~8

【例题 5 - 3】 有一蒸汽回热循环，见图 5 - 10。汽轮机进口蒸汽参数为 $p_1 = 2.6$MPa，$t_1 = 420℃$，背压为 $p_2 = 0.004$MPa。已知抽汽压力 $p_7 = 0.12$MPa。求循环的抽汽率、热效率、汽耗率和热耗率，并与同参数朗肯循环加以比较。（不计泵功）

解 由已知参数查 h-s 图和水蒸气表得

$h_1 = 3283$kJ/kg，$h_7 = 2604$kJ/kg，$h_9 = 439.36$kJ/kg，$h_2 = 2144$kJ/kg，$h_3 = 121.41$kJ/kg

由热平衡方程式得抽汽率为

$$\alpha = \frac{h_9 - h_3}{h_7 - h_3} = \frac{439.36 - 121.41}{2604 - 121.41} = 0.128$$

回热循环热效率为

$$\eta_t = \frac{w_{net}}{q_1} = \frac{\alpha(h_1 - h_7) + (1 - \alpha)(h_1 - h_2)}{h_1 - h_9}$$

$$= \frac{0.128 \times (3282 - 2604) + (1 - 0.128) \times (3283 - 2144)}{3283 - 439.36}$$

$$= 0.38 = 38\%$$

回热循环汽耗率为

$$d = \frac{3600}{\alpha(h_1 - h_7) + (1 - \alpha)(h_1 - h_2)}$$

$$= \frac{3600}{0.128 \times (3283 - 2604) + (1 - 0.128) \times (3283 - 2144)}$$

$$= 3.3[kg/(kW \cdot h)]$$

回热循环热耗率为

$$q = d(h_1 - h_7)$$

$$= 3.3 \times (3283 - 439.36) = 9384.01[kJ/(kW \cdot h)]$$

同参数朗肯循环热效率、汽耗率、热耗率分别为

$$\eta_t = \frac{h_1 - h_2}{h_1 - h_3} = \frac{3283 - 2144}{3283 - 121.41} = 36\%$$

$$d = \frac{3600}{h_1 - h_2} = \frac{3600}{3283 - 2144} = 3.16[kJ/(kW \cdot h)]$$

$$q = d(h_1 - h_3)$$

$$= 3.16 \times (3283 - 121.41) = 9990.62[kJ/(kW \cdot h)]$$

由上可知，采用回热以后，循环的热效率提高，汽耗率增加，而热耗率有所降低。

第四节 热 电 联 产 循 环

在蒸汽动力循环中提高初参数，降低终参数，采用再热、回热等措施，可一定程度上提高热效率。但现代蒸汽动力装置的循环热效率通常低于 50%，也即燃料所释放的热量有一半多没有得到利用。其中最主要的是由于排汽在凝汽器内凝结时释放给冷却水大量的热量，由热力学第二定律可知此部分热量的损失是热功转换过程中不可避免的。与此同时，工业上的各种工艺过程，以及生活采暖需要大量的温度较低的热能，对这些需要

低品位热能的热用户，若直接使用高品位热能（如燃料燃烧所产生的高温热能），是热能利用上的一种极大浪费。为了减少这种浪费，就必须在热能由高品位降至低品位的过程中充分利用其所具有的做功能力。热电联产循环就是为实现这一节能任务而提出的一种既发电又供热的循环。

图 5-12 是采用排汽压力高于 0.1MPa 的背压式汽轮机的热电联产循环，它与凝汽式蒸汽动力循环的区别在于循环放热量不再弃之于环境，而是通过换热器供给了热用户。显然，其热效率随背压的提高而降低了，但由于热电联产实现热能的合理利用，即利用了已经做过功的、所含能量的品位已接近热用户需要的低位热能，避免了直接使用高位热能供热而造成的可用能的损失。因此对热电联产循环经济性的衡量，除了热效率以外，还应由能量利用系数 K 来反映。

$$K = \frac{被利用的热量}{工质从高温热源吸取的热量}$$

理论上，工质在循环中吸取的热量，一部分转变为功，另一部分以热能提供给热用户，$K=1$。但实际上，由于各种损失，K 一般在 70% 左右。

背压式汽轮机循环能量利用系数高，且结构简单，但由于供热的工质全部通过汽轮机做功，供热量与供电量相互牵制，无法单独调节，难以适应热用户、电用户的不同要求。为了克服这个缺点，可将背压式汽轮机和凝汽式汽轮机结合为一体，形成图5-13所示的可调节抽汽式汽轮机。它可以提供各种不同压力的抽汽来满足对热能品位要求不同的各类热用户，热效率高，且供热蒸汽量的变动对电能生产影响小，是目前热电厂所普遍采用的一种装置。

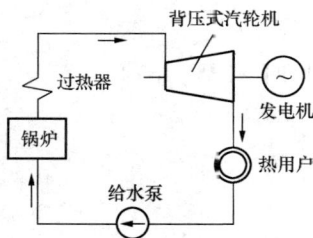

图 5-12 背压式汽轮机的热电联产循环　　图 5-13 可调节抽汽式汽轮机的热电联产循环

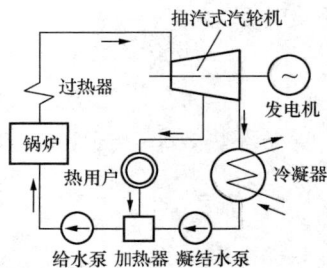

复 习 思 考 题

5-1 蒸汽动力循环的基本循环为什么不是卡诺循环而是朗肯循环？

5-2 说明蒸汽的初、终参数对朗肯循环热效率的影响。它们的提高或降低要受到哪些限制？

5-3 蒸汽动力循环采用再热会带来什么好处？其主要目的是什么？

5-4 试绘出二次再热的再热循环 T-s 图，并列出热效率的计算式。

5-5 抽汽回热循环采用抽取做功蒸汽加热给水，是否因蒸汽少做了功，而降低循环热效率？

5-6　给水回热加热相当于电厂内部供热，那么能否像背压式汽轮机一样将全部排汽用于加热给水？

5-7　采用抽汽回热循环的目的是什么？为什么要采用分级加热？是否抽汽次数越多越好？

5-8　热电联产循环的优点在于可以提高循环的热效率，这种说法是否正确，为什么？

习　　　题

5-1　某蒸汽动力装置按朗肯循环工作。汽轮机的进口参数为：$p_1 = 10$MPa，$t_1 = 540$℃；排汽压力 $p_2 = 5$kPa。求：①循环热效率；②循环的汽耗率；③相同温度范围的卡诺循环热效率。（泵功忽略不计）

5-2　一朗肯循环的蒸汽初温 $t_1 = 500$℃，排汽压力 $p_2 = 50$kPa。当初压分别为 5MPa 及 10MPa 时，试求它们的循环热效率并分析结果。（泵功忽略不计）

5-3　朗肯循环的初温 $t_1 = 535$℃，排汽压力 $p_1 = 13.6$MPa，背压 $p_2 = 5$kPa，计算若初温为 450℃、550℃和 600℃时循环热效率并分析结果。（泵功忽略不计）

5-4　按朗肯循环工作的蒸汽，其初参数为 16.5MPa、550℃。试计算在不同排汽压力下 $p_2 = 4$、6、8、10kPa 时的热效率并分析结果。（泵功忽略不计）

5-5　某电厂中装有按朗肯循环工作、功率为12 000kW 的背压式汽轮机，蒸汽参数为 $p_1 = 3.5$MPa，$t_1 = 435$℃，$p_2 = 0.6$MPa。排汽经过热用户后，蒸汽变为 p_2 压力下的饱和水返回锅炉。锅炉的效率 $\eta = 0.85$，所用燃料发热量为26 000kJ/kg。求锅炉每小时燃料消耗量。（泵功忽略不计）

5-6　具有一次再热的朗肯循环，蒸汽初参数为 $p_1 = 9$MPa，$t_1 = 535$℃，再热后温度为 535℃，$p_2 = 0.004$MPa。如果再热压力 p_a 分别为 4、2、0.5MPa，求与无再热的朗肯循环相比较：①汽轮机出口乏汽干度的变化；②循环热效率的提高；③汽耗率的变化；④说明再热压力对提高排汽干度和循环热效率的影响。（泵功忽略不计）

5-7　再热循环的初压为 16.5MPa，初温为 535℃，背压为 5kPa。循环中，蒸汽在高压缸中膨胀至压力 3.5MPa 排出进入再热器，加热到初温后进入中、低压缸继续膨胀至背压。求：①再热循环的热效率；②若因为节流，进入中压缸的蒸汽压力为 3MPa，热效率又为多少？（泵功忽略不计）

5-8　某一级混合式抽汽回热循环，已知该回热循环的蒸汽参数为：$p_1 = 3$MPa，$t_1 = 430$℃，$p_2 = 0.006$MPa，给水回热温度 48℃，抽汽压力 0.6MPa，求该循环的热效率和汽耗率。（泵功忽略不计）

5-9　具有两次回热的蒸汽动力装置循环。已知：第一次抽汽压力为 0.3MPa，第二次抽汽压力为 0.12MPa，蒸汽初温为 450℃，初压为 3MPa，冷凝器中压力为 0.005MPa。试求：①抽汽率 a_1 和 a_2；②循环热效率；③汽耗率 $d$kg/（kWh）；④与相同初终态参数的朗肯循环热效率、汽耗率作比较，并说明汽耗率为什么反而增大。（泵功忽略不计）

5-10　某蒸汽动力循环由一次再热、一级回热组成。回热器为混合式，泵功忽略不计。

求：①画出循环的 T-s 图和 h-s 图；②列出循环加热量、放热量、做功量和热效率的计算式。

5-11　具有一次再热和二次回热的蒸汽动力循环的初参数为：$p_1=10\text{MPa}$，$t_1=540℃$；背压 $p_2=5\text{kPa}$。高压排汽压力为 2MPa，部分进入再热器中再热到初始温度，另一部分进入第一级混合式加热器加热给水。再热后的蒸汽进入低压汽轮机，供给第二级混合式加热器蒸汽的抽汽压力为 $2\times10^5\text{Pa}$，其余蒸汽膨胀至背压。不计泵功。求：①各级抽汽率；②循环净功和热效率；③循环的汽耗率和热耗率。

第二篇　工程流体力学

第六章　流体的基本物理性质

第一节　流体力学的任务、发展概况及研究方法

一、流体力学的任务

流体力学是研究流体平衡及运动的规律，以及这些规律在工程实际中的应用。它的研究对象是流体，包括液体和气体。

工程流体力学研究的中心问题是：

（1）研究流体中速度和压力的分布以及变化规律；

（2）研究流体与所接触的物体间的相互作用；

（3）研究流动损失产生的原因、计算方法和影响因素等。

二、流体力学的发展

流体力学作为力学的一个分支，其发展和数学、普通力学的发展密不可分。同时，也是随着人类生产的需要而发展起来的。

我国是世界上三大文明古国之一，有着悠久的历史和文化。四千多年前的大禹治水，表明我国古代已有大规模的治河工程。在公元前 256 年和 210 年间修建的都江堰、郑国堰、灵渠三大水利工程，特别是李冰父子领导修建的都江堰，既有利于岷江洪水的疏排，又能常年用于灌溉农田，至今仍在发挥作用。古代劳动人民利用孔口出流的原理发明了刻漏、铜壶滴漏（西汉时期的计时工具），还发明了水磨、水碾和水轮翻车等水力机械。同样，在古埃及、古希腊和古印度等地，为了发展农业和航运事业，也修建了大量的渠系。古罗马人修建了大规模的城市供水管道系统。这些著名的水利工程和发明标志着古代人民对水流的规律有了一定的认识，但这些认识仅停留在经验和个别现象上，还未形成系统的理论体系。应该特别提到的是古希腊学者阿基米德（Archimedes），在公元前 250 年左右，提出了著名的浮力定律，奠定了流体静力学的基础。

到了 17 世纪前后，由于资本主义制度兴起，生产力有了较大发展，在城市建设、航海和机械工业发展需求的推动下，流体力学也随之得到发展。这个时期流体力学研究出现了两条途径：一条是古典流体力学途径，它运用严密的数学分析，通过建立流体力学的基本方程，并力图求其解答。古典流体力学的奠基人是伯努利（Bernoulli）和欧拉（Euler），还有拉格朗日（Lagrange）、纳维尔（Navier）、斯托克斯（Stokes）和雷诺（Reynolds）等人，他们对古典流体力学也有重大贡献，他们多数为数学家和物理学家。由于古典流体力学中一些基本方程的求解在数学上有困难，许多问题不能从理论上解决，为了适应当时工程技术迅速发展的需要，产生了一条以实验为主，着重解决工程问题，称为水力学。在水力学研究中实验占主导地位，依靠实验得出的经验和半经验公式指导实际工程设计。在水力学上有卓越成就的都是工程师，其中包括皮托（Pitot）、谢才（Chézy）、文特里（Venturi）、达西

（Darcy）、巴赞（Bazin）、曼宁（Manning）、佛汝德（Froude）等人，但这一时期的水力学由于理论指导不足，仅依靠实验，故在应用上有一定的局限性。

20 世纪以来，库塔（W. M）和儒可夫斯基（N. E）分别在 1902 年和 1906 年各自独立地提出了库塔—儒可夫斯基定理和假定，奠定了二维升力理论的基础。1904 年普朗特（Prandtl）提出了边界层理论，为流体力学的研究开辟了新途径，推动了流体力学的发展。

工程流体力学是在古典流体力学的基础上，采用理论与实验并重的研究方法，并强调工程中的应用。

三、流体力学的研究方法

流体力学的研究方法有：理论分析法、实验研究和数值计算的方法。

理论分析方法一般是以实际流动问题为对象建立数学模型，将流动问题转化为数学问题，然后通过数学方法求出理论结果，达到揭示流体运动规律的目的。

实验研究方法一般是通过实验测定实际流动中的物理量和准则数，抓住主要因素，通过对实验数据的归纳和分析找出准则方程式，推广和应用到相似的流动中。

数值计算方法是按照理论分析方法建立数学模型，在此基础上选择合理的计算方法，如有限差分法、特征线方法、有限元方法、边界元方法、谱方法等，通过编制计算机程序或用计算软件上机计算，得到近似解。数值计算方法是理论分析法的延伸和拓展。

四、工程流体力学的学习

流体力学的研究方法中都涉及较多的数学知识，如微分、积分、微分方程、数学建模、数值计算方法等，因此学习流体力学应具有较扎实的数学基础。

流体力学作为力学的一个分支，在研究中要涉及许多力学中的基本定律和方程，如质量守恒、能量守恒、牛顿力学定律、热力学第一定律、动量定理等。在学习过程中，应先把握力学中的这些基本定律和方程，流体力学中许多理论和方程是力学基本定律的推广和应用。

学习工程流体力学时，尤其要重视运用基本理论和方程解决工程实际问题，要明确方程的使用条件、物理意义、各参数的量纲和方程能解决的问题。平时应多做习题，加强练习。对于较复杂的数学推导要求能够理解即可。

学习工程流体力学时，要清楚该学科与数学等纯理论学科的区别，数学研究中讲究严密性和准确性。而工程流体力学研究中，得出的结论只要满足工程实际需要即认为正确，因此，可以忽略次要因素，对实际流动问题进行简化。

第二节 流体的特征和连续介质假设

一、流体的定义及特征

物质通常有三种存在状态，即固态、液态和气态，处于这三种状态下的物质分别称为固体、液体和气体。流体是液体和气体的总称。在物理性质上，流体具有受任何微小的剪切力都能产生连续变形的特性，即流体的流动性。流体的流动性体现了流体与固体的根本区别。固体承受剪切力时，产生一定程度的变形以抵抗外力，一直到平衡为止，只要剪切力大小不变，则固体的变形不再继续。而流体受任何微小的剪切力都产生连续的变形，即流体流动。

流体中的气体和液体均具有流动性的基本特征外，两者还存在不同的特性。气体的分子距与液体相比要大得多，分子间的吸引力微小，分子的自由运动起决定作用，所以气体没有一定的形状和体积，它总是能够均匀充满容纳气体的容器。液体分子间引力较大，不能像气体分子那样自由运动。当对液体加压时，只要分子距稍有缩小，分子间的斥力就会增大以抵抗外压力。所以液体不容易被压缩，一定质量的液体一般具有一定的体积，不一定能充满容器的全部空间。液体和气体的分界面称为自由表面（或自由液面）。

二、流体的连续介质假设

从微观上看，流体是由分子组成的，分子间有间隙，分子做随机的热运动，因此，从微观上看流体是不连续的。

流体力学是研究流体的宏观运动规律，不是从微观角度考虑单个粒子的运动及其物理量，而是考虑大量分子的宏观机械运动和宏观物理量，这些宏观物理量是众多流体分子平均运动的效果。而且，实际流体所占的空间和流体分子尺寸相比大得无法比拟。因此，流体力学研究中引入了连续介质的模型来代替真实的流体分子结构。即认为构成流体的基本单元是流体微团，流体是由无数紧密排列的流体微团组成的连续介质。

在连续介质的假设下，表征流体状态的宏观物理量，如速度、压强、温度、密度等，都可以看作空间坐标的连续函数，便于我们运用数学分析的方法解决流体力学问题。

流体作为连续介质的假设是有条件的，对于某些特殊情况则不适用。例如，在高空稀薄空气中运动的飞行器及高真空设备中的流体流动问题，流体分子距和设备尺寸可以比拟，就不能再把流体看作是连续介质。本书只对连续介质进行研究。

第三节 流体的主要物理性质

一、流体的密度和相对密度

1. 流体的密度

单位体积流体所具有的质量称为密度，以符号 ρ 表示，它表征在空间某点流体质量的密集程度。

我们要确定流体中某点的密度，可取包含该点在内的质量为 Δm、体积为 ΔV 的微小体积，则该点的密度为

$$\rho = \lim_{\Delta V \to 0} \frac{\Delta m}{\Delta V} = \frac{dm}{dV} \qquad (6-1)$$

对于密度处处相同的均质流体，其密度为

$$\rho = \frac{m}{V} \qquad (6-2)$$

式中 ρ——流体的密度，kg/m^3；

m——流体的质量，kg；

V——流体的体积，m^3。

2. 流体的相对密度

流体的相对密度是指某种流体的密度与4℃纯水密度的比值，用符号 d 表示：

$$d = \frac{\rho_f}{\rho_w} \qquad (6-3)$$

式中 ρ_f——流体的密度，kg/m^3；

ρ_w——4℃时纯水的密度，kg/m^3。

流体的密度随流体的种类而异，也与流体的温度及压力有关。

表 6-1 给出了标准大气压下水、空气和水银的密度随温度变化的数值，表 6-2 给出了常见流体在一定温度下的密度。

表 6-1　　　　　　　标准大气压下水、空气、水银的密度随温度变化的数值

温度（℃）	水的密度（kg/m³）	空气的密度（kg/m³）	水银的密度（kg/m³）
0	999.87	1.293	13600
4	1000.00	—	—
5	999.99	1.273	—
10	999.73	1.248	13570
15	999.13	1.226	—
20	998.23	1.205	13550
25	997.00	1.185	—
30	995.70	1.165	—
40	992.24	1.128	13500
50	988.00	1.093	—
60	983.24	1.060	13450
70	977.80	1.029	—
80	971.80	1.000	13400
90	965.30	0.973	—
100	958.40	0.946	13350

表 6-2　　　　　　　　　常用流体的密度和相对密度

流体名称	温度（℃）	密度（kg/m）	相对密度
蒸馏水	4	1000	1
海　水	20	1025	1.025
航空汽油	15	650	0.65
普通汽油	15	700～750	0.70～0.75
润滑油	15	890～920	0.89～0.92
石　油	15	880～890	0.88～0.89
矿物油系液压油	15	860～900	0.85～0.90
10 号航空液压油	0～20	833.85	0.833
酒　精	15	790～800	0.79～0.80
甘　油	0	1260	1.26
水蒸气	—	0.804	0.000804
氧　气	0	1.429	0.001429
氮　气	0	1.251	0.001251
氢　气	0	0.0899	0.0000899
二氧化碳	0	1.976	—

流体的比体积是指单位质量流体所占的体积，即密度的倒数，用符号 v 表示，表达式为

$$v = \frac{V}{m} = \frac{1}{\rho}$$

(6-4)

比体积 v 的单位是 m³/kg。

二、流体的压缩性和膨胀性

流体受到的压强增加时，其体积缩小；温度升高时，体积增大。流体的这种性质称为流

体的压缩性和膨胀性。

1. 流体的压缩性

在一定温度下，作用在流体上的压强增加时，流体的体积将缩小，这种特性称为流体的压缩性。流体压缩性的大小用体积压缩系数 k 衡量，它表示温度保持不变时，单位压强增量引起流体体积的相对变化量，其表达式为

$$k = -\frac{1}{\mathrm{d}p}\frac{\mathrm{d}V}{V} \qquad (6-5)$$

式中　k——流体的体积压缩系数，m^2/N；

　　　$\mathrm{d}p$——流体压强的增量，Pa；

　　　$\mathrm{d}V$——流体体积的增量，m^3；

　　　V——流体的初始体积，m^3。

由于流体压强增大时，体积缩小，$\mathrm{d}p$ 与 $\mathrm{d}V$ 异号，故在公式中加一负号，以使体积压缩系数 k 为正值。由式（6-5）可以看出，k 值大的流体，说明在相同压力增量下，其体积变化率大，容易压缩；k 值小的流体，体积变化率小，难以压缩。

2. 流体的膨胀性

压强一定时，流体的温度升高，其体积增大的性质称为流体的膨胀性。流体膨胀性的大小用体积膨胀系数 α_V 来衡量。它表示压强不变时，单位温升引起的流体体积的相对变化量，其表达式为

$$\alpha_V = \frac{1}{\mathrm{d}t}\frac{\mathrm{d}V}{V} \qquad (6-6)$$

式中　α_V——流体的体积膨胀系数，$1/℃$ 或 $1/\mathrm{K}$；

　　　$\mathrm{d}t$——流体温度的增量，$℃$ 或 K；

　　　$\mathrm{d}V$——流体体积的增量，m^3；

　　　V——流体的初始体积，m^3。

由表达式（6-6）可以得出，α_V 越大的流体，在相同温升情况下，体积的增量大，说明膨胀性大；反之，α_V 越小的流体，其膨胀性小。水在不同温度下的体积膨胀系数如表6-3所示。

表 6-3　　　　　　　　　水的体积膨胀系数 α_V　　　　　　　　（$1/℃$）

压强	温　度　（℃）				
（$\times 10^5$ Pa）	1～10	10～20	40～50	60～70	90～100
0.98	14×10^{-6}	150×10^{-6}	422×10^{-6}	556×10^{-6}	719×10^{-6}
98	43×10^{-6}	165×10^{-6}	422×10^{-6}	548×10^{-6}	704×10^{-6}
196	72×10^{-6}	83×10^{-6}	426×10^{-6}	539×10^{-6}	
490	140×10^{-6}	236×10^{-6}	429×10^{-6}	523×10^{-6}	661×10^{-6}
882	229×10^{-6}	289×10^{-6}	437×10^{-6}	514×10^{-6}	621×10^{-6}

需要指出一点，水在 $0～4℃$ 之间具有反常特性，在该温度范围内，随温度的升高，水的体积减小。因此，水在 $4℃$ 时体积最小，密度最大。

3. 可压缩流体和不可压缩流体

流体的压缩性和膨胀性是流体的基本属性，严格来讲，任何流体都是可压缩的，只是可

压缩的程度不同。对于液体，其体积压缩系数和膨胀系数都很小，随压强和温度的变化，液体的体积和密度仅有微小的变化，所以，一般认为液体的密度保持一个常数，是不可压缩流体。对于气体，压强和温度的改变对其密度的影响很大，它们之间的关系可以用热力学中的状态方程式来描述，所以气体一般作为可压缩流体，其密度随压强和温度的变化而改变。

可压缩流体和不可压缩流体的划分不是绝对的。例如，研究管道中水击和水下爆破时，水的压强变化很大，这时水的密度变化较大，必须将水作为可压缩流体来处理。电厂锅炉中的处于高温高压状态下的水与常态下的水相比，密度差别也较大。而在气体的流动过程中，如果气体压强和温度的变化很小，且速度较低时，则可忽略气体密度的变化。例如，风机中的流动气体和锅炉烟道中的烟气可近似作为不可压缩流体来处理。

三、流体的黏性

当流体运动时，由于流体微团间存在相对运动，在流体内部会产生切向的内摩擦力，内摩擦力具有抵抗流体剪切变形的特性，流体具有的这种特性称为黏性。在相同剪切力作用下，不同流体的变形速度是不一样的，流体变形速度的不同就反映了流体抵抗剪切变形能力的差别，也就是流体黏性的差别。

1. 举例说明流体的黏性

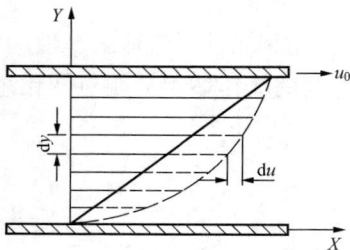

图 6-1　流体的黏性实验

如图 6-1 所示，取两块相距 h 的平行平板，其间充满流体，下板静止不动，上板以速度 u_0 向右运动。由于流体与平板间存在附着力，紧贴上板的一层流体将以速度 u_0 随上板一起运动，而紧贴下板的一层流体则静止不动。两板之间的流体均作平行于平板的运动，其速度由下板的零均匀的增加到上板的 u_0。我们可以将两板之间的流体看作是由速度不同的流体薄层组成。由于各流体层的速度不同，相邻流体层间存在相对运动。所以，在两个互相接触的流体层间，速度快的流体层对速度慢的流体层会产生一个拖力，使慢的流体层加速；速度慢的流体层对速度快的流体层产生一个阻力，使快的流体层减速。拖力和阻力是大小相等、方向相反的一对力，分别作用在两个相邻的流体层上，称为内摩擦力。内摩擦力的大小在一定程度上反映了流体黏性的强弱。

2. 牛顿内摩擦定律

根据牛顿（Newton）实验研究结果得知，在如图 6-1 所示的实例中，两平板之间的流体沿 Y 方向的速度变化是线性的。实验表明，流体内摩擦力的大小与速度 u_0 成正比，与接触面积 A 和两板间的距离 h 成反比，数学表达式为

$$F = \mu A \frac{u_0}{h} \qquad (6-7)$$

式中　F——流体层间的内摩擦力，N；

　　　μ——与流体性质有关的比例系数，称为动力黏度，Pa·s。

在一般的情况下，流体内的速度分布是非线性的，如图 6-1 中虚线所示，则内摩擦力的计算公式为

$$F = \mu A \frac{\mathrm{d}u}{\mathrm{d}y} \qquad (6-8)$$

式中　$\mathrm{d}u/\mathrm{d}y$——垂直于流动方向上的速度变化率称为速度梯度，1/s。

单位面积上的内摩擦力称为内摩擦切向应力，用符号 τ 表示，表达式为

$$\tau = \frac{F}{A} = \mu \frac{\mathrm{d}u}{\mathrm{d}y} \qquad (6 - 9)$$

式中　τ——内摩擦切向应力，Pa。

式（6-8）和式（6-9）称为牛顿内摩擦定律。

当流体处于静止状态或流体层间没有相对运动时，速度梯度为零，则内摩擦切应力 τ 为零，这时流体的黏性没有表现出来，而不能说没有黏性。黏性是流体固有的物理属性，流体黏性只有在运动状态下才能表现出来。

3. 流体的黏度及影响因素

由式（6-9）可知，在相同的速度梯度情况下，动力黏度越大，切向应力越大，说明流体的黏性越强。因此，流体黏性的强弱一般用动力黏度的大小来衡量。

在流体力学研究中，还常常用到运动黏度的概念，将流体的动力黏度与其密度的比值称为运动黏度，用符号 ν 表示，即

$$\nu = \frac{\mu}{\rho} \qquad (6 - 10)$$

式中　ν——运动黏度，m^2/s。

表 6-4 和表 6-5 分别给出水和空气在不同温度时的黏度。常见气体和液体的动力黏度和运动黏度随温度的变化见图 6-2 和图 6-3。

表 6-4　　　　　　　　　　　　　　水的黏度与温度的关系

温度（℃）	$\mu \times 10^3$ (Pa·s)	$\nu \times 10^6$ (m²/s)	温度（℃）	$\mu \times 10^3$ (Pa·s)	$\nu \times 10^6$ (m²/s)
0	1.792	1.792	40	0.656	0.661
5	1.519	1.519	45	0.599	0.605
10	1.308	1.308	50	0.549	0.556
15	1.140	1.141	60	0.469	0.477
20	1.005	1.007	70	0.406	0.415
25	0.894	0.897	80	0.357	0.367
30	0.801	0.804	90	0.317	0.328
35	0.723	0.727	100	0.284	0.296

表 6-5　　　　　　　　　　　　　　空气的黏度与温度的关系

温度（℃）	$\mu \times 10^6$ (Pa·s)	$\nu \times 10^6$ (m²/s)	温度（℃）	$\mu \times 10^6$ (Pa·s)	$\nu \times 10^6$ (m²/s)
0	17.09	13.00	260	28.06	42.40
20	18.08	15.00	280	28.77	45.10
40	19.04	16.90	300	29.46	48.10
60	19.97	18.80	320	30.14	50.70
80	20.88	20.90	340	30.80	53.50
100	21.75	23.00	360	31.46	56.50
120	22.60	25.20	380	32.10	59.50
140	23.44	27.40	400	32.77	62.50
160	24.25	29.80	420	33.40	65.60
180	25.05	32.20	440	34.02	68.80
200	25.82	34.60	460	34.63	72.00
220	26.58	37.10	480	35.23	75.20
240	27.33	39.70	500	35.83	78.50

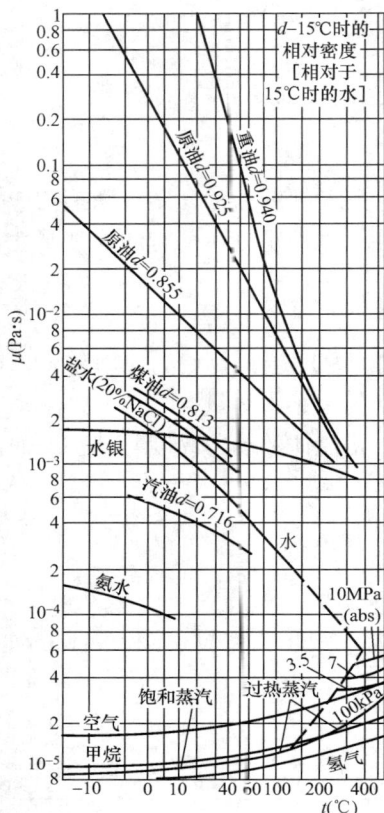

图 6-2 流体的动力黏度

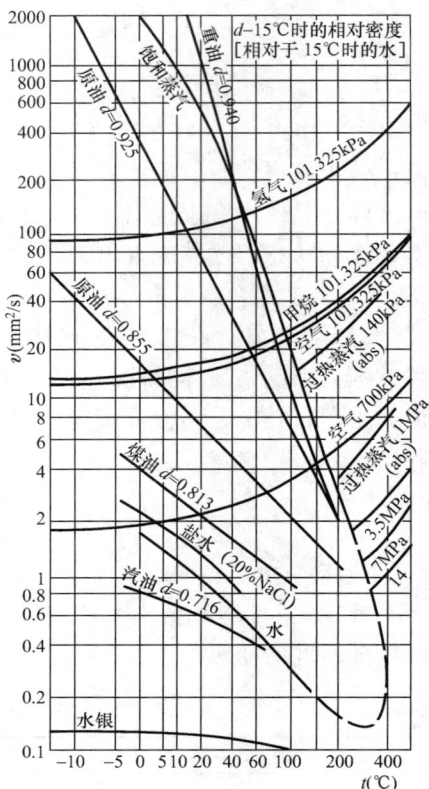

图 6-3 流体的运动黏度

流体的动力黏度主要与流体的种类及温度有关。在通常压强范围内，压强对流体黏性的影响很小，可以忽略不计。温度对流体的黏性影响很大，而且温度对液体和气体黏性的影响完全相反，液体黏性随温度升高而减小，气体黏性随温度升高而增大。这是因为液体的分子间距小，分子间的吸引力是构成液体黏性的主要因素，温度升高，分子间的吸引力减小，液体的黏性降低。构成气体黏性的主要因素是气体分子作不规则热运动时气体分子间的动量交换。温度升高，气体分子的热运动越剧烈，分子间的动量交换加剧，使气体黏性增强。

4. 理想流体与黏性流体

自然界中的流体都是有黏性的，所以实际流体又称为黏性流体。理想流体是一种假想的没有黏性的流体，它是一种假设的理想模型。

在流体力学研究中，引入理想流体的概念后，为我们研究流体运动规律带来了方便。一方面，对一些黏性不大的实际流动问题，可以忽略流体的黏性，将实际流体的流动看作理想流体流动，使问题大大简化。另一方面，对一般的黏性流动问题，可先研究相应的理想流体流动，求得规律和结论；然后再考虑黏性因素的影响，对理想流体的结论进行修正。

【例题 6-1】 如图 6-4 所示，在两块相距 20mm 的平板间充满动力黏度为 0.065Pa·s 的油，如果以 1m/s 的速度拉动距上平板 5mm 处、面积为 0.5m² 的薄板，求需要的拉力。

解 假设平板间的流体速度分布为线性分布，则 $\dfrac{\mathrm{d}u}{\mathrm{d}y}=\dfrac{u}{\delta}$。

由牛顿内摩擦定律式（6-9）

$$\tau = \mu \frac{\mathrm{d}u}{\mathrm{d}y} = \mu \frac{u}{\delta}$$

$$\tau_1 = 0.065 \times \frac{1}{0.005} = 13(\mathrm{N/m^2})$$

$$\tau_2 = 0.065 \times \frac{1}{0.015} = 4.33(\mathrm{N/m^2})$$

拉力　$F = (\tau_1 + \tau_2)A = (13 + 4.33) \times 0.5 = 8.665(\mathrm{N})$

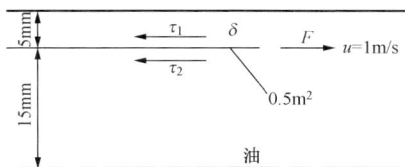

图 6-4　平板间薄板受力（例题 6-1 图）　　　图 6-5　轴与轴承示意图（例题 6-2 图）

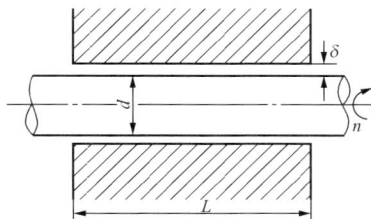

【例题 6-2】　如图 6-5 所示，转轴直径 $d=0.36\mathrm{m}$，轴承长度 $L=1\mathrm{m}$，转轴与轴承间的缝隙 $\delta=0.2\mathrm{mm}$，其中充满动力黏度 $\mu=0.72\mathrm{Pa \cdot s}$ 的油，轴的转速 $n=200\mathrm{r/min}$，求克服油的黏性阻力所消耗的功率。

解　油层与轴承接触面上的速度为零，油层与转轴接触面上的速度 u 为

$$u = \frac{\pi d n}{60} = \frac{\pi \times 0.36 \times 200}{60} = 3.77(\mathrm{m/s})$$

设油层在缝隙内的速度分布为直线分布，则转轴表面上总的切向力 F 为

$$F = \mu A \frac{\mathrm{d}u}{\mathrm{d}y} = \mu A \frac{u}{\delta} = \mu(\pi d L)\frac{u}{\delta} = \frac{0.72 \times \pi \times 0.36 \times 1 \times 3.77}{2 \times 10^{-4}} = 1.535 \times 10^4 (\mathrm{N})$$

克服摩擦所消耗的功率为

$$P = Fu = 1.535 \times 10^4 \times 3.77 = 5.79 \times 10^4 (\mathrm{W}) = 57.9(\mathrm{kW})$$

第四节　作用在流体上的力

作用在流体上的力按其物理性质的不同，分为惯性力、重力、黏性力等；按作用特点的不同，又可分为表面力和质量力两种类型。

一、表面力

表面力指作用在所研究流体表面上的力，它的大小与流体的表面积成正比。表面力是由于其他物体（流体或固体）作用在所研究流体的接触面上而产生的。表面力可分为两种：一种是与表面相切的切向力，如内摩擦力等；另一种是与流体表面相垂直的法向力，如压强产生的总压力等。对于静止流体或没有黏性的理想流体，切向表面力为零，只有法向表面力。

二、质量力

质量力是作用在流体内每一个流体质点上的力，它的大小与流体的质量成正比。质量力一般包括流体受到的重力（$G=mg$）。当用达朗伯原理来研究流体运动时，虚加在流体质点上的惯性力（$F=ma$）也是质量力。另外，磁性流体在磁场中受到的磁场力和带电流体在电

场中受到的电场力等都是质量力。

流体力学研究中一般将单位质量流体受到的质量力称为单位质量力，用 f 表示。单位质量力在三个坐标轴方向上的分量分别用 f_x、f_y 和 f_z 表示，则

$$f = f_x \boldsymbol{i} + f_y \boldsymbol{j} + f_z \boldsymbol{k} \tag{6-11}$$

单位质量力及其分量的单位为 m/s²。

复 习 思 考 题

6-1　何谓流体？流体与固体的区别是什么？

6-2　什么是连续介质的假设？在流体力学中引入该假设有什么意义？

6-3　何谓流体的压缩性和膨胀性？

6-4　何谓流体的黏性？静止流体是否有黏性？

6-5　液体和气体的动力黏度 μ 随温度的变化规律有什么不同？为什么？

6-6　试述理想流体的概念，引入理想流体的意义是什么？

6-7　作用在流体上的表面力和质量力一般包括哪些力？流体静止时，受到的表面力和质量力有哪些？

习　　　题

6-1　一容器中盛有 500cm³ 的某种液体，在天平上称得其质量为 0.453kg，试求该液体的密度。

6-2　已知在标准状态下空气的密度是 1.293kg/m³，试求大气压力为98634.2Pa、温度为30℃时空气的密度是多少？

6-3　有一长度 $L=50$m、直径 $d=300$mm 的输水管道要进行水压试验，在压强 $p_1=9.8\times10^4$Pa 下灌满了水。问当压强升高到 $p_2=490\times10^4$Pa 时，需向管道内补充多少水？水的体积压缩系数 $k=0.5\times10^{-9}$1/Pa。

6-4　温度为 20℃、流量为 60m³/h 的水流入加热器，经加热后水温升高到 80℃。若水的温度膨胀系数 $\alpha_V=550\times10^{-4}$1/℃，问水从加热器流出时，体积流量变为多少？

6-5　采暖系统在顶部设置一个膨胀水箱，系统内的水在温度升高时可自由膨胀进入水箱，如图 6-6 所示。若系统内水的总体积为 8m³，温升最高为 50℃，水的温度膨胀系数 $\alpha_V=5\times10^{-4}$1/℃，问膨胀水箱最少应有多大的体积？

6-6　设水在 60℃时的密度 $\rho=983$kg/m³，求该温度时水的运动黏度。

6-7　图 6-7 所示为一水平方向运动的木板，其速度为 1m/s。平板浮在油面上，$\delta=10$mm，油的动力黏度 $\mu=0.09807$Pa·s。求作用于平板单位面积上的阻力。

6-8　一个直径为 200mm、长为 900mm 的柱塞，同心的装在内径为 200.6mm 的缸套内，柱塞与缸套间充满了油。要使柱塞以 0.3m/s 的速度移动，需要多大的推力？已知油的运动黏度 $\nu=5.6$cm²/s，油的密度为 917.71kg/m³。

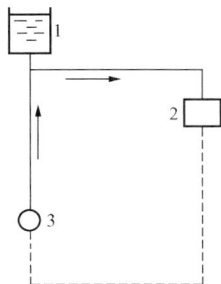

图 6-6 习题 6-5 图
1—膨胀水箱；2—散热片；3—锅炉

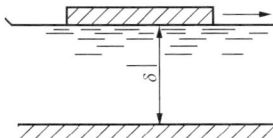

图 6-7 习题 6-7 图

6-9 若固体表面上液体水平流动的速度按二次抛物线分布，如图 6-8 所示，液面上的流速为 8m/s，液面距地面深度为 4m。问 2m 深处的切应力为多少？液体的动力黏度为 $\mu=1/1000Pa \cdot s$。

6-10 滑动轴承如图 6-9 所示，轴的直径 $d=15cm$，轴承宽度 $b=25cm$，间隙 $a=0.1cm$，其中充满润滑油，轴的转速 $n=180r/min$，润滑油的动力黏度 $\mu=0.82Pa \cdot s$，试求润滑油摩擦阻力所损耗的功率。

6-11 一块重 4.415N、边长 40cm 的金属立方体，沿与水平线成 30°角的斜面下滑，在下滑的立方体与斜面之间保持有厚度均匀的油膜，$\delta=0.005cm$，油的密度 $\rho=800kg/m^3$，当立方体以均匀速度 $u=12.5cm/s$ 下滑时，求油的运动黏度。

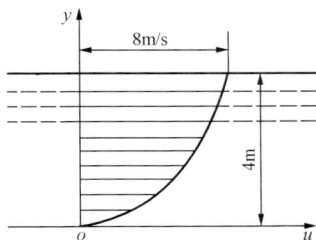

图 6-8 习题 6-9 图

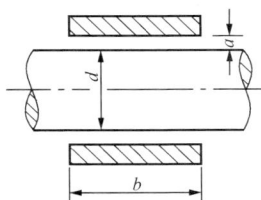

图 6-9 习题 6-10 图

第七章 流 体 静 力 学

流体静力学是研究流体在静止（绝对静止和相对静止）状态下的规律及其在工程中的应用。

静止是一个相对的概念。如果流体对地球没有相对运动，我们称流体处于绝对静止或静止状态。如果容器内的流体随容器运动，但流体质点间没有相对运动，我们称流体处于相对静止状态。无论是绝对静止还是相对静止，由于流体质点间没有相对运动，不存在黏性切向力，流体的黏性表现不出来。所以，流体静力学所得出的结论对理想流体和黏性流体均适用。

第一节 流体的静压强及其特性

流体处于静止或相对静止时，流体表面上的切向力为零，作用在流体表面上只有法向力。我们把作用在流体单位面积上的法向力称为流体的静压强，简称压强，用符号 p 表示，单位为 Pa。需要说明的是：在工程热力学中，压强称为压力。我们仍然沿用工程流体力学中的习惯，称为压强。

一、流体静压强的特性

特性一：流体静压强的方向沿作用面的内法线方向，即垂直指向作用面。

这一特性可由反证法证明。

如图 7-1 所示，在静止流体中任取一流体体积，用平面 S 将其分为上、下两部分，取下半部分（阴影部分）为研究对象。如果 S 平面上某点的静压强 p 与平面不垂直，则静压强 p 可以分解成一个切向应力 τ 和一个法向应力 p_n。根据流动性定义，流体受到任何微小的切向力都要产生流动，这与静止流体的假设相矛盾。所以，流体处于静止状态时，静压强的方向只能是沿作用面的内法线方向。静压强也是作用面上唯一的作用力。

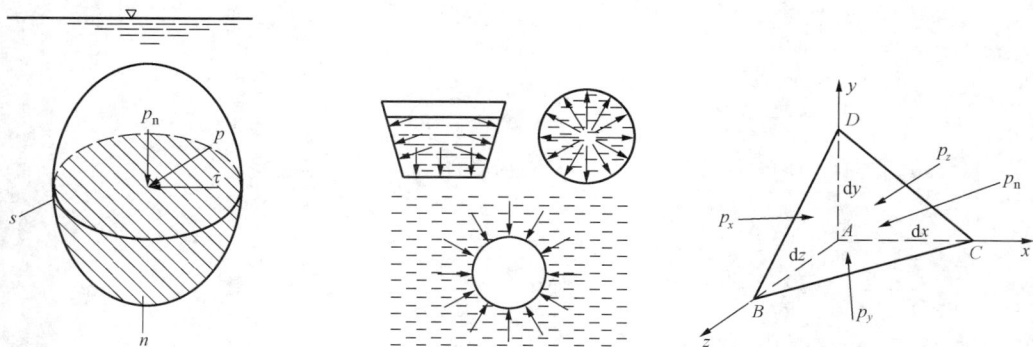

图 7-1 静止流体中静压强的方向　　图 7-2 静压强恒垂直于容器壁面　　图 7-3 静止流体中的微元体

根据静压强的这一特性，流体作用在固体接触面上的静压强，恒垂直于固体壁面，如图 7-2 所示。

特性二：静止流体中任意一点的流体静压强与作用面的方位无关。即在静止流体中的任一点上，受到的来自各个方向上的静压强均相等。

证明如下：如图 7-3 所示，在静止流体中任取一直角微元四面体 $ABCD$，并建立坐标系，坐标系的原点与 A 点重合，微元四面体的三个直角边分别与坐标轴重合，边长分别为 dx、dy 和 dz。作用在微元体四个面△ABD、△ABC、△ACD 和△BCD 上的流体静压强分别为 p_x、p_y、p_z 和 p_n。由于每个面均为微元面积，可以近似地认为作用在四个面上的静压强呈均匀分布，则作用在四个面上的压强产生的总压力分别为

$$p_{\Sigma x} = p_x \frac{1}{2}dydz$$

$$p_{\Sigma y} = p_y \frac{1}{2}dxdz$$

$$p_{\Sigma z} = p_z \frac{1}{2}dxdy$$

$$p_{\Sigma n} = p_n dA_n (dA_n \text{ 为 } \triangle BCD \text{ 的面积})$$

假定作用在微元体上的单位质量力在三个坐标轴上的分量分别为 f_x、f_y 和 f_z，微元四面体的质量为 $\rho dxdydz/6$，则作用在微元体上的总质量力在三个坐标轴上的分量为

$$F_x = \frac{1}{6}\rho dxdydz f_x$$

$$F_y = \frac{1}{6}\rho dxdydz f_y$$

$$F_z = \frac{1}{6}\rho dxdydz f_z$$

由于微元四面体处于静止状态，所以，作用在微元四面体上的所有力在坐标轴方向上的投影之和等于零。以 x 轴方向为例，有

$$p_{\Sigma x} - p_{\Sigma n}\cos(\overset{\wedge}{n,x}) + F_x = 0$$

代入得

$$p_x \frac{1}{2}dydz - p_n dA_n\cos(\overset{\wedge}{n,x}) + \frac{1}{6}\rho dxdydz f_x = 0$$

$dA_n\cos(\overset{\wedge}{n,x})$ 是△BCD 在 yoz 平面上的投影面积，其值等于 $\frac{1}{2}dydz$，故上式简化为

$$p_x - p_n + \frac{1}{3}\rho dx f_x = 0$$

当微元四面体的边长 dx、dy、dz 趋近于零时，该微元体成为一个点，式中 p_x、p_y、p_z 和 p_n 就变成 A 点的静压强，则有

$$p_x = p_n$$

同理可得 $$p_y = p_n, p_z = p_n$$

故有 $$p_x = p_y = p_z = p_n \tag{7-1}$$

因为 n 的方向是任意选定的，这就证明了在静止流体中任一点上来自各个方向的流体静压强的大小都相等，而不同位置点上静压强可以是不同的。所以，流体的静压强仅是空间坐标的连续函数，即

$$p = p(x,y,z) \tag{7-2}$$

二、绝对压强、相对压强和真空

根据压强的计量基准和使用范围的不同，流体的压强可分为绝对压强、相对压强和真空。

1. 绝对压强

以完全真空为基准来计量的压强称为绝对压强，用符号 p 表示。

流体的绝对压强为零，达到完全真空，这在理论上虽然是可以分析的，但在实际上把容器抽成完全真空是达不到的。特别当容器中盛有液体时，只要压力降到液体的饱和蒸汽压力，液体便开始汽化，压力便不再降低。

2. 相对压强

以大气压强为基准计算的压强，称为相对压强或表压强，用符号 p_e 表示。

绝对压强和相对压强之间的关系为

$$p = p_e + p_a \tag{7-3}$$

式中　p_a——大气压强，Pa。

在工程实际中，用于测量压强的仪表一般都处在大气的环境中，压力表的指示值中没有包括大气压强，所以为相对压强。

3. 真空状态及真空

若流体的绝对压强低于大气压强，即表压强为负值时，我们就说流体处于真空状态或负压状态。真空状态时流体的静压强可用真空值 p_v 表示，真空值为大气压强与绝对压强的差值，即

$$p_v = p_a - p \tag{7-4}$$

第二节　流体的平衡微分方程　等压面

一、流体的平衡微分方程

为推导流体平衡微分方程，在静止流体中，任取一边长分别为 dx、dy、dz 的微元平行六面体作为分析对象，如图 7-4 所示。

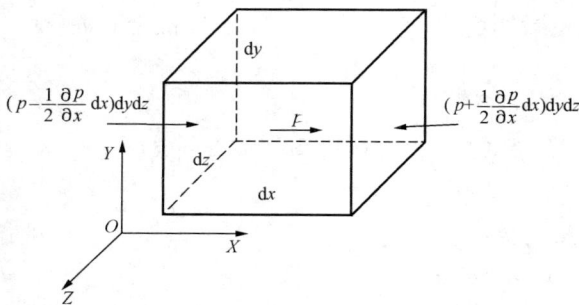

图 7-4　微元六面体 x 方向的受力分析

首先对微元六面体进行受力分析，作用在微元六面体上的力包括表面力和质量力两大类。为简单起见，只分析微元六面体在 x 轴方向上的受力情况。

1. 表面力

静止流体中，切向表面力为零，表面力中仅包括压强产生的总压力。假设微元六面体中心点的静压强为 $p = p(x, y, z)$。由于静压强是空间坐标的连续函数，可将微元六面体中心点的静压强 p 按泰勒（G. I. Taylor）级数展开，并略去二阶以上无穷小项，得到在微元体六个表面中心的静压强。例如，垂直于 x 轴的左、右两个微元面积中心的静压强分别为

$$p - \frac{1}{2}\frac{\partial p}{\partial x}\mathrm{d}x \quad \text{和} \quad p + \frac{1}{2}\frac{\partial p}{\partial x}\mathrm{d}x$$

由于微元六面体各个面积是微元面积，各微元面积中心的压强可作为平均压强，因此，垂直于 x 轴的左、右两个微元面积上的总压力分别为

$$\left(p - \frac{1}{2}\frac{\partial p}{\partial x}\mathrm{d}x\right)\mathrm{d}y\mathrm{d}z \quad \text{和} \quad \left(p + \frac{1}{2}\frac{\partial p}{\partial x}\mathrm{d}x\right)\mathrm{d}y\mathrm{d}z$$

2. 质量力

假定微元六面体流体的平均密度为 ρ，作用在微元体上质量力的分量为

$$f_x\rho\mathrm{d}x\mathrm{d}y\mathrm{d}z, f_y\rho\mathrm{d}x\mathrm{d}y\mathrm{d}z, f_z\rho\mathrm{d}x\mathrm{d}y\mathrm{d}z$$

微元六面体处于静止状态，所以，作用在微元六面体上的力在各个方向上的投影之和为零。根据上述分析，可列出微元六面体在 x 方向上的力平衡方程，即

$$\left(p - \frac{1}{2}\frac{\partial p}{\partial x}\mathrm{d}x\right)\mathrm{d}y\mathrm{d}z - \left(p + \frac{1}{2}\frac{\partial p}{\partial x}\mathrm{d}x\right)\mathrm{d}y\mathrm{d}z + f_x\rho\mathrm{d}x\mathrm{d}y\mathrm{d}z = 0$$

整理上式，可得

$$f_x - \frac{1}{\rho}\frac{\partial p}{\partial x} = 0$$

同理可得
$$f_y - \frac{1}{\rho}\frac{\partial p}{\partial y} = 0 \tag{7-5}$$

$$f_z - \frac{1}{\rho}\frac{\partial p}{\partial z} = 0$$

式（7-5）称为流体平衡微分方程式，该式是在 1755 年由欧拉（Euler）首先推导出来的，所以又称为欧拉平衡微分方程。它反映了在静止流体中，流体所受到的质量力与作用在流体表面上的压力之间的相互平衡关系。该方程式适用于静止或相对静止的不可压缩流体和可压缩流体。它是流体静力学中最基本的方程式，流体静力学的其他计算公式都是以它为基础而得到的。

将式（7-5）中各式依次乘以 $\mathrm{d}x$、$\mathrm{d}y$、$\mathrm{d}z$ 然后相加，可得出流体平衡微分方程的另一种形式，即

$$\frac{\partial p}{\partial x}\mathrm{d}x + \frac{\partial p}{\partial y}\mathrm{d}y + \frac{\partial p}{\partial z}\mathrm{d}z = \rho(f_x\mathrm{d}x + f_y\mathrm{d}y + f_z\mathrm{d}z)$$

由于流体静压强是坐标的连续函数，即 $p = p(x, y, z)$，故

$$\mathrm{d}p = \frac{\partial p}{\partial x}\mathrm{d}x + \frac{\partial p}{\partial y}\mathrm{d}y + \frac{\partial p}{\partial z}\mathrm{d}z$$

综合上述两式，则有

$$\mathrm{d}p = \rho(f_x\mathrm{d}x + f_y\mathrm{d}y + f_z\mathrm{d}z) \tag{7-6}$$

式（7-6）是流体平衡微分方程的综合形式，称为压强差公式。

二、等压面

由静压强相等的点组成的面称为等压面。等压面方程为 $p(x, y, z) =$ 常数，不同等压面的常数值是不同的，静止流体中任意一点只能有一个等压面通过。等压面具有以下三个性质。

（1）在等压面上 p 为常数，即 $\mathrm{d}p = 0$，代入压强差公式（7-6），可得等压面方程的微分形式，即

$$f_x dx + f_y dy + f_z dz = 0 \qquad (7 - 7)$$

（2）在静止或相对静止流体中，流体受到的质量力与等压面互相垂直。

证明：设流体受到的单位质量力为 $\boldsymbol{f} = f_x \boldsymbol{i} + f_y \boldsymbol{j} + f_z \boldsymbol{k}$，在等压面上任取一个微元有向线段 $\overrightarrow{\mathrm{d}s}$，用矢量表示为 $\mathrm{d}\boldsymbol{s} = \mathrm{d}x \boldsymbol{i} + \mathrm{d}y \boldsymbol{j} + \mathrm{d}z \boldsymbol{k}$。

求两矢量的数量积，并由等压面微分方程可得

$$\boldsymbol{f} \cdot \mathrm{d}\boldsymbol{s} = f_x dx + f_y dy + f_z dz = 0$$

两矢量的数量积为零，说明 $\boldsymbol{f}$ 和 $\mathrm{d}\boldsymbol{s}$ 互相垂直。即静止流体中任意一点上的质量力均与该点的等压面互相垂直。例如，当质量力仅为重力时，由于重力的方向总是垂直向下的，所以等压面必为水平面。

（3）液体与气体的分界面，即自由表面为等压面。互不相混的两种液体的分界面也是等压面。

第三节 静 力 学 基 本 方 程

静力学基本方程是指：对于不可压缩流体，当受到的质量力仅为重力（例如流体处于静止状态）时，流体内任一点上静压强的计算公式。

一、静力学基本方程的推导

如图 7 - 5 所示，容器中盛有密度为 ρ 的均匀静止液体，自由表面上的压强为 p_0。建立坐标系，取 xoy 平面为水平面，z 轴方向垂直向上。

作用在静止液体上的质量力仅为重力，则单位质量力在各坐标方向上的分力为

$$f_x = 0, f_y = 0, f_z = -g$$

代入压强差公式（7 - 6）中，得

$$\mathrm{d}p = -\rho g \, \mathrm{d}z$$

即

$$\mathrm{d}z + \frac{\mathrm{d}p}{\rho g} = 0$$

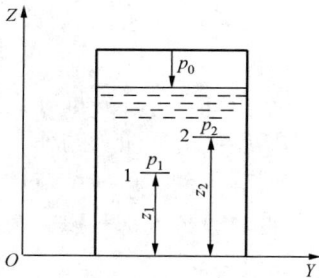

图 7 - 5 推导静力学基本方程用图

对不可压缩均质流体，ρ 为常数，积分上式可得

$$z + \frac{p}{\rho g} = C \qquad (7 - 8)$$

式中 C——积分常数，其值取决于边界条件。

在静止液体中，任取两点 1 和 2，如图 7 - 5 所示，根据式（7 - 8）可得

$$z_1 + \frac{p_1}{\rho g} = z_2 + \frac{p_2}{\rho g} = C \quad 或 \quad p_2 = p_1 + \rho g (z_1 - z_2) \qquad (7 - 9)$$

将 1 点取作静止液体中的任意一点时，可令 $p_1 = p$，$z_1 = z$。将 2 点取在自由表面上，有 $p_2 = p_0$，$z_2 = z_0$，如图 7 - 6 所示，由式（7 - 9）可得

$$z + \frac{p}{\rho g} = z_0 + \frac{p_0}{\rho g}$$

令 $h = z_0 - z$，得 $p = p_0 + \rho g (z_0 - z)$

或

$$p = p_0 + \rho g h \qquad (7 - 10)$$

式中 h 是任意一点在自由表面下的深度。

式（7-8）～式（7-10）是静力学基本方程的三种形式，它的适用条件是：流体受到的质量力仅为重力，流体为不可压缩流体且处于平衡状态下，如在静止液体中。

由静力学基本方程（7-10），可得以下几点结论：

（1）在静止液体中，静压强随深度按线性规律变化。随深度增加，静压强按正比增大。

（2）在静止液体中，任意一点的静压强由两部分组成：一部分为自由表面上的压强 p_0；另一部分是该点到自由表面的单位面积上的液柱重量 $\rho g h$。

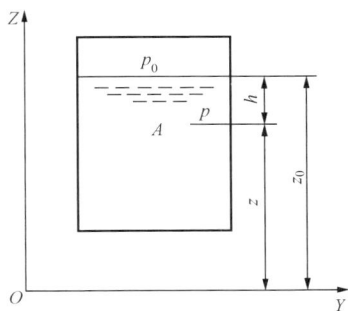

图 7-6　静止液体中任一点的压强

（3）在同一种静止液体中，位于同一深度（h 相等）的各点静压强相等。即在互相连通的同一种静止液体中，任意水平面都是等压面。

（4）计算静止液体内任意点的静压强 p 时，都要加上自由表面上的压强 p_0。即施加于自由表面上的压强，将大小不变地传递到液体内部的任意点上。流体静压强的这种传递现象，就是物理学中的帕斯卡（Blaise Pascal）原理，这一原理广泛应用于水压机、液力传动装置等设备的设计中。

二、静力学基本方程式的物理意义

从物理学角度上讲，静力学基本方程 $\left(z+\dfrac{p}{\rho g}=C\right)$ 中的各项均代表了能量。

Z 代表单位重力作用下流体的位势能。因为，流体的质量为 m 时，其位势能为 mgz，故 z 代表单位重力作用下流体（$mg=1$）时的位势能。

$\dfrac{p}{\rho g}$ 代表单位重力作用下流体的压强势能。

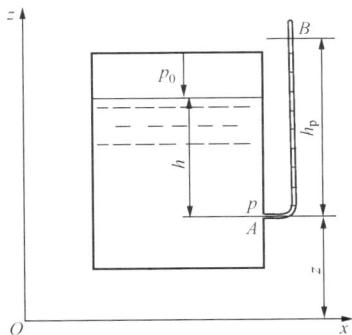

图 7-7　闭口测压管上升高度

关于压强势能的说明如下：如图 7-7 所示，容器内 A 点的压强为 p，距基准面高度为 z，在 A 点处开一小孔，接一顶端封闭的玻璃管，将玻璃管顶端的空气抽出，以形成完全真空。在开孔处流体静压强 p 的作用下，流体沿玻璃管上升的高度为 $h_\mathrm{p}=p/\rho g$，说明静压强 p 克服重力做功，使流体的位势能增加。

位势能与压强势能之和（$z+p/\rho g$）称为单位重力作用下流体的总势能。由式（7-8）可知，在重力作用下的不可压缩流体中，各点单位重力作用下流体的总势能保持不变，而位势能和压强势能可以互相转换。所以静力学基本方程也就是能量守恒定律在静止液体中的应用。

第四节　液　柱　式　测　压　计

液柱式测压计的原理是：以静力学基本方程式为依据，通过测量液柱高度或高度差来计算出压强。这种测量方式的特点是：结构简单，测量结果准确可靠；但由于液柱高度的限制，测量范围较小。下面依据静力学基本方程对几种常见的液柱式测压计进行分析。

应用静力学基本方程解决实际问题时，一般可按如下步骤：

（1）选取等压面。根据上一节得出的结论，在互相连通的同一种静止液体中，任意水平面都是等压面。

（2）根据静力学基本方程，分别写出等压面左侧和右侧的静压强表达式。再按照同一等压面上的各点静压强相等的原则，列出等压面方程。

（3）对等压面方程进行整理，并代入数据。压强代入时，方程式两端应采用同一形式的压强，即同时代入绝对压强或相对压强。

一、测压管

1. 结构

测压管是一种最简单的液柱式测压计。一般采用一根直径均匀的玻璃管，将测压管的一端与容器上的被测点相连，上端开口与大气相通。为了减小毛细现象所造成的测量误差，玻璃管直径一般不小于 10mm，如图 7-8 所示。

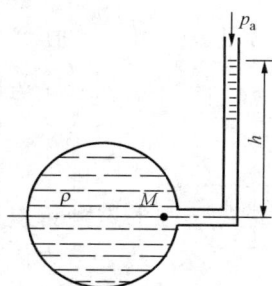

图 7-8　测压管

2. 测量原理

在静压强的作用下，液体在玻璃管中上升高度为 h，假设被测液体的密度为 ρ，大气压强为 p_a，由式（7-10）可得 M 点的绝对压强为

$$p = p_a + \rho g h \tag{7-11}$$

M 点的相对压强为

$$p_e = p - p_a = \rho g h \tag{7-12}$$

根据测得的液柱高度 h，可计算出容器内液体的绝对压强和相对压强。

测压管只能测量较小的压强，一般只适用于被测压强高于大气压强的场合。

二、U 形管测压计

1. 结构

U 形管测压计的结构是一根弯成 U 形的玻璃管，U 形管的一端与被测容器相连，另一端与大气相通。U 形管内的工作液体一般是酒精、水、四氯化碳或水银等。U 形管测压计的测量范围比测压管大，可以用于被测流体压强高于大气压强和低于大气压强的场合。如图 7-9 所示。

2. 测量原理

（1）被测流体压强高于大气压强（$p > p_a$）。如图 7-9（a）所示，在测点压强 p 的作用下，右管工作液体的液面高于左管液面。假定被测液体的密度为 ρ_1，工作液体的密度为 ρ_2。通过两种液体的分界面作水平面 1—2，根据等压面的判定条件，该水平面 1—2 为等压面，即

$$p_1 = p_2$$

根据静力学基本方程写出 1 点和 2 点的静压强表达式，可得

$$p_1 = p + \rho_1 g h_1 \quad 和 \quad p_2 = p_a + \rho_2 g h_2$$

所以

$$p + \rho_1 g h_1 = p_a + \rho_2 g h_2$$

M 点的绝对压强

$$p = p_a + \rho_2 g h_2 - \rho_1 g h_1 \tag{7-13}$$

M 点的相对压强 $p_e = p - p_a = \rho_2 g h_2 - \rho_1 g h_1$ (7-14)

（2）被测流体压强低于大气压强（$p < p_a$）。如图 7-9（b）所示，在外界大气压强作用下，左管液面高于右管液面。图中水平面 1—2 为等压面，根据静力学基本方程列出等压面方程，即

$$p + \rho_1 g h_1 + \rho_2 g h_2 = p_a$$

M 点的绝对压强 $p = p_a - \rho_1 g h_1 - \rho_2 g h_2$ (7-15)

M 点的真空 $p_v = p_a - p = \rho_1 g h_1 + \rho_2 g h_2$ (7-16)

若被测流体为气体时，由于气体密度很小，式中的 $\rho_1 g h_1$ 项可以忽略不计。

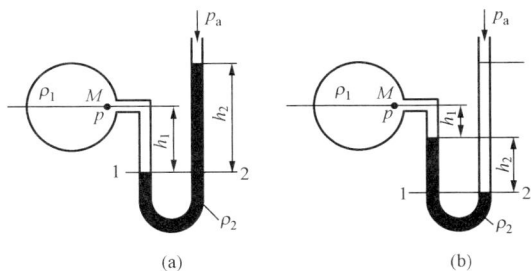

图 7-9 U 形管测压计

(a) $p > p_a$；(b) $p < p_a$

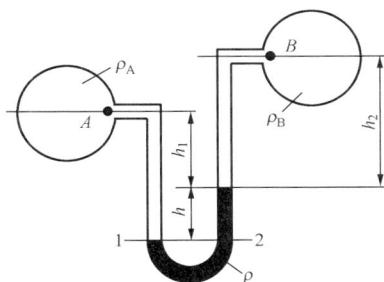

图 7-10 U 形管差压计

三、U 形管差压计

1. 结构

如图 7-10 所示，U 形管差压计用于测量流体的压力差，测量时 U 形管两端分别与两个容器中的测点 A 和 B 连接。

2. 测量原理

假定两个容器内流体的密度分别为 ρ_A 和 ρ_B，U 形管内工作液体的密度为 ρ。水平面 1—2 是等压面，即 $p_1 = p_2$，其中

$$p_1 = p_A + \rho_A g(h_1 + h)$$
$$p_2 = p_B + \rho_B g h_2 + \rho g h$$

故 $p_A + \rho_A g(h_1 + h) = p_B + \rho_B g h_2 + \rho g h$

A、B 两点的压强差为

$p_A - p_B = \rho_B g h_2 + \rho g h - \rho_A g(h_1 + h) = (\rho - \rho_A)g h + \rho_B g h_2 - \rho_A g h_1$ (7-17)

若两容器内均为气体时，气体密度很小，式（7-17）可简化为

$$p_A - p_B = \rho g h$$ (7-18)

四、倾斜式微压计

1. 结构

工程中测量较小的压强或压强差时，为提高测量精度，常采用倾斜式微压计。如图 7-11所示，倾斜式微压计由一个截面积较大的容器连接一个可调倾斜角 α 的细玻璃管组

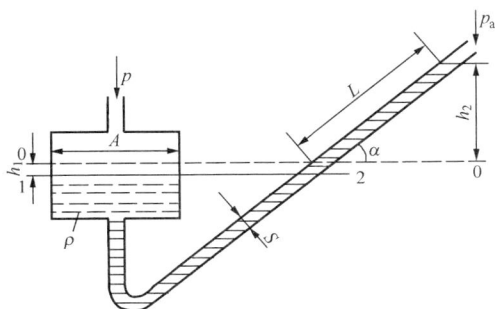

图 7-11 倾斜式微压计

成，容器内盛有一定量的工作液体，一般采用蒸馏水或酒精。假定大容器的截面积为 A，细玻璃管的截面积为 S，工作液体的密度为 ρ。

　　2. 测量原理

　　倾斜式微压计的两端压强相等时，容器中的液面和细玻璃管中的液面齐平，处在 0—0 基准面上。当微压计容器的上端与气体测点相通时，在被测气体压强 p 的作用下，大容器中液面下降至 1—2 位置，下降的高度为 h_1，细玻璃管中液面上升了 L 长度，上升的垂直高度为 h_2，则有 $h_2 = L\sin\alpha$。

　　由于工作液体的总体积不变，故大容器中下降的液体体积和细玻璃管上升的液体体积相同，则有

$$h_1 A = LS \quad \text{或} \quad h_1 = L\frac{S}{A}$$

　　如图 7-11 所示，微玉计工作时，水平面 1—2 为等压面，列出等压面方程，可得

绝对压强为
$$p = p_a + \rho g(h_1 + h_2) \tag{7-19}$$

相对压强为
$$p_e = p - p_a = \rho g(h_1 + h_2) \tag{7-20}$$

　　将 $h_1 = L(S/A)$ 和 $h_2 = L\sin\alpha$ 代入上两式，有

绝对压强
$$p = p_a + \rho g\left(\frac{S}{A} + \sin\alpha\right)L = p_a + KL \tag{7-21}$$

相对压强
$$p_e = KL \tag{7-22}$$

式中　K——倾斜式微压计系数，$K = \rho g(S/A + \sin\alpha)$ $\qquad$ (7-23)

　　对同一微压计而言，式（7-23）中 A、S 和 ρ 均为常数，则倾斜式微压计系数 K 仅是倾斜角 α 的函数，对应不同的倾斜角 α，可得出不同的 K 值。倾斜式微压计系数 K 一般有 0.2、0.3、0.4、0.6、0.8 五个数值，刻在微压计的弧形支架上。在实际测量时，先设定微压计系数值，在细玻璃管上读出 L 后，代入式（7-22）就可计算出压强值。

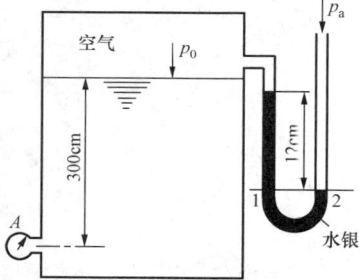

图 7-12　例题 7-1 图

　　【例题 7-1】　如图 7-12 所示为一密闭水箱。当 U 形管测压计的读数为 12cm 时，试确定压力表 A 的读数。

　　解　在 U 形管中取等压面 1—2，则有 $p_1 = p_2$，其中
$$p_1 = p_0 + 0.12\rho_{Hg}g$$
$$p_2 = p_a$$

列出等压面方程，得自由表面上的压强为
$$p_0 = p_a - 0.12\rho_{Hg}g$$

A 点的绝对压强
$$p_A = p_0 + \rho gh = p_a - 0.12\rho_{Hg}g + 3\rho g$$

A 点的相对压强

$$p_{Ae} = p_A - p_a = -0.12\rho_{Hg}g + 3\rho g$$

$$= -0.12 \times 133\,400 + 3 \times 9807 = 13\,410(\text{Pa})$$

故，压力表的读数为 13 410Pa。

　　【例题 7-2】　如图 7-13 所示，一倒 U 形管差压计（又称空气比压计），管顶部留有空气。可利用阀 C 进气或放气，以调节管中液面的高差。h 为两测压管的液面高差，已知 $h_1 = 60\text{cm}$，$h = 45\text{cm}$，$h_2 = 180\text{cm}$，求 A、B 两点水的压强差。

解　由静力学基本方程，对左管有

$$p_A = p_D + \rho g h_1$$

对右管有

$$p_B = p_E + \rho g (h + h_2)$$

所以

$$p_B - p_A = p_E + \rho g (h + h_2) - (p_D + \rho g h_1)$$

因为空气的密度很小，认为两管液面上的压强相等，即 $p_D = p_E$。

故

$$p_B - p_A = \rho g (h + h_2 - h_1) = 9.8 \times 10^3 \times (0.45 + 1.8 - 0.6) = 16.17 (\text{kPa})$$

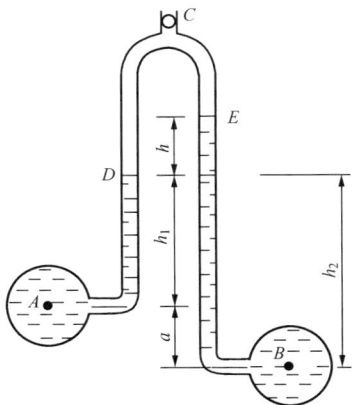

图 7 - 13　例题 7 - 2 图

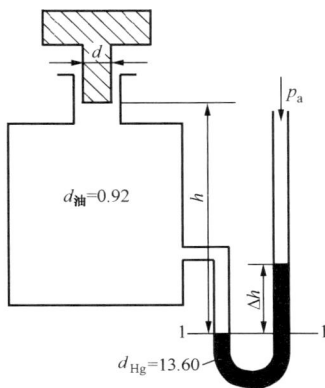

图 7 - 14　例题 7 - 3 图

【例题 7 - 3】　　如图 7 - 14 所示为一测量装置，活塞的直径 $d = 35\text{mm}$，油的相对密度为 $d_{油} = 0.92$，水银的相对密度 $d_{Hg} = 13.6$，活塞与缸壁无泄漏和摩擦。当活塞重为 15N 时，$h = 700\text{mm}$，试计算 U 形测压管的液面高差 Δh 值。

解　重物使活塞单位面积上承受的压强为

$$p = \frac{15}{\frac{\pi}{4} d^2} = \frac{15}{\frac{\pi}{4} \times 0.035^2} = 15\,590 (\text{Pa})$$

列等压面 1—1 的平衡方程

$$p + \rho_{油} g h = \rho_{Hg} g \Delta h$$

解得 Δh 为

$$
\begin{aligned}
\Delta h &= \frac{p}{\rho_{Hg} g} + \frac{\rho_{油}}{\rho_{Hg}} h \\
&= \frac{15\,590}{13\,600 \times 9.806} + \frac{0.92}{13.6} \times 0.70 \\
&= 16.4 (\text{cm})
\end{aligned}
$$

【例题 7 - 4】　　如图 7 - 15 所示，用双 U 形管测压计测量两点的压强差，已知 $h_1 = 600\text{mm}$，$h_2 = 250\text{mm}$，$h_3 = 200\text{mm}$，$h_4 = 300\text{mm}$，$h_5 = 500\text{mm}$，$\rho_1 = 1000\text{kg/m}^3$，$\rho_2 = 800\text{kg/m}^3$，

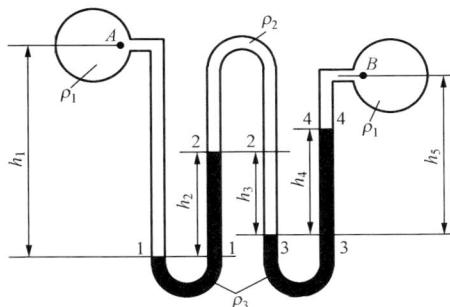

图 7 - 15　例题 7 - 4 图

$\rho_3 = 13\,598\text{kg/m}^3$，试计算 A 和 B 两点的压强差。

解　根据等压面的条件，图中 1—1、2—2、3—3 均为等压面，应用静力学基本方程写出各点的压强为

$$p_1 = p_A + \rho_1 g h_1$$
$$p_2 = p_1 - \rho_3 g h_2$$
$$p_3 = p_2 + \rho_2 g h_3$$
$$p_4 = p_3 - \rho_3 g h_4$$
$$p_B = p_4 - \rho_1 g (h_5 - h_4)$$

逐个将式子代入下一个式子中，则

$$p_B = p_A + \rho_1 g h_1 - \rho_3 g h_2 + \rho_2 g h_3 - \rho_3 g h_4 - \rho_1 g (h_5 - h_4)$$

所以

$$p_A - p_B = \rho_1 g (h_5 - h_4) + \rho_3 g h_4 - \rho_2 g h_3 + \rho_3 g h_2 - \rho_1 g h_1$$
$$= 9.806 \times 1000 \times (0.5 - 0.3) + 133\,400 \times 0.3 - 7850 \times 0.2$$
$$+ 133\,400 \times 0.25 - 9.086 \times 1000 \times 0.6$$
$$= 67\,876 (\text{Pa})$$

第五节　静止液体作用在平面上的总压力

在工程实际中，不仅需要求解静止液体中某一点的压强，还经常遇到静止液体对固体平面作用力的计算问题，该作用力称为静止液体作用在平面上的总压力。本节重点讨论静止液体对平面上总压力的大小、方向和作用点的确定。

一、总压力的大小和方向

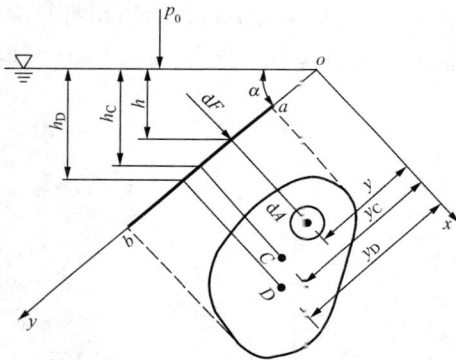

图 7 - 16　作用在平面上的液体总压力

如图 7 - 16 所示，在静止液体中有一任意形状的平面，平面面积为 A，与水平面的夹角为 α，自由表面上的压强为 p_0，平板的外侧为大气压强。取参考坐标系，将 x 轴和 y 轴取在平面上。为看清平面的形状，将平面绕 oy 轴旋转 $90°$，得出该平面的正视图。

由于该平面上不同点的深度不同，使各点压强不同，故平面上的总压力不能直接求出。先在平面上取一微元面积 $\mathrm{d}A$，淹深为 h，到 x 轴的距离为 y，液体作用在该微元面积上的总压力为

$$\mathrm{d}F = p\,\mathrm{d}A = (p_0 + \rho g h)\mathrm{d}A = (p_0 + \rho g y \sin\alpha)\mathrm{d}A$$

积分上式，可得出静止液体作用在整个平面上的总压力

$$F = \iint_A \mathrm{d}F = p_0 A + \rho g \sin\alpha \iint_A y\,\mathrm{d}A = p_0 A + \rho g \sin\alpha\, y_c A$$

式中 $\iint_A y\,\mathrm{d}A = y_c A$ 是整个面积 A 对 ox 轴的面积矩，其中 y_c 为平面 A 形心处的 y 坐标。若形心处的淹深为 h_c，有 $h_c = y_c \sin\alpha$，则

$$F = p_0 A + \rho g h_c A = (p_0 + \rho g h_c)A \tag{7-24}$$

若作用在自由表面上为大气压强，而平面外侧也作用着大气压强。在这种情况下，仅由液体产生的平面上的总压力为

$$F = \rho g h_c A \tag{7-25}$$

式（7-24）和式（7-25）表明，静止液体作用在任意形状平面上的总压力等于该平面的面积与平面形心处压强的乘积。如果保持平面形心的淹深不变，仅改变平面的倾斜角度，则该平面上总压力大小不变。

静止液体作用在平面上总压力的方向，与平面上各点静压强的方向一致，即沿作用面的内法线方向。

二、总压力的作用点

总压力的作用线与平面的交点称为总压力的作用点，或压力中心。

如图 7-16 所示，假定压力中心位于 D 点，其坐标为 y_D。由力矩平衡的原理可知，总压力 F 对 ox 轴之矩等于各微元面积上的总压力 $\mathrm{d}F$ 对 ox 轴之矩的代数和，则有

$$F y_D = \iint\limits_A \mathrm{d}F y$$

假设自由表面上为大气压强，代入得

$$\rho g \sin\alpha y_C A y_D = \rho g \sin\alpha \iint\limits_A y^2 \mathrm{d}A$$

式中 $\iint\limits_A y^2 \mathrm{d}A = I_x$ 为面积 A 对 ox 轴的惯性矩，所以有

$$y_D = \frac{I_x}{y_C A} \tag{7-26}$$

根据惯性矩的平行移轴定理有

$$I_x = y_C^2 A + I_{cx}$$

式中 I_{cx}——平面对于通过它的形心且平行于 ox 轴的惯性矩。

式（7-26）可写为

$$y_D = \frac{y_C^2 A + I_{cx}}{y_C A} = y_C + \frac{I_{cx}}{y_C A} \tag{7-27}$$

式（7-27）表明，因为 $I_{cx}/y_C A$ 恒大于零，所以 y_D 大于 y_C，即压力中心 D 总是在形心 C 下方，随平面淹没深度的增加，压力中心与形心越靠近。在工程实际中所遇到的平面往往是对称平面，一般不必计算压力中心的 x 坐标。几种常用截面的几何性质见表 7-1。

表 7-1　　　　　　　　　　　　几种常用截面的几何性质

截面几何图形	面积 A	形心 y_c	惯性矩 I_{cx}
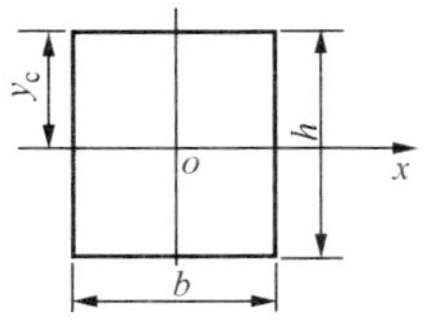	bh	$\dfrac{1}{2}h$	$\dfrac{1}{12}bh^3$

截面几何图形	面积 A	形心 y_c	惯性矩 I_{cx}
	$\dfrac{1}{2}bh$	$\dfrac{2}{3}h$	$\dfrac{1}{36}bh^3$
	$\dfrac{1}{2}h(a+b)$	$\dfrac{1}{3}h\dfrac{a+2b}{a+b}$	$\dfrac{1}{36}h^3\dfrac{a^2+4ab+b^2}{a+b}$
	πr^2	r	$\dfrac{\pi}{4}r^4$
	$\dfrac{\pi}{4}bh$	$\dfrac{h}{2}$	$\dfrac{\pi}{64}bh^3$
	$\dfrac{\pi r^2}{3}$	$\dfrac{4}{3}\dfrac{r}{\pi}$	$\dfrac{9\pi^2-64}{72\pi}r^4$

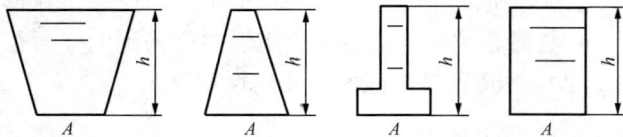

图 7-17　例题 7-5 图

【例题 7-5】　如图 7-17 所示，形状不同的容器内盛有同一种液体，放在地面上，容器的底面积均为 A，自由表面上为大气压强。试分析静止液体作用在容器底面上的总压力。

解　由于容器底面为水平面，故

$$h_c = h$$

作用在容器底面上的总压力为 $\qquad F = \rho g h A$

由上式可知，静止液体作用在水平面上的总压力仅与液体密度、淹深和平面面积有关，而与容器的形状无关。上述四个容器中液体对底面的总压力是相同的，这一现象又称为静水奇象。但若考虑容器对地面作用力时，需考虑容器侧面上的总压力在垂直方向上的分力，在忽略容器重量时，容器对地面的作用力等于容器内液体重量。

【例题 7 - 6】 如图 7 - 18 所示，一个两边都承受水压的矩形水闸，如果两边的水深分别为 $h_1 = 2\mathrm{m}$、$h_2 = 4\mathrm{m}$，试求每米宽度水闸上所承受的净总压力及其作用点的位置。

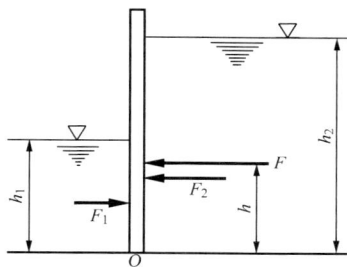

图 7 - 18 例题 7 - 6 图

解 淹没在自由表面下 h_1 深的矩形水闸的形心为

$$y_c = h_c = \frac{h_1}{2}$$

每米宽水闸左侧的总压力为

$$F_1 = \rho g h_c A = \frac{1}{2}\rho g h_1^2 = \frac{1}{2} \times 9806 \times 2^2 = 19\,612(\mathrm{N})$$

由式（7 - 27），确定 F_1 作用点的位置为

$$y_{D1} = y_c + \frac{I_{cx}}{y_c A} = \frac{1}{2}h_1 + \frac{\frac{1}{12}bh_1^3}{\frac{1}{2}h_1^2 b} = \frac{2}{3}h_1 = \frac{2}{3}\mathrm{m}$$

即 F_1 的作用点的位置距底面为 $\frac{1}{3}h_1$ 处。

每米宽水闸右侧的总压力为

$$F_2 = \rho g h_c A = \frac{1}{2}\rho g h_2^2 = \frac{1}{2} \times 9806 \times 4^2 = 78\,448(\mathrm{N})$$

同理，F_2 的作用点的位置距底面为 $\frac{1}{3}h_2 = \frac{4}{3}\mathrm{m}$。

每米宽水闸上所承受的净总压力为

$$F = F_2 - F_1 = 78\,448 - 19\,612 = 58\,836(\mathrm{N})$$

假设净总压力 F 的作用点距底面为 h，根据力矩平衡的原理，合力 F 对水闸底部 o 点处的力矩等于各分力的力矩之和，即

$$Fh = F_2\frac{h_2}{3} - F_1\frac{h_1}{3}$$

$$h = \frac{F_2 h_2 - F_1 h_1}{3F} = \frac{78\,448 \times 4 - 19\,612 \times 2}{3 \times 58\,836} = 1.56(\mathrm{m})$$

第六节 静止液体对曲面的总压力

由静压强的特性可知，静压强总是垂直指向作用面。在求解平面上总压力时，由于平面上各点静压强方向均相同，可先求出作用在微元面积上的总压力，然后积分求和。在曲面上，不同点的压强方向一般不同，求合力时不能像平面那样直接对微元面积上的总压力积分求解，而是先将微元面积上的总压力分解为水平方向和垂直方向上的分力，然后积分求合力。为了方便起见，先以二维曲面（柱形曲面）为例进行分析，然后将结论推广到任意形状的空间曲面。

一、总压力的大小

设一柱形曲面 ab 位于静止液体中，其面积为 A，假定自由表面上为大气压强。取坐标

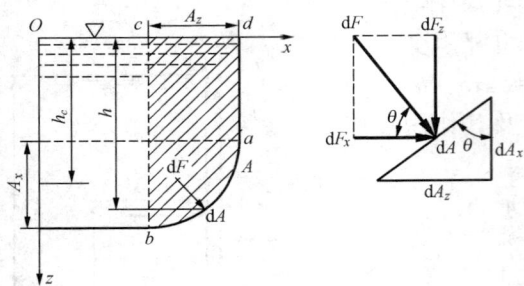

图 7 - 19　作用在曲面上的总压力

系的 y 轴与柱形曲面的母线平行，z 轴方向垂直向下。沿曲面的母线方向，在曲面上任取一微元长条面积 dA，其淹深为 h，则作用在微元面积上的总压力为

$$dF = \rho g h \, dA$$

dF 在 x 轴和 z 轴方向上的分力为

$$dF_x = dF\cos\theta = \rho g h \, dA\cos\theta$$
$$dF_z = dF\sin\theta = \rho g h \, dA\sin\theta$$

由图 7 - 19 可知，$dA\cos\theta = dA_x$，$dA\sin\theta = dA_z$，则有

$$dF_x = \rho g h \, dA_x$$
$$dF_z = \rho g h \, dA_z$$

1. 水平分力

静止液体作用在曲面上的总压力在 x 轴方向的分力，为水平分力 F_x，则

$$F_x = \iint_A dF_x = \iint_A \rho g h \, dA_x = \rho g \iint_A h \, dA_x$$

式中，$\iint_A h \, dA_x$ 为曲面在 yoz 坐标面上的投影面积 A_x 对 y 轴的面积矩，且 $\iint_A h \, dA_x = h_c A_x$，$h_c$ 为投影面积 A_x 的形心淹深，故上式可表示为

$$F_x = \rho g h_c A_x \tag{7-28}$$

式（7 - 28）可表述为：静止液体作用在曲面上总压力的水平分力等于液体作用在该曲面在 yoz 平面上的投影面积 A_x 上的总压力。水平分力的作用线通过 A_x 的压力中心。

2. 垂直分力

静止液体作用在曲面上的总压力在 z 轴方向的分力，为垂直分力 F_z，则

$$F_z = \iint_A dF_z = \iint_A \rho g h \, dA_z = \rho g \iint_A h \, dA_z$$

式中 $\iint_A h \, dA_z$ 是曲面 ab 和自由表面间的柱体体积，见图 7 - 19 中的阴影部分，称为压力体 V_p。故 $\iint_A h \, dA_z = V_p$，代入上式得

$$F_z = \rho g V_p \tag{7-29}$$

由式（7 - 29）可知，静止液体作用在曲面上的垂直分力等于压力体内的液体重量，其作用线通过压力体重心。

3. 总压力的大小

将曲面上的水平分力和垂直分力合成，可得静止液体作用在曲面上总压力，即

$$F = \sqrt{F_x^2 + F_z^2} \tag{7-30}$$

以上结论可以推广到任意形状的三维曲面，此时作用在曲面上的力不仅有 F_x 和 F_z，还有 F_y，F_y 的计算方法和 F_x 一样。则三维曲面上的总压力为

$$F = \sqrt{F_x^2 + F_y^2 + F_z^2} \tag{7-31}$$

二、总压力的方向和作用点

如图 7 - 20 所示，总压力 F 与垂直方向的夹角 θ 为

$$\tan\theta = \frac{F_x}{F_z} \qquad (7 - 32)$$

若水平分力和垂直分力作用线的交点为 D'，则总压力作用线必通过交点 D'，且与垂直方向成 θ 角，见图 7 - 20。总压力作用线与曲面的交点 D 即总压力的作用点。

三、压力体

压力体是由积分式 $\iint_A h\,dA_z$ 得出的一个体积，它是一个纯数学概念，压力体的数值与这个体积内是否充满液体无关。压力体一般是由液体的自由表面、承受液体压力的曲面、该曲面的边界线向上垂直延伸至液体的自由表面（或延伸面）所围成的体积。下面通过三个例子说明压力体的确定。

图 7 - 20 曲面上总
压力的合力

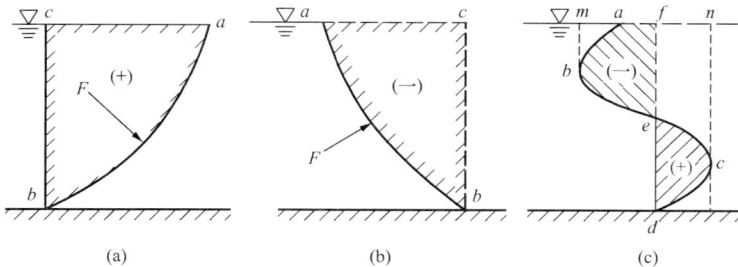

在图 7 - 21 (a) 的情况下，总压力 F 的方向是指向斜下方的，因此垂直分力是向下的。这时压力体内充满液体，称为实压力体，用（+）号表示。

在图 7 - 21 (b) 的情况下，总压力 F 的方向是指向斜上方的，因此垂直分力是向上的。压力体仍然是从曲面起向上至自由表面（这时是自由表面的延长面）的柱体。由于压力体内没有液体，所以称为虚压力体，用（一）号表示。

图 7 - 21 (c) 是一种比较复杂的情况，这时要将 S 形曲面分成三部分进行分析。ab 和 cd 两段都属于液体在曲面之上的情况，属于实压力体，压力体分别为 amb 和 $fdcn$，以（+）号表示。而 bc 段是属于液体在曲面以下的情况，属于虚压力体，相应的压力体为 $mbcn$，以（一）号表示。将这三部分压力体相加，其中（+）号和（一）号重叠的部分消去后，只剩下两块压力体，一块是 $abef$，标为（一）号，说明垂直分力向上；另一块为 edc，标为（+）号，说明垂直分力向下。根据这两个压力体，可以分别求出两个相应的垂直分力。

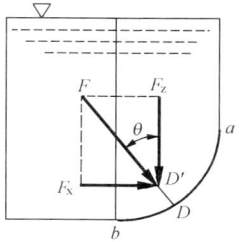

图 7 - 21 压力体示意图

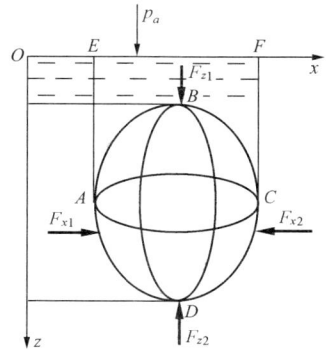

图 7 - 22 浮力原理

四、浮力原理

如图 7 - 22 所示，在静止液体中有一任意形状的物体 $ABCD$，其体积为 V_{ABCD}，物体的

表面构成一个封闭曲面，静止液体作用在该封闭曲面上的总压力就是液体对该物体的作用力。下面分析该封闭曲面上的总压力。

1. 水平分力

通过物体的表面作无数条 x 方向的水平切线，这些切线将物体表面分成左、右两部分，这两部分曲面在 yoz 平面上的投影完全相同。因此，曲面的左、右两部分受到的水平分力大小相等，方向相反，总水平分力 $F_x = F_{x2} - F_{x1} = 0$。同理可知，沿 y 方向上的水平分力 $F_y = 0$。

2. 垂直分力

通过物体表面作垂直外切线，将物体表面分成上、下两部分。液体作用在上表面上的垂直分力 F_{z1} 等于压力体 $ABCFE$ 的液重，方向垂直向下，即

$$F_{z1} = \rho g V_{ABCFE}$$

液体作用在下表面上的垂直分力 F_{z2} 等于压力体 $AEFCD$ 的液重，方向垂直向上，即

$$F_{z2} = \rho g V_{AEFCD}$$

液体作用在整个物体表面上的垂直分力是上、下两部分垂直分力的合力，即

$$F_z = F_{z2} - F_{z1} = \rho g (V_{AEFCD} - V_{ABCFE}) = \rho g V_{ABCD} \qquad (7\text{-}33)$$

方向垂直向上。

由于水平分力为零，液体作用在物体上的总压力就等于总垂直分力 F_z，该力又称为浮力。这就证明了浸没在液体中的物体所受到的液体作用力只有垂直向上的力，大小等于物体所排开液体的重量，即阿基米德定律。

3. 物体在静止液体中的存在形式

在静止液体中的物体要受到两个力的作用：一个是垂直向上的浮力 F_z；另一个是垂直向下的重力 G。根据物本受到的浮力和重力的比较，物体在静止液体中有三种存在形式：

(1) $G > F_z$ 时，物体下沉到底，称为沉体；

(2) $G = F_z$ 时，物体在液体中的任何位置均处于平衡状态，称为潜体；

(3) $G < F_z$ 时，物体上浮，直到部分露出液面。物体在液面以下部分所排开的液体重量恰好等于物体的重力，称为浮体。

【例题 7-7】 圆弧形闸门长 $b=5$m，圆心角 $\varphi=60°$，半径 $R=4$m，如图 7-23 所示。若弧形闸门的转轴与水面齐平，求作用在弧形闸门上的总压力及其作用点的位置。

解 弧形闸门前的水深

$$h = R\sin\varphi = 4 \times \sin60° = 3.464\text{m}$$

弧形闸门上总压力的水平分力

$$F_x = \rho g h_c A_x = \rho g \frac{h}{2} hb$$

$$= 1000 \times 9.807 \times 0.5 \times 3.464^2 \times 5 = 294\ 192.7(\text{N})$$

垂直分力

$$F_z = \rho g V_p = \rho g \left(\frac{\pi R^2 \varphi}{360} - \frac{hR}{4}\right)b$$

$$= 9807 \times \left(\frac{3.14 \times 4^2 \times 60}{360} - \frac{1}{4} \times 3.464 \times 4 \right) \times 5 = 240\,729(\text{N})$$

弧形闸门上的总压力

$$F = \sqrt{F_x{}^2 + F_z{}^2} = \sqrt{294\,192.7^2 + 240\,729^2} = 380\,131.3(\text{N})$$

总压力与水平线的夹角为 θ

$$\theta = \arctan \frac{F_z}{F_x} = \arctan \frac{240\,729}{294\,192.7} = 39.29°$$

对圆弧形曲面，曲面上各点静压强的方向均与曲面垂直，其作用线均通过圆心。故总压力的作用线一定通过圆心，由此可知总压力的作用点 D 距水面的距离 h_D 为

$$h_D = R\sin\theta = 4 \times \sin41.85° = 2.67(\text{m})$$

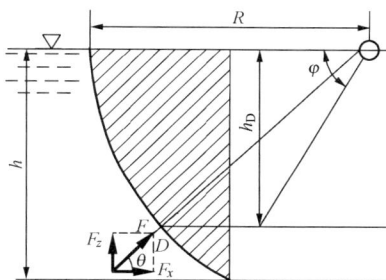

图 7-23　例题 7-7 图

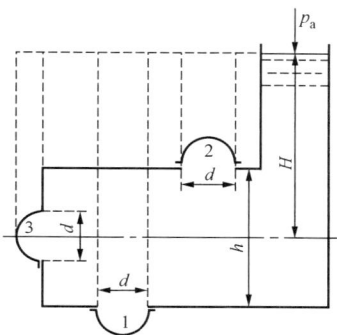

图 7-24　例题 7-8 图

【例题 7-8】　如图 7-24 所示的储水容器，其壁面上有三个半球形盖。设 $d=2$m，$h=1.5$m，$H=2.5$m。试求作用在每个盖上的液体总压力。

解　（1）底盖上所受到的力。

底盖沿水平方向对称，所以，底盖受到的水平分力互相抵消，其水平分力为零。底盖上的总压力等于垂直分力，方向垂直向下。

$$F_{z1} = \rho g V_1 = \rho g \left[\frac{\pi d^2}{4} \left(H + \frac{h}{2} \right) + \frac{\pi d^3}{12} \right]$$

$$= 9807 \times \left[\frac{\pi \times 1^2}{4} \times (2.5+7.5) + \frac{\pi \times 1^3}{12} \right] = 27\,586.3(\text{N})$$

（2）顶盖上的水平分力亦为零，总压力等于垂直分力，方向垂直向上。

$$F_{z2} = \rho g V_2 = \rho g \left[\frac{\pi d^2}{4} \left(H - \frac{h}{2} \right) - \frac{\pi d^3}{12} \right]$$

$$= 9807 \times \left[\frac{\pi \times 1^2}{4} \times (2.5-7.5) - \frac{\pi \times 1^3}{12} \right] = 10\,906.2(\text{N})$$

（3）侧盖上总压力的水平分力为

$$F_{x3} = \rho g h_c A_x = \rho g H \frac{\pi d^2}{4} = 9807 \times 2.5 \times \frac{\pi \times 1^2}{4} = 19\,246.2(\text{N})$$

侧盖上垂直分力方向向下，其大小为

$$F_{z3} = \rho g \frac{\pi d^3}{12} = 9807 \times \frac{\pi \times 1^3}{12} = 2566.2(\text{N})$$

侧盖上总压力大小为

$$F_3 = \sqrt{F_{x3}^2 + F_{z3}^2} = \sqrt{19\,246.2^2 + 566.2^2} = 19\,416.5(\text{N})$$

总压力的作用线一定通过球心，与垂直方向的夹角 θ 为

$$\theta = \arctan\frac{F_{x3}}{F_{z3}} = \arctan\frac{19\,246.2}{2\,566.2} = 82.4°$$

复 习 思 考 题

7-1　流体静压强的特性有哪些？

7-2　什么是等压面？等压面的微分方程取何形式？等压面有哪些性质？如何确定等压面？

7-3　写出流体静力学基本方程的几种表达式。其适用条件是什么？说明该方程的物理意义。

7-4　什么是绝对压强、相对压强和真空值？它们之间有什么关系？

7-5　试比较图 7-25 所示的双 U 形管测压计中 p_1、p_2、p_3 和 p_4 的大小。

7-6　如图 7-26 所示，容器中盛有两种不同液体，试判断测压管 1 和测压管 2 的液面是否与容器中的液面 0—0 平齐。若 $\rho_2 > \rho_1$，则 1、2 测压管中的液面哪个高？为什么？

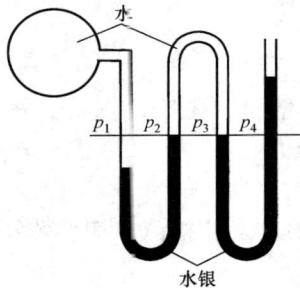

图 7-25　思考题 7-5 图　　　　图 7-26　思考题 7-6 图

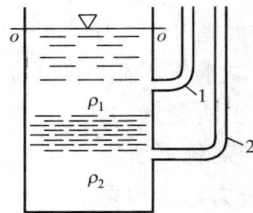

7-7　何谓压力体？压力体的体积如何确定？什么是实压力体和虚压力体？

7-8　计算平面上总压力时，自由表面上的大气压强应如何考虑？为什么？

7-9　有一倾斜平面浸没在液体中，当此平面绕其形心转动时，作用于此平面上的总压力大小如何变化？

7-10　根据压强差公式 $\mathrm{d}p = \rho(f_x\mathrm{d}x + f_y\mathrm{d}y + f_z\mathrm{d}z)$，试推导在匀加速直线运动的液体中，压强的表达式怎样？

习　　　题

7-1　若气压计在海平面时的读数为 $10.13 \times 10^4\,\text{Pa}$，在山顶时的读数为 $9.73 \times 10^4\,\text{Pa}$，设空气密度为常数，且 $\rho = 1.293\,\text{kg/m}^3$，试计算山顶的高度。

7-2　用水银 U 形管测压计测量压力水管 A 点的压强，如图 7-27 所示，若测得 $h_1=$ 800mm，$h_2=900$mm，并假定大气压强为 $p_a=10^5$Pa，求 A 点的绝对压强。

7-3　图 7-28 所示为一高压除氧器水箱，布置在 14m 平台上，水箱水面比 14m 平台高出 $h=2.5$m，水箱水面上的绝对压强为 588.42×10^3Pa，给水泵中心高出零米地平面的距离为 0.8m，求给水泵入口在启动前的绝对压强是多少？

7-4　如图 7-29 所示，烟囱高 $H=20$m，烟气温度 $t_s=300$℃，烟气压强为 p_s，试确定引起火炉中烟气自动流动的压强差。空气的密度 $\rho_a=1.29$kg/m³，烟气的密度可按下式计算：$\rho_s=(1.25-0.0027t_s)$ kg/m³。

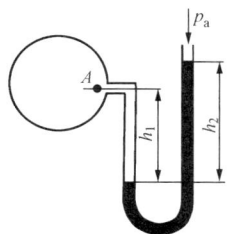

图 7-27　习题 7-2 图　　　图 7-28　习题 7-3 图　　　图 7-29　习题 7-4 图

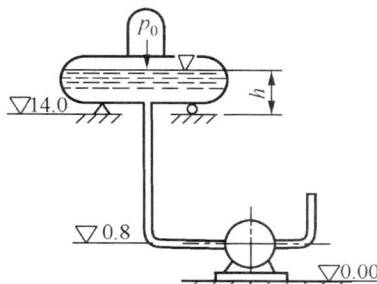

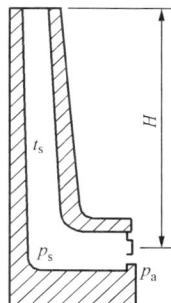

7-5　图 7-30 所示为一密闭水箱，当 U 形管测压计的读数为 12cm 时，试确定压强表的读数。

7-6　如图 7-31 所示，若管中流体的相对密度分别为：$d_1=d_3=0.83$，$d_2=13.6$，$h_1=16$cm，$h_2=8$cm，$h_3=12$cm。试求：

(1) 当 $p_B=68.95$kPa 时，p_A 的值是多少？

(2) 当 $p_A=137.9$kPa（绝对压强），大气压强计读数为 0.96×10^5Pa 时，求 p_B 的相对压强值。

7-7　如图 7-32 所示，若已知容器内流体的密度为 870kg/m³，斜管一端与大气相通，斜管的读数为 80cm，试求 B 点的相对压强为多少？

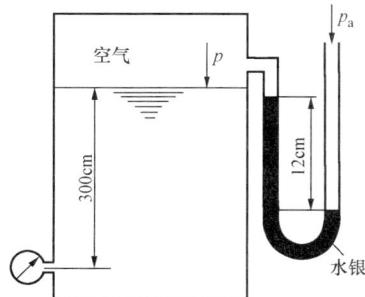

图 7-30　习题 7-5 图　　　图 7-31　习题 7-6 图　　　图 7-32　习题 7-7 图

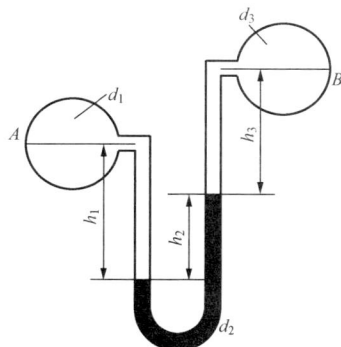

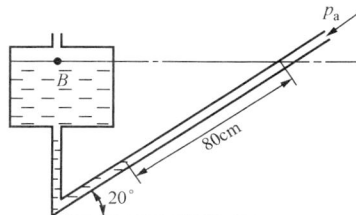

7-8　在一水平管道上，取两个横截面 A 和 B，连接一 U 形管差压计，如图 7-33 所

示。如果管道中水流动时，U 形管差压计中水银液面高度差是 59cm，试计算管道截面 A 和 B 之间的压强差是多少？

7-9　如图 7-34 所示，盛有油和水的圆形容器顶盖上有 $F=5788$N 的载荷，已知 $h_1=30$cm，$h_2=50$cm，$d=0.4$m。油的密度 $\rho_{oi}=800$kg/m³，水银的密度 $\rho_{Hg}=13\,600$kg/m³，试求 U 形管中水银柱的高度差 H。

7-10　活塞 A 和圆柱体 B 的横截面积为 15cm² 和 1000cm²，容器底部充满密度为 750kg/m³ 的油，设圆柱体的重量为 5000N，活塞 A 的重量为 500N，两液面的高度差为 40cm，如图 7-35 所示。当达到平衡状态时，试求加在活塞 A 上的力 F 应为多少？

7-11　如图 7-36 所示，泄水池底部放水孔上放一个圆形平面闸门，直径 $d=1$m，闸门的倾角 $\theta=80°$，水深 $h=3$m。求作用在闸门上总压力 F 的大小和作用点的位置 h_D。

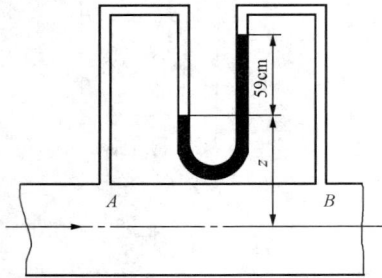

图 7-33 习题 7-8 图　　图 7-34 习题 7-9 图　　图 7-35 习题 7-10 图

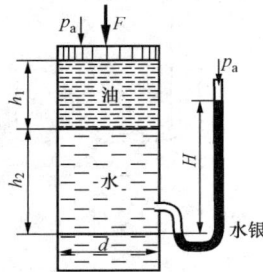

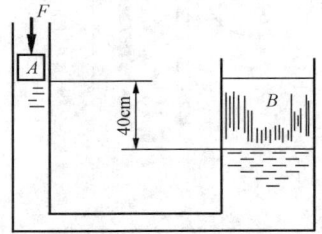

7-12　如图 7-37 所示为一矩形平板闸门，闸门宽 $b=0.8$m，高 $h=1$m，若要求水深 h_1 超过 2m 时闸门自动开启，铰链的位置 y 应设在何处？

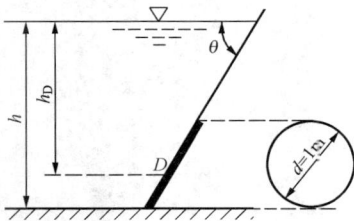

图 7-36 习题 7-11 图　　图 7-37 习题 7-12 图　　图 7-38 习题 7-13 图

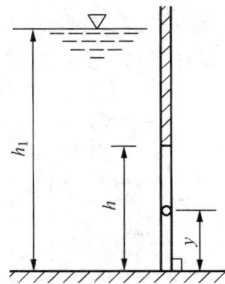

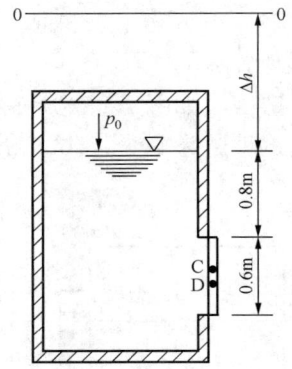

7-13　如图 7-38 所示，密封方形柱体容器中盛水，底部侧面开 0.5m×0.6m 的矩形孔，水面的绝对压强 $p_0=117.7$kPa，当地大气压强 $p_a=98.07$kPa，求作用于闸门上的总压力及其作用点。

7-14　图 7-39 所示为一水闸门，求水作用在曲面 AB 每单位长度面积上的水平分力 F_x 和垂直分力 F_z。

7 - 15 图 7 - 40 所示的水坝坝面的曲线方程为 $y=x^3$，水深为 3.5m，求每单位长度坝面上受到的水的总作用力。

7 - 16 储水容器如图 7 - 41 所示，测得 C 点的绝对压强 $p=196\,120\,\mathrm{Pa}$，$h=1\mathrm{m}$，$R=1\mathrm{m}$，求作用于半球 AB 上的总压力。

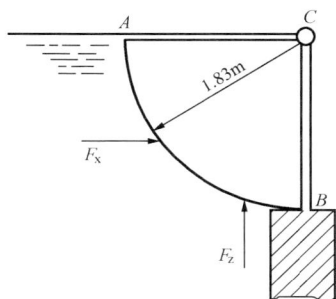

图 7 - 39 习题 7 - 14 图   图 7 - 40 习题 7 - 15 图   图 7 - 41 习题 7 - 16 图

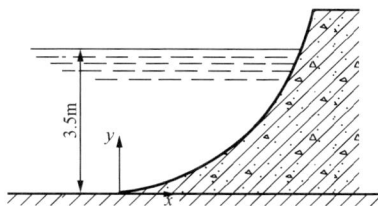

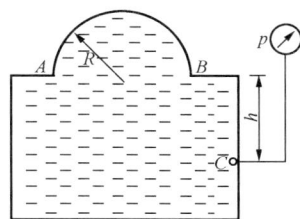

第八章 流体动力学基础

本章主要讲授流体运动的基本概念，并根据物理学中的基本定律，如质量守恒定律、牛顿定律、动量定理和能量守恒定律等，推导出描述流体运动的几个基本方程，即连续性方程、伯努利方程和动量方程，讨论这些方程在工程实际中的应用。

第一节 描述流体运动的两种方法

研究流体运动时，首先要建立流场的概念，我们将流体质点运动的全部空间称为流场。由于流体作为连续介质，所以在流场中充满了无数连续分布的运动的流体质点，描述流体运动的各物理量（如速度、加速度、压强等）是空间坐标和时间的连续函数。流体动力学的任务，即研究流场中流体运动参数的分布规律和相互之间的关系。在流体力学中，研究流体运动有两种方法：一种是拉格朗日（Lagrange）方法；另一种是欧拉（Euler）方法。

一、拉格朗日法

拉格朗日法的着眼点是流体质点。在流场中先选定一些具有代表性的流体质点，通过跟踪和观察这些流体质点的运动情况，建立这些流体质点的轨迹方程和运动参数随时间的变化关系。最后综合所有流体质点的运动情况，从而得到整个流场中的运动规律。

在流场中，为识别和区分不同的流体质点，通常取初始时刻（$t = t_0$）时每一质点的空间位置坐标 (a,b,c) 作为区分质点的标识，即不同的 (a,b,c) 代表不同的流体质点。则流体质点的轨迹方程可表示为

$$
\begin{aligned}
x &= x(a,b,c,t) \\
y &= y(a,b,c,t) \\
z &= z(a,b,c,t)
\end{aligned}
\tag{8-1}
$$

式（8-1）中，(a, b, c) 通常称为拉格朗日变量，它代表流体质点的标号。如果令 (a, b, c) 为常数，t 为变量，就可得出某个指定流体质点的运动规律。如果 t 为常数，(a, b, c) 为变量，可以得出某一瞬时不同质点在流场中的分布情况。

将式（8-1）对时间 t 求一阶和二阶偏导数，可得出流体质点的速度 (u,v,w) 和加速度 (a_x, a_y, a_z) 为

$$
u = \frac{\partial x}{\partial t} = u(a,b,c,t)
$$

$$
v = \frac{\partial y}{\partial t} = v(a,b,c,t)
$$

$$
w = \frac{\partial z}{\partial t} = w(a,b,c,t)
$$

$$
a_x = \frac{\partial u}{\partial t} = \frac{\partial^2 x}{\partial t^2} = a_x(a,b,c,t)
$$

$$
a_y = \frac{\partial v}{\partial t} = \frac{\partial^2 y}{\partial t^2} = a_y(a,b,c,t)
$$

$$a_z = \frac{\partial w}{\partial t} = \frac{\partial^2 z}{\partial t^2} = a_z(a,b,c,t)$$

同样，流体的其他参数如密度 ρ、压强 p 和温度 T 也可写成 a、b、c 和时间 t 的函数。

拉格朗日法在物理概念上清晰易懂，但用拉格朗日法分析流体运动时，描述流体运动参数的方程往往是一阶和二阶偏微分方程，在数学处理上有困难。而且在工程实际中，需要了解的往往是流动参数在整个流场中的分布情况，一般不需要了解流体质点的运动情况。因此，在流体力学研究中一般采用较为简便的欧拉法。

二、欧拉法

欧拉法是以整个流场为研究对象，以流场中固定的空间点为着眼点。研究流体质点流过这些固定的空间点时，其运动参数随时间的变化规律，综合足够多的空间点上的参数变化规律，进而掌握整个流场中的运动规律。在欧拉法描述中，各空间点上的物理量（实际上是通过此点的流体质点所具有的物理量）是随时间变化的。因此，整个流场中流体的运动参数是空间坐标 (x,y,z) 和时间 t 的函数。例如，流体质点的三个速度分量可表示为

$$u = u(x,y,z,t)$$
$$v = v(x,y,z,t) \tag{8-2}$$
$$w = w(x,y,z,t)$$

式中 u、v、w 分别代表速度矢量 $\boldsymbol{V}$ 在三个坐标轴上的分量，即 $\boldsymbol{V}=u\boldsymbol{i}+v\boldsymbol{j}+w\boldsymbol{k}$。

同理，流场中的压强和密度可表示为

$$p = p(x,y,z,t) \tag{8-3}$$
$$\rho = \rho(x,y,z,t) \tag{8-4}$$

式（8-2）中，如果令 (x,y,z) 为常数，t 为变量，可以得到某固定点上的速度随时间的变化规律。如果 t 为常数，(x,y,z) 为变量，则可得出某一时刻在流场内各点的速度分布规律。

下面用欧拉法的观点来研究加速度的表达方法。首先应指出，加速度代表流体质点的加速度，而不是空间点的加速度。流场中某点的加速度应定义为：流体质点沿其轨迹线通过某一空间点时，流体质点经过 $\mathrm{d}t$ 时间在该点附近产生微小位移，则流体质点在此微小位移范围内的速度变化率代表该点的加速度。这时，式（8-2）中的 (x,y,z) 代表流体质点的位移，应为时间 t 的函数。故有

$$x = x(t),\ y = y(t),\ z = z(t) \tag{8-5}$$

式（8-5）对时间求导，可得出流体质点的三个速度分量，即

$$u = \frac{\mathrm{d}x}{\mathrm{d}t},\ v = \frac{\mathrm{d}y}{\mathrm{d}t},\ w = \frac{\mathrm{d}z}{\mathrm{d}t} \tag{8-6}$$

按复合函数的求导法则，对式（8-2）中的三个速度分量对时间取全导数，并将式（8-6）代入，即可得到流体质点经过某空间点时的三个加速度分量。

$$a_x = \frac{\partial u}{\partial t} + u\frac{\partial u}{\partial x} + v\frac{\partial u}{\partial y} + w\frac{\partial u}{\partial z}$$
$$a_y = \frac{\partial v}{\partial t} + u\frac{\partial v}{\partial x} + v\frac{\partial v}{\partial y} + w\frac{\partial v}{\partial z} \tag{8-7}$$
$$a_z = \frac{\partial w}{\partial t} + u\frac{\partial w}{\partial x} + v\frac{\partial w}{\partial y} + w\frac{\partial w}{\partial z}$$

加速度矢量 $\boldsymbol{a} = a_x\boldsymbol{i} + a_y\boldsymbol{j} + a_z\boldsymbol{k}$

式（8-7）中，流体贡点的加速度由两部分组成：第一部分是由于某一空间点上流体质点的速度随时间变化而产生的，称为当地加速度，即式（8-7）中等式右端的第一项，分别为 $\dfrac{\partial u}{\partial t}$、$\dfrac{\partial v}{\partial t}$、$\dfrac{\partial w}{\partial t}$；第二部分是某一瞬时由于流体质点的速度随空间点的变化而引起的，称为迁移加速度，即式（8-7）中等式右端的后三项，分别为 $u\dfrac{\partial u}{\partial x}$、$v\dfrac{\partial u}{\partial y}$、$w\dfrac{\partial u}{\partial z}$ 等。

【例题 8-1】　已知流场中的速度分布为：$\boldsymbol{V} = x^2 y\boldsymbol{i} - 3y\boldsymbol{j} + 2z^2\boldsymbol{k}$。

求：$(x, y, z) = (3, 1, 2)$ 点的加速度。

解　流体质点的速度矢量在 x、y、z 轴上的分量为

$$u = x^2 y, \; v = -3y, \; w = 2z^2$$

流体质点的速度分量均与时间无关，故当地加速度为零，即

$$\frac{\partial u}{\partial t} = \frac{\partial v}{\partial t} = \frac{\partial w}{\partial t} = 0$$

根据式（8-7），可得流体质点的加速度分量为

$$a_x = u\frac{\partial u}{\partial x} + v\frac{\partial u}{\partial y} + w\frac{\partial u}{\partial z} = 2x^3 y^2 - 3x^2 y$$

$$a_y = u\frac{\partial v}{\partial x} + v\frac{\partial v}{\partial y} + w\frac{\partial v}{\partial z} = 9y$$

$$a_z = u\frac{\partial w}{\partial x} + v\frac{\partial w}{\partial y} + w\frac{\partial w}{\partial z} = 8z^3$$

将 $(x, y, z) = (3, 1, 2)$ 代入，可得

$$a_x = 27, \; a_y = 9, \; a_z = 64$$

加速度矢量为

$$\boldsymbol{a} = 27\boldsymbol{i} + 9\boldsymbol{j} + 64\boldsymbol{k}$$

第二节　流体运动的基本概念

为了分析流体运动，本节介绍一些有关流体运动的基本概念。

一、定常流动和非定常流动

用欧拉法描述流体运动时，根据流场中各空间点的流动参数是否随时间变化，可将流体的流动分为定常流动和非定常流动，又称为稳定流动和非稳定流动。

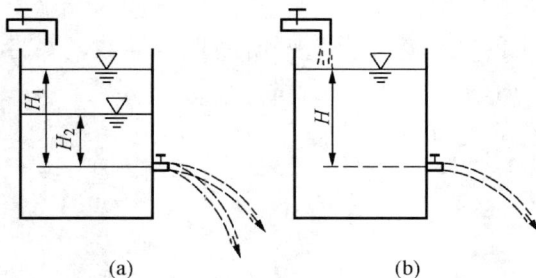

(a)　　　　　　　　(b)

图 8-1　非定常流动和定常流动

图 8-1（a）所示，盛有液体的容器，在其侧壁接一短管，液体从短管中流出。如果关闭进水阀，容器内水面将不断下降，短管中流出的液流轨迹随时间逐渐向下弯曲。说明液流内部各点流速的大小和方向随时间变化。我们定义，流场中流体质点的运动参数随时间变化的流动为非定常流动。这时的流动参数是时间和坐标的函数。

如图 8 - 1（b）所示，如果控制进入和排出容器的流量相同，保持容器内水面高度不变，则短管中流出的液流轨迹不随时间变化。说明液流中每一空间点上质点的运动参数不随时间变化，但不同点上流动参数可以不同。这种流场中所有点上的流动参数均不随时间变化的流动称为定常流动。在定常流动中，流动参数只是空间坐标的连续函数，而与时间无关，即

$$u = u(x,y,z), \ v = v(x,y,z), \ w = w(x,y,z) \tag{8-8}$$
$$p = p(x,y,z), \ \rho = \rho(x,y,z) \tag{8-9}$$

定常流动中的流动参数不随时间变化，故式（8 - 7）中的当地加速度为零，即

$$\frac{\partial u}{\partial t} = \frac{\partial v}{\partial t} = \frac{\partial w}{\partial t} = 0$$

定常流动中流体质点的加速度可以表示为

$$
\begin{aligned}
a_x &= u \frac{\partial u}{\partial x} + v \frac{\partial u}{\partial y} + w \frac{\partial u}{\partial z} \\
a_y &= u \frac{\partial v}{\partial x} + v \frac{\partial v}{\partial y} + w \frac{\partial v}{\partial z} \\
a_z &= u \frac{\partial w}{\partial x} + v \frac{\partial w}{\partial y} + w \frac{\partial w}{\partial z}
\end{aligned}
\tag{8-10}
$$

对于多数工程中的流动，常常作为定常流动来处理。如在火力发电厂中，当锅炉或汽轮机都稳定在某一工况下运行时，主要汽水管道中的流动可作为定常流动。对于大容器的孔口出流，在较短时间内，容器内液面下降和液流轨迹变化很小，也可以作为定常流动来研究。

二、迹线与流线

1. 迹线

迹线是同一流体质点在一段时间内的运动轨迹线。例如在流动的水面上放一片木屑，木屑随水流漂流的途径就是某一水质点的运动轨迹，也就是迹线。迹线的研究是属于拉格朗日法的内容，流场中的每一个流体质点都有自己的迹线，根据迹线的形状可以分析流体质点的运动情况。迹线的微分方程为

$$\frac{\mathrm{d}x}{u} = \frac{\mathrm{d}y}{v} = \frac{\mathrm{d}z}{w} = \mathrm{d}t \tag{8-11}$$

式（8 - 11）中，u、v、w 是 x，y，z 和时间 t 的函数。

2. 流线

如图 8 - 2 所示，流线是某一瞬时在流场中由不同流体质点组成的一条曲线，在这条曲线的各点上流体质点的速度方向均与该曲线相切。流线代表流场中流体质点的瞬时流动方向线。

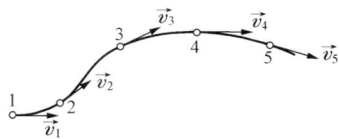

图 8 - 2 流线

流线是属于欧拉法的研究内容，流线可以直观地反映出流场的流动特征。例如，用照相机拍摄的多个细管中喷出的烟气绕一物体的流动照片，就反映了该流场中的流线，如图8-3所示。流线的切线方向代表某时刻流体质点的速度方向，根据流线的疏密程度，可以判断出速度的大小。

流线具有以下性质：

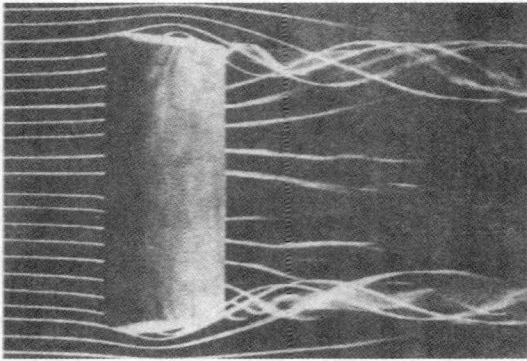

图 8 - 3　流线演示照片

（1）流动为定常流动时，流场中各点速度不随时间变化，所以流线形状也不随时间变化。由于流体质点必沿着流线运动，这时流线与迹线重合。在非定常流动中，流线形状要随时间变化，流线与迹线不再重合。

（2）一般情况下，流线不能相交和突然折转。因为若流线相交和突然折转时，在相交或折转点上的瞬时速度方向有两个，这在实际中是不可能的。因此，在流场的同一空间点上，只能有一条平滑连续的流线通过。只有在速度为零和无穷大的点上流线可以相交。

（3）流线密集的地方，表示该处的流速较大；稀疏的地方，表示该处的流速较小。

（4）流线微分方程。流线的微分方程可根据流线的定义推导。在流线的任一点处取一微元有向线段 $\mathrm{d}\boldsymbol{l}=\mathrm{d}x\boldsymbol{i}+\mathrm{d}y\boldsymbol{j}+\mathrm{d}z\boldsymbol{k}$，位于该点处流体质点的速度为 $\boldsymbol{V}=u\boldsymbol{i}+v\boldsymbol{j}+w\boldsymbol{k}$。根据流线的定义知，$\boldsymbol{V}$ 与 $\mathrm{d}\boldsymbol{l}$ 方向一致，故这两个矢量的矢量积应为零，即

$$\boldsymbol{V}\times\mathrm{d}\boldsymbol{l}=\begin{vmatrix} \boldsymbol{i} & \boldsymbol{j} & \boldsymbol{k} \\ u & v & w \\ \mathrm{d}x & \mathrm{d}y & \mathrm{d}z \end{vmatrix}=0$$

将上式展开则有

$$u\mathrm{d}y-v\mathrm{d}x=0$$
$$v\mathrm{d}z-w\mathrm{d}y=0$$
$$w\mathrm{d}x-u\mathrm{d}z=0$$

上三式也可写成

$$\frac{\mathrm{d}x}{u(x,y,z,t)}=\frac{\mathrm{d}y}{v(x,y,z,t)}=\frac{\mathrm{d}z}{w(x,y,z,t)} \tag{8-12}$$

式（8 - 12）即为流线的微分方程。

对于二维流动，流线的微分方程为

$$\frac{\mathrm{d}x}{u(x,y,z,t)}=\frac{\mathrm{d}y}{v(x,y,z,t)} \tag{8-13}$$

【例题 8 - 2】　有一流场，其流速分布规律为 $u=-ky$，$v=kx$，$w=0$，试求其流线方程。

解　由于 $w=0$，所以是二维流动，二维流动的流线微分方程为

$$\frac{\mathrm{d}x}{u}=\frac{\mathrm{d}y}{v}$$

将两个分速度代入流线微分方程，可得

$$\frac{\mathrm{d}x}{-ky}=\frac{\mathrm{d}y}{kx}$$

即

$$x\mathrm{d}x+y\mathrm{d}y=0$$

求解上式，可得

$$x^2+y^2=C$$

在该流场中，流线簇是以坐标原点为圆心的同心圆。

三、流管与流束

如图 8 - 4 所示，在流场中任取一条不是流线的封闭曲线，通过该曲线上的各点可作出许多条流线，这些流线构成的管状表面，称为流管。因为流管是由流线构成，它具有流线的一切特征。在定常流动情况下，流管形状和位置不随时间变化。由于流线不能相交，流体质点不能穿过流管表面流入和流出，流管就像固体管道一样，将流体限制在管内流动。

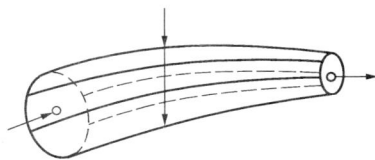

图 8 - 4　流管和流束

流管内的全部流体称为流束。截面积为无限小的流束称为微元流束，在微元流束的截面上，各点的速度可认为相同。

在工程中所遇到的各种管流和渠流称为总流，总流是无数微元流束的总和。

四、有效截面与当量直径

在流束或总流中，与所有流线相垂直的截面称为有效截面，用符号 A 表示。流线互相平行时，有效截面为平面；流线不平行时，有效截面为曲面，如图 8 - 5 所示。

在研究非圆形截面管道或绕管束的流动时，常用到湿周、水力半径和当量直径的概念。

在总流的有效截面上，流体与周围固体壁面接触线的长度称为湿周，用符号 χ 表示。

总流的有效截面面积 A 与湿周 χ 之比，称为水力半径，用符号 R_h 表示，即

$$R_h = \frac{A}{\chi} \tag{8 - 14}$$

当量直径 d_e 为水力半径的四倍，即

$$d_e = 4R_h \tag{8 - 15}$$

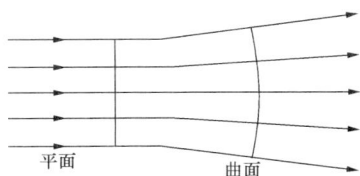

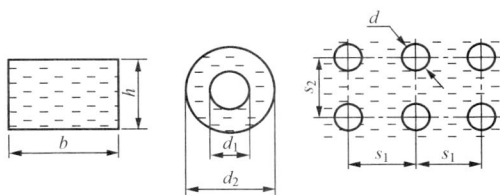

图 8 - 5　有效截面　　　　　图 8 - 6　几种非圆形截面的管道

对于图 8 - 6 中几种非圆形截面管道的当量直径计算如下：

充满流体的矩形管道

$$d_e = \frac{4bh}{2(h+b)} = \frac{2bh}{h+b}$$

充满流体的环形截面管道

$$d_e = \frac{4\left(\frac{\pi d_2^2}{4} - \frac{\pi d_1^2}{4}\right)}{\pi d_1 + \pi d_2} = d_2 - d_1$$

流体绕流管束

$$d_e = \frac{4\left(S_1 S_2 - \frac{\pi d^2}{4}\right)}{\pi d} = \frac{4S_1 S_2}{\pi d} - d$$

五、流量及平均流速

单位时间内流过有效截面的流体体积称为体积流量,以符号 q_V 表示,其国际单位为 m^3/s。

单位时间内流过有效截面的流体质量称为质量流量,以符号 q_m 表示,其国际单位为 kg/s。

流体力学计算中一般采用体积流量,所以,体积流量可简称为流量。体积流量和质量流量间的换算关系为

$$q_m = \rho q_V$$

对于微元流束而言,由于微元流束的有效截面 dA 上各点流速 V 相同,故通过微元流束有效截面的体积流量为

$$dq_V = V dA \tag{8-16}$$

对于总流而言,总流由无限多的微元流束组成,在总流的有效截面上,对微元流束流量积分求和可得通过总流有效截面 A 的体积流量为

$$q_V = \iint_A dq_V = \iint_A V dA \tag{8-17}$$

由式(8-17)可知,要计算流量,必须要知道实际流速 V 在有效截面上的分布规律。为简单起见,在工程计算中,往往采用平均流速计算流量。我们定义体积流量 q_V 与有效截面 A 之比为平均流速,用符号 $\overline{V}$ 表示,即

$$\overline{V} = \frac{q_V}{A} = \frac{\iint_A V dA}{A} \quad 或 \quad q_V = \overline{V} A \tag{8-18}$$

六、一维、二维和三维流动

按照流动参数与空间坐标变量个数间的关系,将流动分为一维、二维和三维流动。

如果流体是在三维空间中流动,则流动参数是 x,y,z 三个坐标变量的函数,这种流动称为三维流动。例如自然界中的风就是三维流动。以此类推,流动参数是两个坐标变量的函数的流动为二维流动。是一个坐标的函数为一维流动。显然,坐标变量的数目越少,流动问题的求解就越简单。因此,在保证精度的前提下,对于工程中的流动问题应尽可能将三维流动简化成二维和一维流动。

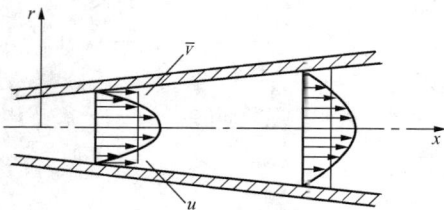

图 8-7 管内流动速度分布

如图 8-7 所示,黏性流体在一锥形圆管内定常流动,流体质点的速度 u 是半径 r 和坐标 x 的函数,即 $u = u(r,x)$,显然这是二维流动。在研究工程中的管内流动时,如果用平均流速 $\overline{V}$ 来代替流体质点的速度 u,这时平均流速仅与坐标 x 有关,即 $\overline{V} = V(x)$。这样就将二维流动的问题简化成一维流动。

七、缓变流与急变流

如图 8-8 所示,流速的大小和方向沿流线变化很小的流动,称为缓变流。在缓变流中,流线间的夹角很小,而流线的曲率半径很大,流线近似为互相平行的直线。流速的大小和方向沿流线急剧变化的流动,称为急变流。如突扩管、突缩管、弯管、阀门等处的流动为急变流。

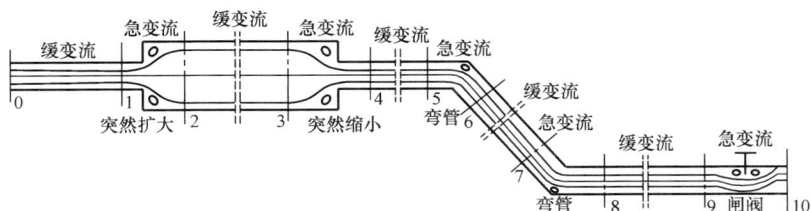

图 8-8　缓变流与急变流

第三节　一维流动的连续性方程

流体和自然界中的其他物质一样遵循质量守恒定律。而且，流体是作为连续介质，流动流体连续地充满整个流场。在上述前提下，可以得出以下结论：当研究流体流过流场中任意取定的固定封闭曲面时，流入和流出的流体质量之差应等于封闭曲面中流体质量的变化。如果定常流动时，则流入的质量必等于流出的质量。这些结论以数学形式表达，就是连续性方程。

在工程实际中，我们所遇到的流动多为一维流动，例如在管道内的流动等。

如图 8-9 所示，为定常流动的总流，取 1-1 和 2-2 两有效截面间的一段总流进行分析，两有效截面面积分别为 A_1 和 A_2。在该段总流中任取一微元流束，微元流束的两个有效截面面积分别为 dA_1 和 dA_2，相应的流速分别为 V_1 和 V_2，密度分别为 ρ_1 和 ρ_2。

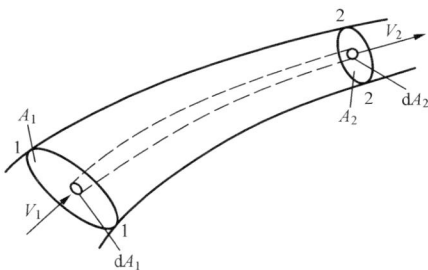

图 8-9　一维流动

一、微元流束的连续性方程

对于定常流动，微元流束的形状、体积和流束内任意点的参数（如密度等）均不随时间变化，同时流体又是无间隙的连续介质。所以，微元流束两截面间包围的流体质量不随时间变化。

根据质量守恒原理，在 dt 时间内，通过 1-1 截面流入的质量必等于通过 2-2 截面流出的质量，即

$$\rho_1 V_1 dA_1 dt = \rho_2 V_2 dA_2 dt \qquad (8-19)$$

式（8-19）可简化为

$$\rho_1 V_1 dA_1 = \rho_2 V_2 dA_2 \qquad (8-20)$$

式（8-20）为可压缩流体定常流动时微元流束的连续性方程。

对于不可压缩流体，密度为常数，则有

$$V_1 dA_1 = V_2 dA_2 \qquad (8-21)$$

式（8-21）为不可压缩流体定常流动时微元流束的连续性方程。

二、总流的连续性方程

总流是由微元流束组成，因此总流的连续性方程可由微元流束的连续性方程（8-20）通过积分得到，即

$$\iint_{A_1} \rho_1 V_1 dA_1 = \iint_{A_2} \rho_2 V_2 dA_2 \tag{8-22}$$

式中，A_1 和 A_2 分别为总流中的两个有效截面的面积。

设 $\overline{V}_1$ 和 $\overline{V}_2$ 是总流两个有效截面 A_1 和 A_2 上的平均速度，则式（8-22）可写成

$$\rho_1 \overline{V}_1 A_1 = \rho_2 \overline{V}_2 A_2 \quad \text{或} \quad q_{m1} = q_{m2} \tag{8-23}$$

式中，ρ_1 和 ρ_2 分别为有效截面 A_1 和 A_2 上的平均密度。

式（8-23）为可压缩流体定常流动时总流的连续性方程。该式表明：可压缩流体作定常流动时，在总流的任何两有效截面上的质量流量相同。该方程与工程热力学中的连续性方程式（4-1）是一致的。

对于不可压缩流体，密度为常数，式（8-23）可变为

$$\overline{V}_1 A_1 = \overline{V}_2 A_2 \quad \text{或} \quad q_{V1} = q_{V2} \tag{8-24}$$

式（8-24）为不可压缩流体定常流动时总流的连续性方程。该式表明：不可压缩流体作定常流动时，任何两有效截面上的体积流量为常数。平均速度与有效截面面积成反比，有效截面大的地方平均流速小，有效截面小的地方平均流速大。

在推导连续性方程时，并没有涉及流体的黏性。所以，前述的连续性方程对理想流体和黏性流体均适用。

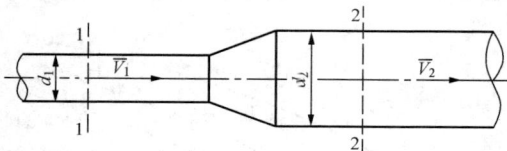

图 8-10 输水管道（例题 8-3 图）

【例题 8-3】 有一输水管道，如图 8-10 所示，水自截面 1-1 流向截面 2-2。测得截面 1-1 处的水流平均速度 $\overline{V}_1 = 2 \text{m/s}$，已知 $d_1 = 0.5\text{m}$，$d_2 = 1\text{m}$，试求截面 2-2 处的平均速度为多少？

解 由不可压缩流体的连续性方程可得

$$\overline{V}_1 \frac{\pi}{4} d_1^2 = \overline{V}_2 \frac{\pi}{4} d_2^2$$

$$\overline{V}_2 = \overline{V}_1 \left(\frac{d_1}{d_2}\right)^2 = 2 \times \left(\frac{0.5}{1}\right)^2 = 0.5 (\text{m/s})$$

第四节 理想流体的运动微分方程

理想流体运动微分方程是理想流体运动时所遵循的基本方程，该方程可根据牛顿第二定律推导得出。

设想在理想流体的流动中，取出一微元直角六面体的流体微团研究，它的各边长度分别为 dx、dy 和 dz，如图 8-11 所示。假定微元六面体中心点上的压强为 p，则在垂直于 x 轴方向的左右两个微元面积中心点的压强分别为

$$p - \frac{\partial p}{\partial x} \frac{dx}{2}, \quad p + \frac{\partial p}{\partial x} \frac{dx}{2}$$

由于是微元面积，上述压强可作为微元面积上的平均压强，其方向与静压强的方向一样，垂直并指向作用面。

下面分析微元六面体在 x 轴方向上的受力情况。由于理想流体没有黏性，不存在切向力，所以作用在流体上的力只有压强产生的总压力和质量力。

在 x 轴方向上，压强产生的总压力为微元六面体左右两个微元面积上的总压力，即

$$\left(p - \frac{\partial p}{\partial x}\frac{dx}{2}\right)dydz, \quad \left(p + \frac{\partial p}{\partial x}\frac{dx}{2}\right)dydz$$

假定微元体受到的单位质量力在坐标方向上的分量为 f_x、f_y 和 f_z，则作用在微元体上的总质量力在 x 轴方向的分量为

$$f_x\rho\, dxdydz$$

根据牛顿第二定律，沿 x 轴方向上，微元体受到的外力之和等于微元体质量与加速度 a_x 的乘积，即

图 8 - 11　推导欧拉运动微分方程用图

$$\left(p - \frac{\partial p}{\partial x}\frac{dx}{2}\right)dydz - \left(p + \frac{\partial p}{\partial x}\frac{dx}{2}\right)dydz + f_x\rho\, dxdydz = \rho\, dxdydz\, a_x$$

化简得

$$f_x - \frac{1}{\rho}\frac{\partial p}{\partial x} = a_x$$

同理可得

$$f_y - \frac{1}{\rho}\frac{\partial p}{\partial y} = a_y \tag{8-25}$$

$$f_z - \frac{1}{\rho}\frac{\partial p}{\partial z} = a_z$$

将加速度的表达式（8 - 7）代入，得

$$f_x - \frac{1}{\rho}\frac{\partial p}{\partial x} = \frac{\partial u}{\partial t} + u\frac{\partial u}{\partial x} + v\frac{\partial u}{\partial y} + w\frac{\partial u}{\partial z}$$

$$f_y - \frac{1}{\rho}\frac{\partial p}{\partial y} = \frac{\partial v}{\partial t} + u\frac{\partial v}{\partial x} + v\frac{\partial v}{\partial y} + w\frac{\partial v}{\partial z} \tag{8-26}$$

$$f_z - \frac{1}{\rho}\frac{\partial p}{\partial z} = \frac{\partial w}{\partial t} + u\frac{\partial w}{\partial x} + v\frac{\partial w}{\partial y} + w\frac{\partial w}{\partial z}$$

式（8 - 26）称为理想流体运动微分方程，该方程是欧拉在 1755 年提出的，所以又称为欧拉运动微分方程。对于静止流体，$u=v=w=0$，则理想流体运动微分方程就转化为流体平衡微分方程。

第五节　理想流体微元流束的伯努利方程

一、理想流体微元流束的伯努利方程

理想流体运动微分方程式（8 - 26）的条件仅要求是理想流体，如再增加以下几个限定条件：

（1）不可压缩流体的定常流动；

（2）沿同一条流线（或微元流束）；

（3）流体受到的质量力仅为重力。

在上述条件下，对理想流体运动微分方程进行简化并求一次积分，可求得理想流体微元流束的伯努利方程。

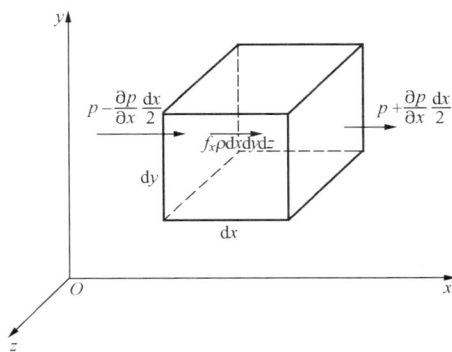

（1）流动为定常流动时，则有

$$\frac{\partial u}{\partial t} = \frac{\partial v}{\partial t} = \frac{\partial w}{\partial t} = 0$$

式（8-26）可写成

$$
\begin{aligned}
f_x - \frac{1}{\rho}\frac{\partial p}{\partial x} &= u\frac{\partial u}{\partial x} + v\frac{\partial u}{\partial y} + w\frac{\partial u}{\partial z} \\
f_y - \frac{1}{\rho}\frac{\partial p}{\partial y} &= u\frac{\partial v}{\partial x} + v\frac{\partial v}{\partial y} + w\frac{\partial v}{\partial z} \\
f_z - \frac{1}{\rho}\frac{\partial p}{\partial z} &= u\frac{\partial w}{\partial x} + v\frac{\partial w}{\partial y} + w\frac{\partial w}{\partial z}
\end{aligned}
\tag{8-27}
$$

（2）沿同一条流线时，各速度分量间关系符合流线的微分方程式（8-12），即

$$\frac{\mathrm{d}x}{u} = \frac{\mathrm{d}y}{v} = \frac{\mathrm{d}z}{w} \tag{8-28}$$

用 $\mathrm{d}x$，$\mathrm{d}y$ 和 $\mathrm{d}z$ 分别乘式（8-27）的第一式、第二式和第三式，可得

$$
\begin{aligned}
f_x\mathrm{d}x - \frac{1}{\rho}\frac{\partial p}{\partial x}\mathrm{d}x &= u\frac{\partial u}{\partial x}\mathrm{d}x + v\frac{\partial u}{\partial y}\mathrm{d}x + w\frac{\partial u}{\partial z}\mathrm{d}x \\
f_y\mathrm{d}y - \frac{1}{\rho}\frac{\partial p}{\partial y}\mathrm{d}y &= u\frac{\partial v}{\partial x}\mathrm{d}y + v\frac{\partial v}{\partial y}\mathrm{d}y + w\frac{\partial v}{\partial z}\mathrm{d}y \\
f_z\mathrm{d}z - \frac{1}{\rho}\frac{\partial p}{\partial z}\mathrm{d}z &= u\frac{\partial w}{\partial x}\mathrm{d}z + v\frac{\partial w}{\partial y}\mathrm{d}z + w\frac{\partial w}{\partial z}\mathrm{d}z
\end{aligned}
\tag{8-29}
$$

将式（8-28）分别代入式（8-29）等号右边的对应项，并整理可得

$$
\begin{aligned}
f_x\mathrm{d}x - \frac{1}{\rho}\frac{\partial p}{\partial x}\mathrm{d}x &= u\frac{\partial u}{\partial x}\mathrm{d}x + u\frac{\partial u}{\partial y}\mathrm{d}y + u\frac{\partial u}{\partial z}\mathrm{d}z = u\mathrm{d}u \\
f_y\mathrm{d}y - \frac{1}{\rho}\frac{\partial p}{\partial y}\mathrm{d}y &= v\frac{\partial v}{\partial x}\mathrm{d}x + v\frac{\partial v}{\partial y}\mathrm{d}y + v\frac{\partial v}{\partial z}\mathrm{d}z = v\mathrm{d}v \\
f_z\mathrm{d}z - \frac{1}{\rho}\frac{\partial p}{\partial z}\mathrm{d}z &= w\frac{\partial w}{\partial x}\mathrm{d}x + w\frac{\partial w}{\partial y}\mathrm{d}y + w\frac{\partial w}{\partial z}\mathrm{d}z = w\mathrm{d}w
\end{aligned}
\tag{8-30}
$$

将式（8-30）的三个方程相加，可得

$$(f_x\mathrm{d}x + f_y\mathrm{d}y + f_z\mathrm{d}z) - \frac{1}{\rho}\left(\frac{\partial p}{\partial x}\mathrm{d}x + \frac{\partial p}{\partial y}\mathrm{d}y + \frac{\partial p}{\partial z}\mathrm{d}z\right) = u\mathrm{d}u + v\mathrm{d}v + w\mathrm{d}w \tag{8-31}$$

式（8-31）中，p、u、v、w 均为坐标 x、y、z 的连续函数，即 $p = p(x,y,z)$，$u = u(x,y,z)$，$v = v(x,y,z)$，$w = w(x,y,z)$，则有

$$\frac{\partial p}{\partial x}\mathrm{d}x + \frac{\partial p}{\partial y}\mathrm{d}y + \frac{\partial p}{\partial z}\mathrm{d}z = \mathrm{d}p$$

$$u\mathrm{d}u + v\mathrm{d}v + w\mathrm{d}w = \frac{1}{2}\mathrm{d}(u^2 + v^2 + w^2) = \frac{1}{2}\mathrm{d}V^2$$

将上述两式代入式（8-31）中，可得

$$(f_x\mathrm{d}x + f_y\mathrm{d}y + f_z\mathrm{d}z) - \frac{1}{\rho}\mathrm{d}p = \frac{1}{2}\mathrm{d}V^2 \tag{8-32}$$

（3）取 x 轴和 y 轴方向沿水平方向，z 轴方向垂直向上。当流体受到的质量力仅为重力时，有

$$f_x = 0，\quad f_y = 0，\quad f_z = -g$$

代入式（8-32），可得

$$g\mathrm{d}z + \frac{1}{\rho}\mathrm{d}p + \frac{1}{2}\mathrm{d}V^2 = 0$$

假设流体为不可压缩流体，ρ 为常数，对上式积分可得

$$gz + \frac{p}{\rho} + \frac{V^2}{2} = 常数$$

或

$$z + \frac{p}{\rho g} + \frac{V^2}{2g} = 常数 \tag{8-33}$$

式（8-33）称为理想流体微元流束的伯努利方程。该方程的适用条件是：理想不可压缩流体沿同一条流线（或微元流束）作定常流动；流体受到的质量力仅为重力。

对于不同的流线，方程式右端的常数值取不同的值。若 1、2 为同一条流线（或微元流束）上的任意两点，则式（8-33）可写成

$$z_1 + \frac{p_1}{\rho g} + \frac{V_1^2}{2g} = z_2 + \frac{p_2}{\rho g} + \frac{V_2^2}{2g} \tag{8-34}$$

对于静止流体，$V = 0$，则式（8-33）就转化成静力学基本方程：

$$z + \frac{p}{\rho g} = 常数$$

二、理想流体微元流束伯努利方程的物理意义和几何意义

1. 物理意义

理想流体微元流束的伯努利方程式（8-33）中，前两项的物理意义在静力学中已有阐述。第一项 z 表示单位重力作用下流体所具有的位势能；第二项 $p/(\rho g)$ 表示单位重力作用下流体所具有的压强势能；第三项 $V^2/2g$ 的理解如下：由物理学可知，质量为 m 的物体以速度 V 运动时，所具有的动能为 $mgV^2/2g$，故 $V^2/2g$ 代表 $mg = 1$ 时的动能，即单位重力作用下流体所具有的动能。位势能、压强势能和动能之和称为机械能。因此，该方程式的物理意义可叙述为：理想不可压缩流体在重力作用下作定常流动时，沿同一流线（或微元流束）上各点的单位重力作用下流体所具有的位势能、压强势能和动能之和保持不变，即机械能为一常数。但位势能、压强势能和动能三种能量之间可以相互转换，所以伯努利方程是能量守恒定律在流体力学中的表现形式。

2. 几何意义

理想流体微元流束伯努利方程式（8-33）中的各项均具有长度的量纲。在流体力学中，将单位重力作用下流体具有的能量用液柱高度表示称为水头。第一项 z 称为位置水头，第二项 $p/(\rho g)$ 称为压强水头，第三项 $V^2/2g$ 称为速度水头，三项之和称为总水头。所以伯努利方程的几何意义可表述为：理想不可压缩流体在重力作用下作定常流动时，沿同一流线（或微元流束）上各点的位置水头、压强水头和速度水头之和保持不变，即总水头线是平行于基准面的水平线。如图 8-12 所示。

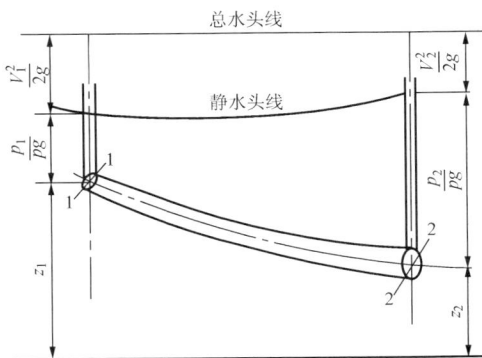

图 8-12　总水头线和静水头线

第六节　黏性流体总流的伯努利方程

上节所述理想流体微元流束伯努利方程仅适用于没有黏性的理想流体，本节将推导实际黏性流体流动的伯努利方程。

1. 黏性流体微元流束的伯努利方程

根据理想流体微元流束伯努利方程的物理意义可知：理想不可压缩流体定常流动时，沿同一微元流束流体的总机械能不变。而对于黏性流体流动时，由于在流体内部和流体与固体边界之间存在着摩擦阻力，流体克服摩擦阻力要使部分机械能变为热能而耗散。因此在黏性流体的流动中，沿流动方向总机械能不断减少。若以 h_w' 表示单位重力作用下流体自截面 1 流到截面 2 过程中所损失的机械能，称为流体的能量损失。则黏性流体微元流束的伯努利方程为

$$z_1 + \frac{p_1}{\rho g} + \frac{V_1^2}{2g} = z_2 + \frac{p_2}{\rho g} + \frac{V_2^2}{2g} + h_w' \tag{8-35}$$

2. 黏性流体总流的伯努利方程

如图 8-13 所示，在不可压缩黏性流体作定常流动的总流中，取两个有效截面 A_1 和 A_2，并假定两个有效截面在缓变流的流段上。

对于该段总流中的任一微元流束，其伯努利方程为式（8-35）。以微元流束的重力作用流量 $\rho g dq_V$ 乘以式（8-35）中的各项，得

$$\left(z_1 + \frac{p_1}{\rho g} - \frac{V_1^2}{2g}\right)\rho g \, dq_V = \left(z_2 + \frac{p_2}{\rho g} + \frac{V_2^2}{2g}\right)\rho g \, dq_V + h_w'\rho g \, dq_V$$

由于总流是由无数微元流束组成，故在总流的有效截面上对上式积分，可得总流的伯努利方程，即

$$\iint_{A_1}\left(z_1 + \frac{p_1}{\rho g}\right)\rho g \, dq_V + \iint_{A_1}\frac{V_1^2}{2g}\rho g \, dq_V = \iint_{A_2}\left(z_2 + \frac{p_2}{\rho g}\right)\rho g \, dq_V + \int_{A_2}\frac{V_2^2}{2g}\rho g \, dq_V + \iint_{1-2} h_w'\rho g \, dq_V$$

$$\tag{8-36}$$

下面讨论式（8-36）中各积分项的求解

(1) $\iint_A \left(z + \frac{p}{\rho g}\right)\rho g \, dq_V$ 项的积分。由于有效截面 A_1 和 A_2 位于缓变流中，流线近似为互相平行的直线，流速的大小和方向基本不变，故流体微团的直线加速度和离心加速度很小，可以忽略。于是在缓变流的有效截面上流体微团只受到重力和压强的作用，与静止流体的受力情况相同。故缓变流的有效截面上的压强分布与静压强分布规律一样，即在同一有效截面上的各点 $\left(\frac{p}{\rho g} + z\right) =$ 常数，故该项积分可变为

$$\iint_A \left(z + \frac{p}{\rho g}\right)\rho g \, dq_V = \rho g \left(z + \frac{p}{\rho g}\right)\iint_A dq_V = \left(z + \frac{p}{\rho g}\right)\rho g q_V \tag{8-37}$$

(2) $\int_A \frac{V^2}{2g}\rho g \, dq_V$ 项的积分。通过引入动能修正系数 α，将该项积分中的真实速度 V 用平均速度 $\overline{V}$ 代替，α 定义如下：

$$\alpha = \frac{1}{A}\iint_A \left(\frac{V}{\overline{V}}\right)^3 \mathrm{d}A$$

则该积分项可写成

$$\int_A \frac{V^2}{2g}\rho g\,\mathrm{d}q_V = \int_A \frac{V^2}{2g}\rho gV\mathrm{d}A = \rho gA\frac{\overline{V}^3}{2g}\times\frac{1}{A}\iint_A\left(\frac{V}{\overline{V}}\right)^3\mathrm{d}A = \frac{\alpha\overline{V}^2}{2g}\rho gq_V \qquad (8\text{-}38)$$

式中，动能修正系数 α 与有效截面上速度分布的均匀程度有关，有效截面上的流速分布越均匀，α 越趋近于 1。在实际工业管道中，通常取 $\alpha=1$。

（3）$\iint\limits_{1\text{-}2} h'_w\rho g\,\mathrm{d}q_V$ 项的积分。该项积分表示单位时间内从截面 1 到截面 2 流体克服流动阻力而消耗的总机械能。我们令 h_w 表示总流有效截面 1 和 2 之间单位重力作用下流体能量损失的平均值，故有

$$\iint\limits_{1\text{-}2} h'_w\rho g\,\mathrm{d}q_V = h_w\rho gq_V \qquad (8\text{-}39)$$

将上述积分项代回到式（8-36）中，整理可得

$$z_1 + \frac{p_1}{\rho g} + \alpha_1\frac{\overline{V_1}^2}{2g} = z_2 + \frac{p_2}{\rho g} + \alpha_2\frac{\overline{V_2}^2}{2g} + h_w \qquad (8\text{-}40)$$

上式为黏性流体总流的伯努利方程。它的适用范围是：不可压缩流体的定常流动，作用于流体上的质量力仅为重力，所取的两个有效截面位于缓变流中，至于两个有效截面之间是否缓变流则不要求。

黏性流体总流伯努利方程的物理意义是：在总流的有效截面上，单位重力作用下流体所具有的位势能平均值、压强势能平均值和动能平均值之和，即总机械能的平均值沿流程减小，部分机械能转化为热能而损失。同时，该式表明流体流动总是从总机械能较大的上游流到总机械能较小的下游，以此可以判定流动的方向。该方程的几何意义是：总流的实际总水头线沿流程下降，下降的高度即为能量损失，如图 8-13 所示。

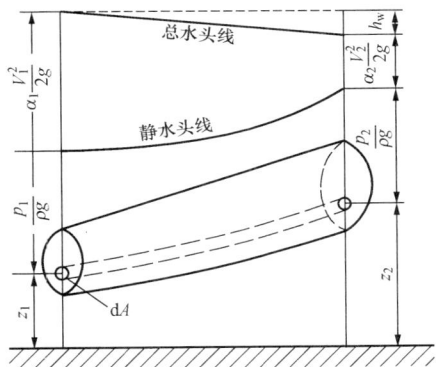

图 8-13　总流总水头线

【例题 8-4】　从水池接一管路，如图 8-14 所示。$H=7\mathrm{m}$，管内径 $D=100\mathrm{mm}$，压力表的读数是 $4.9\times10^4\mathrm{Pa}$，从水池自由表面到压力表之间的阻力损失是 $1.5\mathrm{m}$，求管中流量。

解　先求出管中流速，即可计算出流量。在液流中列 1-1 和 2-2 两个截面的伯努利方程式。

$$z_1 + \frac{p_1}{\rho g} + \alpha_1\frac{\overline{V_1}^2}{2g} = z_2 + \frac{p_2}{\rho g} + \alpha_2\frac{\overline{V_2}^2}{2g} + h_w$$

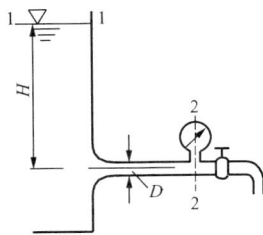

图 8-14　例题 8-4 图

取通过截面 2-2 中心的水平面作为基准面，则 $z_2=0$，$z_1=H=7\mathrm{m}$；截面 1-1 与大气相通，其表压强为零；且截面 1-1 面积很大，速度可以忽略，即 $V_1=0$；截面 2-2 处表压强为 $4.9\times10^4\mathrm{Pa}$。取 $\alpha_1=\alpha_2=1$。代入可得

$$7+0+0 = 0 + \frac{4.9\times10^4}{9.8\times10^3} + \frac{V_2^2}{2g} + 1.5$$

可得
$$V_2 = \sqrt{2 \times 9.8 \times 5} = 3.13 (\text{m/s})$$

所以，流量为

$$q_V = V_2 A = V_2 \frac{\pi D^2}{4} = 3.13 \times \frac{3.14 \times 0.1^2}{4} = 2.46 \times 10^{-2} (\text{m}^3/\text{s})$$

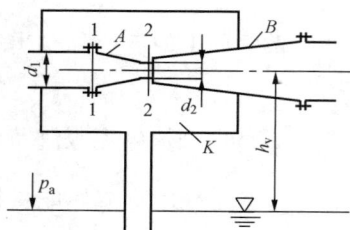

图 8-15　例题 8-5 图

【例题 8-5】　抽气器的结构如图 8-15 所示，由收缩喷嘴 A、渐扩管 B 和一个工作室 K 组成，工作室上有管路连接于需要抽吸的设备或容器上（如水泵、凝汽器等），试分析抽气器形成的真空值。

解　抽气器是利用喷嘴出口流体的高速流动产生真空，从而将容器中的气体抽出，混合后流向渐扩管并排出。

取喷嘴进口为 1-1 截面，出口为 2-2 截面，基准面选在管道轴线上，忽略阻力损失，列上述两个截面的伯努利方程，有

$$\frac{p_1}{\rho g} + \frac{\overline{V}_1^2}{2g} = \frac{p_2}{\rho g} + \frac{\overline{V}_2^2}{2g}$$

或

$$-\frac{p_2}{\rho g} = \frac{\overline{V}_2^2 - \overline{V}_1^2}{2g} - \frac{p_1}{\rho g}$$

将 $\overline{V}_1 = \dfrac{4q_V}{\pi d_1^2}$ 和 $\overline{V}_2 = \dfrac{4q_V}{\pi d_2^2}$ 代入上式并整理，得抽气器形成的真空值为

$$H_V = \frac{p_a - p_2}{\rho g} = \frac{8q_V^2}{g\pi^2}\left(\frac{1}{d_2^4} - \frac{1}{d_1^4}\right) + \frac{p_a - p_1}{\rho g}$$

第七节　伯努利方程的应用

伯努利方程是流体力学中最重要的基本方程之一，它与连续性方程和动量方程构成了流体流动的基础，因此伯努利方程在工程中具有广泛的应用。应用伯努利方程求解流动问题时，可按以下步骤进行。

（1）分析流动。明确已知参数和所要求解的参数，伯努利方程一般用于计算管内流动中的压强、流速、流量和位置高度等。还要注意是否满足方程的适用条件，对于工程中的实际问题，可将方程的适用条件适当放宽，如对于准定常流动问题、压缩性不是很明显的流体流动问题、分流和合流等问题，可以认为该方程仍然近似适用。

（2）选取有效截面。两个有效截面上的参数应包括所求的未知量，同时已知参数应尽可能的多。

（3）确定基准面。基准面必须是水平面，原则上基准面可以任意选取。为解题方便，在两个有效截面中，通常选取通过位置较低截面的中心的水平面作为基准面。这样可使一个截面上的位置高度 z 为零，另一个截面上的 z 值为正数。

（4）列出并求解方程。压强代入时，方程式的两端应采用同一形式压强，即同为绝对压强或相对压强。如果方程中有多个未知量，可与连续性方程联立求解。

下面以工程中广泛应用的皮托管和节流式流量计为例，说明它们的测量原理和伯努利方

程的应用。

一、皮托管

皮托管用于测量流动中某一点上的实际流速，也可通过测量同一有效截面上不同位置上的实际流速来计算出平均流速，进而求出流量。

如图 8-16 所示，为皮托管测量流速的原理图。在管道的液体流动中，放置两根玻璃管，一根为直测压管和另一根弯成直角的玻璃管（称为测速管或皮托管），将测速管的一端正对着来流方向，另一端垂直向上。对于同一流线上的 1、2 两点，列微元流束的伯努利方程式（8-35），可得

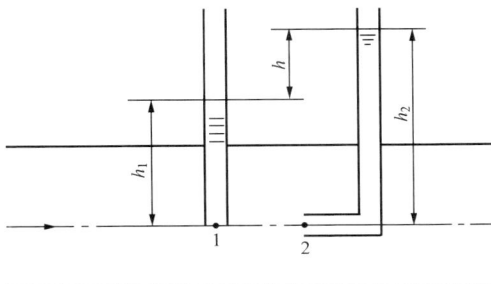

图 8-16　皮托管测速原理图

$$z_1 + \frac{p_1}{\rho g} + \frac{V_1^2}{2g} = z_2 + \frac{p_2}{\rho g} + \frac{V_2^2}{2g} + h_w'$$

方程式中的各项参数为：$z_1 = z_2$；假定 1、2 两点相距很近，能量损失可忽略；由静力学基本方程可得 $\frac{p_1}{\rho g} = h_1$，$\frac{p_2}{\rho g} = h_2$；受测速管入口端的阻挡，$V_2 = 0$，令 $V_1 = V$。代入上式可得

$$\frac{V^2}{2g} = \frac{p_2}{\rho g} - \frac{p_1}{\rho g} = h_2 - h_1 = h \qquad (8-41)$$

1 点的流速为

$$V = \sqrt{2gh} \qquad (8-42)$$

由式（8-41）可知，测速管入口端的压强 $p_2 = p_1 + \rho \frac{V^2}{2}$，说明 1 点的动能转换成 2 点的压强。在工程中，将 p_2 称为全压，p_1 称为静压。

在实际计算时，由于存在能量损失和皮托管对流动的干扰，实际流速一般比式（8-42）计算出的流速要小，因此，实际流速要进行修正，即

$$V = \varphi \sqrt{2gh} \qquad (8-43)$$

式中　φ——流速修正系数，一般由实验确定，$\varphi = 0.95 \sim 1$。

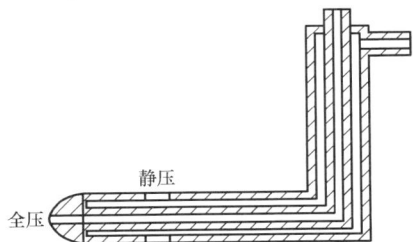

图 8-17　皮托管

在工程实际中常将静压管和测速管组合在一起，组成一个双层管子，简称为皮托管，如图 8-17 所示。皮托管的内管为较细的测速管，测量全压。在外层管壁的同一截面上开设多个小孔，用于测量静压。测量时将静压孔和全压孔感受到的压强分别与差压计的两个入口相连，根据差压计读数可得全压和静压之差，再由式（8-43）计算出被测点的流速。

二、节流式流量计

工程中常用的节流式流量计主要有三种类型，即孔板、喷嘴和文丘里（Venturi）管流量计，它们的基本原理是相同的。

节流式流量计的基本原理是：当管道中液体流经节流装置时，有效截面收缩，在收缩截面处，流速增加，压强降低，使节流装置前后产生压强差。在节流装置确定的情况下，液体

流量越大，节流装置前后的压强差也越大，因此可以通过测量压强差来计算流量的大小。下面以文丘里管流量计为例，应用伯努利方程和连续性方程来计算流量。

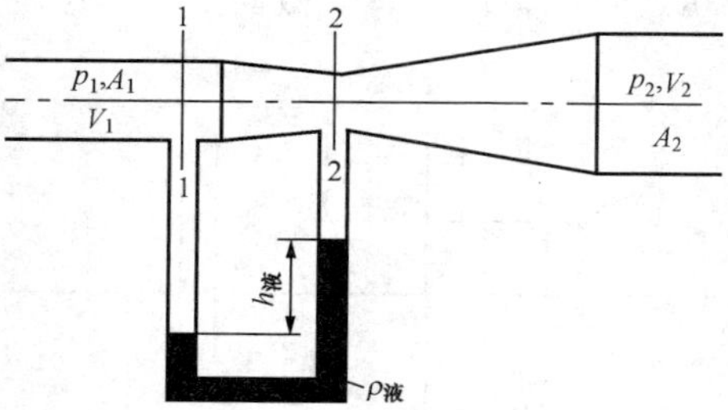

图 8 - 18　文丘里流量计原理图

文丘里管流量计由收缩段、喉部和渐扩段三部分组成，如图 8 - 18 所示。在文丘里管的喉部截面积最小，流速最大，压强最小，从而造成收缩段前和喉部的压强差。用 U 形管差压计测量出压强差，从而求出管道中的流量。

取文丘里管的水平轴线作为基准面，列截面 1 - 1 和 2 - 2 的伯努利方程

$$z_1 + \frac{p_1}{\rho g} + \alpha_1 \frac{\overline{V}_1^2}{2g} = z_2 + \frac{p_2}{\rho g} + \alpha_2 \frac{\overline{V}_2^2}{2g} + h_w$$

方程式中，$z_1 = z_2$，能量损失忽略不计，取 $\alpha_1 = \alpha_2 = 1$，则有

$$\frac{p_1}{\rho g} + \frac{\overline{V}_1^2}{2g} = \frac{p_2}{\rho g} + \frac{\overline{V}_2^2}{2g}$$

由不可压缩流体的连续性方程

$$\overline{V}_1 = \frac{A_2}{A_1}\overline{V}_2$$

根据流体静力学基本方程

$$p_1 - p_2 = (\rho_液 - \rho)gh_液$$

综合以上三式，可得

$$\overline{V}_2 = \sqrt{\frac{2g(\rho_液 - \rho)h_液}{\rho[1 - (A_2/A_1)^2]}}$$

流量为
$$q_V = \overline{V}_2 A_2 = \frac{\pi}{4}d_2^2 \sqrt{\frac{2g(\rho_液 - \rho)h_液}{\rho[1 - (A_2/A_1)^2]}} \tag{8-44}$$

由于在实际流动中存在能量损失，故实际流量要小于上式计算的流量，用流量系数 C_d 修正，故实际流量为

$$q_{V实} = C_d q_V = C_d \frac{\pi}{4}d_2^2 \sqrt{\frac{2g(\rho_液 - \rho)h_液}{\rho[1 - (A_2/A_1)^2]}} \tag{8-45}$$

【例题 8 - 6】　有一文丘里管如图 8 - 19 所示，水银差压计的指示为 360mmHg，从截面 A 流到截面 B 的水头损失为 0.2mH₂O，$d_A = 300$mm，$d_B = 150$mm，求此时通过文丘里管的流量是多少？

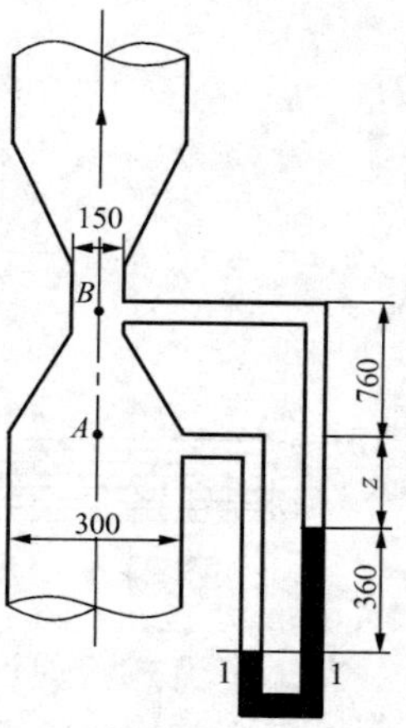

解　以截面 A 为基准面，列出截面 A 和 B 的伯努利方程。

$$z_A + \frac{p_A}{\rho g} + \alpha_1 \frac{\overline{V}_A^2}{2g} = z_B + \frac{p_B}{\rho g} + \alpha_2 \frac{\overline{V}_B^2}{2g} + h_w$$

式中：$z_A = 0$，$z_B = 0.76$m，取 $\alpha_1 = \alpha_2 = 1$，$h_w = 0$，可得

$$\frac{p_A}{\rho g} - \frac{p_B}{\rho g} = \frac{\overline{V}_B^2}{2g} - \frac{\overline{V}_A^2}{2g} + 0.76 + 0.2 \tag{a}$$

由连续性方程

$$V_A A_A = V_B A_B \tag{b}$$

水银差压计 1 - 1 为等压面，则等压面方程为

图 8 - 19　例题 8 - 6 图

$$p_A + (z+0.36)\rho g = p_B + (0.76+z)\rho g + 0.36\rho_{Hg}g$$

由上式可得

$$\frac{p_A}{\rho g} - \frac{p_B}{\rho g} = 0.76 - 0.36 + 0.36 \times \frac{\rho_{Hg}g}{\rho g} = 5.3 \text{mH}_2\text{o} \tag{c}$$

将式（b）和式（c）代入式（a）中，得

$$5.3 = \frac{V_B^2}{2g}\left[1 - \left(\frac{d_B}{d_A}\right)^4\right] + 0.96$$

解得

$$V_B = \sqrt{\frac{2g(5.3-0.96)}{1-(d_b/d_A)^4}} = \sqrt{\frac{2\times g\times(5.3-0.96)}{1-(150/300)^4}} = 9.53(\text{m/s})$$

流量　　　　　　　$$q_V = V_B\frac{\pi d^2}{4} = 9.53 \times \frac{\pi \times 0.15^2}{4} = 0.168(\text{m}^3/\text{s})$$

【例题 8 - 7】　有一离心水泵装置如图 8 - 20 所示。已知该水泵的输水量 $q_v = 60\text{m}^3/\text{h}$，吸水管内径 $d = 150\text{mm}$，吸水管路的总阻力损失 $h_w = 0.5\text{mH}_2\text{O}$，水泵入口 2 - 2 截面处的真空表读数为 450mmHg，若吸水池的面积足够大，试求此时泵的吸水高度 h_g 为多少？

解　选取吸水池液面和泵进口截面作为 1 - 1 截面和 2 - 2 截面，并取 1 - 1 为基准面，列两截面的伯努利方程，得

$$0 + \frac{p_a}{\rho g} + \frac{\overline{V_1}^2}{2g} = h_g + \frac{p_2}{\rho g} + \frac{\overline{V_2}^2}{2g} + h_w$$

因为吸水池面积足够大，故 $V_1 = 0$。且

$$\overline{V_2} = \frac{4q_V}{\pi d^2} = \frac{4\times 60}{3600\times 3.14\times 0.15^2} = 0.94(\text{m/s})$$

图 8 - 20　离心泵装置示意图

p_2 为泵吸水口截面 2 - 2 处的绝对压强，其值为

$$p_2 = p_a - 133000 \times 0.45$$

将 V_2 和 p_2 代入伯努利方程，可得

$$h_g = \frac{133000\times 0.45}{\rho g} - \frac{\overline{V_2}^2}{2g} - h_w = \frac{133000\times 0.45}{9806} - \frac{0.94^2}{2g} - 0.5$$
$$= 5.56(\text{mH}_2\text{O})$$

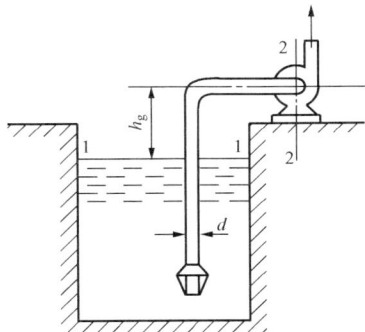

第八节　定常流动的动量方程

前面讲述了连续性方程和伯努利方程，这两个方程主要用于计算一维流动中有效截面上的流动参数，如压强、速度、流量等，在涉及流动流体与所接触的固体壁面间的作用力计算问题时，就要用到动量方程来解决。

一、动量方程的推导

将力学中的动量定理应用于流体的流动中，可以导出流体运动的动量方程。根据动量定理，所研究流体动量的时间变化率等于作用在该流体上的外力矢量之和，即

$$\sum \boldsymbol{F} = \frac{m\boldsymbol{V}_2 - m\boldsymbol{V}_1}{\Delta t} = \frac{\mathrm{d}(m\boldsymbol{V})}{\mathrm{d}t}$$

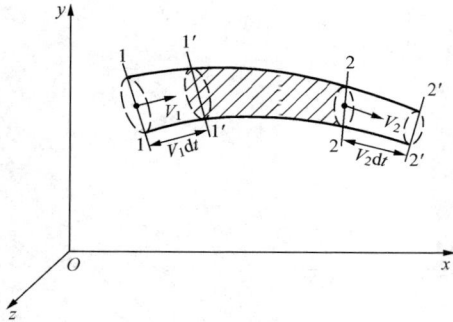

图 8-21 推导动量方程式用图

1. 微元流束的动量方程

如图 8-21 所示，为不可压缩流体定常流动的微元流束，取有效截面 1-1 和 2-2 之间的流体作为研究对象，假定经过 dt 时间所研究流体从位置 1-2 流到 1′-2′。下面分析所研究流体的动量变化。

在 dt 时间内，流体动量的变化应等于所研究流体在 1′-2′位置和 1-2 位置时的动量之差，即

$$\mathrm{d}(m\boldsymbol{V}) = (m\boldsymbol{V})_{1'-2'} - (m\boldsymbol{V})_{1-2}$$

由于是定常流动，因此 1′-2′ 位置的流体（图中阴影部分）的动量不随时间变化，故动量的变化就等于 2-2′位置流体动量与 1-1′位置流体动量之差，即

$$\mathrm{d}(m\boldsymbol{V}) = (m\boldsymbol{V})_{2-2'} - (m\boldsymbol{V})_{1-1'} = \rho \, \mathrm{d}q_{V2} \, \mathrm{d}t\boldsymbol{V}_2 - \rho \, \mathrm{d}q_{V1} \, \mathrm{d}t\boldsymbol{V}_1$$

根据不可压缩流体定常流动微元流束的连续性方程 $\mathrm{d}q_{V1} = \mathrm{d}q_{V2} = \mathrm{d}q_V$，故上式可写成

$$\mathrm{d}(m\boldsymbol{V}) = \rho \, \mathrm{d}q_V \, \mathrm{d}t(\boldsymbol{V}_2 - \boldsymbol{V}_1) \tag{8-46}$$

将式（8-46）代入动量定理，可得

$$\sum \mathrm{d}\boldsymbol{F} = \rho \, \mathrm{d}q_V(\boldsymbol{V}_2 - \boldsymbol{V}_1) \tag{8-47}$$

式（8-47）即为定常流动微元流束的动量方程。

2. 总流的动量方程

总流可以看作是无数微元流束组成，对微元流束的动量方程积分，可得总流的动量方程。

$$\int_A \sum \mathrm{d}\boldsymbol{F} = \iint_{A_2} \rho \boldsymbol{V}_2 \, \mathrm{d}q_V - \iint_{A_1} \rho \boldsymbol{V}_1 \, \mathrm{d}q_V = \iint_{A_2} \rho \boldsymbol{V}_2 V_2 \, \mathrm{d}A_2 - \iint_{A_1} \rho \boldsymbol{V}_1 V_1 \, \mathrm{d}A_1 \tag{8-48}$$

$\int_A \sum \mathrm{d}\boldsymbol{F}$ 积分项代表作用在所取流体上的所有外力，用 $\sum \boldsymbol{F}$ 表示。即 $\sum \boldsymbol{F} = \int_A \sum \mathrm{d}\boldsymbol{F}$

对于 $\iint_A \rho \boldsymbol{V}V\mathrm{d}A$ 积分项，与总流的伯努利方程推导过程类似，可用平均流速来代替流体的真实流速，由此产生的误差，通过引进动量修正系数 β 来加以修正，即

$$\iint_A \rho \boldsymbol{V}V\mathrm{d}A = \beta\rho \boldsymbol{V}VA = \beta\rho q_V\boldsymbol{V}$$

将上述两积分项代入式（8-48），可得

$$\sum \boldsymbol{F} = \rho q_V(\beta_2 \boldsymbol{V}_2 - \beta_1 \boldsymbol{V}_1) \tag{8-49}$$

式（8-49）为总流动量方程的矢量形式，该方程对理想流体和黏性流体均适用。工程计算中，动量修正系数 β 一般取 1。

把动量方程的矢量形式写成投影形式为

$$\sum F_x = \rho q_V(\beta_2 V_{2x} - \beta_1 V_{1x})$$
$$\sum F_y = \rho q_V(\beta_2 V_{2y} - \beta_1 V_{1y}) \tag{8-50}$$
$$\sum F_z = \rho q_V(\beta_2 V_{2z} - \beta_1 V_{1z})$$

式（8-50）为总流动量方程的投影形式，实际计算中一般采用该式。式中的 V_{1x}、V_{1y}、V_{1z} 和 V_{2x}、V_{2y}、V_{2z} 分别为总流有效截面 1-1 和 2-2 上的平均速度在 x、y、z 轴上的分量。

二、总流动量方程的应用

动量方程是一个矢量方程，因此，动量方程的求解比伯努利方程要复杂，应用动量方程时应注意以下几点。

（1）应用动量方程时，应先选择一个固定的空间体积作为分析对象，称为控制体。控制体表面一般由流管表面、流体与固体接触面和有效截面组成，选定的控制体中包括对所求作用力有影响的全部流体。有效截面应取在缓变流中。

（2）合理建立坐标系，尽可能使方程简化。例如，将坐标轴方向取作与流速方向一致时，则流速在该坐标轴上的投影就是它本身。

（3）动量方程是一个矢量方程，方程中的力和速度（动量）均具有方向性。当力和速度在坐标轴上的分量与坐标正方向一致时，为正；相反时，为负。未知力的方向可先假设，计算结果为正时，说明假设方向与实际方向相同；如果为负值，说明假设方向与实际方向相反。

（4）方程式左端的所有外力中一般包括：有效截面上压强产生的总压力、管壁或固体壁面对流体的作用力和重力等。

（5）方程右端的动量变化是指流出的动量减去流入的动量。

下面通过例题说明动量方程的应用。

【例题 8-8】 水平放置在混凝土支座上的变直径弯管，弯管两端与等直径管相连接处的断面 1-1 上压力表读数 $p_1 = 17.6 \times 10^4 \mathrm{Pa}$，管中流量 $q_V = 0.1 \mathrm{m^3/s}$，若直径 $d_1 = 300\mathrm{mm}$，$d_2 = 200\mathrm{mm}$，转角 $\theta = 60°$，如图 8-22 所示。求水对弯管作用力 F 的大小。

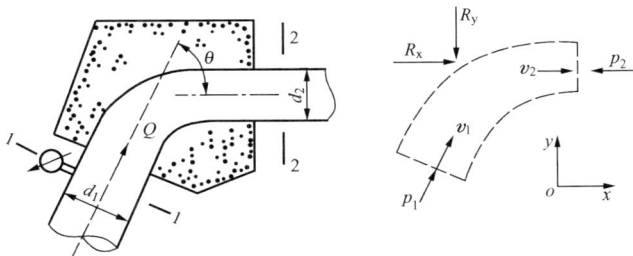

图 8-22 例题 8-8 图

解 水流经弯管时，假定弯管对水流的作用力为 R。建立坐标系 xoy 如图 8-22 所示，将 R 分解成 R_x 和 R_y 两个分力。

取管道进、出口两个截面和管道内壁所包围的体积为控制体。

（1）根据连续性方程可得

$$V_1 = \frac{4q_V}{\pi d_1^2} = \frac{4 \times 0.1}{\pi \times 0.3^2} = 1.42(\mathrm{m/s})$$

$$V_2 = \frac{4q_V}{\pi d_2^2} = \frac{4 \times 0.1}{\pi \times 0.2^2} = 3.18(\mathrm{m/s})$$

（2）列管道进、出口的伯努利方程

$$\frac{p_1}{\rho g} + \frac{V_1^2}{2g} = \frac{p_2}{\rho g} + \frac{V_2^2}{2g}$$

可得

$$p_2 = p_1 + \rho(V_1^2 - V_2^2)/2$$
$$= 17.6 \times 10^4 + 1000 \times (1.42^2 - 3.18^2)/2 = 17.2 \times 10^4(\mathrm{Pa})$$

（3）进、出口有效截面上的总压力为

$$P_1 = p_1 A_1 = 17.6 \times 10^4 \times \frac{\pi}{4} \times 0.3^2 = 12.43(\text{kN})$$

$$P_2 = p_2 A_2 = 17.2 \times 10^4 \times \frac{\pi}{4} \times 0.2^2 = 5.40(\text{kN})$$

（4）写出动量方程

由于管道水平放置，重力在坐标方向上分力为零。控制体内流体受到的外力包括：有效截面上的总压力 P_1、P_2 和弯管对水流的作用力 R。作用力的方向与坐标轴正方向一致时，在方程中取正值；反之，取负值。

沿 x 轴方向的动量方程为

$$P_1 \cos\theta - P_2 + R_x = \rho q_V (V_2 - V_1 \cos\theta)$$

则有

$$R_x = \rho q_V (V_2 - V_1 \cos\theta) + P_2 - P_1 \cos\theta$$
$$= 0.1 \times (3.18 - 1.42 \times \cos 60°) + 5.40 - 12.43 \times \cos 60° = -0.568(\text{kN})$$

沿 y 轴方向的动量方程为

$$P_1 \sin\theta - R_y = \rho q_V (0 - V_1 \sin\theta)$$

$$R_y = P_1 \sin\theta + \rho q_V V_1 \sin\theta$$
$$= 12.43 \times \sin 60° + 0.1 \times 1.42 \times \sin 60° = 10.88(\text{kN})$$

弯管对水流的作用力 R 为

$$R = \sqrt{R_x^2 + R_y^2} = \sqrt{(-0.568)^2 + 10.88^2} = 10.89(\text{kN})$$

所求水流对弯管作用力 F 与 R 大小相等，方向相反。

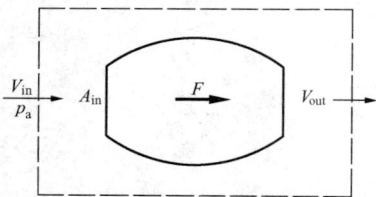

图 8-23　例题 8-9 图

【例题 8-9】　如图 8-23 所示，进入喷气发动机的压缩空气与燃料混合燃烧，燃烧后产生的高温高压燃气经喷嘴加速后排放到低压大气中。喷气发动机安装在飞机上，飞机以 250m/s 匀速飞行，吸入空气密度为 0.4kg/m^3，吸入口面积为 1.0m^2，燃料进入发动机的质量流量为 2kg/s，燃烧后喷出的燃气直接射流到大气中，射流速度为 500m/s。求气流经过发动机的动量变化对发动机产生了推力 F。

解　取控制体如图中虚线所示，并取气流的速度方向为 x 轴方向，由动量方程式可得

$$\sum F_x = \rho q_V (\beta_2 V_{\text{out}} - \beta_1 V_{\text{in}})$$

式中，动量修正系数 $\beta_1 = \beta_2 = 1$，$\sum F = F$，$q_m = \rho q_V$。上式可变成

$$F = (q_m V)_{\text{out}} - (q_m V)_{\text{in}}$$

进口空气的质量流量为

$$q_{m,\text{in}} = \rho V_{\text{in}} A_{\text{in}} = 0.4 \times 250 \times 1.0 = 100(\text{kg/s})$$

喷嘴出口燃气的质量流量为

$$q_{m,\text{out}} = q_{m,\text{in}} + q_{m,\text{f}} = 100 + 2 = 102(\text{kg/s})$$

流过发动机的气流动量变化对发动机产生的推力为

$$F = (q_m V)_{\text{out}} - (q_m V)_{\text{in}} = 102 \times 500 - 100 \times 250 = 26(\text{kN})$$

【例题 8-10】　如图 8-24 所示，喷嘴水平喷出的水流冲击到直立的平板上，已知喷嘴的出口直径 $d = 100$mm，射流速度 $V_0 = 20$m/s，试求射流对平板的冲击力。

解　建立图示的坐标系，取图中的虚线和射流的外轮廓线以及平板壁面所包围的体积为控制体。作用在控制体内流体上的力有：有效截面上的总压力、重力和平板对流体的作用力 F。由于射流速度很高，可以忽略重力的影响；而且，射流在大气中，各有效截面上相对压强为零，故总压力亦为零。列 x 轴方向的动量方程有

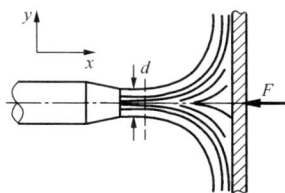

图 8 - 24　例题 8 - 10 图

$$-F = \rho V_0 \frac{\pi d^2}{4} (0 - V_0)$$

由上式可得

$$F = \rho V_0^2 \frac{\pi d^2}{4} = 1000 \times 20^2 \times \frac{\pi}{4} \times 0.1^2 = 3142 \text{N}$$

复 习 思 考 题

8 - 1　简述拉格朗日法和欧拉法的基本内容。这两种方法有什么区别？

8 - 2　欧拉法中加速度的表达式是怎样的？何谓当地加速度和迁移加速度？

8 - 3　何谓定常流动和非定常流动？在定常流动中，不同空间点上的参数是否相同？不同时刻同一空间点上的参数是否相同？

8 - 4　何谓流线？流线有什么性质？流线与迹线有什么区别？

8 - 5　管道截面上某点的实际速度与该截面上的平均流速有什么关系？平均流速与流量有什么关系？

8 - 6　何谓流量？流量有几种表示方式？如何换算？

8 - 7　写出一维流动连续性方程的两种形式。说明其适用条件及意义。

8 - 8　何谓缓变流？说明缓变流的性质。

8 - 9　试由工程热力学中的稳定流动能量方程来推导不可压缩流体总流的伯努利方程。

8 - 10　说明伯努利方程的应用条件、物理意义和几何意义。

8 - 11　为什么火车进站时，不能站在离火车很近的地方？

8 - 12　两条邻近并排同向行驶的船，会受到怎样的力？

8 - 13　若在管道流动过程中，存在能量的输入和输出（例如管道中间装有泵、风机、汽轮机等），根据能量守恒的原理，说明这种情况下的伯努利方程应取何种形式。

8 - 14　动量方程的使用条件是什么？它主要解决哪些方面的计算问题？

8 - 15　应用动量方程时，为什么通常采用相对压强来计算有效截面上的总压力？

习　　　　题

8 - 1　已知流场的速度分布为

$$\boldsymbol{V} = xy^2 \boldsymbol{i} - \frac{1}{3} y^3 \boldsymbol{j} + xy \boldsymbol{k}$$

问：（1）属于几维流动？

（2）流动是否定常？

（3）$(x,y,z)=(1,2,3)$ 点的加速度。

8-2　已知不可压缩流体平面流动的流速场为

$$u=xt+2y,v=xt^2-yt$$

求：$t=1$ 秒时，点 $(x,y)=(1,2)$ 处流体质点的加速度。

8-3　已知一平面流场，其速度分布为

$$u=-\frac{ky}{x^2+y^2},v=\frac{kx}{x^2+y^2}$$

求流线方程。

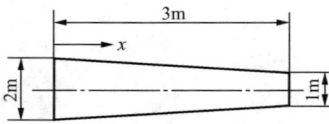

图 8-25　习题 8-4 图

8-4　有一收缩形管道如图 8-25 所示，其有效截面按线性变化，不可压缩流体流经管道每单位宽度的流量 $q_V=1m^3/s$。如流动是定常的，试求加速度与距离 x 的函数关系及当从收缩截面开始 $x=1m$ 时的加速度值。

8-5　已知在圆管液体流动中，有效截面上各点的流速分布为

$$u=u_{max}\left[1-\left(\frac{r}{R}\right)^2\right]$$

式中，u_{max} 为管轴处的最大流速，R 为圆管半径，r 为截面上某点距离管轴线的径距。

试证明有效截面上的平均流速 V 是最大流速的一半。

8-6　在一收缩管道中流有不可压缩流体，大截面处管径为 8cm，截面上的平均流速为 10m/s，小截面处管径为 3cm。试求管内流体的体积流量及小截面处的平均流速。

8-7　设计输水量为 2942kg/h 的给水管道，流速限制在 $0.9\sim1.4m/s$ 之间，试确定管道直径，直径规定为 50mm 的倍数。

8-8　水在竖直管道中流动，如图 8-26 所示。已知在管径 $d=0.3m$ 处的流速为 2m/s，要使两块压强表的读数相同，渐缩管后的直径 d 应为多少？

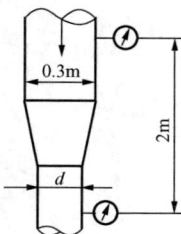

8-9　如图 8-27 所示，一直立圆管直径 $d_1=10mm$，一端装有出口直径 $d_2=5mm$ 的喷嘴，喷嘴中心距离圆管 1-1 截面高度 $H=3.6m$。从喷嘴中排入大气的水流速度 $V_2=18m/s$，不计流动损失，计算 1-1 截面处的相对压强。

图 8-26　习题 8-8 图　　　图 8-27　习题 8-9 图　　　图 8-28　习题 8-10 图

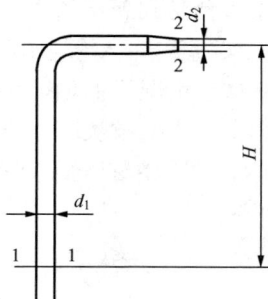

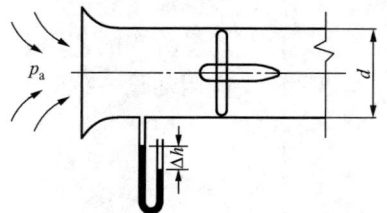

8-10　如图 8-28 所示，轴流风机的直径为 $d=2m$，水银测压计的读数 $\Delta h=20mm$，空气的密度为 $1.25kg/m^3$，不计流动损失，试求气流的流速和流量。

8-11　用皮托管和静压管测量管道中水的流速，如图 8-29 所示。若 U 形管中的液体

为四氯化碳，测得液面差 $\Delta h = 350\mathrm{mm}$，试求管道中心的流速为多少？

8-12 如图 8-30 所示，相对密度为 0.85 的柴油，由容器 A 经管路压送到容器 B。容器 A 中液面上的表压强为 $3.6 \times 10^{-1}\mathrm{MPa}$，容器 B 中液面上的表压强为 $3 \times 10^{-2}\mathrm{MPa}$。两容器液面高度差为 20m，试求将柴油从容器 A 输送到容器 B 的能量损失。

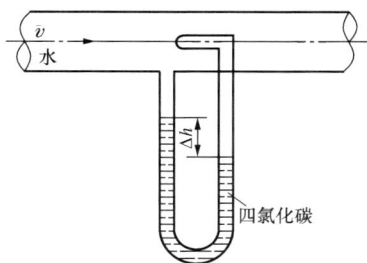

图 8-29 习题 8-11 图 　　　图 8-30 习题 8-12 图 　　　图 8-31 习题 8-13 图

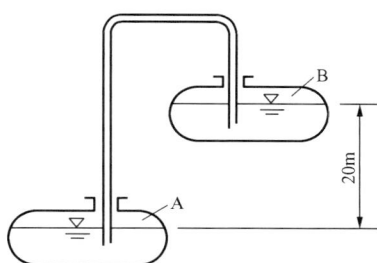

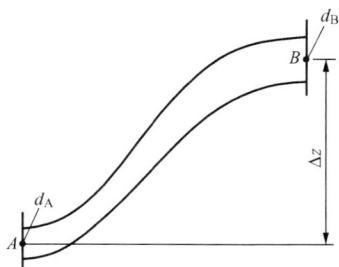

8-13 如图 8-31 所示为一变直径管道。已知 A 点处的管径 $d_A = 0.2\mathrm{m}$，压强 $p_A = 70\mathrm{kPa}$，B 点处的管径 $d_B = 0.4\mathrm{m}$，压强 $p_B = 40\mathrm{kPa}$，流速 $V_B = 1\mathrm{m/s}$，A、B 两点间的高度差 $\Delta z = 1\mathrm{m}$，试求 A、B 两点间的能量损失，并判断水流方向。

8-14 有一水箱，水从水平管道中流出，如图 8-32 所示。管道直径 $D = 50\mathrm{mm}$，管道收缩处差压计的液柱高度分别为：$h = 5\mathrm{mm}$，$\Delta h = 0.3\mathrm{mHg}$，$d = 25\mathrm{mm}$。阻力损失不计，试求水箱中水面的高度 H。

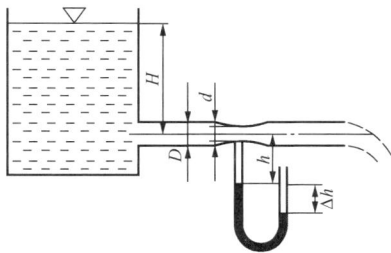

图 8-32 习题 8-14 图 　　　图 8-33 习题 8-15 图 　　　图 8-34 习题 8-16 图

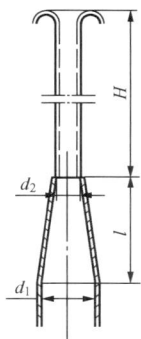

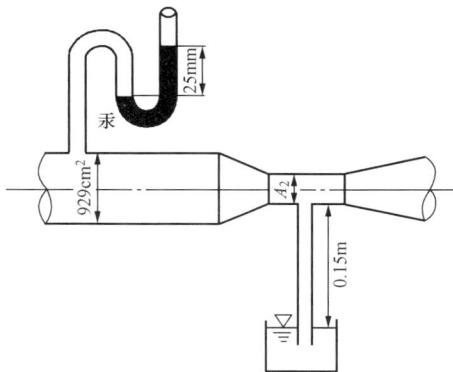

8-15 救火水龙头带的终端有收缩喷嘴，如图 8-33 所示。已知喷嘴进口处的直径 $d_1 = 75\mathrm{mm}$，长度 $l = 600\mathrm{mm}$，喷水量 $q_V = 10\mathrm{L/s}$，喷射高度 $H = 15\mathrm{m}$，若喷嘴的阻力损失 $h_w = 0.5\mathrm{mH_2O}$，空气阻力不计，求喷嘴进口的相对压强和出口处的直径 d_2。

8-16 空气以流量 $q_V = 2.12\mathrm{m^3/s}$ 在管中流动，空气的密度 $\rho = 1.22\mathrm{kg/m^3}$，如图 8-34 所示。若使水从水槽中吸入管道，试求截面面积 A_2 的值应为多少？

8-17 一水泵向密闭水箱中输送 $t = 60\text{℃}$ 的水，并沿管道流入大气，如图 8-35 所示。若保持箱内水位不变，管道收缩截面的直径 $d_1 = 25\mathrm{mm}$，大气压强为 93.7kPa，阻力损失不计，求在收缩截面处发生汽化时，水箱上压强表的读数。

8-18 水流经喷嘴流入大气，已知管道直径为 150mm，喷嘴出口直径为 75mm，U 形管水银差压计的读数如图 8-36 所示。试求管道上压力表的读数。

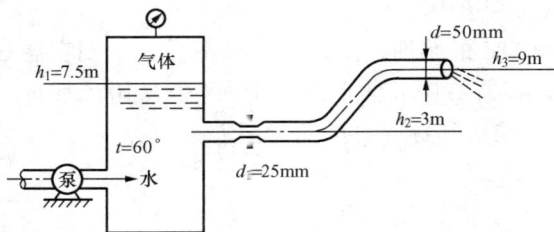

图 8-35　习题 8-17 图

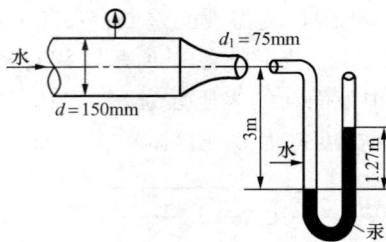

图 8-36　习题 8-18 图

8-19　如图 8-37 所示，在锅炉省煤器的进、出口截面处分别测得：进口截面负压 $\Delta h_1 = 10.5 \text{mmH}_2\text{O}$，出口截面负压 $\Delta h_2 = 20 \text{mmH}_2\text{O}$，高差 $H = 50 \text{m}$，烟气的平均密度 $\rho = 0.6 \text{kg/m}^3$，炉外空气密度 $\rho_a = 1.2 \text{kg/m}^3$，求烟气通过省煤器的压强损失。

8-20　一变直径水平放置的 90°弯管，如图 8-38 所示。已知 $d_1 = 200 \text{mm}$，$d_2 = 100 \text{mm}$，管中水的相对压强 $p_1 = 200 \text{kPa}$，流量 $q_V = 226 \text{m}^3/\text{h}$。求水流对弯管管壁的作用力。

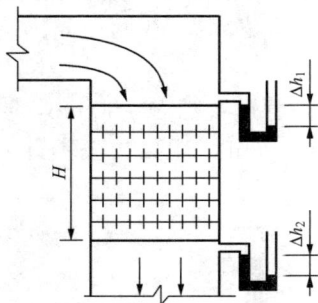

图 8-37　习题 8-19 图

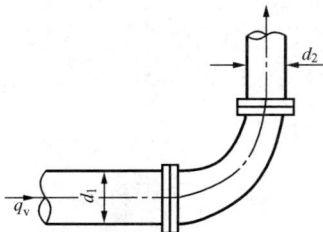

图 8-38　习题 8-20 图

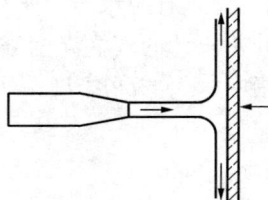

图 8-39　习题 8-21 图

8-21　在如图 8-39 所示的动量实验装置中，喷嘴将水流喷射到垂直壁面。已知喷嘴出口直径为 10mm，水的密度为 1000kg/m^3，并测得平板受力为 100N。试确定射流的体积流量。

8-22　有一等直径水平放置的弯管，管径 $d = 200 \text{mm}$，夹角 $\alpha = 45°$，如图 8-40 所示。已知截面 1-1 上的流速 $V_1 = 4 \text{m/s}$，相对压强 $p_1 = 98 \text{kPa}$，不计弯管中的能量损失。求弯管作用于水流的两个分力 R_x、R_y 和合力 R。

8-23　嵌入支座内的一段水平输水管，其直径由 $d_1 = 1.5 \text{m}$ 变化到 $d_2 = 1 \text{m}$，如图 8-41 所示。水流由截面 1-1 流到截面 2-2，$p_1 = 39.2 \times 10^4 \text{Pa}$，$q_V = 1.8 \text{m}^3/\text{s}$，若不计能量损失，试求作用在该管壁上的轴向力 R。

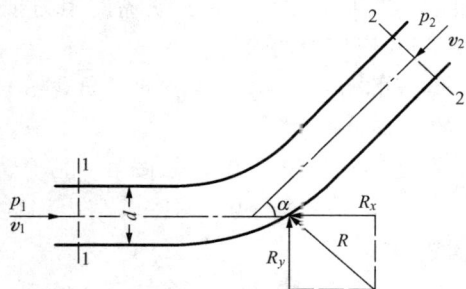

图 8-40　习题 8-22 图

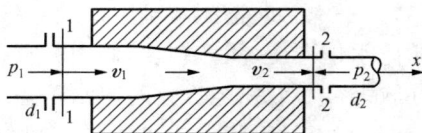

图 8-41　习题 8-23 图

第九章　黏性流体管内流动的能量损失

黏性流体在管内流动时，由于黏性的作用，要产生流动阻力，而要克服流动阻力，维持黏性流体在管道中的流动，就要消耗机械能，消耗掉的这部分机械能将不可逆地转化成热能，即产生了能量损失又称阻力损失。本章主要讨论能量损失产生的原因、影响因素和计算方法。

第一节　黏性流体流动的两种状态——层流及紊流

英国物理学家雷诺（Reynolds）在 1883 年通过实验验证了黏性流体流动存在层流和紊流两种不同的流动状态，流动状态的不同，流体能量损失的规律也不同，因此，要进行能量损失的计算，首先要研究流体流动的两种状态。

一、雷诺实验

雷诺实验装置如图 9-1 所示，1 为尺寸足够大的水箱，实验过程中，通过溢流板 7 来保持水箱水位恒定。5 为颜色水瓶，当开其下部阀门 6 时，着色液体进入水平玻璃管，实验过程中观察着色流束的流动状态。实验步骤如下：

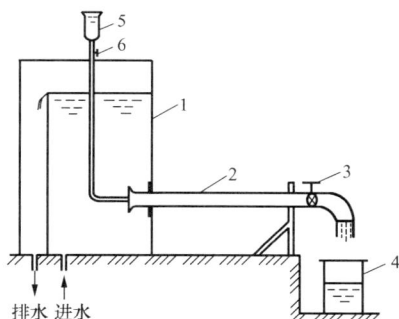

图 9-1　雷诺实验装置
1—水箱；2—玻璃管；3—调节阀；
4—量筒；5—颜色水瓶；6—阀门

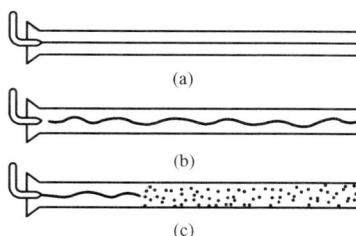

图 9-2　层流、紊流及过渡区

（1）微开启调节阀 3，水流以较小的速度流过玻璃管，再开启颜色水瓶下的小阀门 6，颜色水流沿细管流入玻璃管 2 中。这时玻璃管中的着色流束呈清晰的细直线状，且不与周围的水流相混，如图 9-2（a）所示。该流动状态表明，流体质点仅沿管轴方向运动，流体质点间互相不掺混，这种流动状态称为层流。

（2）调节阀 3 逐渐开大，管内流速逐渐增大，当流速增大到一定数值时，着色流束开始振荡处于不稳定状态，如图 9-2（b）所示。这种流动状态称为过渡状态或临界状态，管道中的平均速度称为临界速度。

（3）继续开大调节阀 3，使管中的流速大于临界流速。这时，着色流束从细管中流出后，流经很短的一段距离后便与周围流体相混，并扩散至整个玻璃管内，如图 9-2（c）所示。这说明流体质点在沿管轴方向运动时，也存在径向运动，流体质点间互相掺混，做无规则的运动，这种流动状态称为紊流（或湍流）。

上述雷诺实验中，调节阀是由小逐渐开大，流动状态由层流变为紊流，我们将层流转变为紊流时的临界速度称为上临界速度，以 V'_c 表示。如果先让流体处于紊流状态，再将阀门逐渐关小，当流速减小到某一数值时，着色水流束又呈振荡状态，再关小调节阀门就变为层流，我们将紊流转变为层流时的临界速度称为下临界速度，用符号 V_c 表示。实验证明，临界流速与管径、流体黏度等因素有关，上临界速度 V'_c 总是大于下临界速度 V_c。

二、流动状态的判别

由雷诺实验可知，层流及紊流可以根据临界流速来判别，但临界流速随管径大小和流体种类变化，因此，用临界流速来判别流动状态很不方便。为此，雷诺等人对不同管径的圆管和多种液体进行实验研究，证明临界流速 V_c 与流体的动力黏度 μ 成正比，与管道内径 d 和流体的密度 ρ 成反比，即

$$V_c = Re_c \frac{\mu}{\rho d} = Re_c \frac{\nu}{d}$$

或

$$Re_c = \frac{V_c d}{\nu}$$

式中，Re_c 为比例系数，称为临界雷诺数，是一个无因次准则数。式中的流速对应下临界流速 V_c 时称为下临界雷诺数，用 Re_c 表示。对应上临界流速 V'_c 时称为上临界雷诺数，用 Re'_c 表示。

经过雷诺和以后的许多学者的实验研究证明，对于不同管径的管道，不论流体种类和流速如何，下临界雷诺数 Re_c 约为 2000，上临界雷诺数 Re'_c 一般取 13800 或更高，即

$$Re_c = \frac{V_c d}{\nu} = 2000$$

$$Re'_c = \frac{V'_c d}{\nu} = 13800$$

管内实际流动的雷诺数 Re 定义为

$$Re = \frac{Vd}{\nu} \tag{9-1}$$

式中　V——管内的平均流速，m/s；

　　　d——管径，m；

　　　ν——运动黏度，m^2/s。

因此，可以根据实际流动雷诺数 Re 与临界雷诺数的比较来判别流动状态。当流动雷诺数 $Re < Re_c$ 时，流动状态为层流；当 $Re > Re'_c$ 时，流动状态为紊流；当 $Re_c < Re < Re'_c$ 时，流动状态可能是层流或紊流，但这时的层流往往很不稳定，任何微小的扰动都可能使之变为紊流，在工程中一般认为该区域流动状态为紊流。故通常都采用下临界雷诺数作为判别流动状态的准则数，即

$$Re = \frac{Vd}{\nu} \leqslant 2000 \qquad 层流$$

$$Re = \frac{Vd}{\nu} > 2000 \qquad 紊流$$

工程中实际流体（如水、空气、水蒸气等）的流动，几乎都是紊流，只有黏性较大的液体（如石油、润滑油、重油等）的低速流动中，才会出现层流。

通过量纲分析可知，雷诺数反映了流动流体受到的惯性力和黏性力的比值。雷诺数的大小表示流体流动过程中惯性力和黏性力哪个起主导作用。雷诺数较小，表示黏性力起主导作用，流体质点的运动受到约束，流体质点间互不掺混，呈现有序的流动状态，即层流状态。雷诺数较大，表示惯性力起主导作用，黏性力不足以约束流体质点的紊乱运动，流动处于紊流状态，雷诺数越大，紊流程度越高。

【例题 9 - 1】　　用直径 200mm 的无缝钢管输送石油，已知流量 $q_V = 27.8 \times 10^{-3}\, \text{m}^3/\text{s}$，冬季油的黏度 $\nu_w = 1.092 \times 10^{-4}\, \text{m}^2/\text{s}$，夏季油的黏度 $\nu_s = 0.355 \times 10^{-4}\, \text{m}^2/\text{s}$，试问油在管中呈何种流动状态？

解　管中油的流速为

$$V = \frac{4q_V}{\pi d^2} = \frac{4 \times 27.8 \times 10^{-3}}{\pi \times 0.2^2} = 0.885 (\text{m/s})$$

冬季时　　　$Re_w = \dfrac{Vd}{\nu_w} \approx 1620 < 2000$　　　油在管中呈层流状态。

夏季时　　　$Re_s = \dfrac{Vd}{\nu_s} \approx 5000 > 2000$　　　油在管中呈紊流状态。

第二节　黏性流体流动的能量损失

黏性流体流动中存在流动阻力，造成能量的损失。我们将单位重力作用下流体所损耗的机械能称为能量损失（简称损失）h_w。流体的能量损失 h_w 可分为沿程损失 h_f 和局部损失 h_j。

一、沿程损失 h_f

黏性流体在管内流动时，由于流体内部和流体与管壁间的摩擦形成的阻力，称为沿程阻力。我们将单位重力作用下流体克服沿程阻力而损失的能量称为沿程损失。沿程损失存在于流动的整个流程中。

沿程损失以符号 h_f 表示。h_f 可根据达西—威斯巴赫（Darcy—Weisbach）公式计算：

$$h_f = \lambda \frac{l}{d} \frac{V^2}{2g} \qquad (9 - 2)$$

式中　λ——沿程阻力系数，与流动的雷诺数和管壁的粗糙程度有关；

l——管道长度，m；

d——管道内径，m；

V——有效截面上的平均流速，m/s。

对于气体流动，通常将单位体积流体的沿程损失称为沿程压强损失，用 Δp_f 表示，单位为 Pa，则

$$\Delta p_f = \rho g h_f = \rho \lambda \frac{l}{d} \frac{V^2}{2} \qquad (9 - 3)$$

达西—威斯巴赫公式是沿程损失的通用公式，它是根据实验研究的结果得出的，适用于管道中的流体在各种流动状态下沿程损失的计算。该公式将求解沿程损失的问题转化为求沿程阻力系数的问题。

二、局部损失 h_j

流体流过阀门、弯管、变截面管道等局部装置时，流速的大小和方向发生改变，流体质

点间以及流体与局部装置之间发生碰撞，产生旋涡，从而使流体流动受到阻碍，造成局部阻力。我们将单位重力作用下流体克服局部阻力而损失的能量称为局部损失。

局部损失以符号 h_j 表示。将单位体积流体的局部损失称为局部压强损失，以符号 Δp_j 表示，其计算公式分别为

$$h_j = \zeta \frac{V^2}{2g} \tag{9-4}$$

$$\Delta p_j = \rho g h_j = \rho \zeta \frac{V^2}{2} \tag{9-5}$$

式中　ζ——局部阻力系数，是一个无量纲数，一般由实验确定。

三、总阻力损失 h_w

在工程实际中，大部分管道系统是由多个不同直径的管段组合而成，而且管道系统中存在许多造成局部损失的管道附件，即管道系统中存在多项沿程损失和局部损失。管道系统的总损失应等于各管段沿程损失与所有局部损失之和，即

$$h_w = \sum h_f + \sum h_j \tag{9-6}$$

$$\Delta p_w = \rho g h_w = \sum \Delta p_f + \sum \Delta p_j \tag{9-7}$$

第三节　均匀流中切应力的表达式

均匀流是指流速的大小和方向沿流程不变的定常流动，例如流体在一个等直径的直圆管中的流动。本节讨论均匀流中，作用在流体单位面积上的摩擦阻力（简称切应力）与沿程损失间的关系式。

一、切应力与沿程损失间的关系

如图 9-3 所示，流体在一等径直圆管中作定常流动，取半径为 r、长度为 l 的一段流体作为分析对象。

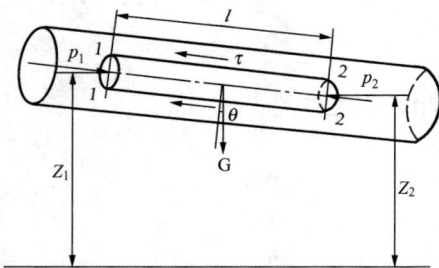

图 9-3　等直径管中的均匀流

(1) 作用在所研究流体上的力有截面 1-1 和 2-2 上的总压力 $p_1 A$ 和 $p_2 A$；

流体受到的重力 $G = \rho g l A$；

作用在分析流体侧面上的总摩擦力 $T = \tau 2\pi r l$。

(2) 在均匀流中，流速大小和方向均不变，加速度为零，故在流动方向上流体受到的外力之和为零，则有

$$p_1 A - p_2 A - 2\pi r l \tau + \rho g A l \sin\theta = 0$$

其中　$l\sin\theta = z_1 - z_2$，$A = \pi r^2$

将上面两式代入，方程两端同除 $\rho g A$，整理可得

$$\left(z_1 + \frac{p_1}{\rho g}\right) - \left(z_2 + \frac{p_2}{\rho g}\right) = \frac{2\tau l}{\rho g r} \tag{9-8}$$

(3) 列截面 1 和 2 的伯努利方程可得

$$z_1 + \frac{p_1}{\rho g} + \alpha_1 \frac{V_1^2}{2g} = z_2 + \frac{p_2}{\rho g} + \alpha_2 \frac{V_2^2}{2g} + h_w$$

在均匀流中，$V_1 = V_2$，$\alpha_1 = \alpha_2 = 1$，$h_w = h_f$，则有

$$h_{\mathrm{f}} = \left(z_1 + \frac{p_1}{\rho g}\right) - \left(z_2 + \frac{p_2}{\rho g}\right) \qquad (9\text{-}9)$$

（4）由式（9-8）和式（9-9）可得

沿程损失
$$h_{\mathrm{f}} = \frac{2\tau}{\rho g r}l \qquad (9\text{-}10)$$

切应力
$$\tau = \frac{\rho g h_{\mathrm{f}} r}{2l} = \frac{\Delta p_{\mathrm{f}} r}{2l} \qquad (9\text{-}11)$$

式（9-11）称为均匀流基本方程，该式对于层流和紊流均适用。

二、切应力分布

式（9-11）中，通常将 $\frac{h_{\mathrm{f}}}{l}$ 称为水力坡度，用符号 J 表示，即 $J = \frac{h_{\mathrm{f}}}{l}$。在均匀流中水力坡度 J 沿流程变化不大，可作为常数，则式（9-11）可写成

$$\tau = \frac{\rho g J}{2}r \qquad (9\text{-}12)$$

式（9-12）中，半径 r 为变量。该式表明，流体在等径直圆管中流动时，在有效截面上，切应力 τ 与圆管半径 r 的一次方成正比。在管轴线上（$r=0$），切应力 $\tau=0$；在管壁面上（$r=r_0$），切应力最大，$\tau=\tau_0=\tau_{\max}$，如图 9-4 所示。

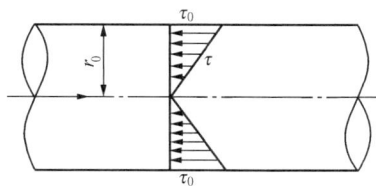

图 9-4　圆管有效截面上的切应力

第四节　圆管中流体的层流运动

对于大多数工程中的流动，由于影响因素复杂，一般不能用理论分析的方法求解，需要通过试验或数值计算的方法求解。但对于圆管中层流运动这种较简单的流动问题，可以通过理论分析的方法求解。本节将讨论圆管中流体层流运动时，有效截面上的速度分布和沿程损失公式等内容。

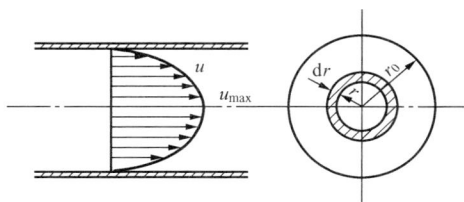

图 9-5　圆管中层流

一、速度分布

假定流体在一等直径圆管中作层流运动，如图 9-5 所示。圆管中层流运动的流体可视为由无数无限薄的圆筒形流体层组成，圆筒形流体薄层一层套一层向前滑动。各流层间的切应力可由牛顿内摩擦定律给出，即

$$\tau = \mu \frac{\mathrm{d}u}{\mathrm{d}y} = -\mu \frac{\mathrm{d}u}{\mathrm{d}r} \qquad (9\text{-}13)$$

由于流速 u 随半径 r 的增加而减少，即 $\frac{\mathrm{d}u}{\mathrm{d}r}$ 为负值，为使 τ 为正数，故在上式的右端取负号。

将式（9-13）代入式（9-11），整理可得

$$\mathrm{d}u = -\frac{\Delta p_{\mathrm{f}}}{2\mu l}r\,\mathrm{d}r$$

积分上式得

$$u = -\frac{\Delta p_{\mathrm{f}}}{4\mu l}r^2 + C$$

根据边界条件，在管壁上 $r=r_0$，$u=0$，可得积分常数 C 为

$$C = \frac{\Delta p_{\rm f}}{4\mu l}r_0^2$$

代入积分常数，可得有效截面上的速度分布表达式为

$$u = \frac{\Delta p_{\rm f}}{4\mu l}(r_0^2 - r^2) \tag{9-14}$$

式（9-14）表明，圆管中层流运动时，有效截面上各点的速度 u 与该点半径 r 成二次抛物线关系，如图 9-5 所示。在管道轴线上（$r=0$），流速达到最大值 $u_{\max} = \frac{\Delta p_{\rm f}}{4\mu l}r_0^2$；在管壁上（$r=r_0$），流速等于零。

二、流量及平均流速

在圆管的层流中，取一半径为 r、宽度为 $\mathrm{d}r$ 的微元环形面积 $\mathrm{d}A$，如图 9-5 所示，在该微元面积上各点的流速可以认为相同，故流过该微元面积的流量为

$$\mathrm{d}q_V = u\mathrm{d}A = u2\pi r\mathrm{d}r$$

对上式积分，可得流过圆管有效截面的流量为

$$q_V = \iint\limits_A \mathrm{d}q_V = \int_0^{r_0} u2\pi r\mathrm{d}r = \int_0^{r_0} \frac{\Delta p_f}{4\mu l}(r_0^2 - r^2)2\pi r\mathrm{d}r = \frac{\Delta p_f \pi}{8\mu l}r_0^4 \tag{9-15}$$

圆管有效截面上的平均流速为

$$V = \frac{q_V}{A} = \frac{\Delta p_f \pi r_0^4}{8\mu l \pi r_0^2} = \frac{\Delta p_f}{8\mu l}r_0^2 \tag{9-16}$$

比较平均流速 V 和最大流速 $u_{\max}$ 可得

$$V = \frac{1}{2}u_{\max} \tag{9-17}$$

式（9-17）表明，圆管中层流运动时，有效截面上的平均流速为最大流速的一半。根据这一特点，可通过测量圆管层流运动时轴线上的最大流速 $u_{\max}$，从而计算出平均流速和流量。

三、沿程损失 $h_{\rm f}$

将沿程压强损失 $\Delta p_{\rm f} = \rho g h_{\rm f}$ 代入式（9-16），可得圆管中层流时的沿程损失为

$$h_{\rm f} = \frac{8\mu l V}{\rho g r_0^2} = \frac{8\rho \nu l V}{\rho g r_0^2} = \frac{32 \times 2}{\dfrac{Vd}{\nu}} \times \frac{l}{d} \times \frac{V^2}{2g} = \frac{64}{Re} \times \frac{l}{d} \times \frac{V^2}{2g} \tag{9-18}$$

将式（9-18）与沿程损失的一般公式 $h_{\rm f} = \lambda \dfrac{l}{d} \dfrac{V^2}{2g}$ 对比，可得

$$\lambda = \frac{64}{Re} \tag{9-19}$$

即圆管的层流运动中，沿程阻力系数 λ 仅与雷诺数 Re 有关。

四、动能修正系数 α

将式（9-14）与式（9-16）代入动能修正系数计算式中，可得

$$\alpha = \frac{1}{A}\iint\limits_A \left(\frac{u}{V}\right)^3 \mathrm{d}A = \frac{1}{\pi r_0^2}\int_0^{r_0} \{2[1-(r/r_0)^2]\}^3 \times 2\pi r\mathrm{d}r = 2 \tag{9-20}$$

【例题 9-2】 在一长度 $l=1000\mathrm{m}$、直径 $d=300\mathrm{mm}$ 的管路中输送密度为 $950\mathrm{kg/m^3}$ 的重油，其质量流量为 $q_m = 242 \times 10^3 \mathrm{kg/h}$，求油温分别为 $10℃$（运动黏度 $\nu = 25\mathrm{cm^2/s}$）和

40℃（运动黏度 $\nu=15\mathrm{cm}^2/\mathrm{s}$）时的沿程损失。

解　重油的体积流量为

$$q_V = \frac{q_m}{\rho} = \frac{242 \times 10^3}{950 \times 3600} = 0.0708(\mathrm{m}^3/\mathrm{s})$$

管内的平均速度为

$$V = \frac{4q_V}{\pi d^2} = \frac{4 \times 0.0708}{\pi \times 0.3^2} = 1(\mathrm{m/s})$$

10℃时的雷诺数

$$Re_1 = \frac{Vd}{\nu} = \frac{1 \times 0.3}{25 \times 10^{-4}} = 120 < 2000$$

40℃时的雷诺数

$$Re_2 = \frac{Vd}{\nu} = \frac{1 \times 0.3}{15 \times 10^{-4}} = 2000$$

两种情况下的流动均为层流，沿程损失可按式（9-18）计算。

10℃时的沿程损失为

$$h_{f1} = \lambda \frac{l}{d} \frac{V^2}{2g} = \frac{64}{Re} \times \frac{l}{d} \times \frac{V^2}{2g} = \frac{64 \times 1000 \times 1^2}{120 \times 0.3 \times 2 \times 9.8} = 907.03(\mathrm{m}\ \text{油柱})$$

40℃时的沿程损失为

$$h_{f2} = \lambda \frac{l}{d} \frac{V^2}{2g} = \frac{64}{Re} \times \frac{l}{d} \times \frac{V^2}{2g} = \frac{64 \times 1000 \times 1^2}{2000 \times 0.3 \times 2 \times 9.8} = 54.42(\mathrm{m}\ \text{油柱})$$

第五节　圆管中的紊流运动

工程中的实际流动绝大多数是紊流，由于紊流是一种不规则的流动，研究紊流比层流要复杂得多。本节主要讨论圆管中紊流的流动特征、紊流的结构和切应力分布等内容。

一、紊流的脉动现象及时均法

在紊流运动中，由于流体质点互相掺混和碰撞，使流场中各空间点上的流动参数（如速度和压强）随时间作不规则波动。例如用高精度的测速仪测量流场中某一空间点上的速度，会发现该点的速度总是随时间作不规则的波动，如图9-6所示，这种现象称为紊流的脉动现象。

由于紊流的脉动现象，流场中各空间点上的瞬时流动参数随时间的变化没有明显规律。但在一段足够长的时间内，可发现其瞬时流动参数总是以某一确定值上、下波动，因此，在研究紊流时，往往将其瞬时流动参数时均化，提出了时均参数的概念。

在一段时间间隔 t_1 内，瞬时速度 u 的时间平均值称为时均速度，用符号 $\bar{u}$ 表示，即

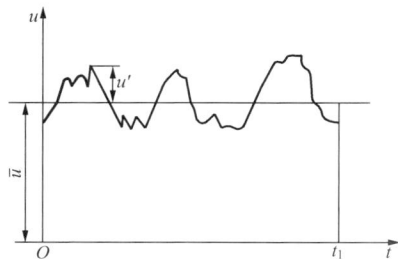

图 9-6　脉动速度

$$\bar{u} = \frac{1}{t_1} \int_0^{t_1} u \mathrm{d}t \tag{9-21}$$

同理，紊流中时均压强 $\bar{p}$ 和时均温度 $\bar{T}$ 为

$$\overline{p} = \frac{1}{t_1} \int_0^{t_1} p \, \mathrm{d}t \ \text{和} \ \overline{T} = \frac{1}{t_1} \int_0^{t_1} T \, \mathrm{d}t$$

引入时均参数的概念，可以把紊流中的瞬时参数看作是由时均参数和脉动参数两部分组成，即

$$u = \overline{u} + u' \qquad \text{和} \qquad p = \overline{p} + p' \qquad\qquad (9-22)$$

式中 u'，p' ——脉动速度和脉动压强。

从工程应用的角度看，一般不关心紊流中每个流体质点的微观运动，所以通常情况下都使用时均参数来描述紊流运动，使问题大大简化。例如连续性方程、伯努利方程和动量方程中，所用到的流速、压强等参数都是时均参数。前面所讲的定常流动、流线、流管等概念，也是按时均参数来定义的。工程中使用的测压计、测速管所测量的也是时均压强和时均速度。为书写方便，常将时均参数符号中的"—"省略。

二、紊流中的切应力

在黏性流体的层流运动中，流体所受到的切向力仅包括内摩擦切向力，其产生的原因是由于相邻流层间存在相对运动造成的，内摩擦切向应力的计算可根据牛顿内摩擦定律来计算。而在黏性流体的紊流运动中，流体受到的切向力是由两部分组成：一部分是由于相邻流层间时均速度的不同，从而产生的内摩擦切向应力 τ_v；另一部分是由于紊流中相邻流层间存在流体质点的相互掺混和碰撞，引起动量交换，因而产生的附加切应力 τ_t。所以紊流中的切应力 τ 可表示为

$$\tau = \tau_v + \tau_t \qquad\qquad (9-23)$$

紊流中的内摩擦切向应力 τ_v 可根据牛顿内摩擦定律计算，其表达式为

$$\tau_v = \mu \frac{\mathrm{d}u}{\mathrm{d}y} \qquad\qquad (9-24)$$

附加切应力 τ_t 的计算公式可根据动量传递理论和普朗特混合长度理论进行推导，推导过程省略。

可得 $$\tau_t = \rho l^2 \left(\frac{\mathrm{d}u}{\mathrm{d}y} \right)^2 \qquad\qquad (9-25)$$

式（9-25）中，l 称为混合长度，它的大小表示紊流的掺混程度。

一般认为混合长度 l 正比于流体质点到固体壁面的垂直距离 y，即

$$l = ky \qquad\qquad (9-26)$$

式中 k——由实验确定的常数，一般取 $k = 0.4$。

所以，紊流中的切应力为

$$\tau = \tau_v + \tau_t = \mu \left(\frac{\mathrm{d}u}{\mathrm{d}y} \right) + \rho l^2 \left(\frac{\mathrm{d}u}{\mathrm{d}y} \right)^2 \qquad\qquad (9-27)$$

三、紊流的构成、水力光滑管和水力粗糙管

1. 紊流的构成

黏性流体在圆管中作层流运动时，圆管中所有的流动区域均为层流。而黏性流体作紊流运动时，在紧靠管壁附近存在一极薄的流层，该薄层内的流体由于受管壁的限制，消除了流体质点的掺混。沿薄层的垂直方向上流速从零迅速增大，速度梯度很大，黏性力起主导地位，使该流体薄层内流动处于层流状态，称为层流底层。在层流底层之外，还有一层很薄的

过渡区。过渡区外，靠近管轴附近的大部分区域是紊流区。可见圆管中紊流分为三个区域，即紊流核心区、层流底层和介于两者之间的过渡区，如图 9 - 7 所示。

层流底层的厚度可由以下两个经验公式计算：

$$\delta = \frac{58.3d}{Re^{0.875}} \qquad (9 - 28)$$

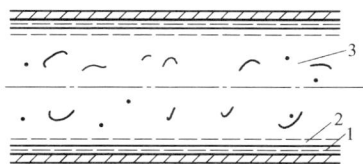

图 9 - 7　圆管中紊流示意图
1—层流底层；2—过渡区；3—紊流核心区

$$\delta = \frac{32.8d}{Re\sqrt{\lambda}} \qquad (9 - 29)$$

式中　δ——层流底层厚度，mm；

d——管道直径，mm；

λ——沿程阻力系数。

从以上两式可知，层流底层厚度与雷诺数成反比，在其他条件相同的情况下，流速越大，层流底层厚度越小；反之，层流底层厚度越大。通常情况下，层流底层厚度仅为几分之一毫米。

2. 水力光滑管和水力粗糙管

尽管层流底层厚度很小，但它对紊流流动的能量损失有着重要影响，这种影响还与管道壁面的粗糙程度有关。我们将管壁粗糙凸出部分的平均高度称为当量粗糙度，以符号 Δ 表示。将当量粗糙度 Δ 与管道内径 d 的比值 Δ/d 称为相对粗糙度。常用管道的当量粗糙度见表 9 - 1 和表 9 - 2。

表 9 - 1　　　　　　　　　　**管道的管壁当量粗糙度**

管　壁　情　况	当量粗糙度 Δ（mm）	管　壁　情　况	当量粗糙度 Δ（mm）
干净的、整体的黄铜管、钢管、铅管	0.0015～0.01	干净的玻璃管	0.0015～0.01
新的仔细浇成的无缝钢管	0.04～0.17	橡皮软管	0.01～0.03
在煤气管路上使用一年后的钢管	0.12	极粗糙的、内涂橡胶的软管	0.20～0.30
在普通条件下浇成的钢管	0.19	水管道	0.25～1.25
使用数年后的整体钢管	0.19	陶土排水管	0.45～6.0
涂柏油的钢管	0.12～0.21	涂有珐琅质的排水管	0.25～6.0
精致镀锌的钢管	0.25	纯水泥的表面	0.25～1.25
接头仔细平整过的新铸铁管	0.31	涂有珐琅质的砖	0.45～3.0
钢板制成的管道及仔细平整过的水泥管	0.33	水泥浆砖砌体	0.80～6.0
普通的镀锌钢管	0.39	混凝土槽	0.80～9.0
普通的新铸铁管	0.25～0.42	用水泥的普通块石砌体	6.00～17.0
较不仔细浇成的新的或洗净的铸铁管	0.45	用刨平木板制成的木槽	0.25～2.0
粗、陋的镀锌钢管	0.50	非刨平木板制成的木槽	0.45～3.0
旧的生锈的钢管	0.60	用钉有平板条的木板制成的木槽	0.80～4.0
脏污的金属管	0.75～0.90		

表 9 - 2	电厂汽水管道的当量粗糙度 （包括焊口的阻力损失）

管道的工作条件	当量粗糙度 Δ (mm)
正常条件下工作的无缝钢管	0.2
正常条件下工作的焊接钢管	0.3
在腐蚀程度较高的条件下工作的管道 （排汽管、溢水管、疏水管和软化水管等）	0.6

当 $\delta > \Delta$ 时，则管壁的粗糙凸出的高度完全被层流底层所掩盖，如图 9 - 8（a）所示。这时管壁粗糙度对流动不起任何影响，流体好像在完全光滑的管道中流动一样。这种管道称为水力光滑管，简称光滑管。

当 $\delta < \Delta$ 时，则管壁的粗糙凸出部分突出到紊流区中，如图 9 - 8（b）所示。当流体流过凸出部分时，在凸出部分的后面将引起旋涡，增加了能量损失，管壁的粗糙度将影响能量损失。这种管道称为水力粗糙管，简称粗糙管。

需要说明的是：对同一管道，当流速较低时，其层流底层的厚度 δ 可能大于 Δ；当流速较高时，其层流底层的厚度 δ 可能小于 Δ。因此同一根管道，在不同流速下，可能是光滑管也可能是粗糙管，要根据雷诺数 Re 和相对粗糙度 Δ/d 来确定。

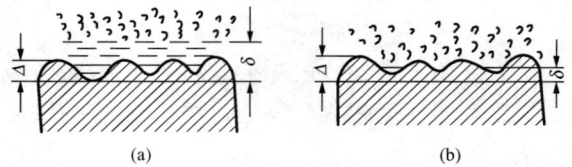

图 9 - 8　水力光滑和水力粗糙
（a）光滑管；（b）粗糙管

四、速度分布

讨论圆管中紊流时的速度分布时，一般将过渡区并入紊流区一同考虑。下面分别讨论层流底层和紊流区的速度分布。

在层流底层（$y < \delta$）中，由于层流底层厚度很小，一般认为速度分布按直线规律分布。

在紊流区（$y > \delta$）中，摩擦切应力 τ_v 一般可忽略，认为切应力 τ 等于附加切应力 τ_t，即

$$\tau = \tau_t = \rho l^2 \left(\frac{du}{dy}\right)^2 = \rho (ky)^2 \left(\frac{du}{dy}\right)^2$$

假设紊流区中的切应力 τ 大小不变，即取 $\tau = \tau_0 =$ 常数，τ_0 为管壁上的切应力，代入上式可得

$$\tau_0 = \rho (ky)^2 \left(\frac{du}{dy}\right)^2$$

或

$$\frac{du}{dy} = \frac{1}{ky}\sqrt{\frac{\tau_0}{\rho}} = \frac{u^*}{ky}$$

式中，$u^* = \sqrt{\dfrac{\tau_0}{\rho}}$，由于它具有速度的量纲，故称其为切应力速度。积分得

$$u = u^* \left(\frac{1}{k}\ln y + C\right) \tag{9 - 30}$$

式（9 - 30）中，速度 u 与坐标 y 之间是对数关系，所以称为对数流速分布，式中的常数 C 和 k 一般通过试验确定。

计算圆管中紊流的流速分布，还有一个更为方便的指数公式，即

$$\frac{u}{u_{max}} = \left(\frac{y}{r_0}\right)^{1/n} \tag{9 - 31}$$

由式（9-31）可求得平均流速 V 与最大流速 u_{max} 的关系为

$$V\pi r_0^2 = \int_0^{r_0} u2\pi(r_0-y)\mathrm{d}y = \int_0^{r_0} u_{max}\left(\frac{y}{r_0}\right)^{1/n} 2\pi(r_0-y)\mathrm{d}y$$

求解上式可得

$$\frac{V}{u_{max}} = \frac{2n^2}{(n+1)(2n+1)} \tag{9-32}$$

表 9-3 中给出了由试验测得的 n、V/u_{max} 和 Re 之间的关系。在对紊流进行计算时，根据流动的雷诺数，由表（9-3）确定 V/u_{max} 值，这样可通过测量管轴中心的最大速度 u_{max}，进而求出平均速度或流量。

由表 9-3 可以看出，随流动雷诺数 Re 的增大，V/u_{max} 随之增大，表明平均流速与管轴线上的最大流速愈接近，速度分布趋于均匀，从速度分布曲线上来看，曲线中心部分变得更加平坦，如图 9-9 所示。

表 9-3		比　值　换　算　表				
Re	4.0×10^3	2.3×10^4	1.1×10^5	1.1×10^6	2.0×10^6	3.2×10^6
n	6.0	6.6	7.0	8.8	10	10
V/u_{max}	0.791	0.808	0.817	0.849	0.865	0.865

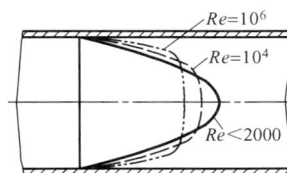

图 9-9　圆管中紊流与层流的速度剖面

第六节　沿程阻力系数的计算

层流和紊流时的沿程损失均可采用通用的达西公式（9-2）来计算，即

$$h_f = \lambda \frac{l}{d} \frac{V^2}{2g}$$

式中　λ——沿程阻力系数。

确定沿程阻力系数是沿程损失计算的关键，对于工程实际中最常见的紊流运动，由于紊流的复杂性，目前还不能像层流那样从理论上推导出紊流沿程阻力系数 λ 的公式，现有的方法仍然是根据经验或半经验公式来确定 λ。

一、沿程阻力系数的影响因素

在圆管层流运动中，沿程阻力系数公式为 $\lambda = \dfrac{64}{Re}$，即层流的 λ 仅与雷诺数有关，与管壁的粗糙度无关。在紊流中，λ 除与反映流动状态的雷诺数有关之外，由于管壁的凹凸不平会影响流动的紊乱程度，因此沿程阻力系数 λ 还与管壁面的粗糙度有关。由于当量粗糙度具有长度的量纲，分析不太方便，因而采用无量纲的相对粗糙度 Δ/d（或 Δ/r）作为影响沿程阻力系数的因素。由以上分析可知，影响紊流沿程阻力系数 λ 的因素包括雷诺数和相对粗糙度，即

$$\lambda = f(Re, \Delta/d)$$

二、尼古拉兹实验

为确定沿程阻力系数 $\lambda = f(Re, \Delta/d)$ 的变化规律，尼古拉兹在 1933 年进行了著名的实验。尼古拉兹将颗粒相同的砂粒均匀粘在不同管径圆管的内壁上，砂粒的直径可表示管壁的

当量粗糙度 Δ，这样就人工制成了许多不同相对粗糙度的管道。尼古拉兹的试验范围较大，雷诺数 $Re = 500 \sim 10^6$；相对粗糙度 $\Delta / d = 1 / 1014 \sim 1 / 30$。通过实验得到沿程阻力系数 λ 与雷诺数 Re 和相对粗糙度 Δ / d 间的关系，如图 9 - 10 所示。图中的纵坐标为 lg（100λ），横坐标为 lgRe，并以 Δ / d 为另一变量。根据 λ 的变化特性，可将图中曲线分成 5 个区域讨论。

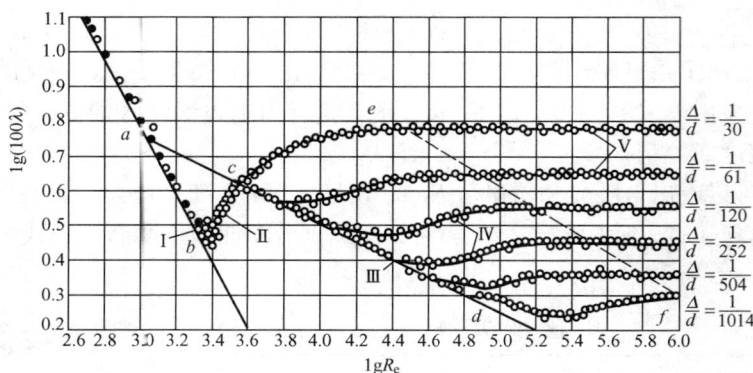

图 9 - 10 尼古拉兹实验成果曲线

Ⅰ. 层流区 $Re < 2000$（lg$Re < 3.30$）

在该区域，所有不同 Δ / d 的管道的实验点均落在直线 ab 上，说明层流运动时，沿程阻力系数 λ 与管壁的粗糙度 Δ / d 无关，仅与雷诺数 Re 有关，即 $\lambda = f(Re)$。直线 ab 的方程为

$$\lambda = \frac{64}{Re}$$

这与已知的理论结果完全一致。

Ⅱ. 层流到紊流的过渡区 $2000 < Re < 4000$（lg$Re = 3.30 \sim 3.60$）

该区域流动状态不稳定，可能是层流，也可能是紊流，实验数据分散，无明显规律，如图中曲线Ⅱ所示。

Ⅲ. 紊流水力光滑管区 $4000 < Re < 59.6 (r/\Delta)^{\frac{8}{7}}$

在该区域中，各种不同 Δ / d 的管道实验点均落在倾斜线 cd 上，说明在紊流水力光滑管区和层流区一样，沿程阻力系数 λ 仅与雷诺数 Re 有关，而与相对粗糙度 Δ / d 无关。这是由于层流底层的厚度较大，将管壁粗糙不平的高度完全掩盖。

在光滑管区，当 $4 \times 10^3 < Re < 10^5$ 时，勃拉休斯（H. Blasius）得出以下计算公式：

$$\lambda = \frac{0.3164}{Re^{0.25}} \tag{9 - 33}$$

在 $10^5 < Re < 3 \times 10^6$ 范围内，尼古拉兹结合普朗特的理论分析得到的公式为

$$\frac{1}{\sqrt{\lambda}} = 2\lg(Re\sqrt{\lambda}) - 0.8 \tag{9 - 34}$$

将式（9 - 33）代入沿程损失的公式中，可以证明：在紊流的水力光滑管区，沿程损失 h_f 与平均流速 $V^{1.75}$ 成正比。

Ⅳ. 紊流水力粗糙管过渡区 $59.6 (r/\Delta)^{\frac{8}{7}} < Re < 4160 (r/\Delta)^{0.85}$

随着雷诺数的增大，层流底层逐渐变薄，管内流体流动从水力光滑管变为水力粗糙管，进入水力粗糙管过渡区Ⅳ，即图中 cd 和 ef 线所包围的区域。该区域的实验点已脱离水力光

滑管区的 cd 线,不同相对粗糙度的管道各自独立成一条曲线。它表明,该区域的沿程阻力系数 λ 与雷诺数 Re 和相对粗糙度 Δ/d 有关,即 $\lambda = f(Re,\Delta/d)$。可按柯列布鲁克(C. F. Colebrook)提出的经验公式计算 λ,即

$$\frac{1}{\sqrt{\lambda}} = -2\lg\left(\frac{\Delta}{3.7d} + \frac{2.51}{Re\sqrt{\lambda}}\right) \qquad (9-35)$$

还可用洛巴耶夫(Б. И. ЛобаеВ)的经验公式:

$$\lambda = \frac{1.42}{\left[\lg\left(Re\,\frac{d}{\Delta}\right)\right]^2} = \frac{1.42}{\left[\lg\left(1.274\,\frac{q_V}{\nu\Delta}\right)\right]^2} \qquad (9-36)$$

Ⅴ. 紊流水力粗糙管平方阻力区　$Re > 4160(r/\Delta)^{0.85}$

紊流水力粗糙管平方阻力区Ⅴ位于图中 ef 线的右上方。在该区域内,不同 Δ/d 管道的实验曲线均为平行于横坐标的直线,说明沿程阻力系数 λ 仅与相对粗糙度 Δ/d 有关,而与雷诺数 Re 无关,即 $\lambda = f(\Delta/d)$。相同粗糙度的管道具有相同的 λ 值,沿程损失与平均流速的平方成正比,所以这个区域又称为平方阻力区。

平方阻力区的 λ 值可按尼古拉兹归纳的公式计算,即

$$\lambda = \frac{1}{\left(1.74 + 2\lg\frac{r}{\Delta}\right)^2} \qquad (9-37)$$

三、莫迪图

尼古拉兹实验曲线是由人工粗糙管道进行实验得到的,其实验结果与实际的工业管道有很大差别。莫迪(L. F. Moody)根据光滑管、粗糙管过渡区和平方阻力区中的 λ 经验公式,绘制出适用于工业管道的沿程阻力系数 λ 与雷诺数和相对粗糙度之间的关系曲线,称为莫迪图,如图 9-11 所示。莫迪图在国内外得到了广泛的应用,在我国采暖通风等工程设计中常被采用。

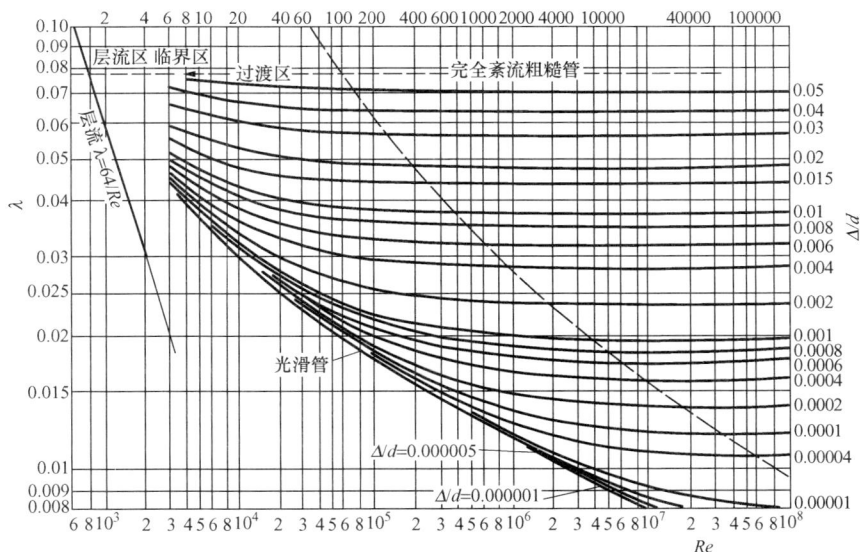

图 9-11　莫迪图

在计算沿程阻力系数时，应先判别流动处于哪个区域，然后应用相应的经验公式计算 λ 值。也可根据 Re 和 Δ/d 查莫迪图，直接确定 λ 值。

【例题 9-3】　输送石油的管道是长 $l=5000$m、直径 $d=250$mm 的旧无缝钢管，管路中质量流量为 $q_m=100$t/h，冬季运动黏度为 $\nu_w=1.09\times10^{-4}$m²/s，夏季运动黏度 $\nu_s=0.36\times10^{-4}$m²/s，油的密度为 885 kg/m³，试求沿程损失各为多少？

解　先判定流动状态。

体积流量　　　　　　$q_V=\dfrac{q_m}{\rho}=\dfrac{100\times10^3}{885}=113(\text{m}^3/\text{h})$

平均速度　　　　$V=\dfrac{4q_V}{\pi d^2}=\dfrac{4\times113}{\pi\times0.25^2\times600}=0.64(\text{m/s})$

雷诺数分别为

$$Re_w=\frac{Vd}{\nu_w}=\frac{0.64\times0.25}{1.09\times10^{-4}}=1467.9<2000\quad\text{为层流}$$

$$Re_s=\frac{\overline{V}d}{\nu_s}=\frac{0.64\times0.25}{0.36\times10^{-4}}=4444.4>2000\quad\text{为紊流}$$

进一步判别夏季石油在管道中流动时处于紊流的那个区域，查表 9-1 得旧无缝钢管的 $\Delta=0.19$。

$$59.6(r/\Delta)^{\frac{8}{7}}=59.6(125/0.19)^{\frac{8}{7}}=99082>4444.4$$

即 $4000<Re_夏<99082$，流动处于紊流光滑管区。

沿程损失分别为

冬季　　$h_f=\lambda\dfrac{l}{d}\dfrac{V^2}{2g}=\dfrac{64}{Re}\times\dfrac{l}{d}\times\dfrac{V^2}{2g}=\dfrac{64\times5000\times0.64^2}{1467.9\times0.25\times2\times9.8}=18.2(\text{m 油柱})$

夏季　　用勃拉休斯公式计算 λ。

$$\lambda=\frac{0.3164}{Re^{0.25}}=\frac{0.3164}{4444.4^{0.25}}=0.0388$$

$$h_f=\lambda\frac{l}{d}\frac{V^2}{2g}=0.0388\times\frac{5000}{0.25}\times\frac{0.64^2}{2\times9.8}=16.2\ (\text{m 油柱})$$

【例题 9-4】　输送空气（$t=20℃$）的旧钢管，管壁的当量粗糙度 $\Delta=1$mm，管道长 $l=400$m，管径 $d=250$mm，管道两端的静压强差 $\Delta p_f=9806$Pa，试求通过管道的空气流量 q_V 为多少？

解　因为是等直径管道，管道两端的静压强差就等于该管道中的沿程损失，即

$$\Delta p_f=\lambda\frac{l}{d}\frac{\rho V^2}{2}$$

$t=20℃$ 的空气，密度 $\rho=1.2$kg/m³，运动黏度 $\nu=15\times10^{-6}$m²/s。

管道的相对粗糙度 $\dfrac{\Delta}{d}=\dfrac{1}{250}=0.004$，由莫迪图试取 $\lambda=0.027$。

故　　　　　　$V=\sqrt{\dfrac{2d\Delta p_f}{\lambda l\rho}}=\sqrt{\dfrac{2\times0.25\times9806}{0.02\times400\times1.2}}=19.45(\text{m/s})$

雷诺数　　　　　$Re=\dfrac{Vd}{\nu}=\dfrac{19.45\times0.25}{15\times10^{-6}}=324167$

根据 Re 和 Δ/d 查莫迪图，得 $\lambda=0.027$，正好与试取的 λ 值相符，说明试取的 λ 值正

确。若两者不相符合，则以查得的 λ 作为试取值，按上述步骤重复计算，直至使莫迪图查得的 λ 值与试取值相符合为止。

管道中通过的流量为

$$q_V = V \frac{\pi d^2}{4} = 19.45 \times \frac{3.14 \times 0.25^2}{4} = 0.954 (\mathrm{m^3/s})$$

第七节　非圆形截面管道沿程损失的计算

工程中的大多数管道都是圆截面的，但也常用到非圆形截面的管道，如方形和矩形截面的风道和烟道、圆环形截面的管道和锅炉烟道中的管束等，如图 9-12 所示。大量的实验证明，非圆形截面管道的沿程损失（包括雷诺数）的计算仍可使用圆管的计算公式，但公式中的圆管直径 d 要用当量直径 d_e 来代替。则非圆形截面管道的沿程损失和雷诺数的计算公式为

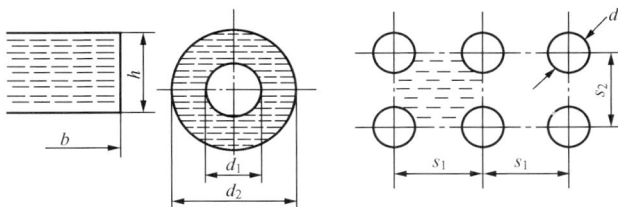

图 9-12　几种非圆形管道的截面

$$h_f = \lambda \frac{l}{d_e} \frac{V^2}{2g} \qquad (9-38)$$

$$Re = \frac{V d_e}{\nu} \qquad (9-39)$$

当量直径 d_e 可用式（8-15）计算，即

$$d_e = \frac{4A}{\chi} = 4R_h$$

式中　A——有效截面面积，$\mathrm{m^2}$；

　　　χ——湿周，即流体湿润有效截面的周界长度，m；

　　　R_h——水力半径，m。

实验表明，对于紊流来说，非圆形截面管道的截面形状越接近圆形，计算误差越小；反之，则误差越大。为避免计算误差过大，矩形截面的长边与短边之比不超过 8 倍，圆环形截面的大直径要大于小直径的 3 倍。对于层流来说，因为层流的流速分布不同于紊流，沿程损失不像紊流那样集中在管壁附近，所以，单纯用湿周大小来作为影响能量损失的主要外部因素，对层流来说就很不充分，因而，用当量直径计算非圆形截面管道层流的沿程损失时，将会造成较大误差。

【例题 9-5】　设空气在矩形钢板风道中流动，已知风道的断面尺寸为 $a \times b = 400\mathrm{mm} \times 200\mathrm{mm}$，管长 $l = 80\mathrm{m}$，钢板风道的当量粗糙度 $\Delta = 0.15\mathrm{mm}$，风道内的平均流速 $V = 10\mathrm{m/s}$。温度 $t = 20℃$ 时，空气的运动黏度 $\nu = 1.5 \times 10^{-5} \mathrm{m^2/s}$，密度 $\rho = 1.205\mathrm{kg/m^3}$。试求沿程压强损失 Δp_f。

解　矩形风道的当量直径为

$$d_e = \frac{2hb}{h+b} = \frac{2 \times 400 \times 200}{400 + 200} = 267 (\mathrm{mm})$$

雷诺数　　　$Re = \frac{V d_e}{\nu} = \frac{10 \times 0.267}{1.5 \times 10^{-5}} = 178000 > 2000$，为紊流

相对粗糙度
$$\frac{\Delta}{d_{\mathrm{e}}} = \frac{0.15}{267} = 5.62 \times 10^{-4}$$

根据 Re 和 Δ/d 查莫迪图得　$\lambda = 0.0195$

沿程压强损失 Δp_{f} 为

$$\Delta p_{\mathrm{f}} = \rho g h_{\mathrm{f}} = \lambda \frac{l}{de} \frac{\rho V^2}{2} = 0.0195 \times \frac{80}{0.267} \times \frac{1.205 \times 10^2}{2} = 352(\mathrm{Pa})$$

第八节　局部损失的分析和计算

如前所述,当黏性流体流过阀门、弯管和变截面管道等局部装置时,由于流动截面的突然改变,使流速的大小和方向发生改变,流体质点间的摩擦和碰撞加剧,并产生旋涡,从而使流体运动受到阻碍,造成局部阻力,因此而引起的能量损失称为局部损失。局部损失的计算公式为

$$h_{\mathrm{j}} = \zeta \frac{V^2}{2g}$$

计算局部损失的关键是确定局部阻力系数 ζ,局部阻力系数主要与局部管件的形状和尺寸有关。由于影响局部损失的因素很多,因此局部阻力系数 ζ 绝大多数都要根据试验确定,只有个别情况下能用理论分析的方法推导。

一、局部损失产生的原因

流体流过的局部装置有很多种情况,因此难以对局部损失的产生作一般的分析。下面以流体从小截面管道流向突然扩大的大截面管道(简称突然扩大)为例,说明局部损失产生的原因。

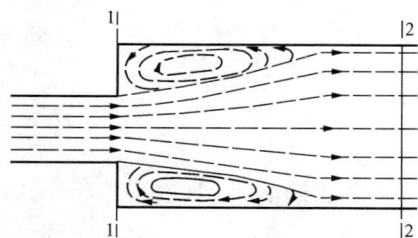

图 9-13　管道突然扩大的流线分布

如图 9-13 所示,流体流过突然扩大截面时,由于流体质点的惯性,流体的流动不能按照管壁的形状突然转折扩大,在管壁的拐角处出现主流与边壁的脱离现象,形成旋涡区。这时可将流动分成两个区域,即旋涡区和向前流动的主流。在旋涡区,流体质点在主流的带动下不断旋转,使旋涡区流体质点之间和流体质点与管壁间的摩擦加剧,造成一部分能量损失。同时,旋涡区的流体质点不断被主流带走,也不断有新的流体质点从主流中补充进来,即两个区域之间存在流体质点的动量和质量交换,造成流动阻力,又产生一部分能量损失。这些能量损失全部转化为热能而耗散,造成局部损失。

二、圆管突然扩大的局部损失计算

圆管突然扩大的局部损失可用理论分析的方法推导。如图 9-13 所示,圆管中流体流过突然扩大截面,取有效截面 1-1 在两管的结合面上,有效截面 2-2 取在突扩断面后流速分布恢复均匀的截面上。下面应用连续性方程、动量方程和伯努利方程推导突然扩大局部损失的公式。

根据连续性方程,有

$$V_2 = V_1 \frac{A_1}{A_2}, \quad V_1 = V_2 \frac{A_2}{A_1} \tag{9-40}$$

根据动量方程,可得

$$p_1 A_1 - p_2 A_2 + p(A_2 - A_1) = \rho q_V (V_2 - V_1)$$

式中，$p(A_2-A_1)$ 为突扩管凸肩处圆环形表面对流体的作用力。实验证实，$p \approx p_1$，代入上式可得

$$(p_1-p_2)A_2 = \rho q_V(V_2-V_1)$$

或
$$p_1-p_2 = \rho V_2(V_2-V_1) \tag{9-41}$$

列 1-1 和 2-2 截面的伯努利方程可得

$$\frac{p_1}{\rho g} + \frac{V_1^2}{2g} = \frac{p_2}{\rho g} + \frac{V_2^2}{2g} + h_w$$

假设 1-1 和 2-2 两截面相距较近，可忽略沿程损失 h_f，即认为 $h_w = h_j$，则有

$$h_j = h_w = \frac{p_1-p_2}{\rho g} + \frac{V_1^2-V_2^2}{2g} \tag{9-42}$$

将式（9-41）代入式（9-42），得

$$h_j = \frac{1}{g}V_2(V_2-V_1) + \frac{V_1^2-V_2^2}{2g} = \frac{(V_1-V_2)^2}{2g} \tag{9-43}$$

式（9-43）即为圆管突然扩大局部损失的计算公式，实验证实该式具有足够的准确性，可以在实际中应用。将式（9-40）分别代入式（9-43）中，可得

$$\left. \begin{aligned} h_j &= \left(1-\frac{A_1}{A_2}\right)^2 \frac{V_1^2}{2g} = \zeta_1 \frac{V_1^2}{2g} \\ h_j &= \left(\frac{A_2}{A_1}-1\right)^2 \frac{V_2^2}{2g} = \zeta_2 \frac{V_2^2}{2g} \end{aligned} \right\} \tag{9-44}$$

式中，$\zeta_1 = \left(1-\dfrac{A_1}{A_2}\right)^2$，$\zeta_2 = \left(\dfrac{A_2}{A_1}-1\right)^2$，$\zeta_1$ 和 ζ_2 为圆管突然扩大的局部阻力系数，分别相对于流速 V_1 和 V_2 而言。

当流体由管道流入面积较大的水池中时，由于 $A_2 \gg A_1$，故 $\zeta_1 \approx 1$，则管道出口的局部损失 $h_j = \dfrac{V_1^2}{2g}$，即管道出口的速度能全部耗散于池水中。

三、常用管件的局部阻力系数

工程中常用局部管件的局部阻力系数一般由试验确定，其数值可查有关的手册等。表9-4给出几种常用局部管件的局部阻力系数值。

表 9-4　　　　　　　　　　　　　局 部 阻 力 系 数

序号	名称	示 意 图	局部阻力系数（对应于图中箭头所示的流速值）
1	管子入口	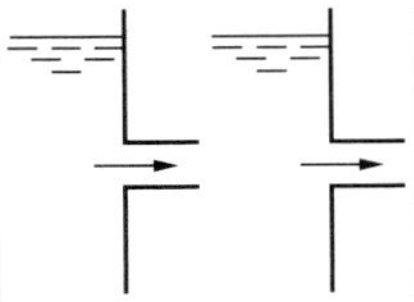	管口未作圆 $\zeta=0.5$ 管口略作圆 $\zeta=0.2\sim0.25$ 管口作圆（喇叭口）$\zeta=0.05$
2	管口出口	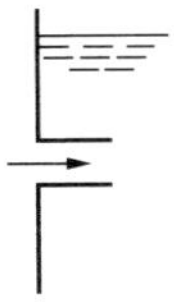	$\zeta=1.0$

序号	名称	示意图	局部阻力系数（对应于图中箭头所示的流速值）										
3	截面突然扩大	$v_1A_1d_1 \rightarrow v_2A_2d_2$	$\dfrac{A_1}{A_2}=\left(\dfrac{d_1}{d_2}\right)^2$	0	0.1	0.2	0.3	0.4	0.5	0.6	0.7	0.8	0.9	1.0
			ζ_1	1.0	0.81	0.64	0.5	0.36	0.25	0.16	0.09	0.04	0.01	0
			ζ_2	∞	81	16	5.44	2.25	1.0	0.444	0.184	0.062 5	0.012 3	0
4	截面突然缩小	$v_1\ A_1d_1 \rightarrow A_2d_2$	$\dfrac{A_1}{A_2}=\left(\dfrac{d_2}{d_1}\right)^2$	0	0.1	0.2	0.3	0.4	0.5	0.6	0.7	0.8	0.9	1.0
			ζ_2	0.5	0.45	0.4	0.35	0.3	0.25	0.2	0.15	0.1	0.05	0

5	大小头（管径逐渐扩大）	$d_1 \xrightarrow{v_1}\ \xrightarrow{v_2} d_2$	d_2/d_1	1.10		1.15		1.20		1.25		1.30		1.35		1.40
			ζ_1	0.05		0.07		0.10		0.12		0.15		0.17		0.20
			ζ_2	0.07		0.13		0.21		0.31		0.43		0.58		0.78
			d_2/d_1	1.45		1.50		1.60		1.70		1.80		1.90		2.00
			ζ_1	0.22		0.24		0.27		0.31		0.34		0.36		0.38
			ζ_2	0.98		1.22		—		—		—		—		—

6	大小头（管径逐渐缩小）	$d_1 \xrightarrow{v_1}\ \xrightarrow{v_2} d_2$	d_1/d_2	1.10		1.15		1.20		1.25		1.30		1.35		1.40
			ζ_1	0.06		0.08		0.10		0.12		0.15		0.18		0.22
			ζ_2	0.04		0.045		0.05		0.05		0.055		0.055		0.06
			d_1/d_2	1.45		1.50		1.60		1.70		1.80		1.90		2.00
			ζ_1	0.26		0.31		0.36		0.42		0.49		0.57		0.7
			ζ_2	0.06		0.065		0.07		0.07		0.075		0.075		0.08

7	流量孔板	$A_1\ A_2\ \xrightarrow{v_1}$	$\dfrac{A_2}{A_1}$	0.1	0.2	0.3	0.4	0.5	0.6	0.7	0.8	0.9	1.0
			ζ_1	226	47.8	17.8	7.8	3.75	1.8	0.8	0.29	0.06	0

8	闸阀		$\dfrac{h}{d}$	$\dfrac{1}{8}$	$\dfrac{1}{4}$	$\dfrac{3}{8}$	$\dfrac{1}{2}$	$\dfrac{5}{8}$	$\dfrac{3}{4}$	$\dfrac{7}{8}$	全开			
			ζ	97.8	17.0	5.52	2.06	0.81	0.26	0.07	0			

9	旋塞		α	5°	10°	15°	20°	25°	30°	35°	40°	50°	60°	70°
			ζ	0.05	0.29	0.75	1.56	3.10	5.47	9.68	17.3	52.6	206	486

序号	名称	示意图	局部阻力系数（对应于图中箭头所示的流速值）

10　进口滤网安装在水泵的吸水管入口

$$\zeta = (0.675 \sim 1.575)\left(\frac{A}{A_n}\right)^2$$

式中　A——圆管的面积；
　　　A_n——滤网所有孔眼的面积。
如果滤网具有止回阀（单向阀门）防止倒流，则 ζ 值如下表

管径 d（mm）	40	70	100	150	200	300	500	750
ζ	12	8.5	7	6	5.2	3.7	2.5	1.6

11　弯管

煨弯弯管 [弯曲半径为内径的 4.5～6 倍，$R = (4.6 \sim 6)\,d$]

θ	15°	30°	45°	60°	90°
ζ	0.025	0.04	0.06	0.08	0.1

焊接弯管（弯曲半径为 $DN+5D$，由 30°或 22°30′扇形节组成）

θ	30°	45°	60°～67.5°	90°
ζ	0.2	0.3	0.4	0.5

90°铸钢弯头（按连接管子内的流速计算）

公称直径 DN（mm）	80	100	125	150	175	200	225	250
ζ	0.34	0.35	0.47	0.43	0.42	0.42	0.42	0.38

12　流入嵌在壁上的管子

δ/d ＼ b/d	0	0.01	0.02	0.05	0.1	0.20	0.50	∞
0	0.50	0.68	0.73	0.80	0.86	0.92	1.00	1.00
0.02	0.50	0.52	0.53	0.55	0.60	0.66	0.72	0.72
0.03	0.50	0.51	0.51	0.52	0.54	0.57	0.61	0.61
0.04	0.50	0.51	0.51	0.51	0.51	0.52	0.53	0.53
∞	0.50	0.50	0.50	0.50	0.50	0.50	0.50	0.50

13　热补偿器

单波无导向管

双波带导向管

波形补偿器（按所连接管子内的流速计算）无导向管的波形补偿器

波数	所连接管子的公称直径 DN（mm）										
	100	125	150	175	200	250	300	350	400	450	500
单波	1.7	—	1.5	—	1.3	1.2	1.0	0.9	0.8	0.7	0.6
双波	3.4	—	3.0	—	2.7	2.3	2.0	1.8	1.6	1.4	1.3
三波	5.1	—	4.5	—	4.0	3.5	3.0	2.6	2.3	2.3	1.9
四波	6.8	—	6.0	—	5.2	4.8	4.0	3.5	3.2	2.8	2.5

带导向管的波形补偿器 ζ＝0.1（与波数无关）
套筒补偿器 ζ＝0.2～0.5

确定局部阻力系数时，有些局部管件前后的流速不一样，所选用的局部阻力系数要与速度相对应。一般来说，局部阻力系数是相对于局部管件后的速度。

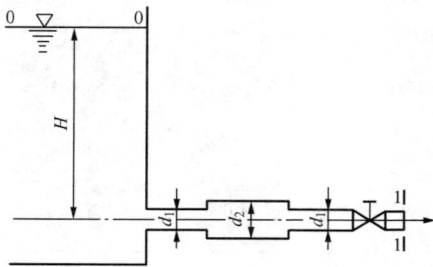

图 9-14　水平管道的流量计算
例题 9-6 图

以上讨论的都是单个管件的局部阻力系数，当两个管件非常靠近时，由于它们之间的相互影响，如果将两个管件的局部损失相叠加，则常较实际的损失要大。要准确确定两相邻管件的能量损失，则要通过试验确定。

【例题 9-6】　如图 9-14 所示，水从深 $H=16\text{m}$ 的水箱中经水平短管排入大气，管道直径 $d_1=50\text{mm}$，$d_2=70\text{mm}$，阀门的局部阻力系数 $\zeta_{阀门}=4.0$，忽略沿程损失，试求通过该水平短管的流量。

解　列 0-0 和 1-1 截面的伯努利方程

$$H+0+0=0+0+\frac{V_1^2}{2g}+(\zeta_{入口}+\zeta_{突扩}+\zeta_{突缩}+\zeta_{阀门})\frac{V_1^2}{2g}$$

由表 9-4 查得 $\zeta_{入口}=0.5$，$\zeta_{突扩}=0.24$，$\zeta_{突缩}=0.30$，故

$$V_1=\frac{1}{\sqrt{1+\zeta_{入口}+\zeta_{突扩}+\zeta_{突缩}+\zeta_{阀门}}}\times\sqrt{2gH}$$

$$=\frac{1}{\sqrt{1+0.5+0.24+0.30+4.0}}\times\sqrt{2\times9.806\times16}$$

$$=7.2(\text{m/s})$$

通过水平短管的流量

$$q_V=V_1\frac{\pi d_1^2}{4}=7.2\times\frac{\pi}{4}\times0.05^2=0.01413(\text{m}^3/\text{s})$$

第九节　总阻力损失的计算及减小措施

一、总阻力损失计算

工程中，管道系统一般由许多不同管径的管段组成，而且管道系统中又有许多局部阻力管件，如阀门、弯管、孔板等。这时，管道系统中流体的总能量损失为所有沿程损失和所有局部损失之和。即

$$h_\text{w}=\sum h_\text{f}+\sum h_\text{j}$$

或

$$h_\text{w}=\sum\lambda\frac{l}{d}\frac{V^2}{2g}+\sum\zeta\frac{V^2}{2g} \tag{9-45}$$

如果在整个管道系统中，各截面上的平均流速相同，则总阻力损失的计算公式可写为

$$h_\text{w}=\left(\sum\lambda\frac{l}{d}+\sum\zeta\right)\frac{V^2}{2g}=\zeta_0\frac{V^2}{2g} \tag{9-46}$$

式中，$\zeta_0=\sum\lambda\dfrac{l}{d}+\sum\zeta$ 称为总阻力系数。

二、减少阻力损失的措施

阻力损失是指：黏性流体流动中，摩擦阻力对流体作负功，这部分功最后变成其他形式的能量（热、声、振动等）而耗散掉。因此，阻力损失越大，能量的利用率越低，应采取措施减少阻力损失。

1. 减小沿程损失

圆管中沿程损失的计算公式为

$$h_{\mathrm{f}} = \lambda \frac{l}{d} \frac{V^2}{2g}$$

其中

$$\lambda = f(Re, \Delta/d)$$

分析上述两式，可以得到减小沿程损失的途径如下：

（1）减小管道长度 l。在满足工程需要和安全性的前提下，应尽可能采用直管，以减小管道长度。

（2）合理增大管径 d。管径增大后，平均流速相应降低，可以降低沿程损失。但管径增大后，将使管材消耗量增加，投资和维修费用增加。因此，要通过技术经济比较来合理选择管径。

（3）降低管壁的当量粗糙度 Δ。例如，对铸造管道，内壁面应打磨和喷砂以消除毛刺；通流部件（如泵与风机的叶轮等）检修时，通过打磨来降低粗糙度，减小沿程阻力系数。

（4）降低流体的黏度。如长距离的输油管道，可通过提高油温来降低黏度。

（5）尽可能采用圆管。在管道有效截面面积和其他流动条件相同的情况下，圆管的摩擦面积最小，沿程损失也最小。

（6）添加剂减阻。在液体中添加少量的添加剂（如高分子化合物、金属皂、分散的悬浮物等），通过改变流体的黏性来减少沿程损失。

2. 减小局部损失

局部损失的计算公式为

$$h_{\mathrm{j}} = \zeta \frac{V^2}{2g}$$

其中，局部阻力系数主要与局部阻力件的类型和边界形状有关。减少局部损失可以从以下两个方面着手：

（1）在允许的情况下，尽量减少局部阻力管件，以减少整个系统的局部阻力系数。

（2）改善局部阻力管件流动通道的边界形状，使流速的大小和方向的变化更趋平稳。常见的方法有以下几种：

管道进口：其阻力系数与进口边缘的形状有关。如光滑流线形进口比突缩锐缘进口的阻力系数几乎可以减小 90%。

弯管：弯管的局部阻力系数与弯管的中心角 θ、管径 d 和弯曲半径 R 有关。在中心角一定的条件下，适当增大弯曲半径和在弯道内安装导流叶片，如图 9-15 所示，可显著降低局部阻力系数。实验证实，选择合理的叶片形状，可使直角弯头的局部阻力系数由 1.1 降到 0.25。

三通管：可加装合流板和分流板，以减小局部阻力系数，如图 9-16 所示。

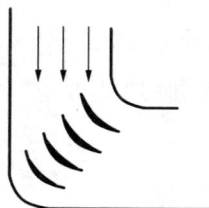

图 9-15 导流叶片

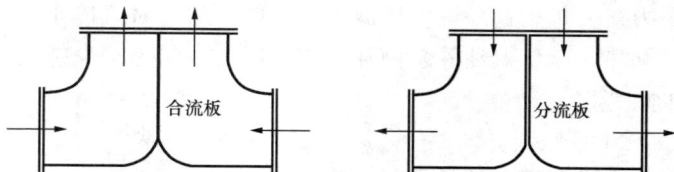

图 9-16 合流板和分流板

用渐扩管和渐缩管来代替突扩管和突缩管，使流速的变化更趋平稳，减小局部损失。

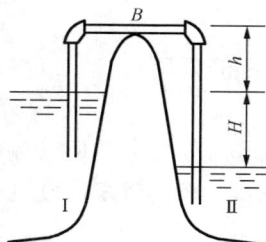

图 9-17 例题 9-7 图

【例题 9-7】 如图 9-17 所示，两水池水面具有一定的高度差 H，中间有一障碍物隔开。将一管道两端插入水池后，先将管中的空气排走，使管中充满液体。这时管道下降段中的水在重力的作用下向下流动，造成管中的最高点 B 处的真空，在高位水池液面上大气压强的作用下，通过管道的上升段将水吸入，形成了水从高位水池 I 连续地流向低位水池 II，这种现象称为虹吸现象，所使用的管道称为虹吸管。若已知管径 $d=100\text{mm}$，管道总长 $L=20\text{m}$，B 点以前的管道长 $L_1=8\text{m}$，虹吸管的最高点 B 至 I 水池水面的高度 $h=4\text{m}$，两水池水位高度差 $H=5\text{m}$，沿程阻力系数 $\lambda=0.04$，虹吸管进口的局部阻力系数 $\zeta_1=0.8$，出口局部阻力系数 $\zeta_2=1$，弯头的局部阻力系数 $\zeta_3=0.9$，试求引水流量 q_V 和最大吸水高度 h 值。假定当地大气压强 $p_{amb}=10^5\text{Pa}$，水温为 $20℃$。

解 （1）求虹吸管的引水流量。

列高位水池与低位水池自由液面的伯努利方程，可得

$$\frac{p_{amb}}{\rho g}+0+H=\frac{p_{amb}}{\rho g}+0+0+h_w$$

式中 p_{amb} 为大气压强，故有

$$H=h_w=\left(\lambda\frac{L}{d}+\sum\zeta\right)\frac{V^2}{2g}$$

代入得

$$5=\left(0.04\times\frac{20}{0.1}+0.8+2\times0.9+1\right)\frac{V^2}{2g}$$

虹吸管中的平均流速为 $V=2.91\text{m/s}$

虹吸管的引水流量为

$$q_V=V\frac{\pi d^2}{4}=2.91\times\frac{\pi\times0.1^2}{4}=0.0228(\text{m}^3/\text{s})$$

（2）虹吸管的最大高度 h。

列高位水池液面与虹吸管的最高点 B 的伯努利方程，可得

$$\frac{p_{amb}}{\rho g}=h+\frac{p_2}{\rho g}+\frac{V^2}{2g}+\left(\lambda\frac{L_1}{d}+\zeta_1+\zeta_3\right)\frac{V^2}{2g}$$

虹吸高度

$$h=\frac{p_{amb}-p_2}{\rho g}-\left(1+\lambda\frac{L_1}{d}+\zeta_1+\zeta_3\right)\frac{V^2}{2g}$$

虹吸管最高处 B 截面的压强 p_2 为虹吸管中的最小压强，故当 p_2 达到对应水温下的饱和压强 p_s 时，在 B 截面上水开始汽化，造成水断流，使虹吸管不能正常工作。水温 $t=20℃$

时的饱和压强 $p_s=2420\text{Pa}$，所以当 $p_2=2420\text{Pa}$ 时即为最大虹吸高度 $h_{\max}$。

最大虹吸高度

$$h = \frac{p_{amb} - p_s}{\rho g} - \left(1 + \lambda \frac{L_1}{d} + \zeta_1 + \zeta_3\right)\frac{V^2}{2g}$$

$$= \frac{100000 - 2420}{1000 \times 9.807} - \left(1 + 0.04 \times \frac{8}{0.1} + 0.8 + 0.9\right) \times \frac{2.91^2}{2g}$$

$$= 7.4(\text{m})$$

虹吸管工作时，只要虹吸高度低于最大虹吸高度，虹吸作用就不会破坏。

第十节　管道的水力计算

管道水力计算的目的在于设计合理的管道系统，尽量减小能量损失，最大限度地节省原材料。对于不同的管道系统，其计算方法是不同的，本节介绍管道系统的分类以及串联、并联和分支管道的特点。

一、管道系统的分类

1. 按能量损失的类型分类

长管：局部损失和速度水头之和与总阻力损失相比，其比例不足 5% 的管道系统，称为水力长管，简称长管。在长管的水力计算中，通常忽略局部损失。

短管：沿程损失和局部损失大小相近，在水力计算中，两者均要考虑的管道系统，称为水力短管，简称短管。

2. 按管道系统的结构分类

简单管道：管径和粗糙度均相同的一根或多根管子串联组成的管道系统，如图 9 - 18（a）所示。显然，当流体为不可压缩流体时，简单管道中各截面的流量和平均流速相同。

复杂管道：除简单管道以外的管道系统称为复杂管道，在复杂管道中不同管段的流量和平均流速一般不同。复杂管道又可分为以下四种类型：

（1）串联管道：不同直径或不同粗糙度的管段首尾连接所组成的管道系统，称为串联管道，如图 9 - 18（b）所示。

（2）并联管道：数个管段具有共同的起始点和汇合点，以并联连接的方式组成的管道系统，称为并联管道，如图 9 - 18（c）所示。

（3）分支管道：如图 9 - 18（d）所示，出流管段在主干管段的不同位置分流，分流后的液流不再与主流汇合，这类管道系统称为分支管道。例如给排水工程中的管系多属于分支管道。

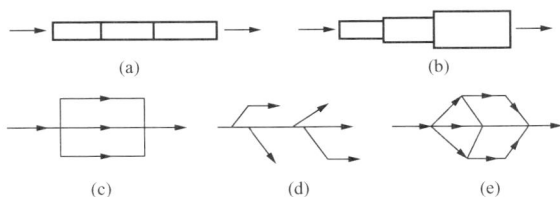

图 9 - 18　管道系统的分类

（4）网状管道：如图 9 - 18（e）所示，由不同管段所组成的不规则的闭合管路系统。

二、串联管道的特点

如图 9 - 19 所示，为一串联管道。串联管道有以下两个特点：

（1）根据连续性的原理，串联管道各管段的流量相同，对不可压缩流体则有

$$q_{V1} = q_{V2} = q_{V3} = \cdots = 常数$$

（2）串联管道总的能量损失等于各管段能量损失之和，即

$$h_w = h_{w1} + h_{w2} + h_{w3} + \cdots$$

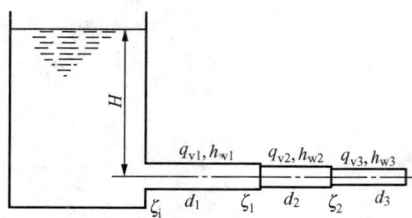

图 9 - 19　串联管道

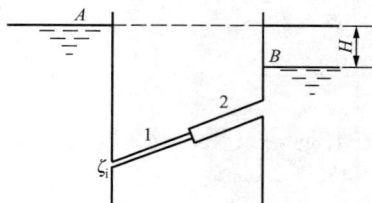

图 9 - 20　串联管道（例题 9 - 8 图）

【例题 9 - 8】　　如图 9 - 20 所示，用串联管道连接 A、B 两个水池，已知 $\zeta_1 = 0.5$，$l_1 = 350\text{m}$，$d_1 = 0.6\text{m}$，$\Delta_1 = 0.0015\text{m}$，$l_2 = 250\text{m}$，$d_2 = 0.9\text{m}$，$\Delta_2 = 0.0003\text{m}$，$\nu = 1 \times 10^{-6}\,\text{m}^2/\text{s}$，$H = 6\text{m}$，求通过该管道的流量 q_V。

解　列两容器自由液面的伯努利方程可得

$$H = h_w = \left(\zeta_1 + \lambda_1 \frac{l_1}{d_1}\right)\frac{V_1^2}{2g} + \frac{(V_1 - V_2)^2}{2g} + \left(\zeta_2 + \lambda_1 \frac{l_2}{d_2}\right)\frac{V_2^2}{2g}$$

由连续性方程可得

$$V_2 = V_1 \left(\frac{d_1}{d_2}\right)^2 = 0.445 V_1$$

将已知数据和上式代入伯努利方程中可解得

$$V_1^2 = \frac{6}{0.0515 + 25.49\lambda_1 + 2.686\lambda_2}$$

根据 $\Delta_1 / d_1 = 0.0025$，$\Delta_2 / d_2 = 0.00033$，由莫迪图试取 $\lambda_1 = 0.025$，$\lambda_2 = 0.015$ 代入上式，得

$$V_1 = 2.87\text{m/s}$$

将 $V_1 = 2.87\text{m/s}$ 代入连续性方程可得

$$V_2 = V_1 \left(\frac{d_1}{d_2}\right)^2 = 0.445 V_1 = 1.28\text{m/s}$$

根据 $V_1 = 2.87\text{m/s}$ 和 $V_2 = 1.28\text{m/s}$ 重新计算雷诺数，可得

$$Re_1 = \frac{V_1 d_1}{\nu} = \frac{2.87 \times 0.6}{1 \times 10^{-6}} = 1.72 \times 10^6$$

$$Re_2 = \frac{V_2 d_2}{\nu} = \frac{1.28 \times 0.9}{1 \times 10^{-6}} = 1.15 \times 10^6$$

根据 $\Delta_1 / d_1 = 0.0025$，$\Delta_2 / d_2 = 0.00033$ 和 $Re_1 = 1.72 \times 10^6$，$Re_2 = 1.15 \times 10^6$，再由莫迪图查得 $\lambda_1 = 0.025$，$\lambda_2 = 0.016$。可求得新的 $V_1 = 2.86\text{m/s}$，于是可求得流量为

$$q_V = V_1 \frac{\pi d_1^2}{4} = 2.86 \times \frac{\pi}{4} \times 0.6^2 = 0.808(\text{m/s})$$

三、并联管道的特点

如图 9 - 21 所示，三个并联支管组成的并联管道系统，并联管道具有以下两个特点：

（1）并联总流量等于各支管流量之和，对不可压缩流体，则有

$$q_V = q_{V1} + q_{V2} + q_{V3}$$

（2）对并联管道而言，各并联支管具有相同的起始点 a 和汇合点 b，即每一条并联支管

的两端具有共同的总能头。根据伯努利方程，各并联支管的能量损失应等于各管道两端的总
能头之差。所以，各并联支管的能量损失相同，且等于并联管道的总损失，即

$$h_w = h_{w1} = h_{w2} = h_{w3}$$

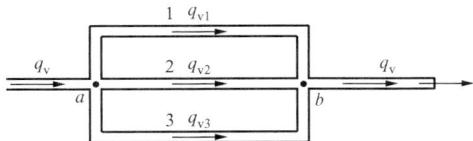

图 9-21　并联管道

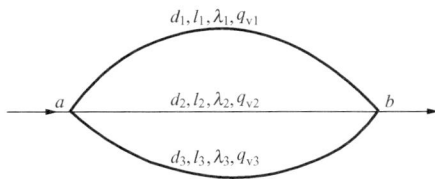

图 9-22　并联管道（例题 9-9 图）

【例题 9-9】　如图 9-22 所示，为一并联管道系统。已知 $q_V = 300 \text{m}^3/\text{h}$，$d_1 = 100 \text{mm}$，$l_1 = 40 \text{m}$，$d_2 = 50 \text{mm}$，$l_2 = 30 \text{m}$，$d_3 = 150 \text{mm}$，$l_3 = 50 \text{m}$，$\lambda_1 = \lambda_2 = \lambda_3 = 0.03$。局部损失不计，试求各支管的流量 q_{V1}、q_{V2}、q_{V3} 及并联管道中的能量损失 h_w。

解　根据并联管道的特点，有

$$q_V = q_{V1} + q_{V2} + q_{V3} \tag{a}$$

和

$$h_{f1} = h_{f2} = h_{f3}$$

因此有

$$\lambda_1 \frac{l_1}{d_1} \frac{V_1^2}{2g} = \lambda_2 \frac{l_2}{d_2} \frac{V_2^2}{2g} = \lambda_3 \frac{l_3}{d_3} \frac{V_3^2}{2g}$$

将已知数据代入上式，其中 $V_1 = \dfrac{4q_{V1}}{\pi \times 0.1^2}$，$V_2 = \dfrac{4q_{V2}}{\pi \times 0.05^2}$，$V_3 = \dfrac{4q_{V3}}{\pi \times 0.15^2}$，整理可得

$$9898.98 q_{V1} = 238873.79 q_{V2} = 1634.8 q_{V3}$$

即

$$q_{V2} = 0.2 q_{V1} \text{ 和 } q_{V3} = 2.46 q_{V1} \tag{b}$$

将式（b）代入式（a）中，得

$$q_V = 3.66 q_{V1}$$

所以

$$q_{V1} = \frac{q_V}{3.66} = \frac{300}{3.66} = 81.97 (\text{m}^3/\text{h})$$

$$q_{V2} = 0.2 q_{V1} = 16.36 \text{m}^3/\text{h}$$

$$q_{V3} = 2.46 q_{V1} = 201.65 \text{m}^3/\text{h}$$

并联管道的能量损失为

$$h_w = h_{f1} = \lambda_1 \frac{l_1}{d_1} \frac{V_1^2}{2g} = 0.03 \times \frac{40}{0.1} \times \frac{1}{2 \times 9.806} \times \left(\frac{4 \times 81.97}{3600\pi \times 0.1^2}\right)^2 = 5.15 (\text{m})$$

四、分支管道的特点

油库、泵站的输油和给水管道，常常是将流体从一处送往多处，属于分支管道。分支管道相当于串联管道的复杂情况。所以，它具备串联管道的特点，即各节点处出、入的流量平衡；沿一条管线上的总能量损失为各管段损失之和。

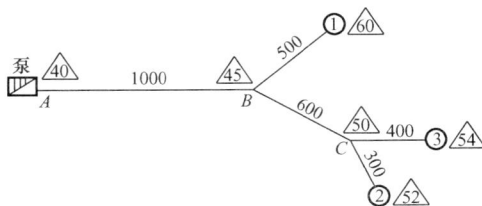

图 9-23　分支管道

分支管道如图 9-23 所示，计算内容一般包括：

（1）根据管线布置选定主干线，一般从起点到最远点为主干线。

（2）按各终点流量要求，从末端往前推，确定各管流量。

（3）根据流量及合理流速，选定各管段直径。

（4）计算干线各管段能量损失，确定干线上各节点处的压强，进而推算出起点压强，以确定泵压或罐塔高度。

（5）以算出的节点压强为准，确定各支管的能量损失，再根据选定的管径校核能量损失。对比后如相差过大，需重选支管管径。

复 习 思 考 题

9-1 雷诺数 Re 的物理意义是什么？为什么它能判别流动状态？在工程中，如何根据雷诺数来判别流动状态？

9-2 不同黏性的流体分别流过相同管径的管道时，它们的临界雷诺数是否相同？临界流速是否相同？

9-3 输水管道的流量一定时，随管径的增加，雷诺数是增加还是减少？

9-4 能量损失分哪几种类型？说明它们产生的原因。

9-5 试比较圆管中层流和紊流的流动特征、切应力组成、速度分布和切应力分布等。

9-6 何谓时间平均流速？研究紊流流动时，引入时间平均流速的必要性是什么？在紊流流动中，流场中某点的流动速度 $u = u(t)$，是否说明时均速度也一定与时间有关？

9-7 何谓层流底层？层流底层厚度与哪些因素有关？

9-8 何谓水力光滑管和水力粗糙管？两者各有什么特点？管内流速变化时，同一根管道可否既是水力光滑管又是水力粗糙管？

9-9 计算沿程损失时，可将流动分为哪几个区域？各区域的沿程阻力系数 λ 与哪些因素有关？若两根管道的管径和当量粗糙度相同，但流体种类不同，则其沿程阻力系数是否一定不同？

9-10 如何确定紊流中的沿程阻力系数？

9-11 黏性流体流过突然扩大截面时，局部损失产生的原因。

9-12 非圆截面管道的当量直径是怎样定义的？引入当量直径的目的是什么？

9-13 对于由数个管段和多个管道附件组成的管道系统，其总能量损失如何计算？要减小总能量损失，应采取哪些措施？

9-14 说明串联管道和并联管道的特点。

9-15 如图9-24所示，黏性流体作定常流动，若两根管道的管长分别为 L 和 $2L$，管径分别为 d 和 $2d$，试比较两管中的流速 V_1 和 V_2 以及流量 q_{V1} 和 q_{V2} 的大小。

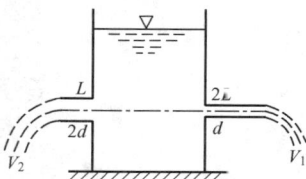

图9-24 思考题9-15图

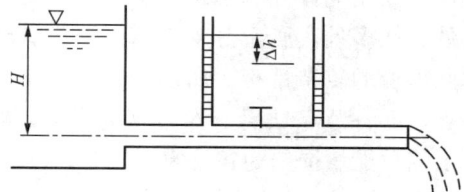

图9-25 思考题9-16图

9-16 管道流动装置如图9-25所示，说明两测压管液面差 Δh 代表的意义。当阀门关小时，液面差 Δh 如何变化？

习 题

9-1 试确定在直径 $d=300\text{mm}$ 的圆管中的流动状态：①15℃的水以 1.07m/s 的速度流动；②15℃的重油以同样的流速流动，重油的运动黏度 $\nu=2.03\times10^{-4}\text{m}^2/\text{s}$。

9-2 水的温度为 10℃，在直径 $d=100\text{mm}$ 的圆管中流动，试判断流速分别为0.25m/s 及 1.0m/s 时的流动状态。

9-3 有一矩形风道，截面尺寸为 300mm×250mm，输送 20℃的空气，试求流动保持层流流态的最大流量。

9-4 管径为 254mm 的输水管道，在层流状态下的平均流速为 1m/s，求轴心处的最大流速。此平均流速相当于半径为多大处的流动速度？

9-5 流体力学实验室做沿程阻力实验时，在管道上相距 10m 的两测点读到的测压管的高度差为 2m，流量计测得此时的流量为 1.0L/s，直径 $d=50\text{mm}$，求沿程阻力系数为多少？

9-6 直径 $d=50\text{mm}$ 的黄铜管，密度 $\rho=850\text{kg/m}^3$ 的液体在管中作层流流动，在 10m 长的管段上产生的压强降 $\Delta p=300\text{Pa}$，液体的流量为 $q_V=0.002\text{m}^3/\text{s}$，求液体的动力黏度。

9-7 水管的直径 $d=200\text{mm}$，管中水的流量 $q_V=1.36\times10^{-4}\text{m}^3/\text{s}$，水温 $t=10℃$。求在管长 $L=32\text{m}$ 上的沿程损失。

9-8 水流过一渐缩圆管，若已知进、出口直径比 $d_1/d_2=1.5$，求两截面雷诺数之比 Re_1/Re_2 为多少？

9-9 半径为 r_0 的圆管中流体流动处于层流状态，当某点的实际流速恰好等于管内平均流速时，其位置距管轴中心线的距离 r 等于多大？

9-10 水管直径 $d=250\text{mm}$，长 $l=300\text{m}$，管壁当量粗糙度 $\Delta=0.25\text{mm}$。已知流量 $q_V=0.095\text{m}^3/\text{s}$，运动黏度 $\nu=1\times10^{-6}\text{m}^2/\text{s}$，求沿程损失。

9-11 电厂中正常工作条件下的焊接钢管，直径 $d=250\text{mm}$，管壁当量粗糙度 $\Delta=0.3\text{mm}$，水的运动黏度 $\nu=1.5\times10^{-6}\text{m}^2/\text{s}$，试求在下列几个水流速度下的沿程阻力系数 λ 值：①$V=10\text{mm/s}$；②$V=0.15\text{ m/s}$；③$V=2.5\text{m/s}$；④$V=6.5\text{m/s}$。

9-12 水力光滑管中的沿程阻力系数公式 $\lambda=\dfrac{0.3164}{Re^{0.25}}$，试证明：使用该公式时，沿程损失正比于 $V^{7/4}$。

9-13 设有两条材料不同而直径均为 100mm 的水管，其中一个为钢管（$\Delta=0.46\text{mm}$），另一个为旧生铁管（$\Delta=0.75\text{mm}$），两条水管通过的流量均为 20L/s，水温 $t=15℃$，试分别计算两管的沿程阻力系数。

9-14 圆管和正方形管道的断面面积、长度、相对粗糙度均相等，且通过的流量相同，试求两种形状管道沿程损失之比：①管流为层流；②管流为紊流粗糙区。

9-15 温度 $t=20℃$ 的空气在 1m×1.4m 的矩形管道中流动，若通过的流量 $q_V=10^5\text{m}^3/\text{h}$，管壁的当量粗糙度 $\Delta=1\text{mm}$，试求在管长 $l=60\text{m}$ 上的沿程压强损失 Δp_f。

9-16 两水池间的水位差保持为 50m，用一根长为 4000m、直径为 $d=200\text{mm}$ 的铸铁管连通，管内水流在阻力平方区，不计局部损失，求管道中的流量。

9-17   烟囱直径 $d=1m$，烟气流量 $q_V=7.14m^3/s$，烟气密度 $\rho=0.7kg/m^3$，外界大气密度 $\rho_0=1.2kg/m^3$，烟道的沿程阻力系数 $\lambda=0.035$，为保证烟囱底部截面上有 100Pa 真空，烟囱高度应为多少？

9-18   图 9-26 所示为一突然扩大管道，其管径由 $d_1=50mm$ 突然扩大到 $d_2=100mm$，管中通过流量 $q_V=16m^3/h$ 的水。在截面改变处插入一差压计，其中充以四氯化碳（$\rho=1600kg/m^3$），读得的液面高度差 $h=173mm$。试求管径突然扩大处的局部阻力系数，并将求得结果与理论计算的结果相比较。

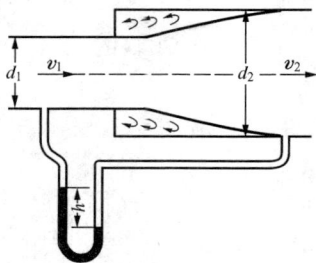

图 9-26 习题 9-18 图   图 9-27 习题 9-19 图

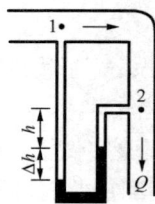

9-19   如图 9-27 所示，用 U 形管差压计测量弯管的局部阻力系数。已知管径 $d=0.25m$，水流量 $q_V=0.04m^3/s$，U 形管内的工作液体为四氯化碳，密度 $\rho=1600kg/m^3$，U 形管左右两侧液面的高度差 $\Delta h=70mm$，求局部阻力系数 ζ。

9-20   流速由 V_1 变到 V_2 的突然扩大管，如分为两次扩大，如图 9-28 所示，中间流速 V 取何值时，总的局部损失为最小？此时的局部损失为多少？并与一次扩大进行比较。

9-21   已知突然扩大前、后测压管高度差 $\Delta h=0.2m$，且 $d_1=25mm$，$d_2=50mm$，如图 9-29 所示，不计沿程损失，求管中的流量 q_V。

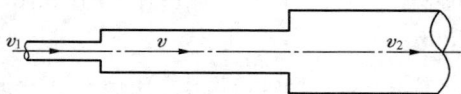

图 9-28 习题 9-20 图   图 9-29 习题 9-21 图

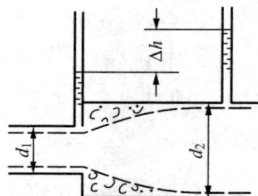

9-22   水沿垂直等直径管道向上流动，管径 $d=50mm$，如图 9-30 所示，设水流速度在有效截面上均匀分布，其值为 3m/s，沿程阻力系数 $\lambda=0.025$，U 形测压管内的液体是四氯化碳（$\rho=1600kg/m^3$），求测压管的读数 Δh 值。

9-23   为测定 90°弯管的局部阻力系数 ζ 值，可采用如图 9-31 所示的装置。已知 AB 段管长为 10cm，管径为 50mm，沿程阻力系数 $\lambda=0.03$，通过的流量为 2.74L/s，测得 1、2 两测压管的水面高差 h 为 62.9cm。试求弯管的局部阻力系数 ζ。

9-24   水箱 A 中的水在压强 $p_0=19612Pa$（相对压强）的作用下，从水箱 A 中流到敞口水箱 B 中，如图 9-32 所示。设 $H_1=10m$，$H_2=2m$，$H_3=1m$，管径 $d=100mm$，$D=200mm$，阀门的局部阻力系数 $\zeta=4$，三个 90°铸钢弯头 $\zeta=0.35$，由于输水管较短，所以沿

程损失可不计，试求水的流量。

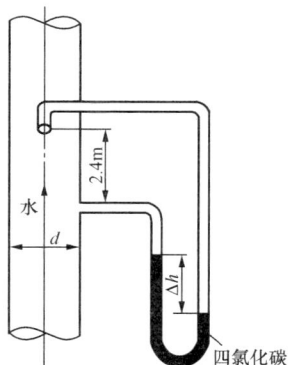
图 9 - 30 习题 9 - 22 图

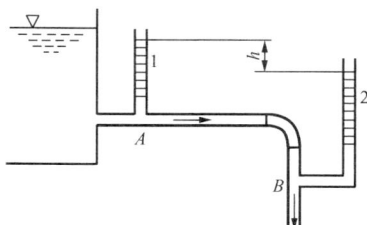
图 9 - 31 习题 9 - 23 图

9 - 25 水流通过一垂直放置的逐渐扩大的局部装置，如图 9 - 33 所示，已知流量 $q_V=0.057\mathrm{m^3/s}$，上压力表读数为 69kPa，下压力表读数 138kPa，两块压力表间的距离 $H=1.5\mathrm{m}$，管径 $d_1=75\mathrm{mm}$，$d_2=150\mathrm{mm}$，求该局部装置的局部阻力系数。

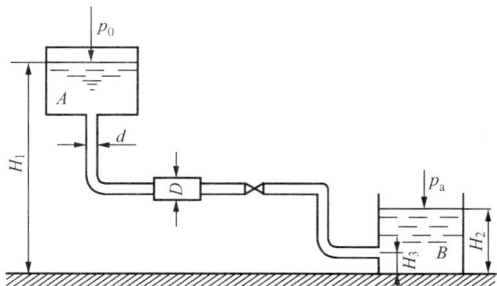
图 9 - 32 习题 9 - 24 图

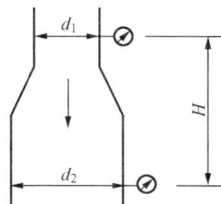
图 9 - 33 习题 9 - 25 图

9 - 26 水平输水管道各部分尺寸如图 9 - 34 所示，已知水箱水位 $H=5\mathrm{m}$，水箱上压力表读数 $p_e=892.24\mathrm{kPa}$，阀门的局部阻力系数 $\zeta_门=4.0$，喷嘴局部阻力系数 $\zeta_n=0.06$，管道的沿程阻力系数 $\lambda=0.025$，求通过管道的流量。

9 - 27 一封闭油箱向开式油箱供油，管道布置如图 9 - 35 所示。油箱上压强计的读数为 980Pa，管长 $l=10\mathrm{m}$，管径 $d=100\mathrm{mm}$，管壁当量粗糙度 $\Delta=0.25\mathrm{mm}$，油的运动黏度 $\nu=15\times10^{-6}\mathrm{m^2/s}$，$\rho=816\mathrm{kg/m^3}$，$\zeta_{弯头}=0.4$，若供油量为 $42\mathrm{m^3/h}$，大气压强为 98060Pa，求油箱的液面差 H。

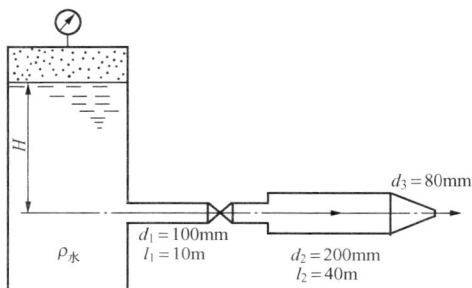
图 9 - 34 习题 9 - 26 图

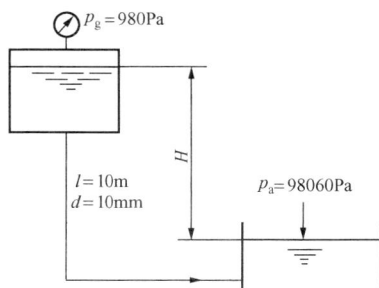
图 9 - 35 习题 9 - 27 图

9-28 离心泵输送水的流量 $q_V=50\text{m}^3/\text{h}$，水温为 60℃，水泵吸水管直径 $d=100\text{mm}$，长度 $L=6\text{m}$，具有两个 60°弯头（$\zeta_1=0.42$）和一个带滤网的低阀（$\zeta_2=6$），如图 9-36 所示。管道沿程阻力系数 $\lambda=0.023$，要求水泵进口前的绝对压强不得低于 39kPa，当地大气压强为 760mmHg，求水泵中心在水池水面的最大几何高度 H_1。

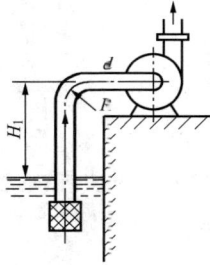

9-29 在水箱中装有直径 $d=100\text{mm}$ 和总长度 $l=10\text{m}$ 的虹吸溢流管，若管子的出口截面低于箱内水位 $H=4\text{m}$，管道具有两个 90°焊接弯头和一个阀门（$\zeta=6.9$），沿程阻力系数 $\lambda=0.025$，如图 9-37 所示，试确定虹吸管的流量。若管道入口至截面 A 的管长为 5m，该截面的中心高于水箱水位 $h=1.5\text{m}$，试求截面 A 处的真空值。

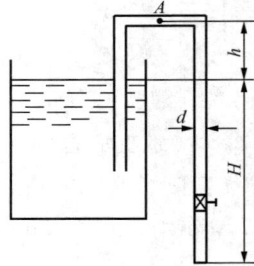

图 9-36 习题 9-28 图　　　　　　图 9-37 习题 9-29 图

9-30 流量 $q_V=1.05\text{m}^3/\text{s}$ 的原油（$\nu=7.5\times10^{-4}\text{m}^2/\text{s}$），沿长度为 $l=2438\text{m}$ 的水平管道流动，设管壁当量粗糙度 $\Delta=1.2\text{mm}$，若允许的最大阻力损失为 65.5m 油柱，试确定该管道的直径。

9-31 两个长管道并联连接在两个大容器的液面以下，这两个大容器的液面差为 H，其中一个管道的直径是另一个管道直径的两倍，假定这两个管道的沿程阻力系数相同，忽略局部损失，求通过这两个管道的流量比。

9-32 有一管道系统如图 9-38 所示。已知 $d_1=150\text{mm}$，$l_1=25\text{m}$，$\lambda_1=0.037$；$d_2=125\text{mm}$，$l_2=10\text{m}$，$\lambda_2=0.039$；$d_3=100\text{mm}$。各局部阻力系数 $\zeta_{进口}=0.5$，$\zeta_{缩}=0.15$，$\zeta_{阀}=2.0$，$\zeta_{管嘴}=0.1$（各局部阻力系数均相对于局部装置后的流速而言）；流量 $q_V=90\text{m}^3/\text{h}$，求水流需要的水头 H 值。

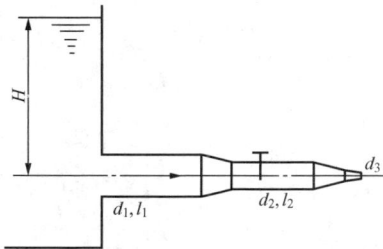

9-33 有一并联管道，已知 $d_1=125\text{mm}$，$l_1=50\text{m}$，$d_2=200\text{mm}$，$l_2=45\text{m}$，$\lambda_1=\lambda_2=0.025$，如图 9-39 所示。若水管的总流量 $q_V=450\text{m}^3/\text{h}$，局部损失不计，求各支管中的流量 q_{V1} 和 q_{V2} 及并联管道中的能量损失。

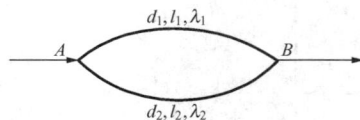

图 9-38 习题 9-32 图　　　　　　图 9-39 习题 9-33 图

第十章 边界层概述

在 20 世纪之前，对于黏性流体流动的研究，由于要考虑黏性力的作用，因此，很难用理论分析的方法得出结论，限制了理论流体力学的发展。直到 1904 年德国科学家普朗特提出了边界层理论，不仅使许多流体力学问题得到解决，更为重要的是，为近代流体力学的发展开辟了新的途径，推动了流体力学的发展，本章主要讲述边界层的基本概念和理论。

第一节 边界层的基本概念

普朗特在黏性流体流过固体壁面的实验研究中，发现在大雷诺数流动情况下，紧靠固体壁面存在一流体薄层，流体薄层内的流速从零迅速增加到与来流速度 V_∞ 相同的数量级，说明在该薄层内流速的变化很大。而在这一薄层以外，流速的变化很小。普朗特将靠近固体壁面流速从零迅速增大到与来流速度相同数量级的流体薄层定义为边界层。

由牛顿内摩擦定律可知，沿流速的法线方向上速度变化越大，则速度梯度越大，黏性力也越大。反之，黏性力越小。因此，普朗特认为：在大雷诺数情况下，黏性流体绕物体流动时，黏性对流动的影响仅限于在边界层以内。在边界层以外，黏性的影响可以忽略不计。这样可以将大雷诺数下流体绕流物体表面的流场分为三个流动区域，即边界层、外部势流区和尾涡区，如图 10 - 1 所示。

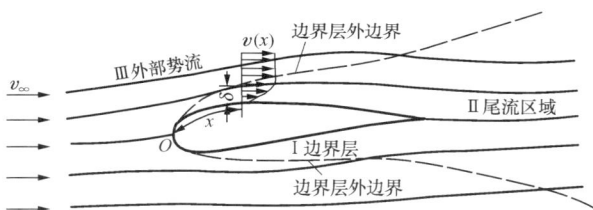

图 10 - 1 翼型上的边界层

需要指出的是，边界层和外部势流区的分界线是人为规定的，通常规定边界层外边界上的速度达到层外势流速度的 99%。边界层的厚度取决于雷诺数的大小，雷诺数越大，边界层就越薄；反之，边界层越厚。

在边界层和尾涡区以内，黏性力和惯性力具有相同的数量级，黏性力不能忽略，属于黏性流体的有旋流动区域。在边界层以外，速度梯度很小，即使黏性较大的流体也表现出很小的黏性力，流体受到的力主要是惯性力，所以可将边界层以外的流动看作是理想流体的势流区域。这样，对整个流场的研究就转变成对这三个流动区域的研究，为流体力学的研究开辟了一条新的途径。

实验表明，起始的边界层厚度很小，沿流动方向厚度不断增大。如图 10 - 2 所示，以平板的边界层为例，边界层开始于平板的顶端，越往下游，边界层厚度越大。在边界层的前部，由于厚度很小，因此黏性力的作用更大，使边界层内的流动状态保持为层流，若整个边

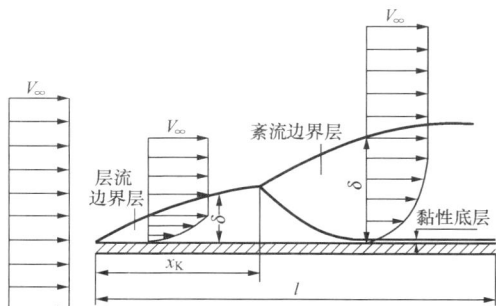

图 10 - 2 边界层的概念

界层内全部为层流，称为层流边界层。在一般情况下，随边界层厚度的增加，边界层内的流动状态由层流变为紊流，这种起始部分为层流，而后变为紊流的边界层称为混合边界层。在混合边界层的层流区和紊流区之间还有一个过渡区，而在紊流边界层内，仍存在极薄的层流底层。

判别边界层内是层流还是紊流的准则数仍为雷诺数，雷诺数中表示几何特征长度的参数，为边界层内某一点至平板前缘点的距离 x，速度取来流速度 V_∞，即

$$Re_x = \frac{V_\infty x}{\nu} \tag{10-1}$$

对于混合边界层，将层流转变为紊流的状态点（$x = x_k$）称为边界层的转折点，该点的雷诺数称为临界雷诺数。实验证明，对于平板的边界层而言，临界雷诺数 $Re_x = 5 \times 10^5 \sim 3 \times 10^6$。临界雷诺数的大小与边界层外流动的紊流程度、物体壁面的粗糙度等因素有关。研究表明，增加边界层外的紊流度和壁面的粗糙度，都会使临界雷诺数降低，即转折点前移，使层流边界层提前转变为紊流边界层。

通过以上的分析，得出边界层具有以下基本特征：

（1）沿边界层的厚度方向，存在很大的速度梯度。

（2）边界层的厚度沿流动方向逐渐增加。

（3）与物体的特征长度相比，边界层的厚度很小。

（4）由于边界层的厚度很薄，可以认为边界层的同一截面上压强相等并等于外边界上的压强。

（5）在边界层内，黏性力和惯性力具有同一数量级，两者都不能忽略。而在边界层以外，黏性力可以忽略。

（6）边界层内的流态，也有层流和紊流两种流动状态。

第二节　曲面边界层的分离和卡门涡街

当不可压缩流体纵向流过薄平板时，在整个势流流场中压强和流速均保持为常数，在边界层的外边界上各点的压强和速度也是相同的。由于边界层内的压强取决于边界层外缘的压强，因此整个平板边界层内的压强保持不变。而当黏性流体流过曲面物体时，边界层内的压强沿流程将发生变化，边界层有可能在曲面的某个位置上脱离物体表面，并在物体表面附近出现与主流方向相反的回流，这种现象称为边界层的分离现象。

一、曲面边界层的分离现象

如图 10-3 所示，黏性流体流过曲面物体，来流速度为 V_∞。流体质点从 O 点到 M 点的流动过程是加速的，M 点之后是减速的，在 M 点上流速最大，压强最小。由伯努利方程可知，在 M 点之前，压强沿流程逐渐减小，即 $\frac{\mathrm{d}p}{\mathrm{d}x} < 0$，为降压加速区；$M$ 点以后，压强沿流程逐渐增大，$\frac{\mathrm{d}p}{\mathrm{d}x} > 0$，为减速增压区。

在边界层内的流动中，流体质点要受惯性力、黏性力和压力梯度三者的共同作用，

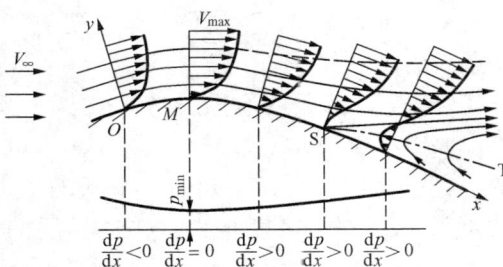

图 10-3　边界层分离示意图

其中黏性力总是对流动起阻滞作用，使流动减速。在加速降压区中，流体质点虽然受到黏性力的阻滞作用，但由于流体的部分压强势能转变为流体动能，从而保证边界层内的流体质点有足够的动能克服黏性摩擦，顺利流往下游。但在减速增压区，流体质点不仅受到黏性力的作用而损耗动能，而且流体的部分动能还要转变为压强势能，流速迅速降低，使边界层不断增厚。当流到某一点 S 时，靠近物体壁面的流体微团的动能已被消耗尽，这部分流体微团就停滞不前。跟着而来的流体微团也将同样停滞下来，以致越来越多的流体微团在物体壁面和主流之间堆积起来。与此同时，在 S 点之后，压强的继续升高将使这部分流体微团被迫反方向逆流，并迅速向外扩展，主流被挤得离开了物体壁面，造成边界层的分离。S 点称为边界层的分离点，在 ST 线上一系列流体微团的速度等于零，成为主流和逆流之间的间断面。由于间断面的不稳定性，很小的扰动就会引起间断面的波动，进而发展并破裂成旋涡，旋涡不断被主流带走，在物体后部形成尾涡区。

　　从以上的分析中可得如下结论：黏性流体在降压加速区流动时，不会出现边界层的分离；只有在减速增压区流动时，才有可能出现分离，并形成尾涡区。尤其在减速足够大的情况下，边界层的分离就一定会发生。例如，在圆柱体和球体这样的钝头体的后半部分上，当减速足够大时，便会发生边界层的分离。这是由于，在钝头体的后半部分有急剧的压强升高区，引起主流减速加剧的缘故。如将钝头体的后半部分改为充分细长形的尾部，成为圆头尖尾的所谓流线型物体（如叶片叶型和机翼翼型），就可使主流的减速大为降低，使边界层分离点后移，甚至可以避免边界层的分离。

　　层流和紊流边界层分离的本质是一致的，但流态不同时，边界层在曲面上分离点的差别很大。对于层流边界层，边界层外的高速流体与边界层内的流体动量交换小，对边界层内流体质点的加速作用小，会使边界层的分离点前移。而当边界层变为紊流后，边界层外的高速流体与边界层内的流体质点强烈混合，使边界层内流体质点的平均速度大大增加，会使边界层的分离点向下游移动。图 10 - 4（a）是水中圆球层流边界层分离的图片。图 10 - 4（b）中，圆球的顶部是粗糙的，为紊流边界层，边界层的分离点后移。

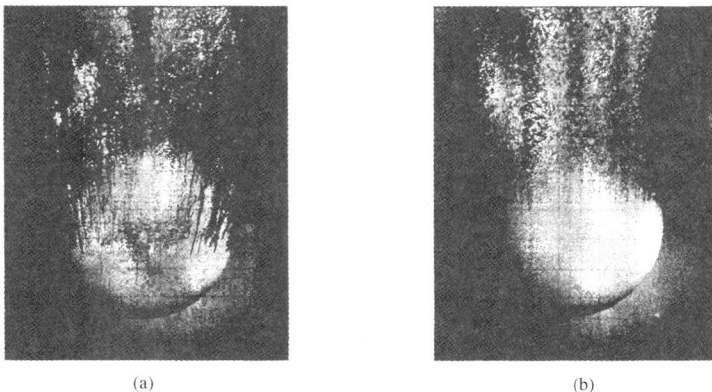

(a)　　　　　　　　　　　　　　　　(b)

图 10 - 4　圆球流动照片图

（a）层流边界层分离，$C_D \approx 0.4$；（b）紊流边界层分离，$C_D \approx 0.2$

二、卡门涡街

对黏性流体绕流圆柱体的实验研究表明。

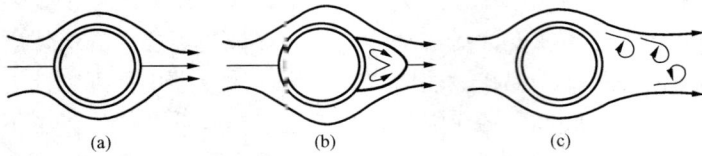

图 10 - 5 不同雷诺数条件下绕圆柱的流动图谱

（1）当雷诺数 $Re<1$ 时，圆柱体前后的流线基本对称，边界层无明显的分离现象，随雷诺数 Re 的增加，圆柱体前后的流线逐渐显示出不对称性来，这种流态一直维持到大约 $Re<4$，如图 10 - 5（a）所示。

（2）$4<Re<40$。在圆柱体的后部出现一对不稳定的旋转方向相反的对称旋涡，随雷诺数增大，旋涡的区域不断增大并摆动，如图 10 - 5（b）所示。

（3）卡门涡街阶段。当 $Re\approx60$ 时，在圆柱体的后部交替释放出旋涡，形成两列基本稳定的、不对称的、交替脱落的、旋转方向相反的旋涡，并随主流向下游方向运动，形成卡门涡街。如图 10 - 5（c）所示。

图 10 - 6 是圆柱体后面卡门涡街的瞬间照片。研究表明有规则的卡门涡街可以在 $Re=60\sim5000$ 的范围内形成。

圆柱体后的卡门涡街旋涡脱落频率 f 与来流速度 V 和圆柱体直径 d 有关，斯特劳哈尔（V. Strouhal）提出以下的经验公式：

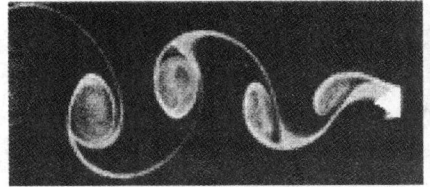

图 10 - 6 卡门涡街的瞬间照片

$$f = Sr \frac{V}{d} \tag{10 - 2}$$

式（10 - 2）适用于 $250<Re<2\times10^5$ 范围内的流动，Sr 称为斯特劳哈尔数，其公式为

$$Sr = 0.1989\left(1 - \frac{19.7}{Re}\right) \tag{10 - 3}$$

根据罗斯柯（A. Roshko）1954 年的实验结果，当 Re 大于 1000 时，斯特劳哈尔数 Sr 近似等于常数，即 $Sr=0.21$。

旋涡在圆柱体后部周期性的脱落过程中，旋涡形成的一侧，边界层的分离点前移，分离区域增大，致使这一侧的总压力降低；在旋涡脱落的一侧，分离点后移，沿圆柱体表面的压力增大。这样，在圆柱体表面就形成指向旋涡形成一侧的合力。由于旋涡在圆柱体表面的上部和下部交替产生并脱落，在圆柱体上要形成交变的周期性的合力作用，使圆柱体上下振动。特别是当作用力的交变频率（即旋涡的脱落频率）与圆柱体的固有频率一致时，会使物体产生共振，造成声响甚至损坏。例如刮风时，电线会产生风鸣声。在管式空气预热器中，当气流横向流过管束时，卡门涡街中交替脱落的旋涡会引起空气预热器管箱（可以看作声学中的气室）中气柱的振动。当旋涡的脱落频率与管箱的声学驻波振动频率相重合（共振）时，就会诱发强烈的管箱声学驻波振动，产生很大的噪声，造成空气预热器管箱的强烈振动，甚至使管箱破裂。美国华盛顿州塔可马吊桥（Tacoma，1940 年）因设计不当，在一次暴风雨中由桥体诱发的卡门涡街在几分钟内就将大桥摧毁。

应用卡门涡街的原理可以进行流量测量，根据在一定雷诺数范围内，斯特劳哈数 Sr 近似等于常数的性质，可制成应用广泛的卡门涡街流量计。在管道内，与流动相垂直的方向上插入一根圆柱形测量杆，在测量杆的下游产生卡门涡街。由于在 $Re=10^3\sim1.5\times10^5$ 范围内，斯特罗哈数基本等于常数。这样，便可通过测量卡门涡街的脱落频率，根据式（10 - 2）计算来流的平均流速，进而计算出流量。

第三节　绕流阻力和升力

当物体在静止流体中运动（相当于流体沿相反方向流过物体）时，流体在物体表面上要产生作用力。该作用力可分解为：沿流动方向上的分力 F_D 和垂直于流动方向上的分力 F_L。在流动方向上流体对物体的作用力，该力的方向与物体的运动方向相反，起着阻碍物体运动的作用，故称为绕流阻力 F_D。在垂直于流动方向上流体对物体所施加的力称为升力 F_L。

一、绕流阻力

绕流阻力由两部分组成：一部分是作用在物体表面上的切向力在来流方向上的投影总和称为摩擦阻力；另一部分是由于边界层分离，在物体前后形成压强差而产生的阻力称为压差阻力。摩擦阻力的大小一般与物体在平行于来流方向上的投影面积成正比，而压差阻力与物体在垂直于流动方向上的投影面积成正比。例如，当流体纵向流过平板时，由于平板在垂直于流动方向上的投影面积很小，一般只考虑摩擦阻力；流体流过圆柱体和球体等钝头体时，压差阻力比摩擦阻力要大得多。

绕流阻力 F_D 为作用在物体上的总阻力，等于摩擦阻力与压差阻力之和。工程中，习惯将摩擦阻力和压差阻力合并计算，即绕流阻力 F_D 为

$$F_D = C_D \frac{1}{2} \rho V_\infty^2 A \tag{10 - 4}$$

式中　F_D——物体的绕流阻力，N；

　　　C_D——绕流阻力系数，由实验确定；

　　　V_∞——来流速度，m/s；

　　　A——参考面积，一般取物体在垂直于来流方向上的投影面积，m^2。

由实验得知，在不可压缩流体流动中，对于与来流方向具有相同方位角的几何相似体，其阻力系数只与雷诺数有关，即 $C_D = f(Re)$。

图 10 - 7 给出了不可压缩流体绕流长柱体时，阻力系数与雷诺数的关系曲线。

由图 10 - 7 可知，以无限长圆柱体为例，在小雷诺数情况下，边界层内是层流，边界层的分离点在最大截面附近，并且在圆柱体的后面形成较宽的尾涡区，从而产生较大的压差阻力。随雷诺数的增加，层流边界层与紊流边界层的转折点向前移动，当转折点位于边界层的分离点之前时，由于在紊流中流体微团的掺混，流体微团间的动量交换加剧，会使分离点向后移动一大段，尾涡区大大变窄，从而使阻力系数显著降低。对于圆柱体，即从 $Re \approx 2 \times 10^5$ 到 $Re \approx 5 \times 10^5$ 之间，阻力系数从大约 1.2 急剧下降到 0.3。

对于纵向平板、飞机机翼等细长形物体，摩擦阻力占总阻力的绝大部分。要减少摩擦阻力，应该尽可能使物体表面上的层流边界层加长，使层流边界层变为紊流边界层的转折点尽可能向后推移，这是由于层流边界层产生在物体表面上的切向应力比紊流时要小得多。由于加速流动比减速流动更容易使边界层保持层流，因此，为了减少高速飞机机翼上的摩擦阻力，在航空工业上采用一种"层流型"的翼型，就是通过将翼型的最大厚度点尽可能后移，使翼型的最大速度点后移，使层流边界层加长，这种翼型对机翼表面光滑度的要求很高，否则粗糙表面会破坏边界层的层流。

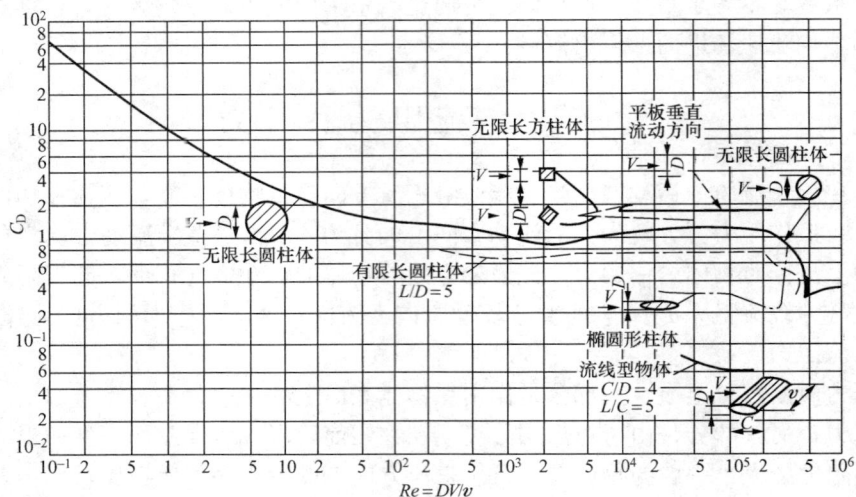

图 10-7 几种形状物体的阻力系数

对于圆球和圆柱体这类钝头体，绕流阻力中主要是压差阻力，要减小压差阻力，应使边界层的分离点尽量后移。可以采用使物体表面粗糙的方法，使边界层在较小的雷诺数下发生层流到紊流的转变，使分离点后移，尾涡区大大减小，压差阻力减小。虽然粗糙度增加会使摩擦阻力增大，但摩擦阻力的增大远小于压差阻力的减小，因此，总阻力仍然显著降低。所以，在相同情况下，一个表面粗糙的高尔夫球要比表面光滑的球飞得更远一些。

若将物体制成流线型，也可使边界层的分离点后移，甚至不发生分离，使压差阻力大大减小。例如汽轮机叶片和飞机机翼均采用流线型物体，对具有流线型物体的绕流，在小冲角大雷诺数的情况下，可以认为不发生边界层分离，物体的阻力主要是摩擦阻力。

二、升力

升力是指沿垂直于流体与物体相对运动方向上，流体作用在物体上的力。例如，空气作用在飞机机翼上的升力和流体作用在轴流式泵与风机叶片上的升力等。

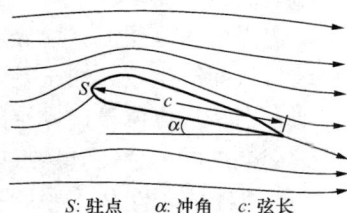

S: 驻点　α: 冲角　c: 弦长

图 10-8 绕机翼流动的流场

升力最基本的解释是：由于机翼本身形状不对称或机翼往往具有一定的冲角，造成在机翼的上面空气流速比平均流速快，而机翼下面空气流速比平均流速慢，如图 10-8 所示。根据伯努利方程，在机翼上面的压强小，而作用在机翼下面的压强大，结果产生了净的向上的升力。升力的计算公式为

$$F_L = C_L \frac{\rho V_\infty^2}{2} A \qquad (10-5)$$

式中　C_L——升力系数，主要取决于机翼的冲角和断面形状；

A——参考面积，一般指机翼或物体在垂直于升力方向上的投影面积，m^2。

三、圆球的自由沉降速度

假设直径为 d 的圆球在静止流体中从静止开始下落，在重力的作用下，圆球下降速度逐渐增大，同时圆球受到的流体阻力也逐渐增大。当圆球的重量 W 与流体作用在圆球上的浮力 F_B 和阻力 F_D 之和达到平衡时，即

$$W = F_B + F_D \qquad (10 - 6)$$

这时圆球在流体中将匀速自由沉降，这一速度称为圆球的自由沉降速度或悬浮速度，用符号 V_f 表示。

假设圆球的密度为 ρ_s，流体的密度为 ρ，则有

$$W = \frac{1}{6}\pi d^3 \rho_s g$$

$$F_B = \frac{1}{6}\pi d^3 \rho g$$

$$F_D = C_D \frac{1}{4}\pi d^2 \times \frac{\rho V_f^2}{2}$$

将上述三式代入式（10 - 6），得自由沉降速度或悬浮速度 V_f 为

$$V_f = \sqrt{\frac{4}{3}\frac{gd}{C_D}\frac{\rho_s - \rho}{\rho}} \qquad (10 - 7)$$

式（10 - 7）中，圆球的阻力系数 C_D 可以用表 10 - 1 中经验公式计算。

表 10 - 1 中，$Re = \dfrac{V_f d}{\nu}$，V_f 即圆球的自由沉降速度，也称悬浮速度。

表 10 - 1 圆球阻力系数经验公式

Re	<1	$10 \sim 1000$	$1000 \sim 2 \times 10^5$
C_D	$24/Re$	$13/\sqrt{Re}$	0.48

将表 10 - 1 中的公式代入式（10 - 7）中，则圆球颗粒的自由沉降速度 V_f 可根据不同雷诺数范围，由以下三个公式计算。

（1）$Re \leqslant 1$，将 $C_D = 24/Re$ 代入式（10 - 7），得

$$V_f = \frac{1}{18}\frac{g}{\nu}\frac{\rho_s - \rho}{\rho}d^2 \qquad (10 - 8)$$

（2）$Re = 10 \sim 1000$ 时，将 $C_D = 13/\sqrt{Re}$ 代入式（10 - 7），得

$$V_f = \left(\frac{4}{39}\frac{g}{\nu^{0.5}}\frac{\rho_s - \rho}{\rho}\right)^{\frac{2}{3}}d \qquad (10 - 9)$$

（3）$Re = 1000 \sim 2 \times 10^5$ 时，将 $C_D = 0.48$ 代入式（10 - 7），得

$$V_f = \left(2.8gd\frac{\rho_s - \rho}{\rho}\right)^{\frac{1}{2}} \qquad (10 - 10)$$

根据自由沉降速度的大小可以判断颗粒是否会被气流带走，当气流速度大于自由沉降速度（$V > V_f$）时，气流中的颗粒将被带走。

【例题 10 - 1】 炉膛内高温烟气以 0.45m/s 的速度上升，烟气密度为 0.234kg/m³，动力黏度为 5.04×10^{-5} Pa·s，若煤粉密度为 1100kg/m³，求多大直径的煤粉颗粒会被烟气带走。

解 设煤粉颗粒的雷诺数 $Re < 1$，则 $V_f = \dfrac{1}{18}\dfrac{g}{\nu}\dfrac{\rho_s - \rho}{\rho}d^2$

当气流速度 $V \geqslant V_f = \dfrac{1}{18}\dfrac{g}{\nu}\dfrac{\rho_s - \rho}{\rho}d^2$ 时，煤粉颗粒会被烟气带走。

故，煤粉颗粒直径为

$$d \leqslant \sqrt{\frac{18\rho\nu V}{(\rho_s - \rho)g}} = \sqrt{\frac{18\mu V}{(\rho_s - \rho)g}} = \sqrt{\frac{18 \times 5.04 \times 10^{-5} \times 0.45}{(1100 - 0.234) \times 9.81}} = 1.946 \times 10^{-4} (\text{m})$$

校核雷诺数

$$Re = \frac{Vd}{\nu} = \frac{\rho Vd}{\mu} = \frac{0.234 \times 0.45 \times 1.946 \times 10^{-4}}{5.04 \times 10^{-5}} = 0.407 < 1$$

初始假设正确，被烟气带走的煤粉颗粒最大直径为 0.1946mm。

【例题 10-2】 一竖井式磨煤机，空气流速为 2m/s，空气密度为 1.0kg/m³，运动黏度为 $2.0 \times 10^{-5} \text{m}^2/\text{s}$，煤粉密度为 1000kg/m³，煤粉颗粒直径为 0.45mm，确定煤粉是否会被空气带走。

解 设煤粉颗粒的雷诺数 $10 < Re < 1000$，则煤粉颗粒的悬浮速度为

$$V_f = \left(\frac{4}{39} \frac{g}{\nu^{0.5}} \frac{\rho_s - \rho}{\rho}\right)^{\frac{2}{3}} d = \left[\frac{4 \times 9.81 \times (1000 - 1)}{39 \times 1.0 \times (2.0 \times 10^{-5})^{0.5}}\right]^{\frac{2}{3}} \times 0.45 \times 10^{-3} = 1.27(\text{m/s})$$

因为空气速度大于煤粉颗粒的悬浮速度，所以煤粉颗粒将被气流带走。

这时煤粉颗粒的雷诺数为

$$Re = \frac{V_f d}{\nu} = \frac{1.27 \times 0.45 \times 10^{-3}}{2.0 \times 10^{-5}} = 28.6$$

初始假设正确。

复 习 思 考 题

10-1 什么叫边界层？边界层有哪些基本特征？

10-2 如何把"物体在静止流体中运动"转变为"流体绕静止物体流动"？在什么条件下可得到定常绕流？

10-3 边界层的厚度是如何规定的？边界层的外边界是不是流线？

10-4 简述曲面边界层分离的原理。

10-5 简述卡门涡街的形成，如何防止卡门涡街的危害？

10-6 摩擦阻力和压差阻力是怎样产生的？如何减小这两种阻力？

10-7 简述升力的产生。

10-8 试分析为什么高尔夫球的表面是粗糙的而不是光滑的？

10-9 何谓圆球的自由沉降速度？在什么条件下，圆球颗粒能被气流带走？

习 题

10-1 直径为 500mm 的管道，通过 30℃的空气，在与管道轴线的垂直方向插入直径为 10mm 的圆柱体，测得圆柱体后卡门涡街的旋涡脱落频率为 105s^{-1}，求管道中的流量。

10-2 跳伞者的质量为 80kg，降落时迎风面积为 0.2m²，设其阻力系数 C_D 为 0.8，气温为 0℃，空气密度为 1.292kg/m³。不考虑空气的浮力作用，试求跳伞者最终的下降速度。

10-3 汽车以 120km/h 的速度行驶在高速公路上，求克服空气阻力所需的功率。汽车垂直于运动方向的投影面积为 2m²，阻力系数为 0.3，静止空气的温度为 0℃。

10-4 鱼雷直径为 0.533m，外形是良好的流线型，阻力系数为 0.08，在水中以 80km/h 的速度前进，计算鱼雷所需功率。

10-5 圆柱形烟囱高 20m，直径为 0.6m，空气以 18m/s 的速度横向流过烟囱时，求烟

囟受到的推力，空气温度为 15℃。

10-6 直径为 5mm 的钢球，钢球密度为 8000kg/m³，钢球在大容器油箱中沉降，油的密度为800 kg/m³，球最终匀速运动的速度为 0.7m/min，求油的动力黏度。

10-7 气力输送管道中气体的流速为砂粒悬浮速度的 5 倍，求气流速度。已知砂粒直径为 0.3mm，密度为 2650kg/m³，空气温度为 20℃。

10-8 煤粉炉炉膛中烟气流上升的最小速度为 0.5m/s，烟气密度为 0.2kg/m³，运动黏度为 2.3×10^{-4} m²/s，试确定直径为 0.1mm、密度为 1300kg/m³ 的煤粉颗粒是沉降还是被烟气带走。

第三篇 传 热 学

第十一章 热量传递的基本方式概述

第一节 传热学的基本任务

传热学是研究热量传递规律的科学。根据热力学第二定律，凡是有温差的地方，就有热量自发地从高温物体传向低温物体，或从物体的高温部分传向低温部分。由于温差现象普遍存在，因此传热学在生产和生活中有着广泛的应用。

传热学和第一篇讲述的工程热力学常统称为热工基础，二者均以热力学第一定律和第二定律为基础来研究热现象，但二者的研究内容有所不同。工程热力学主要研究平衡状态下热能和机械能之间的相互转换规律，而传热学则主要研究由于存在温差所引起的热量传递规律。因此，传热学在热力学第一定律和第二定律的基础上，重点研究温度和热量的分布规律及其实际应用。生产和生活中，传热学的基本任务大体上有两个方面。一方面是确定温度和热量的分布规律，如知道了物体的温度分布后，设法使温度分布趋于均匀以减少热应力，或找出温度最高点以确定是否超过材料的温限。另一方面是采取措施，更有效地强化或削弱传热，如固体表面敷设肋片以强化传热，管道外敷设保温层以削弱传热等等。

传热学的研究方法是理论分析与实践经验、实验研究、数值计算等相结合，并且需要高等数学、热力学及流体力学等相关知识。应该指出，采用高等数学方法分析热量传递规律时，一般要假定所研究的对象是一个连续体，即认为所研究的对象中各点的温度等宏观物理量都是时间和空间坐标的连续函数。第二篇的工程流体力学中也有流体作为连续介质的假设，这有助于把高等数学和本学科联系起来，解决生产和生活中的实际问题。

热量传递是一种复杂的现象，常把它分成三种基本方式，即导热、热对流及热辐射。生产和生活中所遇到的热量传递现象往往是这三种基本方式的不同主次的组合。应该指出，热量传递的基本方式虽然只有三种，但与生产和生活的各个领域密切相关的热量传递问题却是多种多样的，而且需要在认清其基本规律的基础上作进一步的探索才能获得较满意的结果。

第二节 导 热

导热又称热传导，是指互相接触的物体之间或同一物体的不同部分之间不发生相对位移时，由于温度不同而引起的热量传递现象。从微观角度，导热可以认为是处于不同温度下的分子、原子及自由电子等微观粒子热运动时彼此相互作用而形成的能量传递，其总的结果是使热量从高温处传向低温处。

考察如图 11-1 所示的大平壁，其两侧壁面温度 t_{w1} 和 t_{w2} 保持恒定且均匀，设 $t_{w1} > t_{w2}$，则热量将从高温 t_{w1} 一侧传向低温 t_{w2} 一侧，这是个一维导热问题。

傅里叶（Fourier）通过实践与分析，首先揭示了物体间的导热规律，称之为傅里叶定律。根据傅里叶定律，对于 x 方向上大平壁内任一厚度为 $\mathrm{d}x$ 的微元层来说，单位时间通过该层截面的导热热量 Φ 与其温度变化率 $\mathrm{d}t/\mathrm{d}x$ 及导热面积 A 成正比，即

$$\Phi = -\lambda A \frac{\mathrm{d}t}{\mathrm{d}x} \qquad (11\text{-}1a)$$

或

$$q = \frac{\Phi}{A} = -\lambda \frac{\mathrm{d}t}{\mathrm{d}x} \qquad (11\text{-}1b)$$

图 11-1　通过大平壁的一维导热

式中，Φ 是热流量，指单位时间内通过某一截面面积的热量，W；q 是热流密度，指单位时间内通过单位截面面积的热量，W/m^2；λ 是比例系数，称为导热系数或热导率，它反映物体的导热能力，常由实验测得，W/（m·K）；A 这里指导热面积，即垂直于导热方向的截面面积，m^2；$\mathrm{d}t/\mathrm{d}x$ 是一维导热时当地的温度变化率（本例仅考虑温度不随时间变化的情形），称之为温度梯度，K/m；负号表示热量传递方向与温度梯度方向相反。因此，通过大平壁整个厚度 δ 的导热量可由式（11-1）求得，即

$$\Phi = \lambda A \frac{\Delta t}{\delta} \qquad (11\text{-}2a)$$

或

$$q = \frac{\Phi}{A} = \lambda \frac{\Delta t}{\delta} \qquad (11\text{-}2b)$$

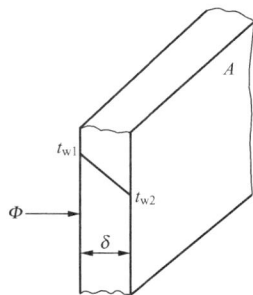

式中　Δt——大平壁两侧壁面的温度差，$\Delta t = t_{w1} - t_{w2}$，K。

应该指出，更完备的傅里叶定律的数学表达式及其应用将在第十二章讲述。

导热的例子在生产和生活中随处可见，如电厂中运行着的锅炉炉墙、汽轮机汽缸壁和热管道壁面及其保温层等，都进行着导热过程；生活中用手接触与其温度不同的物体时，我们会感觉到热或者凉等也都是导热的结果。

【例题 11-1】　一锅炉炉墙采用水泥珍珠岩制件，壁厚 $\delta = 120\mathrm{mm}$，已知该炉墙内壁温度 $t_{w1} = 500℃$，外壁温度 $t_{w2} = 50℃$，水泥珍珠岩的导热系数 $\lambda = 0.094\mathrm{W}/$（m·K）。试求每平方米该炉墙每小时的散热量。

解　根据式（11-2b）可得每平方米该炉墙单位时间（s）的散热量为

$$q = \lambda \frac{t_{w1} - t_{w2}}{\delta} = 0.094 \times \frac{500 - 50}{120 \times 10^{-3}} = 352(\mathrm{W/m^2})$$

则每平方米该炉墙每小时的散热量为

$$q \times 3600 = 352 \times 3600 = 1267.2[\mathrm{kJ}/(\mathrm{m^2·h})]$$

第三节　对　流　换　热

对流换热是指流体流过固体壁面，与固体壁面间存在宏观相对位移时，由于温度不同所引起的热量传递现象，区别于只在流体之间或流体各部分之间发生的单纯的热对流。这里提及的热对流是指液体或气体等流体由于宏观相对运动，使得温度不同的各流体或流体各部分

之间相互掺混所引起的热量传递现象，只局限于流体之间或流体各部分之间。对流换热现象在生产和生活中很普遍，如电厂中冷油器的冷却水与管壁、油与管壁之间的热量传递都是对流换热；高温季节一进入有空调的房间，人们会顿觉凉爽，若无空调，采用电扇强制通风，也能起到防暑的作用，这些都是对流换热的结果。考虑到对流换热的工程意义更大，因此本篇只讲述对流换热现象。

对流换热发生时，紧贴壁面极薄的流体层中，黏性作用使流体分层运动且不相掺混，而贴壁位置处流体与壁面间则不存在相对位移，因此将有导热发生。远离壁面处，流体各部分之间则可以发生单纯的热对流。基于此，对流换热可认为是导热和热对流的综合结果，或者说对流换热时流体与壁面间的直接热量传递依然是导热。

后人总结了牛顿（Newton）关于对流换热的观点，进一步研究出计算对流换热量的基本公式，并将其命名为牛顿冷却公式，即

$$\Phi = hA\Delta t \tag{11-3a}$$

或

$$q = \frac{\Phi}{A} = h\Delta t \tag{11-3b}$$

式中　Δt——固体壁面温度 t_w 与流体温度 t_f 之差的绝对值，这样 Δt 大于零，保证热流量 Φ 或热流密度 q 取得正值，K；

A——对流换热面积，m^2；

h——比例系数，称为表面传热系数或对流换热系数，$W/(m^2 \cdot K)$。

表面传热系数 h 不仅取决于流体的宏观物理性质（即所谓的物性，如密度、比热容、黏度及导热系数等）和固体壁面的几何因素（如形状、大小、相对位置及表面状况等），而且还和流体与固体壁面间的相对运动密切相关。

对流换热有多种类型。根据流体是否存在相变，常把对流换热区分为无相变和有相变两类。它们又可细分为若干类，如无相变对流换热根据引起流动的原因，可分为强制和自然对流换热。若流体的流动是由于泵、风机等动力源或其他压差作用引起，进而发生对流换热，称为强制对流换热。若由于温度差造成流体的密度差，产生浮升力（或沉降力）使之流动，进而发生对流换热，则称为自然对流换热。如电厂中凝汽器、冷油器等管内冷却水的流动都是由泵提供动力，而空气预热器等设备中气体的流动则是由风机提供动力，所进行的换热都属于强制对流换热；暖气片表面附近热空气的流动换热就是自然对流换热的例子。强制对流换热又可分为管、槽内流动和横向绕流单管、管束等的强制对流换热；自然对流换热又可分为大空间和有限空间的自然对流换热。相变对流换热根据相变时流体物态的变化情况，又可分为沸腾换热和凝结换热。如电厂中水冷壁管内水与管壁间将发生沸腾换热，而凝汽器管外蒸汽与管壁间将发生凝结换热。如图11-2给出了目前常见的对流换热类型。

研究对流换热的基本任务在于用理论分析或实验方法等具体给出各种类型对流换热的表面传热系数 h 的计算式。有时还需要研究影响表面传热系数 h 的各种因素，从而找出强化或削弱对流换热的途径。因此要特别注意某类型的对流换热与其他类型在物理过程方面的不同，从而更好地理解、掌握和应用对流换热的分析结果来解决实际问题。

```
                              ┌ 圆管内的对流
                 ┌ 内部强制对流 ┤
                 │            └ 其他形状截面槽道内的对流等
                 │            ┌ 沿平壁流动的对流
        ┌ 强制对流 ┤            │
        │        │ 外部强制对流 ┤ 绕流单管的对流
        │        └            │ 绕流管束的对流
无相变对流 ┤                     └ 绕流其他形状截面柱体的对流等
        │        ┌ 大空间自然对流
        │ 自然对流 ┤
        │        └ 有限空间自然对流
        └ 混合对流：强制对流和自然对流同时存在
```
(a)

```
                ┌ 池内沸腾（大容器沸腾）
        ┌ 沸腾换热 ┤ 管内沸腾
        │        │ 饱和沸腾
        │        └ 过冷沸腾
相变对流 ┤        ┌ 内部凝结
        │ 凝结换热 ┤ 外部凝结
        │        │ 膜状凝结
        └        └ 珠状凝结
```
(b)

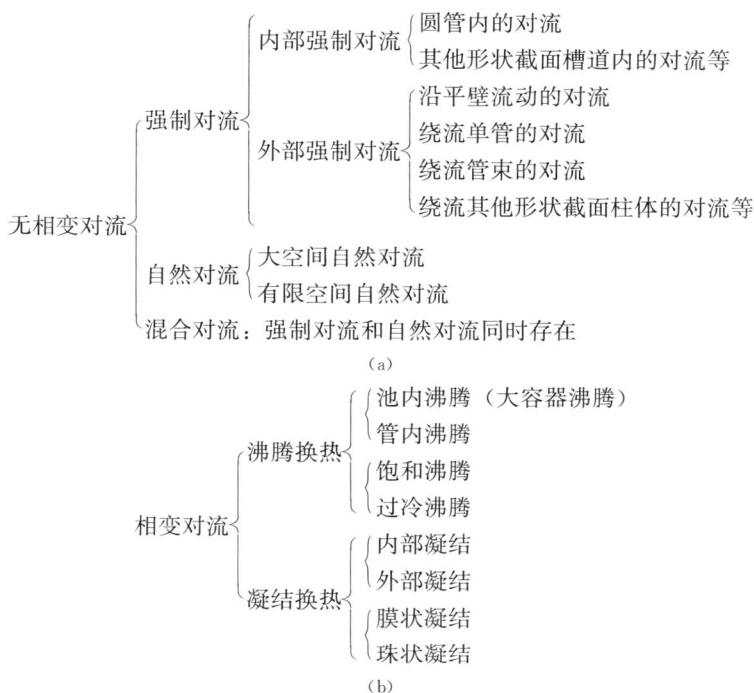

图 11 - 2　对流换热的常见类型

【例题 11 - 2】　　用加热器加热水，水在管内流动，管长 $L=5\text{m}$，内直径 $d=20\text{mm}$，水从温度 $t_{f1}=25℃$ 加热到 $t_{f2}=35℃$，管壁的平均温度 $t_w=36℃$，水与管壁间的表面传热系数 $h=8130\text{W}/(\text{m}^2\cdot\text{K})$。试求水与管壁间的对流换热量。

解　根据式（11 - 3a）可得水与管壁间的对流换热热流量为

$$\Phi = hA(t_w - t_f)$$

t_f 是水的平均温度，这里采用算术平均值，即

$$t_f = \frac{1}{2}(t_{f1}+t_{f2}) = \frac{1}{2}\times(25+35)=30(℃)$$

管子的内表面积 A 为

$$A = \pi dL = 3.14\times(20\times10^{-3})\times5 = 0.314(\text{m})$$

则

$$\Phi = hA(t_w - t_f) = 8130\times0.314\times(36-30) = 15.3(\text{kW})$$

第四节　热辐射及辐射换热

　　物体向环境发射电磁波的过程称为辐射。电磁波所携带的能量称为辐射能。物体会由于各种原因发出电磁波辐射，其中由于温度的原因而发出的电磁波辐射，或者说由于温度的原因向外传递辐射能的过程，称为热辐射。本篇后面讲述的辐射均指热辐射。理论与实践表明，凡温度高于 0K 的物体都具有辐射能力。考虑到生产和生活中的物体温度均高于 0K，因此可以说辐射是物体的固有属性。

　　物体不停地向环境物体发出辐射，同时又不断地吸收、反射或透过环境物体（可以包括

该物体本身）发出的辐射。辐射和吸收、反射或透过等过程的综合结果就形成了以辐射方式进行的物体间的热量传递，称为辐射换热。

与导热和对流换热相比，辐射换热有如下一些特点：①进行辐射换热的物体间不直接接触，并且可以没有中间介质，即能够在真空中进行。②辐射换热过程伴随有能量形式的转换，如辐射时从热能转换为辐射能，而被吸收时又从辐射能转换为热能。③辐射换热发生时，高温物体向低温物体辐射能量的同时，低温物体也向高温物体辐射能量。由于前者的温度高于后者，热量最终由高温物体传向低温物体，实际计算时常求其净辐射换热量。若物体间处于热平衡，辐射和吸收等过程仍不停地进行，净辐射换热量则等于零。④辐射换热过程中，辐射和吸收等都具有波长选择性，即只能辐射和吸收一定波长的能量。一般热辐射的波长范围在 $0.1\sim100\mu m$ 内，辐射线包括部分紫外线、全部的可见光及红外线等。不同温度的辐射，前述几种辐射线占有不同的比例。如温度近似为 5800K 的太阳辐射，其中可见光的比例较大，而生产中遇到的所谓工业辐射，温度一般小于 2000K，其中可见光则较少，主要是红外线等射线。

物体的辐射能力与温度有关，同一温度下不同物体的辐射能力也大不一样。辐射能力最强的理想物体，称为黑体。应该指出，黑体的吸收能力在同一温度的物体中也最强。黑体在单位时间内辐射的热量可表示为

$$\Phi_b = \sigma_b A T^4 \tag{11-4a}$$

或

$$q_b = \frac{\Phi_b}{A} = \sigma_b T^4 \tag{11-4b}$$

式中　Φ_b——黑体辐射的热流量，W；

　　　q_b——黑体辐射的热流密度，即第十四章将要讲述的黑体辐射力 E_b，W/m^2；

　　　A——参与辐射的物体表面积，m^2；

　　　T——物体的热力学温度，K；

　　　σ_b——斯忒藩（Stefan）－玻尔兹曼（Boltzmann）常数，又称为黑体辐射常数，$\sigma_b = 5.67 \times 10^{-8} W/(m^2 \cdot K^4)$。

式（11-4）称为斯忒藩－玻尔兹曼定律或四次方定律，是由斯忒藩和玻尔兹曼分别从实验和理论导出的，仅适用于黑体辐射。

一切实际物体的辐射能力都小于同温度的黑体，其辐射热量常采用斯忒藩－玻尔兹曼定律的修正形式，即

$$\Phi = \varepsilon \sigma_b A T^4 \tag{11-5a}$$

或

$$q = \frac{\Phi}{A} = \varepsilon \sigma_b T^4 \tag{11-5b}$$

式中　Φ——实际物体辐射的热流量，W；

　　　q——实际物体辐射的热流密度，即第十四章将要讲述的辐射力 E，W/m^2；

　　　ε——辐射黑度或发射率，它指物体的辐射能力与同温度黑体的辐射能力之比，其值小于1，且与物体的种类、温度及表面状况等有关。

显然，黑体的辐射黑度等于1。

第十一章　热量传递的基本方式概述

应该指出，式（11 - 4）及式（11 - 5）中的 Φ 是物体自身向外辐射的热流量，而不是辐射换热量。要获得辐射换热量还必须考虑投射到物体上的辐射热量的吸收、反射和透过等过程，即要计算净辐射换热量。

物体间辐射换热的研究相对来说复杂很多。以 A、B 两物体间的辐射换热为例，由于两物体向外辐射能量的多少不仅与物体的种类有关，还与温度及表面状况等有关，而且辐射也不一定各向均匀。其次，A 物体辐射出的能量不一定全部落到 B 物体上，同时落到 B 物体上的辐射能量，也不一定被 B 物体全部吸收，可能有一部分透射过去，一部分被反射出来。当然 B 物体反射的能量也不一定全部返回 A 物体，等等。辐射换热计算的实质就是如何解决这些问题。

简单的辐射换热情形利用前述的辐射计算式可以求得，如图 11 - 3 所示两块非常接近的互相平行黑体表面 1 和 2 间的辐射换热。若 $T_{w1} > T_{w2}$，则两表面间的辐射换热热流量为

$$\Phi = \sigma_b A (T_{w1}^4 - T_{w2}^4) \qquad (11 - 6)$$

式中　A——黑体辐射的表面积，m^2。

较复杂的辐射换热计算将在第十四章讲述。

考虑到上述两表面间进行辐射换热时，热量不断地从表面 1 传向表面 2，则经过一段时间，两表面的温度将趋于一致。此时辐射换热量为零，但辐射和吸收等过程仍不停地进行，这种状态称为热动平衡。反之，若维持两表面的温度不变，则辐射换热量也将保持不变，此类物体的温度和热流量等不随时间变化的过程称为稳态过程，否则称为非稳态过程。本篇除导热外，均只讲述稳态过程。

图 11 - 3　两平行黑体表面间的辐射换热

应该指出，热辐射及辐射换热传递热量相当迅速，因为它们是以电磁波形式进行的，其传播速度即是电磁波的速度。电磁波的速度与波长、频率的关系为

$$c = f\lambda \qquad (11 - 7)$$

式中　c——电磁波的速度，m/s；

　　　f——辐射频率，$1/s$；

　　　λ——波长，μm。

另外，热辐射及辐射换热有时是可以看得见的。如金属温度超过 $600\,^\circ\!C$，热辐射进入可见光的波长范围，其表面便开始发光，呈现红色，继而是深红、鲜红、黄色和白色等。工程中常根据所看到的灼热物体的颜色来近似估计该物体的温度。

热辐射及辐射换热现象在生产和生活中也很普遍。如打开运行着的锅炉看火门时，人们很快就会有灼热感；夏天在烈日下，不一会儿人们就会晒得受不住，这些都是热辐射及辐射换热的结果。

【例题 11 - 3】　宇宙空间可近似看成是 0K 的真空空间。一航天器在其中飞行，外表面平均温度为 $t = -23\,^\circ\!C$，表面黑度为 $\varepsilon = 0.7$。试求该航天器单位表面上的辐射换热量。

解　航天器与真空空间没有对流换热，但有辐射换热。只是由于真空空间近似为 0K，因此辐射换热量即是航天器的辐射热流量。根据式（11 - 5）得该航天器单位表面上的辐射换热量为

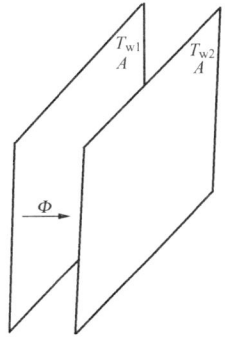

$$q = \frac{\Phi}{A} = \varepsilon\sigma_b T^4 = \varepsilon\sigma_b(t+273)^4 = 0.7 \times (5.67 \times 10^{-8}) \times (-23+273)^4$$

$$= 155.04(\text{W/m})^2$$

第五节 复 合 换 热

就热量传递过程中的某一个环节而言，其热量传递方式往往不是单一的，可能是两种或三种热量传递方式同时存在并起作用。由几种热量传递方式同时并存的热量传递现象称为复合换热。如环境中的一个壁面，一方面和环境中的流体发生对流换热，同时还和环境之间发生辐射换热。这两种热量传递方式各自独立且同时发生，可以认为是并联的热量传递过程，即复合换热时，各种热量传递方式是并联进行的，这是复合换热的一个基本特点。

当复合换热过程中各种基本方式所传递的热量差别很大时，通常把几种基本方式共同作用的结果认为是其中一种主要方式所造成，而次要方式所带来的影响可以忽略，或者只起着对主要方式的修正作用。例如，在多孔物体内部进行的复合换热，可以认为是导热起主要作用，而孔隙中气体对流换热和辐射换热所带来的影响则可用适当增加物体导热系数值的办法加以修正。

对于固体壁面和辐射性气体间的复合换热，当壁面和气体的温度不是很高时，一般认为以对流换热为主，而辐射换热带来的影响，可用适当增加壁面和气体间的表面传热系数值的办法加以修正。当壁面和气体的温度较高，而气体沿壁面的运动速度又不很大时，一般认为以辐射换热为主，而对流换热的影响，可用适当增加壁面和气体黑度值的办法加以修正。如锅炉尾部的空气预热器内，壁面和烟气的温度都不是很高，可以忽略辐射换热而只考虑对流换热，或进行适当修正。而在炉膛内，由于烟气和水冷壁的温度都很高且烟气流速较小，则可以忽略对流换热而只考虑辐射换热，或进行适当修正。

当复合换热过程中几种基本方式所传递的热量差别不是很大时，通常分别考虑，然后进行合成即可。研究每种基本方式所传递的热量时，引入热阻的概念，会带来很大方便。热阻是指在热量传递过程中起阻碍作用的物理量。改写式（11-1）和式（11-2）为

$$\Phi = \frac{\Delta t}{\delta/(\lambda A)} \tag{11-8a}$$

或

$$q = \frac{\Delta t}{\delta/\lambda} \tag{11-8b}$$

$$\Phi = \frac{\Delta t}{1/(hA)} \tag{11-9a}$$

或

$$q = \frac{\Delta t}{1/h} \tag{11-9b}$$

可以看出，其形式与直流电路的欧姆定律 $I=U/R$ 类似：温度差 Δt 与电位差 U 相对应，可称为温压；$\delta/(\lambda A)$、$1/(hA)$ 与电阻相对应，分别称为导热热阻和对流换热热阻，记作 R_λ 和 R_h，K/W；δ/λ、$1/h$ 分别称为面积导热热阻和面积对流换热热阻，记作 r_λ 和 r_h，m² · K/W；

热流量 Φ 和热流密度 q 与电流 I 相对应。对于辐射换热，第十四章将讲述其相应的辐射换热热阻。应用热阻概念，则复合换热是热阻环节并联的热量传递现象。

还有一类更广义的复合换热，称为传热过程。常见的传热过程是指高温流体通过固体壁面把热量传递给低温流体的过程。因此，这种传热过程有三个环节，如图 11 - 4 所示，即高温流体传递热量给固体壁面、固体壁面本身的热量传递及固体壁面传递热量给低温流体。应用热阻概念，则传热过程通过每个热阻环节的串联来传递热量，而每个环节中，热阻还可能存在并联，这样便构成了一个热量传递的等效通路，称为热路。热路可相应于电工学中的电路或流体力学中的水路。本篇第十五章将详细讲述传热过程。

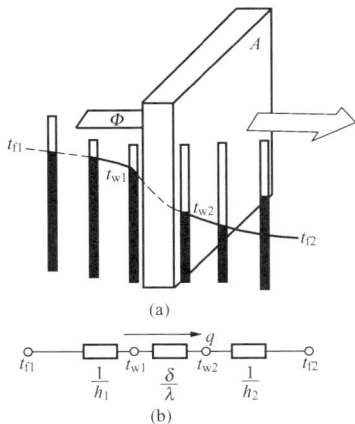

图 11 - 4　传热过程示意图

【例题 11 - 4】　地球单位表面接受来自太阳辐射的热流量为 $q=669\mathrm{W/m^2}$，地球表面空气与地球表面间的表面传热系数为 $h=30\mathrm{W/(m^2\cdot K)}$，空气温度为 $t_a=20℃$。设地球可以看作黑体，且地球对太空的辐射可以看成是对 0K 温度的黑体空间辐射。试确定地球表面的平衡温度。

解　根据热平衡关系，地球表面接受来自太阳辐射的热流量以两种方式散掉，即地球表面与空气间的对流换热及地球表面对太空的辐射换热。根据式（11 - 2b）和式（11 - 6）可得

$$q=\frac{\Phi_{\mathrm{con}}+\Phi_{\mathrm{r}}}{A}=h\Delta t+\sigma_{\mathrm{b}}(T_{\mathrm{e}}^4-T_{\mathrm{sky}}^4)$$

式中，Δt 是地球表面与空气间的温度差，也可以用热力学温度差表示，即 $\Delta t=\Delta T=T_{\mathrm{e}}-T_{\mathrm{a}}$，单位为 K。代入上式得

$$q=h(T_{\mathrm{e}}-T_{\mathrm{a}})+\sigma_{\mathrm{b}}(T_{\mathrm{e}}^4-T_{\mathrm{sky}}^4)$$
$$669=30\times[T_{\mathrm{e}}-(20+273)]+(5.67\times10^{-8})\times(T_{\mathrm{e}}^4-0)$$

经过试算后，可得地球表面的平衡温度 $T_{\mathrm{e}}\approx300\mathrm{K}$。

【例题 11 - 5】　已知钢板、水垢和灰垢的导热系数分别为 46.4W/（m·K）、1.16W/（m·K）和 0.116W/（m·K）。试比较 1mm 厚钢板、水垢和灰垢的面积导热热阻。

解　根据大平壁导热热阻表达式 $r_\lambda=\delta/\lambda$ 可得

钢板　$r_\lambda=\dfrac{1\times10^{-3}}{46.4}=2.16\times10^{-5}$（$\mathrm{m^2\cdot K/W}$）

水垢　$r_\lambda=\dfrac{1\times10^{-3}}{1.16}=8.62\times10^{-4}$（$\mathrm{m^2\cdot K/W}$）

灰垢　$r_\lambda=\dfrac{1\times10^{-3}}{0.116}=8.62\times10^{-3}$（$\mathrm{m^2\cdot K/W}$）

通过比较，1mm 厚水垢的导热热阻相当于 40mm 厚钢板的导热热阻，而 1mm 厚灰垢的导热热阻则相当于 400mm 厚钢板的导热热阻。因此换热设备应注意清洗和吹灰，以保证换热效果。

复 习 思 考 题

11-1　传热学和工程热力学在研究热现象时有哪些相同点和不同点？

11-2　根据热力学第二定律，热量总是自发地从高温物体传向低温物体。但辐射换热时，低温物体也向高温物体辐射热量，这是否违反了热力学第二定律？

11-3　导热、对流换热、热辐射及辐射换热的实质分别是什么？从热阻角度说明复合换热的实质。

11-4　热辐射及辐射换热与导热或对流换热相比有何特点？

11-5　傅里叶定律、牛顿冷却公式及斯蒂芬－玻尔兹曼定律是应当熟记的传热学基本公式。请写出这三个公式并说明其中每一符号的意义。

11-6　为什么说导热系数是物性参数，而表面传热系数却不是呢？

11-7　冬天，经过白天在太阳下晒过的棉被，晚上盖起来感到很暖和，并且经过拍打以后，保暖效果更明显，试解释原因。

11-8　把热水倒入一只玻璃杯后，立即用手触摸玻璃杯的外表面时不感到杯子很烫手。但若用筷子快速搅拌热水，很快就会感到杯子烫手，试解释原因。

11-9　用水壶烧开水，尽管炉火很旺，但水壶仍安全无恙。而一旦壶内水烧干后，水壶极易被烧坏，试解释原因。

11-10　秋天的早晨，地面草叶上会有露珠出现，试解释原因。

11-11　一般热水瓶胆是镀银的真空玻璃夹层，试分析它的保温作用。

习　　　　题

11-1　某房间的砖墙高度为 3m，宽度为 4m，厚度为 0.25m，砖墙内、外表面的温度分别为 25℃和－5℃，已知砖墙的平均导热系数为 0.7W/（m·K），试求该砖墙的导热热阻和通过该砖墙的散热量。

11-2　一炉子的炉墙厚度为 13cm，总面积为 20m²，内、外墙壁温度分别为 520℃和 50℃，平均导热系数为 1.04W/（m·K）。若该炉子所燃用的煤的发热量为 2.09×10^4 kJ/kg，试求每天因散热损失要用掉多少煤。

11-3　为测定一种材料的导热系数，用该材料制成厚度为 10mm 的大平壁。稳态过程测得该大平壁沿厚度方向的两表面温度分别为 40℃和 30℃，热流密度为 15W/m²。试确定该材料沿厚度方向的导热系数。

11-4　某机动车的机油冷却器外表面面积为 0.12m²，表面温度为 65℃。行驶中，温度为 32℃的空气流过机油冷却器的表面，使其表面传热系数提高为 45W/（m²·K）。试求该机油冷却器的散热量。

11-5　一直径为 2mm 的电阻丝，允许的表面最高温度为 120℃，因此通电时需要用风扇进行冷却，空气温度为 20℃。已知电阻丝与空气间的表面传热系数为 180W/（m²·K），试计算不考虑辐射换热时的电阻丝最大通电电流。

11-6　对置于水中的不锈钢管进行压力为 1.01325×10^5 Pa 的饱和沸腾换热试验。采用电加热的方法使水沸腾，测得电功率为 50W，不锈钢管表面平均温度为 109℃。已知不锈钢管外直径为 4mm，加热段长度为 10cm，试计算此时沸腾换热的表面传热系数。

11 - 7　太阳的外表面温度近似为 5800K，且可以看作是黑体表面，试求太阳单位面积向外辐射的热量。

11 - 8　一电炉丝，其直径为 2mm，长度为 2m，表面温度为 1000℃，黑度为 0.9。试求该电炉丝的辐射功率。

11 - 9　半径为 0.5m 的球状航天器在太空中飞行，其表面黑度为 0.8，航天器的总散热量为 175W。假设该航天器从太空中接受到的辐射能量为 25W，试估算其外表面的平均温度。

11 - 10　某大功率硅管表面温度为 125℃，表面积为 0.268m²，以自然对流和辐射换热的方式对其进行冷却。环境温度为 25℃，该硅管与环境流体间的表面传热系数为 7W/（m² · K）。若硅管可视为黑体，试求其散热量。

11 - 11　一空腔由两个平行的黑体表面 1 和 2 组成，空腔内抽成真空，且其厚度远小于其高度和宽度，其中表面 2 是厚度为 0.1m 的平壁的一个侧表面，另一个侧表面 3 被一高温流体加热。已知表面 1 和 2 的温度分别为 27℃和 127℃，表面 2 和 3 所在的平壁导热系数为 17.5W/（m · K），试计算稳态情况下表面 3 的温度。

第十二章 导 热

第一节 导热的基本概念和理论

一、导热的基本概念

1. 温度场与热流场

根据连续体的假设，物体内部的温度分布是连续的，即温度 t 是空间坐标 x、y、z 和时间坐标 τ 的函数，可表示为

$$t = f(x, y, z, \tau) \tag{12-1}$$

像流体力学中的流场一样，物体内部存在着温度场，它是某一瞬时物体中各点温度分布的总称，如式（12-1）所示。按温度是否随时间变化，温度场有稳态和非稳态之分。不随时间变化的温度场称为稳态温度场（相应的导热称为稳态导热）；而随时间变化的温度场称为非稳态温度场（相应的导热称为非稳态导热）。按温度随空间的变化情况，温度场则可分为四类。若物体中各点的温度在三个空间方向上都有变化，称为三维温度场；在两个或一个空间方向上有变化，分别称为二维或一维温度场；若只随时间变化，而与空间无关，则称为零维温度场。最简单的稳态温度场是一维稳态温度场，可表示为

$$t = f(x) \tag{12-2a}$$

最简单的非稳态温度场是零维温度场，可表示为

$$t = f(\tau) \tag{12-2b}$$

一维非稳态温度场可表示为

$$t = f(x, \tau) \tag{12-2c}$$

上述三类温度场是本章讲述的主要内容之一。

热流场一般是指某一瞬时物体中各点的热流密度分布，若考虑传热面积，即为热流量场。热流场也随空间和时间变化，其函数形式为

$$q = f(x, y, z, \tau) \tag{12-3}$$

应该指出，热流场是一个矢量场，前述的热流密度应称之为热流密度矢量（本篇按习惯仍称为热流密度），其方向是温度降落的方向。

温度场中某一瞬时温度相同的各点所连成的面称为等温面，二维空间内则表现为等温线，而热流场中某一瞬时与热流密度相切的各点所连成的面则称为热流面，二维空间内则表现为热流线。对于二维的导热物体，其等温线与热流线处处垂直，可构成热流网，如图12-1所示。

2. 温度梯度

在物体等温面（或等温线）法线方向上温度的变化率称为温度梯度。从高等数学角度，温度梯度是温度在沿等温面的法线指向其升高方向上的方向导数，

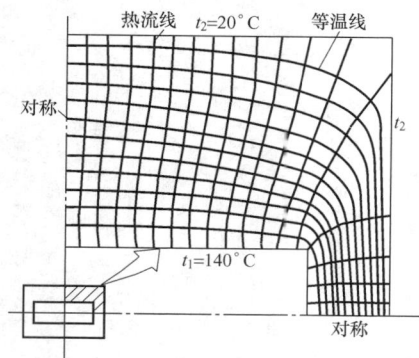

图 12-1 二维热流网示意图

或者说，温度梯度是等温面法线方向上的温度增量 Δt 与法向距离 Δn 比值的极限，记作 $\mathrm{grad}t$，即

$$\mathrm{grad}t = \lim_{\Delta r \to 0}\frac{\Delta t}{\Delta n} = \frac{\partial t}{\partial n}\boldsymbol{n} \tag{12-4}$$

式中，$\boldsymbol{n}$ 是等温面法线方向上的单位矢量。因此，温度梯度是一个矢量，其方向与热流的方向正好相反，即是温度升高的方向。

前面述及的式（11-1）中当地的温度变化率 $\mathrm{d}t/\mathrm{d}x$ 就是所谓的温度梯度，只不过是温度梯度在一维稳态温度场中的具体形式而已。

3. 导热系数

导热系数反映物体导热能力的大小，是物体的一个重要热物性参数。在数值上，它等于单位温度梯度作用下物体中所产生的热流密度，即

$$\lambda = -\frac{q}{\dfrac{\partial t}{\partial n}\boldsymbol{n}} \tag{12-5}$$

式中，负号表示温度梯度的方向与热流密度的方向相反，保证导热系数 λ 取正值。

导热系数的数值取决于物体的种类、温度、压力及湿度等。对于各向异性的物体，如木材、石墨及用纤维、树脂等增强或黏合的复合材料等，导热系数还与方向有关，如木材沿木纹方向上的导热系数是垂直于木纹方向上导热系数的 $2\sim4$ 倍。对于各向异性的物体必须指明某方向的导热系数才有实际意义。本篇只限于各向同性的物体。

一般说来，在物体的三态中，金属固体的导热系数较高，如常温下纯铜的导热系数为 $398\mathrm{W}/(\mathrm{m}\cdot\mathrm{K})$；碳钢（含碳量 1.5%）的导热系数为 $36.7\mathrm{W}/(\mathrm{m}\cdot\mathrm{K})$ 等。气体的导热系数较小，如常温下空气的导热系数为 $0.0259\mathrm{W}/(\mathrm{m}\cdot\mathrm{K})$。液体的导热系数介于金属固体和气体之间，如常温下水的导热系数为 $0.599\mathrm{W}/(\mathrm{m}\cdot\mathrm{K})$。非金属固体的导热系数在很大范围内变化，数值高的接近甚至高于液体，数值低的接近甚至低于气体，如常温下泥土的导热系数为 $0.83\mathrm{W}/(\mathrm{m}\cdot\mathrm{K})$；棉花的导热系数为 $0.049\mathrm{W}/(\mathrm{m}\cdot\mathrm{K})$。

当物体的种类一定时，影响导热系数的因素主要是温度和压力。在一般工程应用的压力范围内，可认为导热系数仅与温度有关。实践表明，大多数物体的导热系数与温度近似呈线性关系，即

$$\lambda = \lambda_0(1 + bt) \tag{12-6}$$

式中　λ——物体温度为 t℃时的导热系数，$\mathrm{W}/(\mathrm{m}\cdot\mathrm{K})$；

λ_0——按式（12-6）计算的物体在温度为 0℃时的导热系数，$\mathrm{W}/(\mathrm{m}\cdot\mathrm{K})$；

b——与物体种类有关的系数，可正可负或为零，由实验测定。

当温度变化不很大时，一般可取导热系数在该温度变化范围内的平均值作为定值。

大多数金属固体的导热系数随温度的升高而减小，这是因为金属固体的导热主要靠自由电子的迁移和晶格的振动来实现，并且自由电子的迁移是主要的。当温度升高时，晶格的振动增强，但却干扰了自由电子的迁移，结果使导热系数减小。若金属固体中含有杂质或掺入其他金属形成合金时，纯金属固体晶格的完整性将被破坏而干扰自由电子的迁移，结果使这些不纯金属固体的导热系数低于同温度的纯金属固体。但这些不纯金属固体的导热系数一般却随温度的升高而增大，原因在于晶格虽然不完整，但自由电子的迁移随温度升高而增强，导热系数随之增大。

大多数液体的导热系数随温度的升高而减小，这是因为液体的导热主要靠晶格的振动和分子间的相互作用来实现。当温度升高时，晶格的振动增强，但由于分子间距的增大使分子间相互作用减弱，若后者对导热系数的影响大于前者，导热系数将减小；但对于分子结构较致密的液体，则前者的影响大于后者，这时导热系数将随温度的升高而增大，如水和甘油等就属于后一种情况（当然，致密液体的分子结构变得稀疏后，其导热系数将随温度升高而减小）。

气体的导热系数随着温度的升高而增大，原因在于气体主要靠分子的热运动来导热。当温度升高时，气体分子的热运动增强，导热系数随之增大。应该指出，混合气体的导热系数不能像热力学中所讲述的比热容那样由各组分气体比热容的加权平均求得，必须通过实验测定。

对于一般的非金属固体，其导热机理或者与致密液体相类似，或者与气体相类似，因此其导热系数在很大范围内变化，数值高的接近甚至高于液体，数值低的接近甚至低于气体，但其值一般将随温度的升高而增大。特别指出，有一类材料，因其导热系数很小，在生产和生活中被广泛应用。习惯上把导热系数很小的材料称为保温材料（又称为绝缘材料或隔热材料）。至于小到多少才算是保温材料则与各国的具体情况有关。我国国家标准规定，凡平均温度不高于350℃时导热系数不大于 0.12W/(m·K) 的材料称为保温材料。矿渣棉、硅藻土、岩棉玻璃布缝毡、膨胀珍珠岩及微孔硅酸钙等都属于这类材料。这些保温材料大都具有多孔、纤维或粒状结构，不仅自身导热系数很小，还能存储空气，使导热能力大为降低，如岩棉玻璃布缝毡的导热系数仅为 0.031 4W/(m·K)

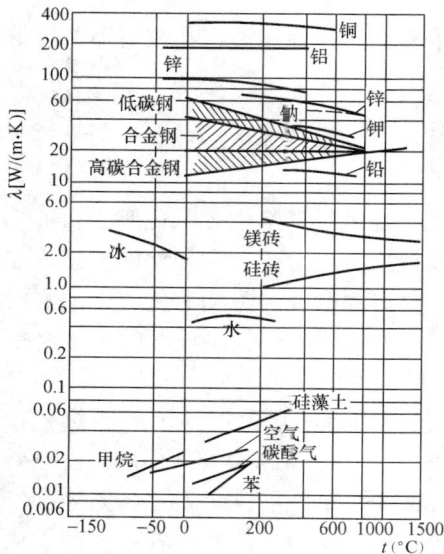

图 12 - 2   导热系数对温度的依变关系

左右。还有一种所谓的超级保温材料，即采用多层遮热板并且层间抽真空，其导热系数可低至 10^{-4} W/(m·K) 的数量级，具有极好的保温效果。

图 12 - 2 示出了几种不同物态物体导热系数对温度的依变关系。

物体的导热系数也受湿度的影响。湿材料的导热系数比干材料要高得多。如常温下普通干红砖的导热系数约为 0.35W/(m·K)，但湿红砖的导热系数可高达 1.05W/(m·K)。因此在测定或应用物体的导热系数时，要考虑物体的干湿程度。特别是保温材料一定要注意防潮，否则导热系数变大，保温效果随之降低。

二、导热的基本理论

1. 傅里叶定律

傅里叶通过实验与分析指出，单位时间内通过物体单位截面积所传递的热量，正比于垂直截面方向上的温度变化率，即

$$\frac{\Phi}{A} \propto \frac{\partial t}{\partial x} \tag{12 - 7a}$$

引入比例系数 λ 得

$$\Phi = -\lambda A \frac{\partial t}{\partial x} \tag{12 - 7b}$$

式（12 - 7b）比式（11 - 1）的适用范围更广。进一步推广到三维方向，可得

$$\Phi = -\lambda A \frac{\partial t}{\partial n} \boldsymbol{n} \tag{12 - 8a}$$

或

$$q = \frac{\Phi}{A} = -\lambda \frac{\partial t}{\partial n} \boldsymbol{n} \tag{12 - 8b}$$

式中　λ——导热系数，W/（m·K）；

　　　A——垂直于导热方向的截面面积，m^2；

$\frac{\partial t}{\partial n} \boldsymbol{n}$——温度梯度矢量（本篇按习惯仍称为温度梯度），K/m。

式（12 - 8）就是傅里叶定律的数学表达式，称之为傅里叶公式。负号表示热量传递的方向指向温度降低的方向，与温度梯度的方向相反，这是热力学第二定律所要求的。

根据傅里叶定律，只要导热物体的温度分布已知，就能求得该物体的热流密度及热流量分布，即通过温度场可以确定热流场及热流量场。因此，导热问题的计算关键是获得导热物体的温度场。

2. 导热微分方程式及其定解条件

导热物体的温度场应当满足的数学表达式称为导热微分方程式。对于一个常物性、含内热源的三维非稳态导热问题，取直角坐标系（x，y，z）内导热物体中任一微元平行六面体，根据热力学第一定律和傅里叶定律可建立其导热微分方程式，即

$$\frac{\partial t}{\partial \tau} = a \left(\frac{\partial^2 t}{\partial x^2} + \frac{\partial^2 t}{\partial y^2} + \frac{\partial^2 t}{\partial z^2} \right) + \frac{\dot{\Phi}}{\rho c} \tag{12 - 9}$$

$$a = \lambda / \rho c \tag{12 - 10}$$

式中　　　　　　$\frac{\partial t}{\partial \tau}$——非稳态导热；

$\frac{\partial^2 t}{\partial x^2} + \frac{\partial^2 t}{\partial y^2} + \frac{\partial^2 t}{\partial z^2}$——记作 $\nabla^2 t$，称为温度的拉普拉斯算子；

　　　　　　　　$\dot{\Phi}$——单位时间单位体积物体内部热源的生成热量，可以存在或不存在，W/m^3；

　　　　　　　　a——热扩散率或导温系数。

式（12 - 10）中，分子导热系数 λ，它反映物体的导热能力，分母是单位体积物体的热容 ρc，它反映物体热力学能的积聚或消耗能力。因此热扩散率 a 反映物体导热能力和储能或耗能能力的相对大小。若 a 较大，即 λ 较大，ρc 较小，物体的导热能力高于其储能或耗能能力，因此该物体的热扩散能力较强，热响应较快，传播温度变化的能力亦较强；反之亦然。

式（12 - 10）是直角坐标系中，常物性、含内热源的三维非稳态导热微分方程式，它是计算导热温度场最基本的方程式。有时导热问题发生在柱坐标系（r，φ，z）内，同理可得该坐标系中，常物性、含内热源的三维非稳态导热微分方程式，即

$$\frac{\partial t}{\partial \tau} = a \left[\frac{1}{r} \frac{\partial}{\partial r} \left(r \frac{\partial t}{\partial r} \right) + \frac{1}{r^2} \frac{\partial^2 t}{\partial \varphi^2} + \frac{\partial^2 t}{\partial z^2} \right] + \frac{\dot{\Phi}}{\rho c} \tag{12 - 11}$$

对于常物性且无内热源的一维稳态导热，式（12 - 9）和式（12 - 11）可简化为

$$\frac{\mathrm{d}^2 t}{\mathrm{d} x^2} = 0 \tag{12 - 12}$$

$$\frac{\mathrm{d}}{\mathrm{d}r}\left(r\,\frac{\mathrm{d}t}{\mathrm{d}r}\right)=0 \tag{12-13}$$

对于常物性且无内热源的一维非稳态导热，式（12-9）和式（12-11）可简化为

$$\frac{\partial t}{\partial \tau}=a\,\frac{\partial^2 t}{\partial x^2} \tag{12-14}$$

$$\frac{\partial t}{\partial \tau}=a\,\frac{\partial}{\partial r}\left(\frac{1}{r}\,\frac{\partial t}{\partial r}\right) \tag{12-15}$$

对于常物性且有内热源的零维非稳态导热，式（12-9）和式（12-11）均可简化为

$$\frac{\partial t}{\partial \tau}=\frac{\dot{\Phi}}{\rho c} \tag{12-16}$$

对导热微分方程式及其相应的定解条件求解，即可求得某导热问题的温度场，再应用傅里叶定律便可获得热流场及热流量场。所谓定解条件，是指使微分方程式获得适合某一具体问题的解的附加条件。导热微分方程式及其定解条件一起构成了一个具体导热问题的数学描述。对于非稳态导热问题，定解条件有两个方面，即给出物体在初始时刻温度场的初始条件和给出物体边界上温度或换热情况的边界条件。对于稳态导热，定解条件只需给出边界条件。应该指出，导热问题常见的边界条件可归纳为三类，第一类边界条件规定了边界上的温度场，最简单的例子是边界上的温度为常数；第二类边界条件规定了边界上的热流场，最简单的例子是边界上的热流密度为零，也就是边界绝热；第三类边界条件规定了边界上的换热状况，最常见的例子是已知边界上的对流换热状况，即

$$-\lambda\frac{\partial t}{\partial n}\Big|_{\mathrm{w}}=h(t_{\mathrm{w}}-t_{\mathrm{f}}) \tag{12-17}$$

式中，流体温度 t_{f} 及流体与物体壁面间的表面传热系数 h 是已知的，而边界上的温度梯度 $\dfrac{\partial t}{\partial n}\Big|_{\mathrm{w}}$ 及流体侧壁面温度 t_{w} 则是未知的，区别于第二类及第一类边界条件。请读者自己分析后面将讲述的稳态和非稳态导热的边界条件属于哪一类。

第二节 稳 态 导 热

如前所述，物体中各点温度不随时间变化的导热过程称为稳态导热。生产中，热力设备处于正常和稳定的运行状态时，其温度场可认为是稳态温度场，所发生的导热就是稳态导热。稳态导热时，物体中各点的导热量也不随时间变化，这是稳态导热的基本特点。

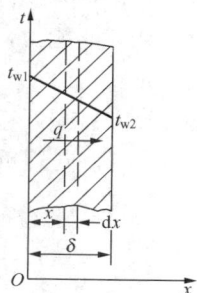

图 12-3 单层大平壁的一维稳态导热

一、一维大平壁的稳态导热

1. 单层大平壁

如图 12-3 所示，厚度为 δ 的单层无内源大平壁，导热面积为 A，导热系数 λ 等物性参数为定值，两侧壁面分别保持恒定且均匀的温度 t_{w1} 和 t_{w2}，设 $t_{\mathrm{w1}}>t_{\mathrm{w2}}$。考虑到温度变化仅发生在垂直于壁面的方向，且大平壁内各点的温度不随时间变化，故属于一维稳态导热问题。

直接由导热微分方程式的简化式（12-12）可求得该导热问题的温度场，即

$$\frac{\mathrm{d}^2 t}{\mathrm{d}x^2} = 0$$

该方程的通解为

$$t = C_1 x + C_2 \qquad\qquad (a)$$

边界条件为

$$\begin{cases} x = 0, t = t_{w1} \\ x = \delta, t = t_{w2} \end{cases} \qquad\qquad (b)$$

由式（b）确定通解式（a）中的积分常数为

$$\begin{cases} C_1 = \dfrac{t_{w2} - t_{w1}}{\delta} \\ C_2 = t_{w1} \end{cases} \qquad\qquad (c)$$

则

$$t = t_{w1} + \frac{x}{\delta}(t_{w2} - t_{w1}) \qquad\qquad (12\text{-}18a)$$

或

$$\frac{t - t_{w1}}{t_{w2} - t_{w1}} = \frac{x}{\delta} \qquad\qquad (12\text{-}18b)$$

此即为常物性且无内源大平壁的一维稳态导热的温度场计算式。该式说明，温度分布 t 与大平壁任一厚度 x 呈线性关系。由傅里叶定律，可得通过大平壁的导热量为

$$\Phi = -\lambda A \frac{\mathrm{d}t}{\mathrm{d}x} = \frac{t_{w1} - t_{w2}}{\delta/\lambda A} = \frac{t_{w1} - t_{w2}}{R_\lambda} \qquad\qquad (12\text{-}19a)$$

或

$$q = -\lambda \frac{\mathrm{d}t}{\mathrm{d}x} = \frac{t_{w1} - t_{w2}}{\delta/\lambda} = \frac{t_{w1} - t_{w2}}{r_\lambda} \qquad\qquad (12\text{-}19b)$$

$$R_\lambda = \delta/\lambda A$$

$$r_\lambda = \delta/\lambda$$

式中　R_λ——单位导热面积的大平壁导热热阻，K/W；

r_λ——导热面积为 A 的大平壁导热热阻，$\mathrm{m^2 \cdot K/W}$。

式（12-19）还可直接由傅里叶公式积分求得。取距离大平壁左侧壁面 x 处厚度为 $\mathrm{d}x$ 的微元层，对该微元层 $\mathrm{d}x$ 写出傅里叶公式为

$$q = -\lambda \frac{\mathrm{d}t}{\mathrm{d}x} \qquad\qquad (d)$$

式（d）分离变量并积分，得

$$\int_0^\delta q\,\mathrm{d}x = -\int_{t_{w1}}^{t_{w2}} \lambda\,\mathrm{d}t \qquad\qquad (e)$$

根据稳态导热的基本特点，对于一维大平壁，其热流密度 $q=$ 常数，再考虑导热系数 $\lambda=$ 常数，因此式（e）的积分结果为

$$q = \frac{t_{w1} - t_{w2}}{\delta/\lambda} \qquad\qquad (f)$$

式（f）即是式（12-19b）。

2. 多层大平壁

由几种不同材料串联组成的紧密大平壁称为多层大平壁。如火电厂锅炉炉墙可以是耐火

砖层、保温砖层、保温板层及金属板层组成的四层大平壁。

若按无内热源且每层材料的物性，如导热系数等均为定值考虑，多层大平壁内的温度分布不再与整个大平壁厚度呈线性关系，而是分别与每层的厚度呈线性关系，整体上温度呈折线变化。热流场则利用前述的热阻概念，由串联热路求出。进一步还可利用串联的特点，确定各层接触界面的温度，以判断其温度在材料使用中是否超限。

如图 12 - 4 所示，一个可按一维稳态导热处理的无内源三层大平壁，各层的厚度分别为 δ_1、δ_2 和 δ_3，导热系数分别为 λ_1、λ_2 和 λ_3，并取定值，两侧壁面的温度分别为 t_{w1} 和 t_{w4}，$t_{w1} > t_{w4}$ 且保持不变，假定层与层之间接触良好，接触界面上的温度相等，则其温度分布曲线如图 12 - 4 中所示为一折线。

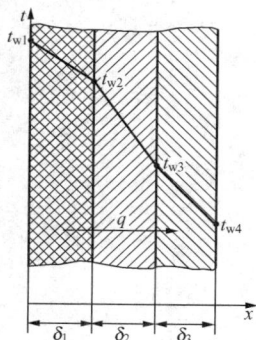

按串联热路考虑，则热流密度 q 的计算式为

$$q = \frac{t_{w1} - t_{w4}}{\dfrac{\delta_1}{\lambda_1} + \dfrac{\delta_2}{\lambda_2} + \dfrac{\delta_3}{\lambda_3}} \tag{12 - 20a}$$

图 12 - 4　多层大平壁的
一维稳态导热

各层接触界面上的未知温度 t_{w2} 和 t_{w3} 可由串联特点，按每层的傅里叶公式求得。式（12 - 20a）更一般的形式为

$$q = \frac{t_{w1} - t_{w(n+1)}}{\displaystyle\sum_{i=1}^{n} \frac{\delta_i}{\lambda_i}} \tag{12 - 20b}$$

【例题 12 - 1】　某炉壁由厚度 $\delta_1 = 250\text{mm}$ 的耐火黏土制品层和厚度 $\delta_2 = 500\text{mm}$ 的红砖层组成。内壁温度 $t_{w1} = 1000℃$，外壁温度 $t_{w3} = 50℃$。已知耐火黏土制品的导热系数可表示为 $\lambda_1 = 0.28 + 0.000\ 233t$。红砖的导热系数近似为 $\lambda_2 = 0.7\text{W/(m·K)}$。试求稳定运行时，该炉壁单位面积上的散热损失和层间接触界面的温度。

解　由于接触界面温度 t_{w2} 未知，因此无法计算耐火黏土制品层的平均温度，进而无法求得该层的导热系数。现用工程计算中广泛应用的试算法求解。

假设接触界面温度 $t_{w2} = 600℃$，则耐火黏土制品层的导热系数为

$$\lambda_1 = 0.28 + 0.000\ 233t = 0.28 + 0.000\ 233[(t_{w1} + t_{w2})/2]$$
$$= 0.28 + 0.000\ 233 \times [(1000 + 600)/2]$$
$$= 0.466[\text{W/(m·K)}]$$

根据式（12 - 20b）可得两层炉壁单位面积的散热损失为

$$q = \frac{t_{w1} - t_{w3}}{\dfrac{\delta_1}{\lambda_1} + \dfrac{\delta_2}{\lambda_2}} = \frac{1000 - 50}{\dfrac{250 \times 10^{-3}}{0.466} + \dfrac{500 \times 10^{-3}}{0.7}}$$
$$= 760(\text{W/m}^2)$$

校核所假设接触界面的温度，根据串联热路的特点得

$$q = \frac{t_{w1} - t'_{w2}}{\delta_1/\lambda_1}$$

$$t'_{w2} = t_{w1} - q\frac{\delta_1}{\lambda_1} = 1000 - 760 \times \frac{250 \times 10^{-3}}{0.466}$$
$$= 593(℃)$$

$t'_{w2}=593℃$ 与假设 $t_{w2}=600℃$ 相差不大，可认为上述计算有效。

二、一维长圆管壁的稳态导热

1. 单层长圆管壁

如图 12-5 所示，从单层无内源的长圆管中截取一段，管长为 L，内、外半径分别为 r_1 和 r_2，管壁的导热系数 λ 等物性参数均为定值，内、外两壁面分别保持恒定且均匀的温度 t_{w1} 和 t_{w2}，设 $t_{w1}>t_{w2}$。考虑到温度变化仅发生在半径方向，且该管壁内各点的温度不随时间变化，故属于一维径向的稳态导热，其温度场可直接由导热微分方程式的简化式（12-13）计算求得，即

$$\frac{\mathrm{d}}{\mathrm{d}r}\left(r\frac{\mathrm{d}t}{\mathrm{d}r}\right)=0$$

边界条件为

$$\begin{cases}r=r_1, t=t_{w1}\\r=r_2, t=t_{w2}\end{cases}$$

解得

$$t=t_{w1}+\frac{t_{w2}-t_{w1}}{\ln(r_2/r_1)}\ln(r/r_1) \tag{12-21a}$$

或

$$\frac{t-t_{w1}}{t_{w2}-t_{w1}}=\frac{\ln(r/r_1)}{\ln(r_2/r_1)} \tag{12-21b}$$

图 12-5　单层长圆管壁的一维稳态导热

此即为常物性且无内源的长圆管壁一维稳态导热的温度场计算式。该式说明，温度分布 t 与长圆管壁任一半径 r 成对数曲线关系。

由式（12-21）求得温度梯度并代入相应形式的傅里叶公式，可得通过长圆管壁的热流量为

$$\Phi=-\lambda A\frac{\mathrm{d}t}{\mathrm{d}r}=\frac{t_{w1}-t_{w2}}{\ln(r_2/r_1)/2\pi\lambda L}=\frac{t_{w1}-t_{w2}}{R_\lambda} \tag{12-22}$$

式中，$R_\lambda=\ln(r_2-r_1)/2\pi rL$ 是长圆管壁的导热热阻，K/W。通过单位长度长圆管壁的热流量为

$$q_L=\frac{\Phi}{L}=\frac{t_{w1}-t_{w2}}{\ln(r_2/r_1)/2\pi\lambda}=\frac{t_{w1}-t_{w2}}{r'_\lambda} \tag{12-23}$$

式中　r'_λ——单位长度长圆管壁的导热热阻，m·K/W。

式（12-22）和式（12-23）也可由傅里叶公式直接积分求得，请读者自己推导。

应该指出，长圆管壁沿半径方向的一维稳态导热热流密度 q 不是定值，而是随半径 r 变化，如本例中热流密度 q 随半径 r 的增大而减小。因此有时长圆管壁不用热流密度 q 而用单位长度的热流量 q_L 来表示其一维稳态导热量，如式（12-23）所示。

2. 多层长圆管壁

由几种不同材料串联组成的紧密长圆管壁称为多层长圆管壁。如输送蒸气的管道一般是内壁为金属层、外壁为保温层的二层长圆管壁；锅炉的水冷壁管，除金属管壁外，其内壁常有水垢层，外壁常有灰垢层，这就构成了三层长圆管壁。

图 12-6 示出了一个可按一维稳态导热处理的无内热源三层长圆管壁。与分析三层大平

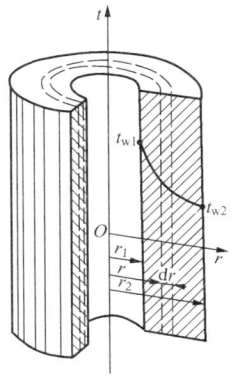

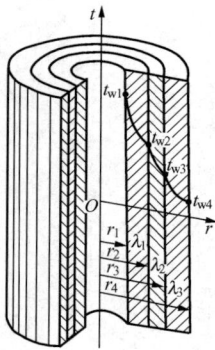

图 12 - 6　多层长圆
管壁的一维稳态导热

壁类似，可得其热流量为

$$\Phi = \frac{t_{w1} - t_{w4}}{\dfrac{\ln(r_2/r_1)}{2\pi\lambda_1 L} + \dfrac{\ln(r_3/r_2)}{2\pi\lambda_2 L} + \dfrac{\ln(r_4/r_3)}{2\pi\lambda_3 L}} \qquad (12 - 24)$$

各层接触面上的未知温度 t_{w2} 和 t_{w3} 可由串联特点，按每层的傅里叶公式求得。式（12 - 24）更一般的形式为

$$\Phi = \frac{t_{w1} - t_{w(n+1)}}{\displaystyle\sum_{i=1}^{n} \frac{\ln(r_{i+1}/r_i)}{2\pi\lambda_i L}} \qquad (12 - 25)$$

3. 长圆管壁的简化计算

长圆管壁一维稳态导热的热流量计算式中包含对数项，计算很不方便，有时可近似用大平壁代替长圆管壁进行导热量计算。现将式（12 - 22）的分子和分母同乘以该圆管壁的厚度 $\delta = r_2 - r_1$，可得

$$\Phi = \frac{(r_2 - r_1)(t_{w1} - t_{w2})}{(r_2 - r_1)\ln(r_2/r_1)/2\pi\lambda L} = \frac{\lambda(A_2 - A_1)(t_{w1} - t_{w2})}{\delta\ln(A_2/A_1)} = \frac{t_{w1} - t_{w2}}{\delta/\lambda A_m} \qquad (12 - 26)$$

$$A_m = (A_2 - A_1)/\ln(A_2/A_1)$$

式中　A_1、A_2——长圆管壁的内、外壁面面积，m^2；

　　　　A_m——对数平均面积，m^2。

式（12 - 26）与常物性且无内源的大平壁一维稳态导热的热流量计算式（12 - 19a）相似，主要差别在于导热面积不同。当长圆管壁较薄，即比值 r_2/r_1 较小时，常用算术平均面积 $A'_m = (A_2 + A_1)/2$ 代替对数平均面积 A_m，此时相当于用大平壁近似代替长圆管壁，如 $r_2/r_1 < 2$ 时，这种简化计算所引起的误差可小于 4%。

对于多层长圆管壁的简化计算，一般不取整个管壁导热面积的算术平均值代入其热流量计算式，而是各层分别考虑，其热流量的简化式为

$$\Phi = \frac{t_{w1} - t_{w(n+1)}}{\displaystyle\sum_{i=1}^{n} (\delta_i/\lambda_i A'_{mi})} \qquad (12 - 27)$$

【例题 12 - 2】　一主蒸汽管道，蒸汽温度为 540℃，管子外直径为 273mm，管外包裹厚度为 δ 的水泥蛭石保温层，外侧再包裹厚度为 15mm 的保护层。按规定，保护层外侧温度为 48℃，管道的散热损失不超过 442W/m。已知水泥蛭石保温层和保护层的导热系数分别为 0.15W/(m·K) 和 0.192W/(m·K)，试求水泥蛭石保温层的最小厚度 δ_{min}。

解　根据式（12 - 25），该蒸汽管道单位长度的散热损失可表示为

$$q_L = \frac{t_{w1} - t_{w3}}{\dfrac{\ln(r_2/r_1)}{2\pi\lambda_1} + \dfrac{\ln(r_3/r_2)}{2\pi\lambda_2}} = \frac{t_{w1} - t_{w3}}{\dfrac{\ln(d_2/d_1)}{2\pi\lambda_1} + \dfrac{\ln(d_3/d_2)}{2\pi\lambda_2}}$$

$$= \frac{540 - 48}{\dfrac{\ln[(273 + 2\delta)/273]}{2 \times 3.14 \times 0.105} + \dfrac{\ln[(273 + 2\delta + 2 \times 15)/(273 + 2\delta)]}{2 \times 3.14 \times 0.192}}$$

采用试算法求水泥蛭石保温层的最小厚度 δ。假设 $\delta = 150$mm，代入上式得

$$q_L = 421\text{W/m} < 442\text{W/m}$$

再假设 $\delta = 140$mm，代入上式得

$$q_L = 441.5\text{W/m}$$

这与规定的 442W/m 相近似，因此取水泥蛭石保温层的最小厚度 $\delta_{\min}=140\text{mm}$。

【**例题 12 - 3**】　一蒸汽管道外敷设两层保温材料，其厚度 δ 相等，第二层的平均直径是第一层平均直径的 2 倍，而第二层的导热系数是第一层的 1/2。若把两层保温材料互换位置，其他条件不变，试问每米管长的散热损失改变多少？

解　利用多层长圆管壁热流量的简化式（12 - 27）可得

$$\Phi_A = \frac{t_{w1} - t_{w3}}{\dfrac{\Delta r_1}{\lambda_1 A'_{m1}} + \dfrac{\Delta r_2}{\lambda_2 A'_{m2}}} = \frac{t_{w1} - t_{w3}}{\dfrac{\Delta r_1}{\lambda_1 \pi d'_1 L} + \dfrac{\Delta r_2}{\lambda_2 \pi d'_2 L}}$$

$$\Phi_B = \frac{t_{w1} - t_{w3}}{\dfrac{\Delta r_1}{\lambda_2 A'_{m1}} + \dfrac{\Delta r_2}{\lambda_2 A'_{m2}}} = \frac{t_{w1} - t_{w3}}{\dfrac{\Delta r_1}{\lambda_2 \pi d'_1 L} + \dfrac{\Delta r_2}{\lambda_1 \pi d'_2 L}}$$

因此比较上面两式可得

$$\frac{\Phi_A}{\Phi_B} = \frac{\dfrac{\lambda_1}{\lambda_2} + \dfrac{d'_1}{d'_2}}{1 + \dfrac{\lambda_1 d'_2}{\lambda_2 d'_1}}$$

根据题意，有 $d'_2=2d'_1$ 及 $\lambda_2=\lambda_1/2$，代入上式得

$$\frac{\Phi_A}{\Phi_B} = \frac{2 + \dfrac{1}{2}}{1 + 2 \times \dfrac{1}{2}} = 1.25$$

因此，导热系数小的保温材料安置在内层有利于提高保温效果。

第三节　非稳态导热简介

如前所述，物体中各点温度随时间变化的导热过程称为非稳态导热。研究非稳态导热问题具有很重要的实际意义。如生产中，热力设备的启动、停止及变工况运行时，急剧的温度变化会使各部件因热应力而破坏，因此需要确定其非稳态导热的温度场；金属在加热炉内非稳态加热时，需要确定它在加热炉内停留的时间，以保证达到规定的中心温度。再如，蓄热式换热器工作时，蓄热壁被周期性地加热和冷却，各点温度呈周期性变化，这也是非稳态导热过程，需要确定其温度随时间的周期性变化规律以保证换热效果。

非稳态导热有周期性和非周期性两种形式。周期性非稳态导热过程中，物体中各点的温度虽然随时间变化，但它是随时间作重复性的循环变化，如上述例子中蓄热式换热器蓄热壁的导热就是周期性非稳态导热。非周期性非稳态导热又称为瞬态导热，是指物体中各点温度随时间不呈周期性变化，而是不断地瞬时变化。本篇只讲述非周期性非稳态导热过程。

如图 12 - 7 所示，初始温度为 t_0 的平壁，某一瞬时开始，其左侧表面的温度突然升高到 t_1 并保持不变，而右侧表面与温度为 t_0 的环境接触。在这种条件下，平壁温度场要经历如下的非稳态变化过

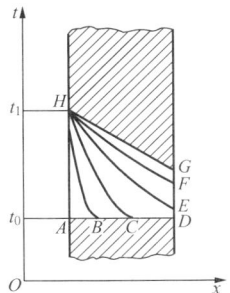

图 12 - 7　非稳态导热过程示意图

程。首先，平壁靠近左侧高温表面部分的温度很快上升，而其余部分仍保持原来的温度 t_0，如图中曲线 HBD 所示。随着时间的推移，温度变化的范围不断扩大，一定时间以后，右侧表面被波及，不再保持其初始温度 t_0，而是逐渐升高，图中曲线 HCD、HE 和 HF 示意性表示了这种变化过程。经过相对较长的时间，最终平壁温度场达到稳定状态，即保持温度恒定而不再变化，如图中曲线 HG 所示。综上所述，非稳态导热过程具有三个阶段和两个特点。第一阶段里，物体的温度分布受初始温度分布的影响很大，称之为非正规状况阶段或初始阶段。当非稳态导热进行到一定深度时，初始温度分布的影响逐渐消失，物体不同时刻的温度分布主要取决于其物性和边界条件，此时非稳态导热进入第二阶段，称为正规状况阶段。本节主要讲述正规状况阶段物体中的温度场及热流场规律。第三阶段里，物体各点的温度分布达到新的稳定状态，称为稳态阶段。非稳态导热的特点包括：①第一阶段里，物体的温度场及热流场呈现出受初始温度分布控制的特性。②除第三阶段外，物体中各点的温度随时间变化，因此在物体任一个与导热方向相垂直的截面上，热流量处处不等（零维非稳态导热除外），即使在同一个截面上，不同时刻的热流量也不等。

应该指出，非稳态导热中，影响物体中各点温度场和热流场的是热扩散率而不只是导热系数；但在稳态导热中，物体中各点的温度场和热流场不随时间变化，热扩散率也就失去了意义，只有导热系数起着重要作用。这是非稳态导热和稳态导热在物理规律方面的重要区别。

非稳态导热的常用计算方法有集总参数法、图解分析法等。

复 习 思 考 题

12-1 说明温度梯度的实质及方向。

12-2 指出影响物体导热系数的因素主要有哪些？若物体的导热系数只与温度呈线性关系，即 $\lambda = \lambda_0(1+bt)$，试画出三种情况下一大平壁处于稳态导热时的温度分布曲线：①$b>0$；②$b<0$；③$b=0$。

12-3 何谓保温材料？并举例说明保温材料在生产和生活中的意义。

12-4 指出导热问题的三类边界条件。说明什么情况下，第三类边界条件可转化为第一类和第二类边界条件？

12-5 如何理解所谓大平壁和长圆管壁中"大"和"长"的含义？

12-6 若大平壁和长圆管壁的材料相同，厚度相同，温度条件相同，且大平壁的表面积等于长圆管壁的内壁面积，试问哪一种情况的导热量大？

12-7 简述非稳态导热的过程和特点。

12-8 说明热扩散率的表达式和物理意义，并指出其与导热系数之间的区别和联系。

习   题

12-1 一大平壁的厚度为 50mm，导热系数为 $50W/(m\cdot K)$。已知稳态情况下该大平壁内一维温度场的表达式为 $t=a+bx^2$，其中系数 $a=200℃$，$b=-2000℃/m^2$，x 的单位为 m。试求：①该大平壁的内热源。②该大平壁两侧面的热流密度，并给出两热流密度与内热源的关系。

12 - 2　一厚度为 50mm 的耐火材料可视为一维大平壁，稳态情况下测得其两侧表面的温度分别为 100℃和 20℃，中心温度为 50℃，热流密度为 500W/m²，试确定该耐火材料的导热系数与温度的关系 $\lambda = \lambda_0(1+bt)$。

12 - 3　一双层玻璃窗是由两层厚度为 6mm 的玻璃及其间的空气隙所组成，空气隙厚度为 8mm。设面向室内和室外的玻璃表面温度分别为 20℃和－15℃。已知玻璃的导热系数为 0.78W/(m·K)，空气的导热系数为 0.025W/(m·K)，玻璃窗的尺寸为 670mm×440mm。试求该双层玻璃窗的散热损失。若采用单层玻璃窗，其他条件不变，其散热损失是双层玻璃窗的多少倍？

12 - 4　有一平面墙，厚度为 20mm，导热系数为 1.3W/(m·K)。为使每平方米墙的散热损失不超过 1500W，在该墙外表面敷设一层导热系数为 0.12W/(m·K)的保温材料。已知敷设保温材料所组成的复合壁两侧面温度分别为 750℃和 55℃，试确定此时保温材料的厚度。

12 - 5　有三层大平壁，已测得壁面温度 t_{w1}、t_{w2}、t_{w3} 和 t_{w4} 分别为 600℃、480℃、250℃和 50℃。稳态情况下，试比较各层的导热热阻在总热阻中所占的比例大小。若假设各层厚度均匀且相同，均为 5cm，热流密度为 20W/m²，试求各层大平壁的导热系数。

12 - 6　一管道内直径为 20mm，管壁厚度为 5mm，导热系数为 40W/(m·K)，管内、外壁面的温度分别为 300℃和 30℃。若该管道进行一维稳态导热，试分别用精确公式和简化公式计算每米管长的导热量，并计算相对误差。

12 - 7　在直径为 1m 的圆筒外侧敷设厚度为 10cm、导热系数为 0.12W/(m·K)的石棉层和厚度为 30cm、导热系数为 0.6W/(m·K)的红砖层进行保温。试求该圆筒单位长度每小时的散热损失。此时若圆筒的内壁面温度为 100℃，外壁面温度为多少？若将石棉层和红砖层内、外互换，散热损失如何变化？

12 - 8　一蒸汽管道的内、外直径分别为 160mm 和 170mm，管壁导热系数为 58.3W/(m·K)，管外壁敷设两层保温材料，第一层厚度为 30mm，导热系数为 0.094W/(m·K)；第二层厚度为 40mm，导热系数为 0.175W/(m·K)。管道内壁面温度为 250℃，保温层的外表面温度为 50℃。试求：①包括管壁在内的各层热阻，并比较其大小。②每米长管道的散热损失。③各层间接触界面的温度。

12 - 9　一外直径为 133mm 的蒸汽管道外需敷设一层保温材料，蒸汽管道外壁温度为 400℃，按规定所敷设的保温材料外表面温度不能超过 50℃。若采用水泥珍珠岩制品作为保温材料，并把管道散热损失控制在 465W/m 以下，试求保温层的最小厚度。已知水泥珍珠岩制品的导热系数 $\lambda = 0.065\,1 + 0.000\,105t$。

第十三章 对 流 换 热

第一节 对 流 换 热 概 述

一、对流换热的影响因素

如前所述，对流换热是指流体流过固体壁面，与固体壁面间有宏观相对位移时，由于温度不同所引起的热量传递现象。因此，影响对流换热的因素不外是影响流动的因素及影响流体中热量传递的因素两个方面。归纳起来，具体表现如下：

（1）流体有无相变。流体的相变是指液体变为气体或气体变为液体的相态变换。相变时，若是汽化，液体吸收汽化潜热；若是液化，气体放出汽化潜热。如锅炉水冷壁管内水的沸腾和凝汽设备中蒸汽的凝结等都属于相变换热。对于同一种流体，汽化潜热要比比热容大得多，同时，相变过程中伴有流体的强烈扰动，因此其对流换热强度一般大于无相变对流换热。

（2）流体流动的动力。流体流动的动力就是引发流体流动的起因。起因不同，流体流动的情况不同，因此对流换热规律也不同。凡受外部动力作用而引起的流动称为强制流动，如由于泵或风机等外部动力源或其他压差造成的流体流动。凡由温度不同导致流体密度不同，进而产生浮升力（或沉降力）所引起的流动称为自然流动，如用水壶烧水，在达到沸点之前壶内的水已开始上下流动就是自然流动。强制流动时流体有较强的扰动，因此其对流换热强度一般大于自然流动对流换热。

（3）流体流动的状态。流体的流动状态可分为层流和紊流。层流是指流体质点间分层流动，并且层间不相掺混；紊流也称为湍流，是指流体质点间不分层流动，而是互相碰撞与混合，呈现较紊乱的流动状态。工程流体力学中对这两种流动状态已有讲述。紊流时流体间互相掺混，因此其对流换热强度一般大于层流对流换热。

（4）流体的物理性质。流体影响对流换热的主要物性参数包括：导热系数 λ、密度 ρ、比热容 c（一般指比定压热容 c_p）、体积膨胀系数 α_V 及动力黏度 μ（或运动黏度 ν）等。不同的流体，上述物性参数各不相同；即使同一种流体，还要考虑这些物性参数受温度和压力等的影响，特别是随温度的变化。流体物性影响对流换热强度是因为它们影响流体的流态及其传热能力，通常要综合考虑。如一般的 λ、ρ、c_p 或 α_V 值增大时，对流换热将增强，而 μ（或 ν）值增大时，对流换热将减弱。因此，物性参数对对流换热的影响取决于不同物性值的相对大小。

（5）参与对流换热的固体壁面（即换热面）的几何因素。换热面的几何因素是指换热面的形状、大小、与流体间的相对位置及表面状况如光滑或粗糙等。这些几何因素影响对流换热是因为它们影响流体的流态和换热条件。如流体在管道内流动和横向绕流管道，其流动情况不同，对流换热情况也不同；水平放置的平壁，其热面朝上和热面朝下的散热情况截然不同等。

二、牛顿冷却公式

对流换热是一种复杂的物理过程，综合上述影响因素，它所传递的热流量 Φ 除了与流

体温度 t_f 和换热面温度 t_w 有关外，还与流体的物性 λ、ρ、c_p、α_V 和 μ（或 ν）等，流动速度 v_f，及换热面的形状 s，尺寸 x、y、z 等几何因素有关。写成函数形式为

$$\Phi = f(t_f, t_w, \lambda, \rho, c_p, \alpha_V, \mu, v_f, s, x, y, z \text{ 等})　　　　(13-1)$$

已经知道，对流换热量 Φ 可由牛顿冷却公式（11-3）给出，即

$$\Phi = hA\Delta t$$

比较式（13-1）和式（11-3）可知，由牛顿冷却公式计算的对流换热量并没有把复杂的对流换热过程简化，只不过是把对流换热的复杂性和计算上的困难都集中到表面传热系数 h 上而已。h 也可写成函数形式，即

$$h = f(t_f, t_w, \lambda, \rho, c_p, \alpha_V, \mu, v_f, s, x, y, z \text{ 等})　　　　(13-2)$$

若表面传热系数 h 能够确定，根据牛顿冷却公式（11-3）可以方便地获得对流换热量。因此，用理论分析或实验方法等具体给出各种类型对流换热的表面传热系数 h 的计算式是研究对流换热的基本任务之一。

三、表面传热系数

设一温度为 t_f 的流体流过固体壁面，壁面温度为 t_w，$t_w > t_f$，壁面任一位置 x 处的热流密度 q_x 由牛顿冷却公式（11-3b）得

$$q_x = h_x(t_w - t_f)　　　　(a)$$

式中　q_x——局部热流密度，W/m^2；

　　　h_x——局部表面传热系数，$W/(m^2 \cdot K)$。

因为贴壁位置（$x, y = 0$）处，黏性作用使流体与壁面间不存在宏观相对位移，因此热量的传递方式是导热。根据傅里叶公式（12-8b）可得

$$q_x = -\lambda \left(\frac{\partial t}{\partial y}\right)_x \bigg|_{y=0}　　　　(b)$$

式中　$\left(\dfrac{\partial t}{\partial y}\right)_x \bigg|_{y=0}$——贴壁位置（$x, y = 0$）处流体的温度梯度，$K/m$；

　　　λ——流体的导热系数，$W/(m \cdot K)$。

式（a）和式（b）是从不同角度表达同一问题，因此有

$$h_x(t_w - t_f) = -\lambda \left(\frac{\partial t}{\partial y}\right)_x \bigg|_{y=0}　　　　(c)$$

即

$$h_x = -\frac{\lambda}{t_w - t_f}\left(\frac{\partial t}{\partial y}\right)_x \bigg|_{y=0}　　　　(d)$$

更一般的表达式为

$$h_x = -\frac{\lambda}{\Delta t}\left(\frac{\partial t}{\partial y}\right)_x \bigg|_{y=0}　　　　(13-3)$$

一般将式（13-3）称为对流换热的基本微分方程式。显然，若流体的导热系数 λ 及流体与壁面间的温度差 Δt 保持不变，则贴壁位置（$x, y = 0$）处的温度梯度 $\partial t/\partial y$ 便决定了局部表面传热系数 h_x 的大小及局部对流换热的强弱，因此认识紧贴壁面处极薄流体层中的温度梯度情况尤为重要。

类似于流体力学中的速度边界层，贴壁处也存在温度边界层或称为热边界层。所谓温度边界层，是指贴壁处温度梯度很大的流体层，它与速度边界层密切相关。若速度边界层为层

流状态，由于层间不相掺混，因此热量传递主要靠流体分子的热运动即导热来实现，温度梯度很大；而在紊流边界层紧贴壁面处的层流底层内，流体保持层流状态，因此仍主要靠导热来传递热量，温度梯度很大；但在紊流核心区，冷、热流体则相互掺混，即发生热对流，此时温度梯度很小。总之，对流换热主要发生在温度边界层内，换热的强弱取决于其内温度梯度的大小，而温度梯度又主要看速度边界层层流部分的导热能力。流体力学中对速度边界层理论已有讲述，可参照理解温度边界层，本篇不作深入探讨。但需要说明，利用速度边界层及温度边界层理论来分析、计算对流换热问题对揭示对流换热过程的物理本质和指出其影响因素的主次关系等方面很有价值。

将对流换热的局部热流密度 q_x 在整个壁面上积分，可得壁面上总的对流换热量 Φ，即

$$\Phi = \int_A q_x \mathrm{d}A = \int_A h_x \Delta t \mathrm{d}A = \Delta t \int_A h_x \mathrm{d}A \tag{e}$$

定义整个壁面上的平均表面传热系数为 h，则由牛顿冷却公式（11-3a）可得壁面上总的对流换热量 Φ 为

$$\Phi = hA\Delta t \tag{f}$$

比较式（e）和式（f），则平均表面传热系数 h 和局部表面传热系数 h_x 的关系为

$$h = \frac{1}{A}\int_A h_x \mathrm{d}A \tag{13-4}$$

表 13-1　几种典型对流换热过程的表面传热系数概略值

对流换热类型	表面传热系数 $h[\mathrm{W/(m^2 \cdot K)}]$
强制对流换热	
水	1000~15 000
高压水蒸气	500~3500
一般气体	20~100
自然对流换热	
水	200~1000
空气	1~10
相变换热	
水沸腾换热	2500~35 000
水蒸气膜状凝结	4500~18 000
水蒸气珠状凝结	≤5 000~140 000
有机物的蒸气凝结	600~2300

生产中经常遇到的是计算整个壁面上总的对流换热量，需要求解的是平均表面传热系数 h，因此可以由式（13-3）及式（13-4）求得。但式中的计算关键是获得贴壁处流体的温度场，该温度场又与贴壁处流体的流动因素等有关，即还需要获得速度场，这里要用到前述的边界层理论，因此计算相对复杂些，本篇不作讲述。本篇讲述目前应用广泛的以相似理论为指导的实验方法来获得平均表面传热系数 h，后面讲述中略去"平均"二字。表13-1给出了几种典型对流换热过程的表面传热系数概略值，供读者参考。

第二节　相 似 理 论

通过实验方法获得对流换热的表面传热系数，主要是获得表面传热系数与其他变量如流体的物性、流速及换热面的几何因素等的依变关系。但实验中，若变动某一个量而固定其他量，以此逐一确定各变量的影响程度，从而综合出所求的变化规律，在变量较多时工作量将异常庞大。如确定某个量与其他6个变量之间的变化关系，设想每个变量各变化10次，而其余5个保持不变，则需要进行10^6次实验。显然，这样孤立地研究每个变量影响的方法是无法实现且不可取的。况且，即使能够通过这样的实验得到结果，也有一定的局限性，不易推广到与实验条件有区别的其他同类现象中去。因此，常以相似理论为指导，把较多的变量

组合成少数几个无量纲的准则数，并导出这些准则数之间的函数关系式，然后以这些准则数作为新的变量来组织实验，确定它们之间的具体依变关系。这样不仅实验工作量大大减少，而且更重要的是，所得到的结果可以推广到与所做实验相似的同类现象中去，具有一定的普遍性。

一、相似概念

1. 同类现象

只有同类物理现象之间才能谈论相似问题。所谓同类物理现象，是指那些能用相同形式和内容的微分方程式描述的物理现象。如对流换热现象中，强制与自然对流换热，虽然都是无相变对流换热，但它们的微分方程式内容有很大的区别，因此不能归为同类现象，也就不存在相似问题。

2. 几何相似

若两个几何系统的对应边成比例，对应角相等，则这两个几何系统构成几何相似。就是说，彼此相似的两个几何系统，其中任一个都可以看成是另一个按比例缩小或放大。两个几何相似的系统对应边的比值称为几何相似倍数，记作 C_L。几何相似是物理现象相似的先决条件，即两个相似的物理现象必然发生在几何相似的系统中。如管内的对流换热可以和另一个管径不同的管内对流换热相似，但不能和绕流该管的对流换热相似，因为它们发生在不同的几何系统中。

3. 物理现象相似

两个同类物理现象，在几何相似的前提下，若在空间上相对应的点和时间上相对应的瞬间，所有用来说明物理现象性质的同名物理量之间一一对应成同一比例，则称这两个物理现象相似。如两个同类的对流换热现象，若彼此相似，则首先几何系统对应成同一比例，其他同名物理量场如温度场、速度场及物性场等也一一对应成同一比例。比例系数称为相似倍数，如温度相似倍数 C_T、速度相似倍数 C_v、表面传热系数相似倍数 C_h 及导热系数相似倍数 C_λ 等。

二、相似准则

彼此相似的物理现象，不同物理量场的相似倍数之间存在一定的制约关系，这种制约关系进一步体现为相似准则数，简称相似准则。

通过相似分析，可得常见的与对流换热现象相关的相似准则包括：努塞尔（Nusselt）数 Nu、雷诺（Reynolds）数 Re、普朗特（Prandtl）数 Pr 及格拉晓夫（Grashof）数 Gr 等。它们的表达式分别为

$$Nu = \frac{hx}{\lambda} \tag{13-5}$$

$$Re = \frac{\rho v_f x}{\mu} = \frac{v_f x}{\nu} \tag{13-6}$$

$$Pr = \frac{\nu}{a} = \frac{\mu/\rho}{\lambda/\rho c_p} = \frac{\mu c_p}{\lambda} \tag{13-7}$$

$$Gr = \frac{g\alpha_V \Delta t x^3}{\nu^2} \tag{13-8}$$

上几式中　　x——特征尺寸，m；

　　　　　　v_f——流体的流动速度，m/s；

ν——流体的运动黏度，又称为动量扩散率，$\mathrm{m^2/s}$；

a——流体的热扩散率，$a = \lambda/\rho c_p$，$\mathrm{m^2/s}$；

α_V——流体的体积膨胀系数，$1/\mathrm{K}$。

各相似准则都具有一定的物理意义。努塞尔数 Nu 是反映对流换热强弱的无量纲数。努塞尔数 Nu 越大，对流换热越强。应该指出，努塞尔数 Nu 与前述的毕渥数 Bi 表达式相近，但前者式中的 λ 是流体的导热系数，而后者式中的 λ 一般是固体的导热系数；另外，两者的物理意义有所不同。雷诺数 Re 是表示流体所受惯性力与黏性力之比的一个无量纲数，常用在强制对流换热中。Re 数越大，意味着惯性力越大，流体越易呈现紊流状态；相反 Re 数越小，意味着黏性力越大，流体越易呈现层流状态。因此雷诺数 Re 是强制对流中流体流态的判据；普朗特数 Pr 完全由流体的物性参数组成，分子是动量扩散率 ν，分母是热扩散率 a，因此 Pr 反映动量与热量扩散能力的相对大小，是表示流体物性对对流换热影响的一个无量纲数。Pr 数越小，意味着热扩散率越大，流体传播热扰动的能力越强，对流换热增强。格拉晓夫数 Gr 是表示流体所受浮升力与黏性力之比的一个无量纲数，常用在自然对流换热中，其作用与 Re 数相仿。Gr 数越大，意味着浮升力越大，自然流动加强，越易呈现紊流状态；相反 Gr 数越小，意味着黏性力越大，自然流动减弱，越易呈现层流状态。因此格拉晓夫数 Gr 可以作为自然流动中流体流态的判据（实验表明，用 Gr 数作为自然对流中流体流态的判据比曾推荐的瑞利数 $Ra = GrPr$ 更符合实验结果）。

相似准则可分为两类，一类是包含待求物理量的准则，称为待定准则。如 Nu 数，其中表面传热系数 h 是待求物理量。另一类是完全由已知物理量构成的准则，称为已定准则，如 Re 数、Pr 数及 Gr 数等。获得待定准则和已定准则之间的函数关系式是相似理论的主要内容之一。

三、相似定理

1. 相似第一定理

相似第一定理指出：彼此相似的物理现象，它们的同名相似准则必定相等。如强制流动现象相似，则 Re 数相等；自然流动现象相似，则 Gr 数相等；对流换热现象相似，则 Nu 数相等。相似第一定理是物理现象相似的必要条件，它确定了相似准则中所包含物理量之间的关系，揭示了相似现象所遵循的物理规律。

2. 相似第二定理

相似第二定理指出：任何描述物理现象的微分方程式都有相似准则函数形式的解。根据这一定理，对于一个物理现象，除可以用复杂的微分方程式来描述外，还可以用比较简单的以相似准则为变量的函数关系式来描述。根据相似第一定律，所有相似的现象，同名相似准则都具有相同的值，因此各相似现象的函数关系式也一定相同。利用所得的函数关系式就能把某实验结果推广到与之相似的同类物理现象中去而不必对所有现象逐一进行实验，从而大大减少了实验工作量。如对于无相变强制对流换热，当忽略自然流动的影响时，准则间的函数关系式为

$$Nu = f(Re,Pr) \tag{13-9}$$

对于无相变自然对流换热，准则间的函数关系式则为

$$Nu = f(Gr,Pr) \tag{13-10}$$

相似第二定理原则上阐明了相似物理现象可用相似准则之间的函数关系式来描述，但具

体的函数内容却没有指出，这需要由具体的实验来确定。

3. 相似第三定理

相似第三定理指出：凡同类现象，若单值性条件相似，同名已定准则相等，则现象必定相似。所谓单值性条件，是指使被研究的现象能从同类现象中被唯一确定下来的条件。一般单值性条件包括：

(1) 初始条件。它指非稳态现象中初始时刻的各物理量分布，而稳态现象则不存在初始条件。

(2) 边界条件。它指所研究系统边界上过程进行的特点，如流体进出口温度、壁面温度或壁面热流密度及速度分布等。

(3) 几何条件。它指所研究物体的几何形状、尺寸、相对位置及表面状况如光滑或粗糙等。

(4) 物理条件。它指流体的类别和物性，如导热系数 λ、密度 ρ、比热容 c、体积膨胀系数 α_v 及动力黏度 μ（或运动黏度 ν）等。

应该指出，这里的单值性条件和前面述及的导热微分方程式的定解条件是一致的。只不过在相似理论里，为了强调各个与现象有关的物理量之间的相似性，特别增加了几何条件和物理条件两项。而在定解条件中，给定所求问题的几何条件与物理条件则被认为是不言而喻的，已包含在导热微分方程式中了。

相似第三定理是判断同类物理现象相似的充要条件。利用它可以把某一实验结果推广应用到相似的同类现象中去。

四、相似理论对实验的指导作用

相似理论的一个重要作用是指导安排实验和整理实验数据。根据相似定理，应当以相似准则作为安排实验和整理实验数据的依据。此时，个别实验就脱离了仅仅反映个别情况的地位而上升到代表整个相似组的身份，使实验次数大为减少，而所得结果却有一定的普遍性。如以管内无相变强制对流换热为例，待定准则 Nu 数和已定准则 Re 数及 Pr 数有关，可写成函数关系式如式（13-9）。因此实验中应当以 Re 数及 Pr 数作为区别不同工况的变量，而以 Nu 数为函数。这样若每个变量改变 10 次，则总共仅需做 10^2 次实验即可。该对流换热的实验结果，即函数关系式的具体形式，称之为实验关联式，可通过用已定准则的幂函数形式整理实验数据确定。例如，通过实验，紊流状态下管内流体无相变强制对流换热的实验关联式为

$$Nu = CRe^n Pr^m \tag{13-11}$$

式中，常数 $C = 0.023$，$n = 0.8$，$m = 0.4$（当流体被加热时）或 $m = 0.3$（当流体被冷却时），均由实验确定。

相似理论的另一个重要作用是指导模化实验。所谓模化实验是指用不同于实型几何尺寸的模型来研究实型中所进行的物理过程的实验。显然，要使模型中的实验结果能应用到实型中去，应使模型中的物理现象与实型相似。根据相似定理，要求模型与实型中的物理现象单值性条件相似，且已定准则相等。但要实现所有的相似条件往往非常困难，有时甚至无法实现，这样大大限制了相似理论的推广应用。因此，常根据实际情况作近似模化处理，以抓住主要因素、忽略次要因素为原则来安排实验和整理实验数据。

应该指出，以相似理论为指导所得到的实验关联式有一定的局限性，只能在实验验证的

参数范围内使用。这些参数范围包括 Re 数、Pr 数、Gr 数及几何范围等。同时在使用中必须注意正确选取确定相似准则中各物理量的定性温度、特征尺寸及特征速度。

定性温度是指确定相似准则中各物性参数值所用的温度。常用的定性温度包括：

（1）流体温度 t_f。如对于管内流动的对流换热，$t_f=(t'_f+t''_f)/2$，其中 t'_f、t''_f 分别是管道进、出口截面上流体的平均温度。

（2）流体与换热面的平均温度 t_m，即 $t_m=(t_f+t_w)/2$。采用平均温度 t_m 作为定性温度，目的在于消除流体物性随温度变化的影响。

（3）壁面温度 t_w。有时对物性参数作某种修正时，会以壁面温度 t_w 作为流体的定性温度。

计算表面传热系数 h 的实验关联式中，常以相似准则的下角码示出所用的定性温度，如 Nu_f、Re_f、Pr_f 或 Nu_m、Re_m、Pr_m 等。因此在使用实验关联式时，必须与该公式所用的定性温度一致。

特征尺寸又称为定型尺寸，是指包含在相似准则中的几何尺度，即 Nu 数、Re 数及 Gr 数等准则中的 x。在对流换热中，应选取对流动和换热有显著影响的某一几何尺度作为特征尺寸。如管内流动时取管道的内直径 d；绕流单管或管束时取管道的外直径 D；在截面形状不规则的流道中流动时，应取当量直径 d_e。当量直径 d_e 的表达式为

$$d_e=\frac{4A}{P} \tag{13-12}$$

式中　d_e——流道的当量直径或称为水力直径，m；

　　　A——流道的有效截面积或称为过流断面积，m^2；

　　　P——湿周，指流道中与流体相接触的那部分固体壁面的周长，m。

特征速度是指雷诺数 Re 中的流体流动速度。不同情况的对流换热，Re 数中的特征速度取不同数值。如管内流动时取截面上的平均流速；绕流单管时取来流速度；绕流管束时，则取流道有效截面上的最大流速。

【例题 13-1】 用平均温度为 50℃ 的空气来模拟平均温度为 400℃ 的烟气横向绕流管束的强制对流换热，烟气流速在 10～15m/s 范围内变化，模型采用与实型相同的管径。试问模型中空气的流速应在多大范围内变化？

解 根据相似第三定理和式（13-9），本题模型与实型研究的是同类现象，而且单值性条件相似，因此只要已定准则 Re 数和 Pr 数相等即可。但查附录 21 及附录 22 得：400℃ 烟气的普朗特数 $Pr=0.64$，而 50℃ 空气的普朗特数 $Pr=0.698$，两者不相等，考虑到普朗特数并不是影响强制对流换热的主要因素，而且两个数值相差并不很大，因此只要雷诺数 Re 相等就可以进行该模化实验。

$$Re=\frac{v'_f D'}{\nu'}=\frac{v''_f D'}{\nu''}$$

则

$$v'_f=v''_f \frac{\nu' D''}{\nu'' D'}$$

查附录 21 及附录 22 可知，400℃ 烟气的运动黏度为 $\nu''=60.38\times10^{-6}\,m^2/s$，50℃ 空气的运动黏度为 $\nu'=17.95\times10^{-6}\,m^2/s$。再考虑到模型与实型管径相同，则模型中空气的流速范围为

$$v'_f = v''_f \frac{v'D''}{v''D'} = (10 \sim 15) \times \frac{17.95 \times 10^{-6}}{60.38 \times 10^{-6}} \times 1 = (2.97 \sim 4.46) \text{m/s}$$

第三节　无相变对流换热

一、流体在管槽内部流动时的强制对流换热

根据流体在管内流动时的流态来讲述其强制对流换热的实验关联式，如表 13 - 2 所示。

表 13 - 2　　　　　　　　不同流态下管内强制对流换热的实验关联式

流态	实验关联式	特征值	适用范围
旺盛紊流	迪图斯（Dittus）和贝尔特（Boelter）公式： $Nu_f = 0.023 Re_f^{0.8} Pr_f^m$　　　　(13 - 13) 流体被加热（$t_w > t_f$）时　　　$m = 0.4$ 流体被冷却（$t_w < t_f$）时　　　$m = 0.3$ （指数 m 值不同，是考虑流体物性受温度的影响）	定性温度：流体的平均温度 t_f； 特征尺寸：管道内直径 d； 特征速度：管道截面的平均流速 v_f	边界条件：恒壁温 t_w 或恒热流密度 q_w； 流体与固体壁面间的温差在中等温差以下，一般对于气体小于 50℃，水小于 20～30℃，油类小于 10℃； $Re_f = 10^4 \sim 1.2 \times 10^5$； $Pr_f = 0.7 \sim 120$； $L/d \geqslant 60$，其中 L 是管道的长度
	赛德（Sieder）和塔特（Tate）公式： $Nu_f = 0.027 Re_f^{0.8} Pr_f^{1/3} \left(\frac{\mu_f}{\mu_w}\right)^{0.14}$　(13 - 14)	定性温度：流体的平均温度 t_f（μ_w 和 Pr_w 均由壁面温度 t_w 确定）；其余同上	边界条件：恒壁温 t_w 或恒热流密度 q_w； $Re_f \geqslant 10^4$； $Pr_f = 0.7 \sim 16\,700$； $L/d \geqslant 60$
	米海耶夫（Михеев）公式： $Nu_f = 0.021 Re_f^{0.8} Pr_f^{0.43} \left(\frac{Pr_f}{Pr_w}\right)^{0.25}$　(13 - 15)	同　上	边界条件：恒壁温 t_w 或恒热流密度 q_w； $Re_f = 10^4 \sim 1.75 \times 10^6$； $Pr_f = 0.7 \sim 700$； $L/d \geqslant 50$
层流	赛德（Sieder）和塔特（Tate）公式： $Nu_f = 1.86 \left(\frac{Re_f Pr_f d}{L}\right)^{1/3} \left(\frac{\mu_f}{\mu_w}\right)^{0.14}$　(13 - 16)	同　上	入口段层流，边界条件：恒壁温 t_w，恒热流密度 q_w 时结果偏高； $Re_f < 2300$；$Pr_f = 0.48 \sim 16\,700$； $\mu_f/\mu_w = 0.004\,4 \sim 9.75$； $(Re_f Pr_f d/L)^{1/3} (\mu_f/\mu_w)^{0.14} \geqslant 2$
	$Nu = 3.66$　　　　　　　　(13 - 17)		充分发展段层流，边界条件为恒壁温 t_w
	$Nu = 4.36$　　　　　　　　(13 - 18)		充分发展段层流，边界条件为恒热流密度 q_w
过渡流	格尼林斯基（Gnielinski）公式： 对于液体 $Nu_f = 0.012(Re_f^{0.87} - 280) Pr_f^{0.4}$ $\times \left[1 + \left(\frac{d}{L}\right)^{2/3}\right] \left(\frac{Pr_f}{Pr_w}\right)^{0.11}$ 　　　　　　　　　　　　(13 - 19)	同　上	边界条件：恒壁温 t_w，恒热流密度 q_w 时结果偏高； $Re_f = 2300 \sim 10^6$； $Pr_f = 1.5 \sim 500$； $Pr_f/Pr_w = 0.05 \sim 20$ （亦适用于紊流）
	格尼林斯基（Gnielinski）公式： 对于气体 $Nu_f = 0.021\,4(Re_f^{0.8} - 100) Pr_f^{0.4}$ $\times \left[1 + \left(\frac{d}{L}\right)^{2/3}\right] \left(\frac{T_f}{T_w}\right)^{0.45}$　(13 - 20)	同　上	边界条件：恒壁温 t_w，近似适用于恒热流密度 q_w； $Re_f = 2300 \sim 10^6$； $Pr_f = 0.6 \sim 1.5$； $T_f/T_w = 0.5 \sim 1.5$ （亦适用于紊流）

应该指出，当实用条件与上述各式的适用范围不完全符合时，可以考虑准确度的要求，或者仍然使用各式，或者进行修正，使其适用范围扩大。

（1）考虑温度对物性影响的修正。对于式（13-13），当流体与固体壁面间的温差 $\Delta t = |t_f - t_w|$ 在中等温差以上时，流体物性受温度的影响较大。对于液体，温度主要影响其黏度；对于气体，温度对黏度、密度及导热系数等均有影响。因此，需要对温度的影响予以修正。修正的办法除了取不同指数 m 外，还可在式（13-13）的右端乘以温度修正系数 c_t，液体可以只考虑黏度的修正，而气体直接用温度修正更适宜。温度修正系数 c_t 为

液体 $c_t = \left(\dfrac{\mu_f}{\mu_w}\right)^n$，式中 $n = 0.11(t_w > t_f)$ 或 $n = 0.25(t_w < t_f)$ （13-21a）

气体 $c_t = \left(\dfrac{T_f}{T_w}\right)^n$，式中 $n = 0.55(t_w > t_f)$ 或 $n = 0(t_w < t_f)$ （13-21b）

式中 μ_f、μ_w——由流体平均温度和固体壁面平均温度确定的动力黏度，Pa·s；

        T_f、T_w——流体和固体壁面的热力学温度，K。

（2）考虑入口效应的修正。所谓入口效应，是指管道入口段中因流体流动尚未充满整个管道，其对流换热与管道充分发展段有所不同，以致对整个管道的对流换热产生影响。通常入口段速度边界层较薄，相应温度边界层热阻较小，因此具有较高的表面传热系数。实验表明，若管道长度与管道内直径之比 $L/d < 60$，则必须考虑入口效应。此时，要把实验关联式求得的结果乘以入口效应修正系数 c_L。图13-1给出了入口效应修正系数 c_L 曲线，该曲线适用于光滑平直入口。对于尖角入口，推荐下面的入口效应修正系数 c_L，即

$$c_L = 1 + \left(\frac{d}{L}\right)^{0.7} \tag{13-22}$$

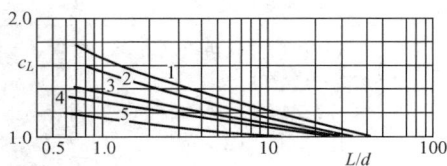

图 13-1 入口效应的修正系数 c_L

1—$Re_f = 10^4$；2—$Re_f = 2 \times 10^4$；

3—$Re_f = 5 \times 10^4$；4—$Re_f = 10^5$；

5—$Re_f = 10^6$

（3）考虑流体流过弯曲管道或螺旋管道时弯管效应的修正。所谓弯管效应，是指流体流过管道的弯曲段时，由于离心力作用，沿管道横截面会产生二次环流而强化了对流换热。此时，要把实验关联式求得的结果乘以弯管效应修正系数 c_R。推荐下面的弯管效应修正系数 c_R，即

液体 $c_R = 1 + 10.3\left(\dfrac{d}{R}\right)^3$ （13-23a）

气体 $c_R = 1 + 1.77\dfrac{d}{R}$ （13-23b）

式中 R——管道弯曲段的曲率半径，m。

（4）考虑非圆形截面槽道的修正。如前所述，对于非圆形截面的槽道，一般取当量直径 d_e 作为其特征尺寸。只要将前述实验关联式的准则数中管道内直径 d 用当量直径 d_e 代替即可。

综上所述，管内强制对流换热时，不同的流态具有不同的换热规律，因此计算表面传热系数的实验关联式也不同。一般步骤是，首先计算雷诺数 Re 以判断流体流态，然后选择适当的实验关联式，并注意式中各特征值的选取和适用范围等，最后根据实际情况看是否需要修正，以扩大适用范围。

【例题 13-2】   水流过一直圆管，从 25.3℃加热到 34.7℃。已知管长度为 5m，管内直径为 20mm，管壁面温度恒定，水在管内的平均流速为 2m/s。试计算水与管壁间的表面传

热系数。

解　首先计算雷诺数 Re，以选择适当的实验关联式。水的平均温度为

$$t_f = \frac{t'_f + t''_f}{2} = \frac{25.3 + 34.7}{2} = 30(℃)$$

以此温度为水的定性温度，从附录 18 中查得

$$\lambda = 0.618W/(m \cdot K), \nu = 0.805 \times 10^{-6}m^2/s, Pr_f = 5.42$$

$$\rho = 995.7kg/m^3, c_p = 4.174kJ/(kg \cdot K)$$

则雷诺数 Re 为

$$Re_f = \frac{v_f d}{\nu} = \frac{2 \times (20 \times 10^{-3})}{0.805 \times 10^{-6}} = 4.97 \times 10^4 > 10^4$$

因此流体处于旺盛紊流状态。根据式（13-13），水被加热，则

$$Nu_f = 0.023Re_f^{0.8}Pr_f^{0.4} = 0.023 \times (4.97 \times 10^4)^{0.8} \times 5.42^{0.4} = 258.5$$

即水和管壁间的表面传热系数 h 为

$$h = \frac{Nu_f \lambda}{d} = \frac{258.5 \times 0.618}{20 \times 10^{-3}} = 7988[W/(m^2 \cdot K)]$$

根据式（13-13）的适用范围，还需要验证水与壁面间的温差是否在中等温差以下。由稳态的热量传递可知，管壁给水的对流换热量应等于水所吸收的热量，即

$$hA(t_w - t_f) = q_m c_p(t''_f - t'_f)$$

其中，q_m 是水的质量流量，$q_m = \rho v_f(\pi d^2/4) = 995.7 \times 2 \times [3.14 \times (20 \times 10^{-2})^2/4] = 0.625(kg/s)$；$A$ 是对流换热面积，即圆管的内表面积，$A = \pi dL = 3.14 \times (20 \times 10^{-3}) \times 5 = 0.314(m^2)$，则

$$t_w = t_f + \frac{q_m c_p(t''_f - t'_f)}{hA} = 30 + \frac{0.625 \times (4.174 \times 10^3) \times (34.7 - 25.3)}{7988 \times 0.314} = 39.8(℃)$$

水与管壁间的温差 $\Delta t = |t_w - t_f| = 39.8 - 30 = 9.8 < 20℃$，因此在中等温差以下，上述的计算有效。

二、流体在壁面外部绕流时的强制对流换热

1. 流体横向绕流单管（或柱）时对流换热的实验关联式

所谓横向绕流单管，又称为横向冲刷或横掠单管，是指流体沿着垂直于管子轴线的方向流过管子外表面，冲击角 $\psi = 90°$。图 13-2 给出了空气横向绕流单管时，在不同的雷诺数下局部努塞尔数 Nu_φ 沿管周变化的曲线。从整个管周来看，表面传热系数 h 渐变的规律性较明显。因此，希尔伯特（Hilpert）推荐下面的实验关联式，即

$$Nu_m = CRe_m^n Pr_m^{1/3} \tag{13-24}$$

式中，定性温度是流体与管壁间的平均温度 t_m；特征尺寸是管子的外直径 D；特征速度是流体的来流速度 v_f；常数 C 和 n 值如表 13-3 所示。式（13-24）的适用范围是：边界条件为恒壁温 t_w，近似适用于恒热流密度 q_w；$Re_m = 0.4 \sim 4 \times 10^5$；流体为空气、烟气及液体（液体金

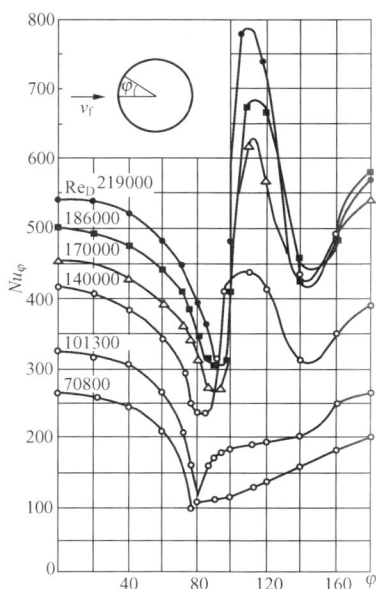

图 13-2　空气横向绕流单圆管时局部表面传热系数 Nu_φ 的变化

属除外）等。

表 13 - 3   横向绕流单圆管时的常数 C 和 n 值

Re_m	0.4~4	4~40	40~4000	4000~40 000	40 000~400 000
C	0.989	0.911	0.683	0.193	0.027
n	0.330	0.385	0.466	0.618	0.805

若流体的流动方向与管子的轴线方向不垂直，即冲击角 $\psi < 90°$，流体绕流圆管就相当于绕流椭圆管一样，使管子受到正对来流的冲击减弱，整个管周的表面传热系数 h 将降低。

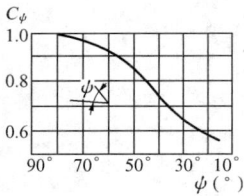

图 13 - 3 绕流单管时
冲击角 ψ 所引起的
修正系数 C_ψ

因此需对 h 进行修正，在式（13 - 24）所得结果的基础上乘以修正系数 C_ψ。C_ψ 值如图 13 - 3 所示。

若流体由横向绕流变为纵向冲刷，即冲击角 $\psi = 0°$，一般不再按式（13 - 24）并修正求得，而是将单管当作长度为 L、宽度为 πD 的平壁看待。至于沿平壁流动时对流换热的相关计算式，读者可参见本章习题 13 - 7。

2. 流体横向绕流管束时的对流换热

流体横向绕流管束时的对流换热，与管束的几何条件，如排列方式、管间距、管外直径和管排数等密切相关。

管束的排列方式常见有顺排和叉排两种，如图 13 - 4 所示。顺排管束的流道相对平直些，叉排管束的流道则交替收缩和扩张，有些弯曲。因此，叉排时流体的流动方向不断地改变，扰动强烈，在其他因素相同时，一般叉排时的对流换热强度要比顺排大（高 Re 数时，叉排流体的扰动受到抑制，而顺排流体的扰动增强，故顺排时的对流换热强度可能超过叉排）。但是，顺排管束的流动阻力损失比叉排小，且管束有易于清洗等优点，因此管束布置究竟是叉排还是顺排要全面权衡。

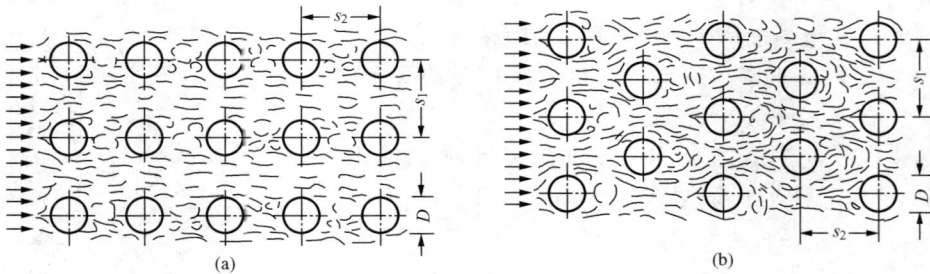

图 13 - 4 顺排和叉排管束
（a）顺排；（b）叉排

管束中管与管之间的距离常用相对节距表示。所谓相对节距是指管间距与管外直径之比，有横向节距 s_1/D 与纵向节距 s_2/D 之分，其中 s_1 是横排管子间的距离，称为横向距离；s_2 是纵排管子间的距离，称为纵向距离。管束的相对节距影响绕流流体的流速，进而影响其对流换热强度。根据连续性方程，不可压缩流体横向绕流顺排及叉排管束时的最大流速 $v_{f,max}$ 为

顺排 [如图 13 - 5 (a)] $v_{f,max} = v_f \dfrac{s_1}{s_1 - D}$ (13 - 25)

叉排［如图 13 - 5（b）］ $\quad v_{f1} = v_f \dfrac{s_1}{2[\sqrt{s_2^2 + (s_1/2)^2} - D]}$ (13 - 26a)

$$v_{f2} = v_f \dfrac{s_1}{s_1 - D}$$ (13 - 26b)

$$v_{f,max} = \max(v_{f1}, v_{f2})$$ (13 - 26c)

式（13 - 26c）中，$\max(v_{f1}, v_{f2})$ 指管束中的流体最大流速 $v_{f,max}$，取 v_{f1} 和 v_{f2} 中的大者。

管束排数的影响主要考虑后排管受前排管尾涡区的扰动作用。前排管造成的扰动将强化后排管的对流换热，对流换热强度将逐排增大。但当管束排数多时，扰动作用会逐渐稳定，对流换热强度也不再有较大变化。基于此，对于管束排数影响的处理方法一般是，先整理出稳定以后各排管子的实验关联式，然后引入小于 1 的管排修正系数来考虑稳定之前若干排管子的影响。

计算流体横向绕流顺排或叉排管束的对流换热时，茹卡乌斯卡斯（Zhukauskas）推荐下面的实验关联式，即

$$Nu_f = CRe_f{}^n Pr_f{}^{0.36} \left(\dfrac{Pr_f}{Pr_w}\right)^{0.25}$$ (13 - 27)

计算气体横向绕流顺排或叉排管束的对流换热时，格里姆森（Grimson）还推荐下面的实验关联式，即

$$Nu_m = CRe_m^n$$ (13 - 28)

式（13 - 27）中，定性温度是流体的平均温度 t_f（流体的普朗特数 Pr_w 由壁面温度 t_w 确定）；特征尺寸是管子的外直径 D；特征速度是管束间的流体最大流速 $v_{f,max}$；常数 C 和 n 值如表 13 - 4 所示。该式的适用范围是：边界条件为恒壁温 t_w，近似适用于恒热流密度 q_w；$Re_f = 10^3 \sim 2 \times 10^6$；$Pr_f = 0.6 \sim 500$；管排数 $N \geqslant 16$。

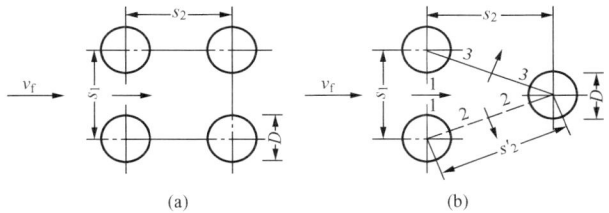

图 13 - 5　流体横向绕流顺排和叉排管束时的流动速度
(a) 顺排；(b) 叉排

式（13 - 28）中，定性温度是流体与壁面间的平均温度 t_m；特征尺寸是管子的外直径 D；特征速度是管束间的流体最大流速 $v_{f,max}$；常数 C 和 n 值如表 13 - 5 所示。该式的适用范围是：边界条件为恒壁温 t_w，近似适用于恒热流密度 q_w；$Re_m = 2 \times 10^3 \sim 4 \times 10^4$；管排数 $N \geqslant 10$。

表 13 - 4　　　　　横向绕流管束时的常数 C 和 n 值　［式（13 - 27）］

排 列 方 式	Re_f	C	n
顺排	$10^3 \sim 2 \times 10^5$	0.27	0.63
顺排	$2 \times 10^5 \sim 2 \times 10^6$	0.033	0.80
叉排 ($s_1/s_2 \leqslant 2$)	$10^3 \sim 2 \times 10^5$	0.35 $(s_1/s_2)^{0.2}$	0.60
叉排 ($s_1/s_2 > 2$)	$10^3 \sim 2 \times 10^5$	0.40	0.60
叉排	$2 \times 10^5 \sim 2 \times 10^6$	0.031 $(s_1/s_2)^{0.2}$	0.80

表 13 - 5　　　　　　　横向绕流管束时的常数 C 和 n 值　　［式（13 - 28）］

s_2/D ＼ s_1/D	1.25		1.5		2		3	
	C	n	C	n	C	n	C	n
顺　　排								
1.25	0.348	0 592	0.275	0.608	0.100	0.704	0.063 3	0.752
1.5	0.367	0 586	0.250	0.620	0.101	0.702	0.067 8	0.744
2	0.418	0 570	0.299	0.602	0.229	0.632	0.198	0.648
3	0.290	0 601	0.357	0.584	0.374	0.581	0.286	0.608
叉　　排								
1.25	0.518	0.556	0.505	0.554	0.519	0.556	0.522	0.562
1.5	0.451	0.568	0.460	0.562	0.452	0.568	0.488	0.568
2	0.404	0.572	0.416	0.568	0.482	0.556	0.449	0.570
3	0.310	0.592	0.356	0.580	0.440	0.562	0.421	0.574

若管排数 $N < 16$ 时，应用式（13 - 27）所得的结果需乘以管排修正系数 C_N。C_N 值如表 13 - 6 所示。若管排数 $N < 10$ 时，应用式（13 - 28）所得的结果也需乘以管排修正系数 C_N。C_N 值如表 13 - 7 所示。

表 13 - 6　　　　　　　茹卡乌斯卡斯公式的管排修正系数 C_N

总排数	1	2	3	4	5	6	7	8
顺排	0.700	0.800	0.865	0.910	0.928	0.942	0.954	0.965
叉排	0.619	0.758	0.840	0.897	0.923	0.942	0.954	0.965
总排数	9	10	11	12	13	14	15	
顺排	0.972	0.978	0.983	0.987	0.990	0.992	0.994	
叉排	0.971	0.977	0.982	0.986	0.990	0.994	0.997	

表 13 - 7　　　　　　　格里姆森公式的管排修正系数 C_N

总排数	1	2	3	4	5	6	7	8	9
顺排	0.64	0.80	0.87	0.90	0.92	0.94	0.96	0.98	0.99
叉排	0.68	0.75	0.83	0.89	0.92	0.95	0.97	0.98	0.99

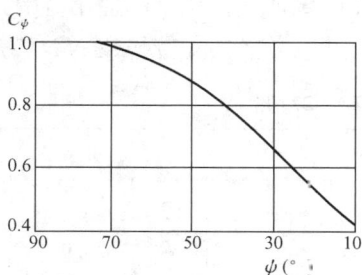

图 13 - 6　绕流管束时冲击角 ψ 所引起的修正系数 C_ψ

若流体的流动方向与管束轴线不垂直，即冲击角 $\psi < 90°$，需要在式（13 - 27）或式（13 - 28）所得结果的基础上乘以修正系数 C_ψ。C_ψ 值如图 13 - 6 所示。

若流体由横向绕流变为纵向冲刷，即冲击角 $\psi = 0°$，一般不再按式（13 - 27）或式（13 - 28）并修正求得，而是按管内流动的强制对流换热看待，只是其中的特征尺寸要改为当量直径 d_e，即

$$d_e = \frac{4A}{P} = \frac{4(s_1 s_2 - \pi D^2/4)}{\pi D} = \frac{4 s_1 s_2}{\pi D} - D$$

(13 - 29)

应该指出，式（13 - 27）与式（13 - 28）均适用于气体绕流管束时的强制对流换热，所

得的表面传热系数 h 相差不大，但计算过程中所得的雷诺数 Re 和努塞尔数 Nu 则相差甚大，主要原因在于两式中所使用的定性温度不同。

【例题 13 - 3】　用热线风速仪测定空气流速的试验中，将直径为 0.1mm 的电热丝与来流方向垂直放置，电热丝温度为 55℃，空气的来流温度为 25℃，此时测得电加热的功率为 20W/m。假设除对流外换热外其他热量交换可忽略不计，试求此时空气的来流速度。

解　本题为空气横向绕流单圆柱体的强制对流换热。根据牛顿冷却公式（11 - 3a）可得
$$\Phi = hA(t_w - t_f)$$
则表面传热系数 h 为
$$\begin{aligned} h &= \frac{\Phi}{A(t_w - t_f)} = \frac{\Phi_L}{\pi D(t_w - t_f)} \\ &= \frac{20}{3.14 \times (0.1 \times 10^{-3}) \times (55 - 25)} \\ &= 2122[\mathrm{W/(m^2 \cdot K)}] \end{aligned}$$
式中，$\Phi_L = \Phi/L$ 是单位长度的电加热功率，W/m。取空气的定性温度为空气与电热丝壁面的平均温度 t_m，即
$$t_m = \frac{t_w + t_f}{2} = \frac{55 + 25}{2} = 40(℃)$$
查附录 22 得空气的物性参数值为
$$\lambda = 0.027\,6\mathrm{W/(m \cdot K)}, \nu = 16.96 \times 10^{-6}\mathrm{m^2/s}, Pr_m = 0.699$$
则努塞尔数 Nu_m 为
$$Nu_m = \frac{hD}{\lambda} = \frac{2122 \times (0.1 \times 10^{-3})}{0.027\,6} = 7.689$$
假设雷诺数 Re_m 在 40～4000 之间，根据式（13 - 24）可得
$$Nu_m = CRe_m^n Pr_m^{1/3}$$
查表 13 - 3 得，上式中常数 $C = 0.683$，$n = 0.466$，则代入数值得
$$7.689 = 0.683 \times Re_m^{0.466} \times 0.699^{1/3}$$
求得雷诺数 $Re_m = 233.12$，因此其值在 40～4000 之间，符合假设。空气的来流速度为
$$v_f = Re_m \frac{\nu}{D} = 233.12 \times \frac{16.96 \times 10^{-6}}{0.1 \times 10^{-3}} = 39.54(\mathrm{m/s})$$

【例题 13 - 4】　空气绕流由 8 排管子组成的顺排管束，管子外直径为 40mm，壁面温度为 400℃，空气的平均温度为 300℃，流过管束中最窄截面的平均流速为 10m/s，冲击角为 60°。试求空气与管束间的表面传热系数。

解　本题为绕流管束的对流换热问题。首先取定性温度为空气的平均温度 $t_f = 300℃$，查附录 22 可得空气的物性参数值为
$$\lambda = 0.045\,4\mathrm{W/(m \cdot K)}, \nu = 47.85 \times 10^{-6}\mathrm{m^2/s}, Pr_f = 0.68$$
而据管束壁面温度 $t_w = 400℃$，查附录 22 得空气的普朗特数为 $Pr_w = 0.678$，则
$$Re_f = \frac{v_f D}{\nu} = \frac{10 \times (40 \times 10^{-3})}{47.85 \times 10^{-6}} = 8.359 \times 10^3$$
根据雷诺数 Re_f 按顺排管束可查表 13 - 4 得常数 $C = 0.27$，$n = 0.63$，则式（13 - 27）为
$$Nu_f = 0.27Re_f^{0.63} Pr_f^{0.36} \left(\frac{Pr_f}{Pr_w}\right)^{0.25}$$

因此横向绕流管束时的表面传热系数 h' 为

$$h' = \frac{\lambda}{D}Nu_{\mathrm{f}} = 0.27\frac{\lambda}{D}Re_{\mathrm{f}}^{0.63}Pr_{\mathrm{f}}^{0.36}\left(\frac{Pr_{\mathrm{f}}}{Pr_{\mathrm{w}}}\right)^{0.25}$$

$$= 0.27 \times \frac{0.0454}{40 \times 10^{-3}} \times (8.359 \times 10)^{0.63} \times 0.68^{0.36} \times \left(\frac{0.68}{0.678}\right)^{0.25}$$

$$= 78.85[\mathrm{W/(m^2 \cdot K)}]$$

据题意，需要对管排数和冲击角进行修正。查表 13 - 6 得 $c_{\mathrm{N}} = 0.965$，查图 13 - 6 得 $C_{\psi} = 0.95$，则空气与管束间的表面传热系数 h 为

$$h = C_{\mathrm{N}}C_{\psi}h' = 0.965 \times 0.95 \times 78.85 = 72.3[\mathrm{W/(m^2 \cdot K)}]$$

三、流体的自然对流换热

1. 自然对流换热的特点

如前所述，由于流体与固体壁面的温度差造成流体的密度差，产生浮升力（或称沉降力）使之流动，进而发生的对流换热，称为自然对流换热。流体与固体壁面间的温度差是自然流动和对流换热的根本原因；浮升力（或称沉降力）是自然流动的动力，它引起流体流动后与壁面发生对流换热。相比于强制对流换热，即由于泵、风机等动力源或其他压差作用引起流体流动后与壁面发生的对流换热，自然对流换热时流体的流动是派生的而强度不大，因此其表面传热系数较小，尤其当流体是气体时，表面传热系数更小。

本节以流体所受浮升力为例讲述自然对流换热的特点。

自然对流换热时，贴壁处流体的温度可认为等于壁面的温度 t_{w}，随着远离壁面，温度逐渐降低，直至环境温度 t_{f}。因此温度场沿壁面法方向呈下降趋势。流体受到温差所致的浮升力后开始流动，但贴壁处流体黏性作用使之滞止，随着远离壁面，速度才逐渐升高，但当流体与环境间的温度差消失后，浮升力随之消失，速度则变为零。因此速度场沿壁面法方向具有中间大两头小的特点。自然对流换热时流体的温度分布与速度分布如图 13 - 7 所示。

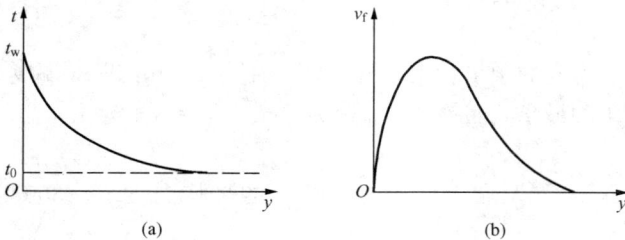

图 13 - 7　自然对流换热时壁面附近
的温度分布与速度分布

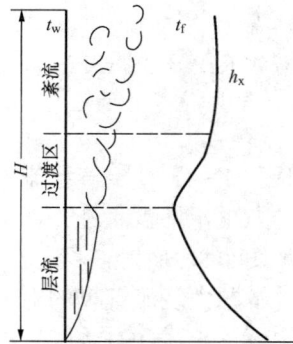

图 13 - 8　自然对流换热时沿竖壁的
流动状态与表面传热系数的变化

自然对流换热时，流体的流态影响对流换热的强弱。以一块热竖壁为例，如图 13 - 8 所示，当流体受浮升力作用流动之初，流体质点间分层流动较明显，具有层流特点，随着层流层的增厚，对流换热热阻增加，表面传热系数将随之减小；当流体流动速度提高之后，流体质点相互掺混，流动呈现紊流状态，对流换热热阻主要局限于贴壁的层流底层内，因此表面

传热系数反而增大；当紊流发展成为旺盛紊流后，表面传热系数将不再继续增大而几乎维持在一个定值。

自然对流换热时流体流态曾推荐瑞利（Rayleigh）数 Ra（$Ra = GrPr$）作为判据，但最新实验表明，以格拉晓夫数 Gr 作为判据更准确些。已经知道，格拉晓夫数 $Gr = g\alpha_V\Delta tx^3/\nu^2$，它是表示流体所受浮升力与黏性力之比的一个无量纲数，其作用与强制对流换热中的雷诺数 Re 相仿。总之，无论是 Ra 数还是 Gr 数作为自然对流流态的判据，一般都能满足工程要求，读者可自行参考。

2. 自然对流换热的实验关联式

以大空间自然对流换热为例讲述其实验关联式，关于有限空间自然对流换热及混合对流换热，即强制对流与自然对流同时存在的对流换热，本篇不作讲述。所谓大空间，实际上可扩展为自然对流换热不受干扰和局限的空间，而不必拘泥于几何形式上的很大或无限大。如两竖壁构成的空气夹层，只要两竖壁的间距与其高度之比 $\delta/H > 0.28$ 就可以视其为大空间。大空间自然对流换热的实验关联式如表 13-8 所示。

表 13-8 　　　　　　　　大空间自然对流换热的实验关联式

实 验 关 联 式	特 征 值	适 用 范 围
麦克亚当（Mc Adams）公式： $Nu_m = C(Gr_mPr_m)^n$　　　　(13-30) 式中，C 和 n 是实验常数，见表 13-9	定性温度：流体与壁面间的平均温度 t_m； 特征尺寸：见表 13-9	边界条件：恒壁温 t_w； 适用范围见表 13-9
$Nu_m = C(Gr_{m,q}Pr_m)^n$　　　　(13-31) 式中，C 和 n 是实验常数，见表 13-10	定性温度：流体与壁面间的平均温度 t_m； 特征尺寸：见表 13-10	边界条件：恒热流密度 q_w； 适用范围见表 13-10
丘吉尔（Churchill）和朱（Chu）公式： 竖平壁或竖圆管（柱） $Nu_m = \left\{0.825 + \dfrac{0.387(Gr_mPr_m)^{1/6}}{[1+(0.492/Pr_m)^{9/16}]^{8/27}}\right\}^2$ 　　　　　　　　　　　　(13-32)	定性温度：流体与壁面间的平均温度 t_m； 特征尺寸：高度 H	边界条件：恒壁温 t_w 或恒热流密度 q_w； $Ra_m = Re_mPr_m = 10^{-1} \sim 10^{12}$
丘吉尔（Churchill）和朱（Chu）公式： 横圆管（柱） $Nu_m = \left\{0.60 + \dfrac{0.387(Gr_mPr_m)^{1/6}}{[1+(0.559/Pr_m)^{9/16}]^{8/27}}\right\}^2$ 　　　　　　　　　　　　(13-33)	定性温度：流体与壁面间的平均温度 t_m； 特征尺寸：外直径 D	边界条件：恒壁温 t_w 或恒热流密度 q_w； $Ra_m = Re_mPr_m = 10^{-5} \sim 10^{12}$

若流体与壁面间的温差较大，应考虑流体物性参数变化对自然对流换热的影响，一般将上述各式所得结果乘以物性修正系数 C_p，可供选用的物性修正系数 C_p 有：$(Pr_m/Pr_w)^{0.11}$、$Pr_m^{0.047}$ 和 $(Pr_m/Pr_w)^{1/4}$ 等。若固体壁面倾斜放置，可按竖壁来计算，但需要乘以该壁面与竖直方向夹角的余弦值。若格拉晓夫数 Gr 或瑞利数 Ra 很小时意味着黏性力很大，流体作较缓的层流流动，此时贴壁处的自然对流换热可按纯导热来处理。

表 13 - 9　　　　　大空间自然对流换热时常数 C 和 n 值（恒壁温的边界条件）

换热壁面的形状与位置	流动状态	常数 C 和 n 值		特征尺寸	Gr_m（或 Ra_m）数适用范围
		C	n		
竖平壁及竖圆管（柱）外壁面	层流 过渡区 紊流	0.59 0.029 2 0.11	1/4 0.39 1/3	高度 H	$10^4 \sim 3 \times 10^9$ $3 \times 10^9 \sim 2 \times 10^{10}$ $> 2 \times 10^{10}$ 竖圆管（柱）的使用条件： $D/H \geqslant 35/Gr_m^{1/4}$
横圆管（柱）外壁面	层流 过渡区 紊流	0.48 0.044 5 0.10	1/4 0.37 1/3	外直径 D	$10^4 \sim 5.67 \times 10^8$ $5.67 \times 10^8 \sim 4.65 \times 10^9$ $> 4.65 \times 10^9$
水平平壁 热面朝上或冷面朝下	层流 紊流	0.54 0.15	1/4 1/3	矩形：边长平均值；方形：边长；圆盘：0.9D；其他非规则形：壁面表面积 A 与周长 P 之比，即 A/P	$1.43 \times 10^4 \sim 1.43 \times 10^7$ $1.43 \times 10^7 \sim 1.43 \times 10^{11}$
水平平壁 热面朝下或冷面朝上		0.27	1/4	同上	$Ra_m = 10^5 \sim 10^{11}$

表 13 - 10　　　　　大空间自然对流换热时常数 C 和 n 值（恒热流密度的边界条件）

换热壁面的形状与位置	常数 C 和 n 值		特征尺寸	$Gr_{m,q}$（或 Ra_m）数适用范围
	C	n		
竖平壁或竖圆管（柱）体外壁面	层流：0.75 紊流：0.17	层流：1/3 紊流：1/4	高度 H	$Ra_m = 10^5 \sim 10^{11}$ $Ra_m = 2 \times 10^{13} \sim 10^{16}$
水平平壁 热面朝上或冷面朝下	1.075	1/6	矩形：短边长；方形：边长；圆盘：0.9 D；其他非规则形：壁面面积 A 与周长 P 之比，即 A/P	$6.37 \times 10^5 \sim 1.12 \times 10^8$
水平平壁 热面朝下或冷面朝上	0.747	1/6	同上	$6.37 \times 10^5 \sim 1.12 \times 10^8$

【例题 13 - 5】　某蒸气管道长为 4m，外直径为 100mm，管壁温度为 170℃，周围空气温度为 30℃。若不考虑辐射换热，试求该蒸汽管道水平放置时的散热损失。

解　本题为横圆管在恒壁温下的自然对流换热。首先取定性温度为蒸汽管道与周围空气的平均温度 t_m 为

$$t_m = \frac{t_w + t_f}{2} = \frac{170 + 30}{2} = 100(℃)$$

查附录 22 可得空气的物性参数为

$$\lambda = 0.031 \, 4 \, W/(m \cdot K), \nu = 23.06 \times 10^{-6} \, m^2/s, \alpha_V = 2.68 \times 10^{-3} \, 1/K, Pr_m = 0.704$$

因此格拉晓夫数 Gr_m 为

$$Gr_m = \frac{g \alpha_V \Delta t x^3}{\nu^2} = \frac{g \alpha_V (t_w - t_f) D^3}{\nu^2}$$

$$= \frac{9.81 \times (2.68 \times 10^{-3}) \times (170 - 30) \times (100 \times 10^{-3})^3}{(23.06 \times 10^{-6})^2}$$

$$= 7.42 \times 10^6$$

根据表 13-9 查得该自然对流处于层流状态，常数 $C=0.48$，$n=1/4$，代入式（13-30）可得

$$Nu_m = C(Gr_m Pr_m)^n = 0.48 \times [(7.42 \times 10^6) \times 0.704]^{1/4} = 22.95$$

则自然对流的表面传热系数 h 为

$$h = Nu_m \frac{\lambda}{D} = 22.95 \times \frac{0.031\,4}{100 \times 10^{-3}} = 7.21 [\text{W}/(\text{m}^2 \cdot \text{K})]$$

根据牛顿冷却公式，蒸汽管道的散热损失 Φ 为

$$\begin{aligned}
\Phi &= hA(t_w - t_f) = h(\pi DL)(t_w - t_f) \\
&= 7.21 \times [3.14 \times (100 \times 10^{-3}) \times 4] \times (170 - 30) \\
&= 1358.4 (\text{W})
\end{aligned}$$

第四节 相 变 换 热

工质在饱和温度下由液态变为气态称为沸腾；而在饱和温度下由气态变为液态则称为凝结或冷凝。无论是沸腾还是凝结均称为流体发生相变，伴随相变的对流换热称为相变换热。沸腾时液体吸收固体壁面传来的汽化潜热而汽化，此相变换热简称沸腾换热；凝结时气体向固体壁面放出汽化潜热而液化，此相变换热简称凝结换热。

无论是沸腾还是凝结换热，其换热量仍可按牛顿冷却公式（11-3）计算，即 $\Phi = hA\Delta t$ 或 $q = h\Delta t$。与无相变对流换热不同的是换热温差 Δt 及表面传热系数 h。沸腾换热温差 $\Delta t = t_w - t_s$；凝结换热温差 $\Delta t = t_s - t_w$。式中，t_w 是壁面温度，t_s 是相应压力下的饱和温度。相变换热的表面传热系数 h 比无相变时高得多，原因是相变时流体扰动极为强烈，特别是贴壁处汽泡的影响。

流体温度保持为相应压力下的饱和温度不变，并利用饱和温度和壁面温度间较小的差值达到较高的对流换热量，是相变换热的最大特点。生产中经常应用相变换热的这一特点，如进入锅炉水冷壁中的水沸腾变为水蒸气；水蒸气在凝汽器管外凝结变为水；制冷设备中，制冷剂在蒸发器中沸腾变液态为气态，而在冷凝器中凝结变气态为液态等。

一、液体的沸腾换热

沸腾按液体流动的起因，可分为池内沸腾（又称为大容器沸腾）和管内沸腾。按液体沸腾时的温度，可分为饱和沸腾（又称为整体沸腾）和过冷沸腾（又称为局部沸腾）。若液体的流动是自然流动，即由液体与壁面间的温度差引起密度差，进而产生浮升力使液体流动，此时的沸腾常称为池内沸腾，如水壶烧水，水被烧开时的沸腾就是池内沸腾；若液体的流动是强制流动，即由泵等外加动力源或压差强制液体流过壁面，此时的沸腾常称为管内沸腾。池内沸腾区别于管内沸腾的另一个特征是加热壁面沉浸在具有自由表面的液体中而发生沸腾。若液体的平均温度低于相应压力下的饱和温度，此时局部液体若发生沸腾，称为过冷沸腾；若全部液体的温度都能达到饱和温度，此时的沸腾则称为饱和沸腾。过冷沸腾区别于饱和沸腾的另一个特征是沸腾时所产生的汽泡在脱离加热壁面后很快消失在液体中。

1. 池内沸腾换热的特征

池内沸腾换热时，加热壁面上出现汽泡，而且随着加热过程的进行，汽泡将不断生成、长大、脱离壁面、上升以至跃离自由液面。

实验证明，沸腾时液体温度应略高于相应压力下的饱和温度，而不是理论上的等值关系，即液体在一定的过热度下才能沸腾，这是前提条件。

汽泡首先在壁面的汽化核心处产生，并非任一处都生成汽泡。所谓汽化核心是指产生汽泡的地点，通常是壁面上有刻痕、裂纹和凹坑处，这些地点或由于受热面积大，或由于对汽泡生成有一定的依托作用，或由于原来就存有部分气体，因此有利于汽泡生成。应该指出，汽化核心数目与过热度和压力等有关，过热度和压力等增大时原来不是汽化核心的地方也会成为汽化核心。

汽泡生成后继续受热长大，当所受的浮升力和周围液体运动给予的力超过其重力和对壁面的附着力时，汽泡脱离壁面，周围温度低的液体立即填补过来，再被加热成新的汽泡。

脱离壁面的汽泡逐渐上升，但若要生存，还必须满足相应的热力条件。也就是说，一方面汽泡周围液体的温度必须与汽泡内部气体的温度相平衡，且相对于沸腾压力下的饱和温度有一定的过热度，否则汽泡不能持久；另一方面汽泡内部气体与汽泡周围液体必须存在一定压差以克服作用在汽泡上的表面张力，否则汽泡也要消失。所谓表面张力是指作用在液一气界面上力图使汽泡收缩到最小的力。应该指出，热条件是首要条件，即汽泡内、外压差取决于周围流体或汽泡内部气体的过热度。汽泡在上升过程中，若其周围液体温度低于沸腾压力下的饱和温度，内、外压差随之降低，表面张力的作用将使汽泡消失，这就是过冷沸腾；若仍能保持足够的过热度，则汽泡将一直上升到自由液面，并脱离表面张力的束缚而逸出，这就是饱和沸腾。

2. 池内饱和沸腾换热的过程

图 13-9 示出了水在标准大气压下的池内饱和沸腾换热曲线，即其热流密度 q 与加热壁面过热度 Δt 之间的关系曲线。对于不同流体和不同压力，沸腾参数各异，但沸腾曲线具有相似的变化规律。可以看出，该种沸腾换热过程有如下四个区段。

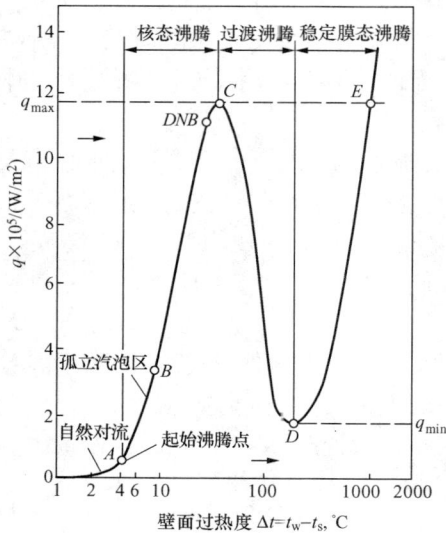

图 13-9 水在标准大气压下的池内饱和沸腾曲线

（1）自然对流区。加热壁面过热度较小（$\Delta t <$ 4℃），虽然有汽泡生成，但汽泡数量少，且大部分汽泡不能长大和脱离壁面，即使个别能够脱离壁面，也很快消失，因此属于自然对流。此时表面传热系数 h 和热流密度 q 比无相变时略大。

（2）核态沸腾区。随着加热壁面过热度增大（$\Delta t = 4 \sim 50$℃），汽泡不断产生、长大、脱离壁面、上升并可以达到自由液面，但起始阶段汽泡间互不干扰，称为孤立汽泡区，此时表面传热系数 h 和热流密度 q 都增大；当汽泡数目增多时，相互之间干扰并结合，形成大的泡状及块状，甚至抑制加热壁面与液体接触，此时表面传热系数 h 开始降低，但由于过热度 Δt 较大，热流密度 q 仍然增大。无论是孤立汽泡还是汽泡连接成片，这个区段都以生成大量汽泡并伴有强烈的汽泡运动为特征，因此称为核态沸腾（或称为泡状沸腾），实际应用时常设计在此区段。

（3）过渡沸腾区。加热壁面过热度继续增大（$\Delta t = 50 \sim 150$℃），汽泡数目继续增多，以致部分壁面已交替地为汽膜所覆盖。但汽膜很不稳定，因此属于核态沸腾向稳定膜态沸腾转变的过渡沸腾。由于汽膜的热阻作用，表面传热系数 h 降低较快，虽然过热度 Δt 仍增加，但热流密度 q 则开始下降。

（4）膜态沸腾区。加热壁面过热度的增大（$\Delta t > 150℃$）使汽泡迅速生成并结合，汽泡数目的剧增使壁面被汽膜所覆盖，形成稳定的膜态沸腾。此时由于汽膜内辐射和导热作用以及汽膜外的扰动作用增强，表面传热系数 h 又开始增大，热流密度 q 也逐渐增大。

应该指出，池内沸腾换热过程中，核态沸腾区的终点为热流密度的极大值 q_{max} 点，称为临界热流密度点。与临界热流密度点等值，但加热壁面过热度却很大的位置点称为烧毁点，该点壁面温度可能远远超过壁面材料的温限而使壁面处于被烧毁的危险之中，此时称之为第一类沸腾传热恶化。因此必须严格控制临界热流密度值 q_{max}。通常在核态沸腾区取一个比临界热流密度值 q_{max} 略小且热流密度增大缓慢的点作为监控点，称为偏离核态沸腾点 DNB（departure from nucleate boiling），将热流密度 q 值控制在 DNB 点以内在生产中具有重要的意义。

3. 池内饱和核态沸腾换热的实验关联式

如前所述，实际应用时常设计在核态沸腾区段，原因在于这个区段加热壁面过热度较小，但沸腾换热强烈。本篇只讲述此区段的实验关联式。罗逊瑙（Rohsennow）推荐下面直接计算热流密度 q 的实验关联式，即

$$q = \mu_l r \left[\frac{g(\rho_l - \rho_v)}{\sigma} \right]^{1/2} \left(\frac{c_{pl}\Delta t}{C_{wl} r Pr_l{}^n} \right)^3 \tag{13-34}$$

式中　μ_l——饱和液体的动力黏度，Pa·s；

　　　r——饱和液体的汽化潜热，J/kg；

　　　g——当地重力加速度，m/s²；

　　　ρ_l、ρ_v——饱和液体和饱和气体的密度，kg/m³；

　　　c_{pl}——饱和液体的比定压热容，J/（kg·℃）；

　　　Δt——加热壁面的过热度，$\Delta t = t_w - t_s$，K；

　　　Pr_l——饱和液体的普朗特数；

　　　C_{wl}——取决于加热面与沸腾液体组合情况的经验常数，常见的 C_{wl} 值如表 13-11 所示；

　　　n——经验指数，对于水 $n = 1.0$，其他液体可取 $n = 1.7$；

　　　σ——液—气界面的表面张力，N/m。

水的表面张力可用下式计算，即

表 13-11　常见加热面与沸腾液体组合情况的 C_{wl} 值

加热面—沸腾液体组合情况	C_{wl}
有划痕的铜—水组合	0.006 8
抛光的铜—水组合	0.012 8
黄铜—水组合	0.006 0
研磨并抛光的不锈钢—水组合	0.008 0
化学侵蚀的不锈钢—水组合	0.013 3
机械抛光的不锈钢—水组合	0.013 2
铂—水组合	0.013 0
铬—苯液组合	0.010 0
铬—乙醇组合	0.002 7

$$\sigma = 0.084\,62(1 - 0.003\,7t_s) \tag{13-35}$$

式中，$t_s = 100 \sim 374℃$。

式（13-34）中，定性温度是饱和温度 t_s。尽管该式没有给出沸腾换热的表面传热系数 h，但由牛顿冷却公式不难求得，即 $h = q/[A(t_w - t_s)]$。

对于水的池内饱和沸腾换热的计算，米海耶夫（Михеев）推荐下面的实验关联式，即

$$h = 0.122\Delta t^{2.33} p^{0.5} \tag{13-36a}$$

或

$$h = 0.533 q^{0.7} p^{0.15} \tag{13-36b}$$

式中　p——沸腾时的绝对压力，$p = 0.1 \sim 4\text{MPa}$。

鉴于临界热流密度 q_{max} 的重要性，推荐朱波（Zuber）计算 q_{max} 的半经验公式，即

$$q_{max} = 0.18 r \rho_v^{1/2} [\sigma g (\rho_l - \rho_v)]^{1/4} \tag{13-37}$$

式中符号意义和取值同式（13-34），需要说明的是系数 0.18 是经过修正后的结果，理论推导时系数为 π/24。

4. 管内饱和沸腾换热

管内饱和沸腾的特征主要有：

（1）管内饱和沸腾时，产生的蒸汽混入液体，形成两相流，使流动和换热均变得复杂。

（2）管道的几何位置，如竖直、水平或倾斜等对流动和换热有很大的影响。

（3）管内饱和沸腾很大程度上取决于液体中的蒸汽含量，即热力学中所述及的蒸汽干度。

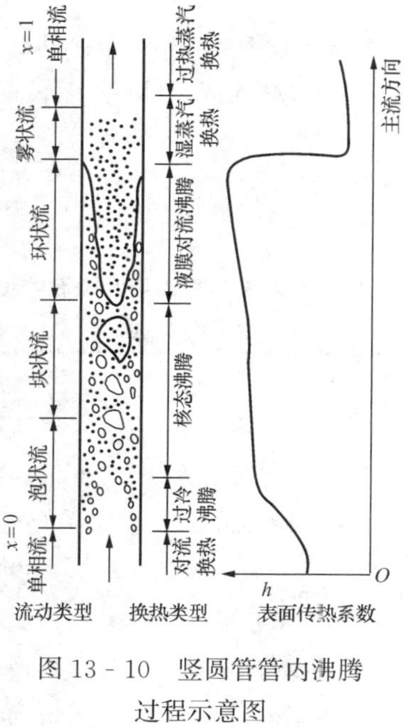

以竖圆管内液体向上流动时的饱和沸腾为例考察其沸腾换热过程。如图 13-10 所示，在恒热流密度 q_w 下，按液体的流动和对流换热特点，管内饱和沸腾可分为如下几个区段。

（1）过冷水的无相变强制对流换热区。管壁及管内液体处于过冷状态，即未饱和状态，此时液体为无相变强制对流换热。表面传热系数 h 随着管壁温度 t_w 的升高逐渐增加。

（2）泡状流动的过冷沸腾区。随着管壁温度 t_w 的升高，使部分汽化核心处生成汽泡，但汽泡不能持久，形成过冷沸腾。此时表面传热系数 h 继续增加。

（3）泡状及块状流动的核态沸腾区。管壁温度 t_w 继续升高，汽泡由小而分散状态逐渐合并成大的块状汽泡，即发生核态沸腾。此时表面传热系数 h 先是迅速增加，然后因大块汽泡的阻隔作用开始降低。

（4）环状流动的膜态沸腾区。高壁温 t_w 使液—气两相流中蒸汽所占比例逐渐增大，并在管道中心形成汽芯，而液体则汇集在管壁上形成环状液膜，称为环状流动的膜态沸腾。此时表面传热系数 h 由于液膜的强制对流作用而开始增加。

图 13-10　竖圆管管内沸腾
过程示意图

（5）雾状流动的湿蒸汽强制对流换热区。壁面温度 t_w 的继续升高加速汽化过程，壁面处的液膜变薄并消失，部分液滴仍混在蒸汽中，形成雾状流的湿蒸汽强制对流换热。此时蒸汽直接与管壁接触，因而表面传热系数 h 迅速下降，同时管壁温度 t_w 迅速升高，可能超过壁面材料的温限而使壁面处于被烧毁的危险之中，此时称为第二类沸腾传热恶化。蒸汽的含量（即干度）是判断能否发生第二类沸腾传热恶化的重要指标，必须严格控制环状流向雾状流转变时的蒸汽含量。

（6）过热蒸汽的无相变强制对流换热区。湿蒸汽进一步被管壁加热，其中的液滴全部被

蒸干后，温度不再保持为饱和温度，而是开始升高使蒸汽处于过热状态。此时发生的是无相变强制对流换热，表面传热系数 h 又逐渐增加。

应该指出，若发生沸腾换热的管子倾斜度大于 30°，管内流动和换热状况与竖圆管相似，只是蒸汽的密度较小，会稍靠管子上部形成不对称流动，但不很显著。若倾斜度小于 30° 或近于水平放置，在流体流速较小时则会出现较严重的汽水分层现象，不对称性显著使管壁受热条件变差而可能处于被烧毁的危险之中。

因为和两相流体力学相关，管内饱和沸腾换热的实验关联式相对较复杂，读者可参阅相关文献。

【例题 13 - 6】 一水平放置的不锈钢管电加热蒸汽发生器，水在其管外发生池内核态沸腾，绝对压力为 0.196MPa。已知不锈钢管外直径为 16mm，管总长度为 3.2m，加热时消耗电功率为 5kW。试求该池内沸腾的表面传热系数和管壁温度。

解 根据电加热功率 W 可以求得沸腾换热的热流密度 q 为

$$q = \frac{W}{A} = \frac{W}{\pi DL} = \frac{5 \times 10^3}{3.14 \times (16 \times 10^{-3}) \times 3.2} = 3.11 \times 10^4 (\text{W/m}^2)$$

则根据式（13 - 36b）可得该池内沸腾的表面传热系数 h 为

$$h = 0.533 q^{0.7} p^{0.15} = 0.533 \times (3.11 \times 10^4)^{0.7} \times (0.196 \times 10^6)^{0.15}$$
$$= 4629 [\text{W/(m}^2 \cdot \text{K)}]$$

查附录 18 可得绝对压力 $p = 0.196\text{MPa}$ 时水的饱和温度为 $t_s = 119℃$，则根据牛顿冷却公式有

$$q = h(t_w - t_s)$$
$$t_w = t_s + \frac{q}{h} = 119 + \frac{3.11 \times 10^4}{4629} = 125.7(℃)$$

【例题 13 - 7】 纯水在抛光的铜质表面上进行池内核态沸腾，绝对压力为 $1.013\,25 \times 10^5\text{Pa}$，铜质表面温度为 117℃，试求该池内沸腾的热流密度和表面传热系数。

解 首先查附录 18 可得绝对压力 $1.013\,25 \times 10^5\text{Pa}$ 下水的饱和温度为 $t_s = 100℃$，以此为定性温度查水和水蒸气的各物性参数为

$\mu_1 = 2.825 \times 10^{-4}\text{Pa} \cdot \text{s}$，$r = 2.257 \times 10^6\text{J/kg}$，$\rho_1 = 958.4\text{kg/m}^3$，

$\rho_v = 0.598\text{kg/m}^3$，$c_{pl} = 4.22 \times 10^3\text{J/(kg} \cdot \text{K)}$，$Pr_1 = 1.75$

由式（13 - 35）可得表面张力 σ 为

$\sigma = 0.084\,62(1 - 0.003\,7t_s) = 0.084\,62 \times (1 - 0.003\,7 \times 100) = 5.33 \times 10^{-2}(\text{N/m})$

查表 13 - 11 得抛光铜质表面的实验系数 $C_{wl} = 0.012\,8$，并取指数 $n = 1.0$，则根据式（13 - 34）得

$$\mu_1 r = (2.825 \times 10^{-4}) \times (2.257 \times 10^6) = 637.6$$

$$\left[\frac{g(\rho_1 - \rho_v)}{\sigma} \right]^{1/2} = \left[\frac{9.81 \times (958.4 - 0.598)}{5.33 \times 10^{-2}} \right]^{1/2} = 419.9$$

$$\left(\frac{c_{pl}\Delta t}{C_{wl} r Pr_1^n} \right)^3 = \left[\frac{c_{pl}(t_w - t_s)}{C_{wl} r Pr_1} \right]^3 = \left[\frac{(4.22 \times 10^3) \times (117 - 100)}{0.012\,8 \times (2.257 \times 10^6) \times 1.75} \right]^3 = 2.857$$

因此该池内饱和沸腾的热流密度 q 为

$$q = \mu_1 r \left[\frac{g(\rho_1 - \rho_v)}{\sigma} \right]^{1/2} \left(\frac{c_{pl}\Delta t}{C_{wl} r Pr_1^n} \right)^3 = 637.6 \times 419.9 \times 2.857 = 7.65 \times 10^5 (\text{kW})$$

该池内沸腾的表面传热系数 h 为

$$h = \frac{q}{t_w - t_s} = \frac{7.65 \times 10^5}{117 - 100} = 4.50 \times 10^4 [\mathrm{W/(m^2 \cdot K)}]$$

二、蒸气的凝结换热

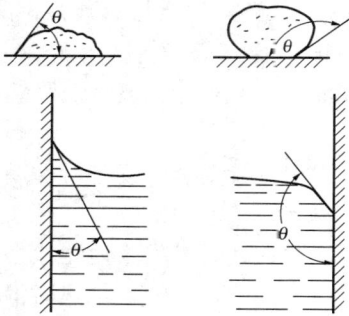

图 13 - 11　液体对壁面的不同润湿能力

凝结一般有膜状凝结和珠状凝结之分。若凝结后的液体能很好地润湿壁面，并在壁面上形成液膜，称为膜状凝结；若凝结后的液体润湿壁面的能力较差而在壁面上形成小液滴，称为珠状凝结。液体对壁面的润湿能力取决于液体内聚力与壁面对液体附着力的相对大小。如图 13 - 11 所示，若附着力大于内聚力，液体将在壁面上展开，展开点的切线方向与壁面间的夹角 θ 一般成锐角，θ 角越小表明液体对壁面的润湿能力越强；若内聚力大于附着力，液体将在壁面上收缩，收缩点的切线方向与壁面间的夹角 θ 一般成钝角，θ 角越大表明液体对壁面的润湿能力越差。

1. 膜状凝结换热的特征

对于膜状凝结，蒸气凝结放出的潜热必须通过液膜传至壁面，因此液膜成为主要热阻，表面传热系数较小。相比于珠状凝结，由于凝结后的液体以小液滴的形式附着在壁面上，因此潜热能够较顺利地传至壁面，热阻较小，表面传热系数较大。特别是在非水平壁面上，当小液滴的重力超过附着力时会下落，下落过程中又能合并成较大的液滴，同时清扫壁面，使部分壁面直接与蒸气接触，此时热阻更小，表面传热系数更大。一般珠状凝结的表面传热系数是膜状凝结的 5～10 倍。但珠状凝结的缺点在于难以长久维持，即使生成了珠状凝结，由于液体的扩散作用，一段时间后小液滴也将在壁面上逐渐展开。因此实际应用中仍以膜状凝结为基础，力求实现珠状凝结。

发生膜状凝结时，液膜的流动也有层流和紊流之分。以竖直大平壁上的膜状凝结为例，如图 13 - 12 所示。开始凝结时液膜较薄，沿重力方向向下流动的速度较慢，呈现层流状态；随着蒸气的不断凝结，在流动方向上液膜越来越厚，达到一定值时层流转变为紊流。层流流动的液膜逐渐增厚使热阻增加，因此层流表面传热系数 h_1 逐渐减小；当紊流出现后，液膜扰动增强，热阻主要集中在较薄的层流底层中，热阻较小，因此紊流表面传热系数 h_t 又逐渐升高。工程上水平放置的单管，膜结凝结时较少发生紊流，而水平放置的管束，只有上面管子的凝结液落到下面的管子上而使其液膜增厚至一定值时才可能发生紊流。

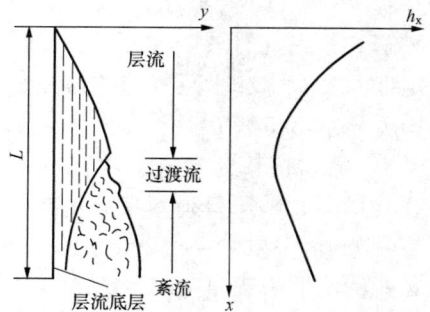

图 13 - 12　凝结换热时液膜的流动状态与局部表面传热系数的变化

与无相变强制对流换热相似，膜状凝结的流态仍以雷诺数为判据，即

$$Re_x = \frac{\rho_1 v_x D_e}{\mu_1} \tag{13 - 38a}$$

式中　ρ_1——饱和液体的密度，$\mathrm{kg/m^3}$；

　　　v_x——液膜在 x 处截面上的平均流速，$\mathrm{m/s}$；

μ_l——饱和液体的动力黏度，$Pa \cdot s$；

D_e——特征尺寸，取为 x 处截面的当量直径，它等于 4 倍的 x 处截面面积 A_x 与湿周 P_x 之比，即 $D_e = 4A_x/P_x$。

考虑到液膜在 x 处截面上的质量流量 $q_{m,x} = \rho_l A_x v_x$，因此式（13 - 38a）可改为

$$Re_x = \frac{4A_x \rho_l v_x}{P_x \mu_l} = \frac{4q_{m,x}}{P_x \mu_l} \qquad (13 - 38b)$$

根据凝结放出的汽化潜热等于蒸气与壁面间的对流换热量，即 $q_{m,x}r = hA\Delta t$，式（13 - 38b）又可改为

$$Re_x = \frac{4h\Delta t}{\mu_l r} \frac{A}{P_x} = \frac{4h\Delta t x}{\mu_l r} \qquad (13 - 38c)$$

$$\Delta t = t_s - t_w$$

式中　　h——壁面到 x 处为止的表面传热系数，$W/(m^2 \cdot K)$；

r——饱和蒸汽凝结放出的汽化潜热，J/kg；

A——到 x 处为止的壁面凝结换热面积，$A = P_x x$，区别于 x 处截面面积 A_x，m^2；

对于竖壁或竖圆管（柱），x 是凝结液膜的长度，m；对于外直径为 D 的水平圆管，$x = \pi D$，m。实验证明，竖壁上凝结液膜的临界雷诺值为 $Re_c = 1800$；水平管外凝结液膜的 $Re_c = 3600$。

凝结换热计算时，先假设为层流，由层流的实验关联式求出层流表面传热系数 h_l 后，代入式（13 - 38c）中求得雷诺数 Re_x，以之判断流态，若确为层流，则所求表面传热系数 h_l 有效，否则采用后面讲述的式（13 - 42）求解。

2. 纯净蒸气层流膜状凝结换热的计算式

努塞尔（Nusselt）根据液膜的流动和导热机理，并作了若干合理的简化假设，直接导出了竖壁层流膜状凝结换热时表面传热系数 h_l 的计算式，即

$$h_{l,v} = 0.943 \left(\frac{gr\rho_l^2 \lambda_l^3}{\mu_l L \Delta t} \right)^{1/4} \qquad (13 - 39a)$$

式中　　λ_l——饱和液体的导热系数，$W/(m \cdot K)$；

L——特征尺寸，这里取为凝结液膜的长度，m。

式中除 r 的定性温度取为饱和温度 t_s 外，其余物性参数的定性温度取为平均温度 t_m，$t_m = (t_w + t_s)/2$。

实验表明，由于凝结液膜表面的波动，用式（13 - 39a）求得的层流表面传热系数 h_l 比实测值约低 20%。因此工程上常将式（13 - 35a）乘以系数 1.2 作为修正，即

$$h_{l,v} = 1.13 \left(\frac{gr\rho_l^2 \lambda_l^3}{\mu_l L \Delta t} \right)^{1/4} \qquad (13 - 39b)$$

式（13 - 39b）对于外半径 R 远大于底部膜厚 δ 的竖圆管（柱）外凝结同样适用；对于与水平面成 φ 角的倾斜壁面，只要以 $g\sin\varphi$ 代替其中的 g 即可。对于水平管外的层流膜状凝结，可将式（13 - 39b）中的特征尺寸 L 取为管道的外直径 D，并将系数 1.13 改为 0.729 便能求得其表面传热系数，即

$$h_{l,h} = 0.729 \left(\frac{gr\rho_l^2 \lambda_l^3}{\mu_l D \Delta t} \right)^{1/4} \qquad (13 - 40)$$

如有 n 根水平管自上至下竖直排列且间距不大，则相当于增大壁面的长度，此时可用

nD 代替式（13-40）中的 D，即

$$h_{1,h} = 0.729\left(\frac{gr\rho_1^2\lambda_1^3}{\mu_1 nD\Delta t}\right)^{1/4} \tag{13-41}$$

实验表明，当 $n > 25$ 时，$h_{1,h}$ 将趋于一定值，因此若 $n>25$，可取 $n = 25$ 来计算。

3. 紊流膜状凝结换热的实验关联式

如前所述，工程上应用的水平放置的单管或管束较少发生紊流膜状凝结。紊流多发生在竖壁上。对于竖直放置的壁面，凝结液膜若由层流发展为紊流，则在整个壁面上的表面传热系数 h 可按如下的计算式求得，即

$$h = h_1\frac{x_c}{L} + h_t\left(1 - \frac{x_c}{L}\right) \tag{13-42}$$

式中 h_1、h_t——层流和紊流膜状凝结时的表面传热系数，W/（m²·K）；

$\quad\quad x_c$——层流转变为紊流时的壁面长度，称为临界长度，m；

$\quad\quad L$——整个凝结壁面的长度，m。

其中的紊流表面传热系数 h_t 可采用修正的坎克勃利特（Kirkbride）实验关联式，即

$$h_t = 0.007\,43\left[\frac{L\Delta t}{\mu_1 r}\left(\frac{g\rho_1^2\lambda_1^3}{\mu_1^2}\right)^{5/6}\right]^{2/3} \tag{13-43}$$

应该指出，圆管水平放置和竖直放置时凝结换热的效果不同。以圆管外的层流膜状凝结为例。一根外直径 $D = 0.02$ m、长度 $L = 1$m 的圆管，根据式（13-40）和式（13-37b）可得水平放置和竖直放置时凝结换热的表面传热系数之比为

$$\frac{h_{1,h}}{h_{1,v}} = \frac{0.729}{1.13}\left(\frac{L}{D}\right)^{1/4} \tag{13-44}$$

代入数值后得 $h_{1,h}/h_{1,v} = 1.7$，因此对于同一根圆管，当长度 L 远大于外直径 D 时，水平放置比竖直放置的凝结换热效果要好，这就是工程上多采用水平放置圆管进行凝结换热的主要原因。

4. 影响膜状凝结换热的因素

除前面述及的凝结液膜的流态（如层流和紊流）、凝结壁面的位置（如竖直、水平、倾斜和管束排数等）及凝结发生的部位（如内部和外部凝结）等影响膜状凝结换热外，还有如下的影响因素：

（1）蒸汽流速和方向。以水蒸气在水平放置单管外凝结换热为例，若其流动与凝结液膜流动方向一致，在蒸气流速小于 10m/s 时，其流速对凝结换热的影响较小；但蒸气流速在 40～50m/s 时，凝结换热的表面传热系数将会提高 30%左右。蒸气的流动方向对凝结换热也有较大影响。若蒸气的流向与凝结液膜下落的方向相反，将阻滞液膜的流动使其增厚，表面传热系数变小，但在蒸气流速很大时会掀起液膜，此时表面传热系数将增大；若两者的流向相同时，将拉薄液膜，甚至在蒸气流速很大时撕裂液膜，此时表面传热系数是增大的。

（2）不凝结气体或黏度大的液体。蒸气中若含不凝结气体，如空气等，将使凝结换热大大减弱。实验表明，水蒸气中质量分数为 1%的空气能使凝结换热的表面传热系数下降 60%，后果是很严重的。究其原因，一方面由于不凝结气体聚集在壁面上会形成不凝结气体层，这相当于在可凝结气体与壁面之间增加了一层热阻，因此使换热强度降低；另一方面考虑液膜表面蒸气侧的总压力若不变，由于不凝结气体的积聚，其分压力增大，

而蒸气不断凝结，其分压力降低，与此分压力相对应的饱和温度将随之降低，这相当于减少了凝结换热的驱动力，势必减弱凝结换热。如电厂中凝汽器必须安装抽气装置，以便及时抽出不凝结气体，否则将严重影响其凝结换热能力。另外，蒸气中若含有黏度大的液体，如油类等，由于它们不易流动，可能沉积在壁面上，增加了热阻，使凝结换热强度降低。

（3）凝结表面的状态。当凝结表面粗糙、锈蚀或积有污垢时，凝结液膜不易排掉而使其增厚，此时表面传热系数将下降。但在液膜流速较大或者液膜流过尖锋、锯齿等锐利表面时，不光滑的表面却容易使液膜变薄而增大表面传热系数。

（4）管子排列。水平放置的管束第一排下面的管子由于上排凝结液的下落，使其液膜变厚，热阻增大，表面传热系数降低。但上排管凝结液下落时可能产生飞溅及对下排管凝结液造成冲击扰动，使得表面传热系数增大。一般叉排布置的凝结换热表面传热系数大于顺排，主要是叉排管束间冲击扰动较大的缘故。

【**例题 13 - 8**】　一台卧式蒸气热水器，水蒸气在黄铜管外凝结管内的水。已知黄铜管的外直径为 16mm，管壁温度为 60℃，水蒸气的饱和温度为 140℃，该热水器竖直列上共有 12 根管。试求该凝结换热的表面传热系数。

解　首先假设本题管外凝结液膜流动状态为层流，则由水蒸气的饱和温度 $t_s = 140℃$，查附录 19 得其汽化潜热 r 为

$$r = 2.144 \times 10^6 \text{J/kg}$$

再由水蒸气饱和温度与管壁温度的平均值 t_m，查附录 18 得水的各物性参数为

$$t_m = \frac{t_s + t_w}{2} = \frac{140 + 60}{2} = 100(℃)$$

$$\rho_l = 958.4 \text{kg/m}^3, \lambda_l = 0.683 \text{W/(m·K)}, \mu_l = 2.825 \times 10^{-4} \text{Pa·s}$$

则根据式（13 - 41）得该凝结换热的表面传热系数 $h_{l,h}$ 为

$$h_{l,h} = 0.729 \left(\frac{gr\rho_l^2 \lambda_l^3}{\mu_l nD \Delta t} \right)^{1/4}$$

$$= 0.729 \times \left[\frac{9.81 \times (2.144 \times 10^6) \times 958.4^2 \times 0.683^3}{(2.825 \times 10^{-4}) \times 12 \times (16 \times 10^{-3}) \times (140 - 60)} \right]^{1/4}$$

$$= 4474 \left[\text{W/(m}^2 \text{·K)} \right]$$

验证假设的层流流动是否正确。根据式（13 - 38c）可得雷诺数 Re_x 为

$$Re_x = \frac{4h \Delta t x}{\mu_l} = \frac{4h(t_s - t_w)(nD)}{\mu_l}$$

$$= \frac{4 \times 4474 \times (140 - 60) \times [12 \times (16 \times 10^{-3})]}{(2.825 \times 10^{-4}) \times (2.144 \times 10^6)}$$

$$= 453.8$$

因为 $Re_x = 453.8 < Re_c = 3600$，因此假设层流流态正确，上述计算有效。

复　习　思　考　题

13 - 1　指出对流换热的实质及影响因素主要有哪些?

13 - 2　简述理论分析和实验方法如何获得表面传热系数。

13-3 指出强制对流换热和自然对流换热有何不同。

13-4 何谓速度边界层和温度边界层？试述两者之间的区别与联系。

13-5 简述无量纲准则数，如努塞尔数 Nu、雷诺数 Re、普朗特数 Pr 及格拉晓夫 Gr 等的物理意义，以及努塞尔数 Nu 和毕渥数 Bi 的区别。

13-6 何谓定性温度、特征尺寸及特征速度？在下述情况下各如何选取？①槽道内紊流强制对流换热。②横向绕流管束的对流换热。

13-7 其他条件相同时，同一管道外流体横向绕流与纵向冲刷相比，哪个表面传热系数大？并解释原因。

13-8 相同流速及相同温度的条件下，流体在管内流动与在管外横向绕流时相比，哪个表面传热系数大？并解释原因。设两种情况下所取的特征尺寸相同。

13-9 流体内部存在密度差时一定会产生自然对流，这句话对吗？并简述理由。

13-10 何谓沸腾换热的临界热流密度？并指出确定临界热流密度的工程意义。

13-11 影响膜状凝结换热的主要因素有哪些？并解释蒸气中含有不凝结气体降低凝结换热效果的原因。

13-12 空气横向绕流管束时，沿流动方向管排数越多，对流换热越强；而蒸气在管束外凝结时，沿凝结液膜的流动方向管排数越多，换热强度则降低。试解释这种现象。

习 题

13-1 温度为 80℃ 的空气纵向流过一平壁表面，已知平壁长度为 0.3m，宽度为 0.5m，壁面温度为 30℃。若空气与平壁表面间的局部表面传热系数 $h_x = 4.4x^{-1/2}$。试求空气与平壁表面间的总对流换热量。

13-2 一台缩小为实型 1/5 的模型中，用平均温度为 20℃ 的空气来模拟实型中平均温度为 200℃ 的空气的加热过程。已知模型中空气与壁面间的表面传热系数为 195 W/(m² · K)，试求实型中的表面传热系数。

13-3 已知一水管的内直径为 32mm，管长为 4m，管壁的平均温度为 40℃，管内水的平均温度为 75℃，平均流速为 1m/s。试求水与管壁间的表面传热系数。

13-4 空气在一圆管内流动，管的内直径为 20mm，管长为 40mm，管壁平均温度为 90℃，若空气的平均流速为 3.5m/s，平均温度为 60℃，试求空气与管壁间的表面传热系数。

13-5 一截面为 15mm×30mm 的矩形风道，长度为 2.5m，风道壁面温度保持为 60℃，空气的平均流速为 1.8m/s，平均温度为 40℃，试求空气与管壁间的表面传热系数。

13-6 为达到杀菌的目的，使牛奶在一绕有电加热丝的薄壁圆管中流过，该圆管的内直径为 15mm，管长为 6m，牛奶的平均流速为 0.1m/s，从 20℃ 加热到 75℃。已知牛奶的物性为：$\rho = 1030 kg/m^3$，$\mu = 2.12 \times 10^{-3} Pa \cdot s$，$c_p = 3.85 kJ/(kg \cdot K)$，$\lambda = 0.6 W/(m \cdot K)$，试求加热牛奶所需要的热流量。

13-7 常压下，温度为 50℃ 的空气纵向流过一平壁的上表面，平壁的下表面绝热。已知该平壁温度为 100℃，沿空气流动方向的长度为 0.2m，宽度为 0.1m，按平壁长度得到的雷诺数 Re 为 4×10^4，试求空气与该平壁表面间的表面传热系数和对流换热量。已知沿平壁流动的对流换热计算式为：

层流 ($Re_m < Re_c$) $Nu_m = 0.664 Re_{m,L}^{1/2} Pr_m^{1/3}$

紊流 ($Re_m > Re_c$) $Nu_m = 0.037 Re_{m,L}^{4/5} Pr_m^{1/3}$

既有层流又有紊流 $Nu_m = 0.037 (Re_{m,L}^{4/5} - Re_c^{4/5} + 17.95 Re_c^{1/2}) Pr_m^{1/3}$

上述式中，定性温度是流体与壁面间的平均温度 t_m；特征尺寸是平壁的长度 L；特征速度是平壁前的流体来流速度 v_f。适用范围是：边界条件为恒壁温 t_w，恒热流密度 q_w 时所得结果偏高；临界雷诺数 $Re_c = 5 \times 10^5$；$Pr_m = 0.6 \sim 50$。

13-8 一直径为 0.2mm 的细金属丝，水平置于 30℃的空气中以测定空气的流速。测量结果表明，在长度为 50m、表面温度为 50℃的细金属丝上消耗的电能为 1.1W。试确定此时空气的流速。

13-9 试计算空气横向绕流由 6 排管子组成的叉排管束的表面传热系数。已知管子外直径为 25mm，管子横向和纵向间距分别为 50mm 和 45mm，管壁平均温度为 120℃；空气流过该管束时的平均温度为 60℃，最窄截面处的空气流速为 5m/s。若管束改为顺排布置，其他条件不变，表面传热系数变为多少？

13-10 一热水管道，其外直径为 200mm，管子外壁温度为 50℃。若周围空气温度为 20℃，试求该热水管水平放置时的自然对流表面传热系数及单位管长的散热损失。

13-11 室温为 10℃的大房间内，有一外直径为 100mm 的烟筒穿过，烟筒竖直部分高度为 2m，水平部分长度为 1.5m，外表面平均温度为 90℃，试计算该烟筒的对流换热量。

13-12 一铜制电加热器管子的外直径为 16mm，长度为 4m，加热功率为 3kW，试求标准大气压下，该加热器使水沸腾时的表面传热系数，并确定其管子外表面温度。

13-13 一电加热器为机械抛光不锈钢管，总长度为 4m，加热功率为 3kW，试求标准大气压下，该加热器使水沸腾时的表面传热系数，并确定其管子外表面温度。

13-14 压力为 0.8×10^5 Pa 的饱和水蒸气，在一竖直放置的平壁上进行膜状凝结。已知平壁高度为 0.3m，壁面温度为 70℃，试求该凝结换热的表面传热系数，并确定平壁每米宽度的凝结液量。

13-15 现用壁面温度为 90℃的水平铜管来凝结饱和水蒸气。可以考虑两种方案，即用 1 根直径为 10cm 的铜管或用 10 根直径为 1cm 的铜管，若两种方案的其他条件均相同，若使产生的凝结液量最多，应采取哪种方案？设饱和水蒸气压力为 $1.013\,25 \times 10^5$ Pa。

第十四章　热辐射及辐射换热

第一节　热辐射的基本概念

一、热辐射的本质

如前所述，热辐射是物体由于温度的原因向外传递辐射能的过程。从微观角度，热辐射的电磁波是物体内部微观粒子的热运动状态改变时受激发而由热力学能转变来的。热力学中已经述及，物体的热力学能包括内动能、内位能等，其中内动能是由微观粒子热运动形成的，内位能是由微观粒子间相互作用力形成的，取决于微观粒子间的距离，并与微观粒子的热运动有关。而温度是反映微观粒子热运动激烈程度的状态参数，因此具有温度的物体总是有热力学能存在，总要产生热辐射。可以说温度是物体产生热辐射的标志，热力学能是物体热辐射的能量来源。根据热力学第三定律，物体的绝对零度是不可能达到的，这表明物体总是具有温度。从这个意义上说，物体总是具有热辐射的能力，即热辐射是物体的固有属性。

二、热辐射的一般性质

1. 热辐射的波长性和方向性

物体的热辐射具有波长选择性，即热辐射在各个波长上的分布并不均匀。如工业辐射的温度范围，即 2000K 以下，热辐射波长主要位于 $0.38\sim100\mu m$ 之间，且大部分能量位于红外线区段的 $0.76\sim20\mu m$ 范围，而波长小于 $0.38\mu m$ 的紫外线、波长为 $0.38\sim0.76\mu m$ 的可见光及波长大于 $20\mu m$ 的红外线，其比例并不大。而对于温度近似为 5800K 的太阳辐射，波长主要集中在 $0.2\sim3\mu m$ 的短波范围，其中可见光占较大比例。因此与热辐射有关的电磁波大致在 $0.1\sim100\mu m$ 的波长范围。如图 14-1 所示，在整个电磁波波谱中热辐射只占其中的一部分。

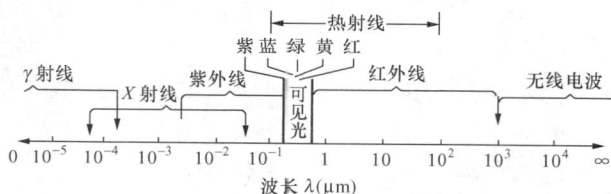

图 14-1　电磁波的波谱

物体对热辐射的吸收、反射和透过也具有波长选择性。如焊接工人在焊工件时要戴上一副黑色的眼镜，就是为了使对人体有害的紫外线能被眼镜的特种玻璃所吸收。再如当阳光照射到一个物体上时，若该物体几乎吸收全部的可见光，它就呈现黑色；几乎全部反射可见光，它就呈现白色；几乎均匀地吸收和反射各种可见光，它就呈现灰色；若只反射了一种波长的可见光而几乎吸收其他可见光时，它则呈现被反射的这种辐射线的颜色。再如玻璃，可见光基本上能透过，但紫外线和波长大于 $3\mu m$ 的红外线则几乎不能透过。因此可以利用玻璃作暖房材料，由于太阳辐射中可见光占较大比例，故它可以透过玻璃进入暖房，而暖房中植物的辐射是在工业辐射的温度范围，其中红外线占较大比例，故它不能透过暖房玻璃，而在暖房中产生热效应，使之温度升高，这就是所谓的温室效应。

热辐射还与辐射的空间方向有关，即具有方向性。对于实际物体，其热辐射在空间各个方向上的分布并不均匀。如用电炉来烘烤某一工件，把工件放在电炉的正上方要比放在电炉的边沿热得快，这说明电炉向正上方的热辐射较边沿多。

2. 热辐射的表面性和容积性

当热辐射投射到物体表面上时，要发生吸收、反射和透过现象。如图 14-2 所示，定义某一温度下，单位时间内从环境投射到物体单位表面积上的全波长辐射能的总和为投入辐射，记作 G，W/m^2。投入辐射 G 中，物体吸收 G_α，反射 G_ρ，其余部分 G_τ 透过物体。因此

$$G_\alpha + G_\rho + G_\tau = G \tag{a}$$

$$\frac{G_\alpha}{G} + \frac{G_\rho}{G} + \frac{G_\tau}{G} = 1 \tag{b}$$

令

$$\alpha = \frac{G_\alpha}{G}, \rho = \frac{G_\rho}{G}, \tau = \frac{G_\tau}{G} \tag{14-1}$$

代入式（b）得

$$\alpha + \rho + \tau = 1 \tag{14-2}$$

式中，α 是该物体吸收的能量占投入辐射的百分数，称为吸收比或吸收率；ρ 是该物体反射的能量占投入辐射的百分数，称为反射比或反射率；τ 是该物体透过的能量占投入辐射的百分数，称为穿透比或穿透率。α、ρ 和 τ 的值都在 0 和 1 之间，且为无量纲量。

实验证明，对于大多数固体和液体，当热辐射到达其表面后，在一个极短的距离内就被吸收完了，通常不能穿出另一个表面。因此可认为大多数固体和液体不允许热辐射透过，即穿透比 $\tau = 0$，则

$$\alpha + \rho = 1 \tag{14-3}$$

该式表明，就大多数固体和液体而言，若吸收能力强，则反射能力差；反射能力强，则吸收能力差。如对于镜面反射和漫反射物体来说即是如此。当物体表面的不平整尺寸，即物面的粗糙程度

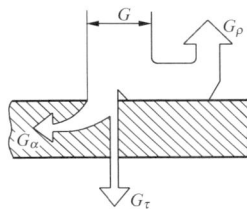

图 14-2　物体对投入辐射的吸收、反射和透过

小于投入辐射的波长时，形成镜面反射，此时入射角等于反射角，如在高度磨光的金属板上发生的反射现象。当不平整尺寸大于投入辐射的波长时，形成漫反射，如一般工程材料的粗糙表面，都可以形成漫反射，这时从某一方向投射到物体表面上的热辐射向空间各个方向均匀地反射出去，入射角不再等于反射角。可见，漫反射物体的吸收比要大于镜面反射物体，而其反射比却小于镜面反射物体。再如，白色表面对太阳辐射的吸收比较低，而黑色表面较高，原因是白色对太阳辐射的反射比高，而黑色则相反；但是对于工业辐射而言，白色和黑色表面则几乎具有相同的吸收比，如白雪在工业辐射下的吸收比高达 0.985，原因是工业辐射下对热辐射有重大影响的是物体表面的粗糙程度而不是颜色，太阳辐射则相反。

气体热辐射的情形不同于固体和液体，它对热辐射几乎没有反射能力而让其长驱直入，透过整个气体的容积空间，并伴有能量衰减。此时可认为反射比 $\rho = 0$，则

$$\alpha + \tau = 1 \tag{14-4}$$

该式表明，吸收能力强的气体，透过能力差；而透过能力强的物体，吸收能力则差。不过无论是固体、液体还是气体，其吸收比总是小于 1 而大于 0 的，这是它们的共同之处。

综上所述，大多数固体和液体对投入辐射所呈现的吸收和反射特性，都具有在物体表面上进行的特点，而不涉及到物体的内部，这是辐射的表面性。因此表面状况对固体和液体辐射的影响至关重要。而对于气体，辐射和吸收是在整个气体容积中进行的，这是辐射的容积

性。此时辐射和吸收取决于容积的形状、尺寸等，而表面状况则无关紧要。

三、热辐射的理想体

实际物体的吸收比、反射比和穿透比是千差万别的，这给热辐射的研究带来很大困难。为方便起见，从热辐射的理想体入手，可以理出一个处理复杂问题的头绪来。

根据式（14 - 2），当 $\alpha=1$ 时，有 $\rho=\tau=0$，表明该物体对外来的投入辐射全部吸收，吸收能力在同一温度的物体中最强，此种物体称为黑体。应该指出，黑体在同一温度的物体中辐射能力也最强。黑体是一种理想物体，由于其对投入辐射的吸收是一次完成的，研究起来简便得多。在此基础上，引入一些修正系数就可以推广应用到实际物体中去。因此，黑体在热辐射的研究中占有重要的地位。

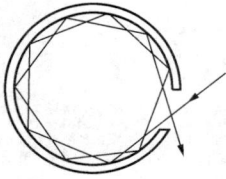
图 14 - 3　人工黑体模型

自然界中并不存在真正的黑体，但可以造出所谓的人工黑体，如图 14 - 3 所示。用金属或其他合适的材料做一个任何形状的空腔，并在腔壁表面留一个小孔，小孔的面积与腔壁总表面积相比很小，并设法使腔壁维持恒定且均匀的温度。此时让热辐射从小孔进入空腔，在空腔内经多次吸收后，最终离开小孔的热辐射已十分微弱，几乎全部被空腔壁所吸收。如用吸收比等于 0.6 的金属壁面制成球形空腔，若小孔面积占腔壁总表面积小于 0.6％时，小孔的吸收比可以大于 0 996。因此，一个温度均匀的空腔壁上的小孔具有黑体的性质。日常生活中，晴天远眺楼房的窗口时总觉得里边黑洞洞的，这是因为进入窗口的可见光经过室内器物被多次吸收以后，反射到窗口外的份额已寥寥无几的缘故。

根据式（14 - 2），还可以得到另外两种辐射的理想体。当 $\rho=1$ 时，有 $\alpha+\tau=0$，表明该物体对外来的投入辐射全部反射。此种物体称为镜体或白体。若物体发生镜面反射时 $\rho=1$，称该物体为镜体；若物体发生漫反射时 $\rho=1$，则称为白体。而当 $\tau=1$ 时，有 $\alpha+\rho=0$，表明该物体对外来的投入辐射全部透过，此种物体称为透明体。实际上，绝对的镜体或白体及透明体是不存在的，但可作近似处理。如磨光的纯金，反射比高达 0.98，可近似为白体；纯净的空气，对热辐射几乎不吸收不反射，可近似为透明体。

热辐射的理想体还包括漫射体，灰体及漫—灰体等，本章后面将详细讲述。

四、辐射力与定向辐射强度

某一温度下，单位时间内物体单位表面积向半球空间所有方向发射的全波长辐射能的总和称为辐射力，记作 E，W/m^2。辐射力从总体上表征物体热辐射能力的大小。某一温度下，单位时间内物体单位表面积向半球空间所有方向发射某一波长的辐射能称为单色辐射力或光谱辐射力，记作 E_λ，$W/(m^3)$。单色辐射力体现热辐射的波长性，反映物体在某一波长热辐射能力的大小。根据上述定义，辐射力与单色辐射力之间的关系为

$$E = \int_0^\infty E_\lambda \mathrm{d}\lambda \tag{14 - 5}$$

辐射力（或单色辐射力）仅指出物体向半球空间发射辐射能的多少，并没有揭示在空间不同方向上发射辐射能的多少，因此引入定向辐射强度的概念。某一温度下，单位时间内物体单位可见面积在半球空间某一方向单位立体角内发射全波长辐射能的总和，称为定向辐射强度，记作 I，单位为 $W/(m^2 \cdot sr)$。针对某一波长的定向辐射强度称为单色定向辐射强度，记作 I_λ，单位为 $W/(m^3 \cdot sr)$。

为便于理解定向辐射强度（或单色定向辐射强度），先讲述立体角和可见面积这两个概念。立体角是空间角的量度，单位是球面度 sr。如图 14-4 所示，在半径为 R 的半球表面上取一微元面积 dA_c，则对球心所张的微元立体角 $d\omega$ 为

$$d\omega = \frac{dA_c}{R^2} \tag{14-6}$$

显然，半球立体角 $\omega = 2\pi(sr)$。参照图 14-5 所示的几何关系，微元面积 dA_c 用球坐标中的纬度微元角 $d\theta$ 和经度微元角 $d\varphi$ 可表示为

$$dA_c = Rd\theta R \sin\theta d\varphi = R^2 \sin\theta d\theta d\varphi \tag{c}$$

式（c）代入式（14-6），得

$$d\omega = \sin\theta d\theta d\varphi \tag{14-7}$$

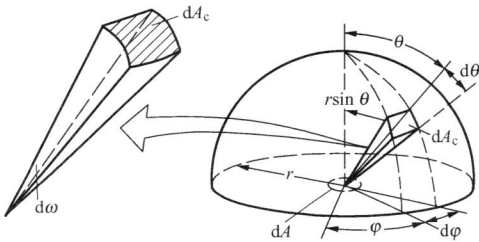

图 14-4 立体角的定义图

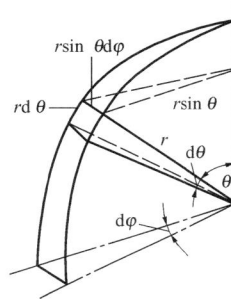

图 14-5 计算微元立体角的几何关系

至于可见面积，如图 14-6 所示，n 为微元面积 dA 的法线方向，m 为与法线成 θ 角的方向。沿 n 方向所看到的面积为 dA 的全部，即认为沿法线方向的可见面积为 dA。但沿 m 方向所看到的面积为 $dA\cos\theta$，此即沿 m 方向的可见面积。显然，沿 $\theta = 90°$ 的 p 方向，可见面积为 0。

有了立体角和可见面积的概念，定向辐射强度 I 可表示为

$$I(\theta) = \frac{d\Phi}{dA\cos\theta d\omega} \tag{14-8}$$

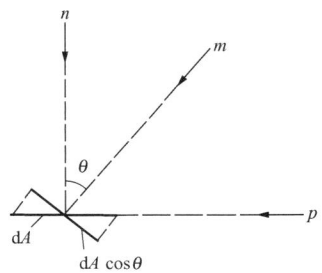

图 14-6 不同空间方向上的可见面积

式中　$I(\theta)$——空间不同方向上的定向辐射强度，$W/(m^2 \cdot sr)$；

　　　$d\Phi$——某一温度下，单位时间内微元表面 dA 向半球空间发射全波长辐射能的总和，W。

此即是定向辐射强度的定义式。

第二节　热辐射的基本定律

一、普朗克（Planck）定律

普朗克定律揭示了黑体单色辐射力 $E_{b\lambda}$ 对波长 λ 和温度 T 的依变关系，即

$$E_{b\lambda} = \frac{c_1}{n^2 \lambda^5 \left[e^{c_2/(n\lambda T)} - 1 \right]}$$ (14 - 9)

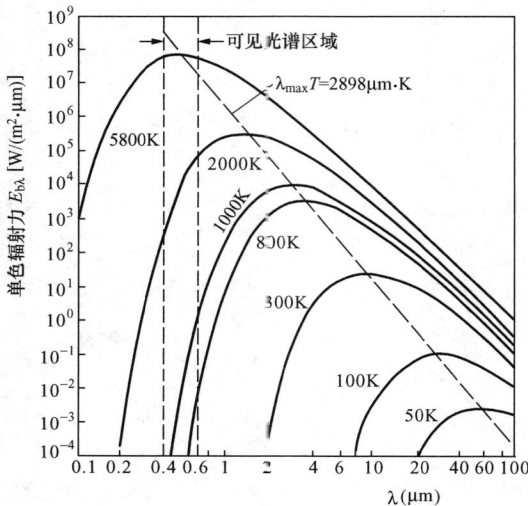

图 14 - 7 黑体的单色辐射力与 λT 的函数关系

式中，$E_{b\lambda}$ 是黑体的单色辐射力，W/m^3；c_1 是黑体辐射第一常数，$c_1 = 3.742 \times 10^{-16} W \cdot m^2$；$c_2$ 是黑体辐射第二常数，$c_2 = 1.439 \times 10^{-2} m \cdot K$；$\lambda$ 是黑体辐射的波长，m；T 是黑体的热力学温度，K；n 是黑体周围介质的折射系数，若黑体处于真空中，取 $n=1$；处于空气中，取 $n \approx 1$。考虑到物体一般均处于空气中，故常略去 n。图 14 - 7 绘制了式（14 - 9）的依变关系曲线。曲线指出，在一定温度下，黑体辐射随波长连续变化，单色辐射力随波长的增加先是增加，达到某一峰值后减小，且波长很大或很小时，单色辐射力均趋于零；对任一波长来说，温度愈高，单色辐射力愈强，且随着温度的增高，单色辐射

力的峰值移向短波区域。曲线还指出，当黑体的温度大于 800K 时，其辐射能中才明显出现波长为 $0.38 \sim 0.76 \mu m$ 的可见光，且随着温度的增高，可见光比例增加；当黑体的温度为 5800K 左右时，单色辐射力的峰值位于可见光范围。

二、维恩（Wien）位移定律

维恩位移定律揭示了黑体对应于最大单色辐射力时的波长 λ_{max} 与其热力学温度 T 之间的关系，即

$$\lambda_{max} T = 2.898 \times 10^{-3} m \cdot K$$ (14 - 10)

式中，常数 $2.898 \times 10^{-3} m \cdot K$ 也称为黑体辐射第三常数。该式表明，黑体最大单色辐射力所对应的波长 λ_{max} 和热力学温度 T 成反比变化。因此可由 λ_{max} 和 T 中任一个量求出另一个量。生产中常用仪器测得某近似黑体表面最大单色辐射力的波长 λ_{max} 后，由维恩位移定律即可得到该表面的热力学温度 T。

历史上，维恩位移定律的发现在普朗克定律之前，但若对普朗克定律的表达式（14 - 9）求 λ 的导数并使其为零，可得出与式（14 - 10）相同的结论。

【例题 14 - 1】   测得太阳辐射的最大单色辐射力所对应的波长 $\lambda_{max} = 0.5 \mu m$。若太阳可近似为黑体，试估计太阳表面的温度，并计算此温度下的最大单色辐射力。

解   根据维恩位移定律式（14 - 10）可得

$$T = \frac{2.898 \times 10^{-3}}{\lambda_{max}} = \frac{2.898 \times 10^{-3}}{0.5 \times 10^{-6}} = 5796(K) \approx 5800(K)$$

代入普朗克定律式（14 - 9），略去其中的折射系数 n，并令 $\lambda = \lambda_{max}$，则太阳辐射温度下的最大单色辐射力 $E_{b\lambda, max}$ 为

$$E_{b\lambda, max} = \frac{c_1}{\lambda_{max}^5 \left[e^{c_2/(\lambda_{max} T)} - 1 \right]} = \frac{3.742 \times 10^{-16}}{0.5^5 \times \left[e^{1.439 \times 10^{-2}/(0.5 \times 10^{-6} \times 5800)} - 1 \right]}$$

$$= 8.14 \times 10^{15} (\mathrm{W/m^3})$$

三、斯忒藩（Stefan）—玻尔兹曼（Boltzmann）定律

斯忒藩—玻尔兹曼定律揭示了如何计算黑体辐射力 E_b 的大小。由普朗克定律所得黑体单色辐射力 $E_{b\lambda}$ 在 $0\sim\infty$ 的全波长范围内对 λ 进行积分，可得

$$E_b = \sigma_b T^4 \tag{14-11}$$

式中，E_b 是黑体辐射力，$\mathrm{W/m^2}$；σ_b 是斯忒藩—玻尔兹曼常数或黑体辐射常数（有时也称为黑体辐射第四常数），$\sigma_b = 5.67 \times 10^{-8} \mathrm{W/(m^2 \cdot K^4)}$。式（14-11）就是著名的斯忒藩—玻尔兹曼定律的数学表达式，即第十一章述及的式（11-4b）。该式表明，黑体辐射力 E_b 与其热力学温度 T 的四次方成正比，因此又称其为四次方定律。

若要知道黑体在某一波长区段内辐射力的大小，即所谓波段辐射力，则可由普朗克定律所得黑体的单色辐射力 $E_{b\lambda}$ 在 $\lambda_1 \sim \lambda_2$ 波长范围对 λ 进行积分求得，即

$$E_{b(\lambda_1 \sim \lambda_2)} = \int_{\lambda_1}^{\lambda_2} E_{b\lambda} \mathrm{d}\lambda \tag{a}$$

通常把黑体这种波段辐射力表示成同温度下黑体辐射力的百分数，记作 $F_{b(\lambda_1 \sim \lambda_2)}$，则

$$E_{b(\lambda_1 \sim \lambda_2)} = F_{b(\lambda_1 \sim \lambda_2)} E_b \tag{14-12a}$$

即

$$\begin{aligned} F_{b(\lambda_1 \sim \lambda_2)} &= \frac{E_{b(\lambda_1 \sim \lambda_2)}}{E_b} = \frac{\int_{\lambda_1}^{\lambda_2} E_{b\lambda} \mathrm{d}\lambda}{E_b} \\ &= \frac{\int_0^{\lambda_2} E_{b\lambda} \mathrm{d}\lambda}{E_b} - \frac{\int_0^{\lambda_1} E_{b\lambda} \mathrm{d}\lambda}{E_b} \\ &= F_{b(0 \sim \lambda_2)} - F_{b(0 \sim \lambda_1)} \end{aligned} \tag{14-12b}$$

式中，$F_{b(0 \sim \lambda_1)}$、$F_{b(0 \sim \lambda_2)}$ 分别是波长从 0 到 λ_1 和从 0 到 λ_2 的黑体波段辐射力占同温度下黑体辐射力的百分数。当黑体的温度 T 一定时，可把变量由 λ 改为 λT，则 $F_{b(0 \sim \lambda)}$ 可表示为

$$F_{b(0 \sim \lambda)} = \frac{\int_0^\lambda E_{b\lambda} \mathrm{d}\lambda}{E_b} = \frac{1}{\sigma_b T^5} \int_0^{\lambda T} E_{b\lambda} \mathrm{d}(\lambda T) \tag{b}$$

式（b）是单一变量 λT 的函数，即

$$F_{b(0 \sim \lambda)} = f(\lambda T) \tag{14-13}$$

该式称为黑体辐射函数。为方便计算，其具体的关系数据已制成表格，见附录 23 黑体辐射函数表。因此利用式（14-12），并结合附录 23 中的数据，即可求得黑体的波段辐射力 $E_{b(\lambda_1 \sim \lambda_2)}$。

【例题 14-2】　一盏白炽灯，发光时钨丝的温度为 2800K。若钨丝辐射可近似看作黑体辐射，试求其可见光区段的辐射能占总辐射能的份额。

解　可见光区段的波长范围为 $0.38 \sim 0.76\mu m$，取 $\lambda_1 = 0.38\mu m$，$\lambda_2 = 0.76\mu m$，则

$$\lambda_1 T = 0.38 \times 2800 = 1064\mu m \cdot K, \lambda_2 T = 0.76 \times 2800 = 2128\mu m \cdot K$$

查附录 23 的"黑体辐射函数表"，并插值计算可得

$$F_{b(0 \sim \lambda_1 T)} = 0.070\%, F_{b(0 \sim \lambda_2 T)} = 8.88\%$$

因此可见光区段的辐射能占总辐射能的份额为

$$F_{b(\lambda_1 T \sim \lambda_2 T)} = F_{b(0 \sim \lambda_2 T)} - F_{b(0 \sim \lambda_1 T)} = 8.88\% - 0.070\% = 8.81\%$$

即可见光的辐射能只占 8.81%，其余 91.19% 的能量多为不可见的红外辐射，不起照明作用，因此用热辐射的方法来照明不经济。

四、兰贝特（Lambert）定律

物体定向辐射强度与方向无关的规律称为兰贝特定律。服从兰贝特定律的物体称为漫射体。黑体是漫射体。对于漫射体，兰贝特定律的表达式为

$$I = I(\theta) = 常数 \tag{14-14}$$

根据定向辐射强度的定义式（14-8），并结合式（14-14）得

$$I\cos\theta = \frac{\mathrm{d}\Phi}{\mathrm{d}A\mathrm{d}\omega} \tag{14-15}$$

该式表明，对于服从兰贝特定律的漫射体，在某一温度下，单位时间内单位辐射面积向空间不同方向单位立体角内发出的全波长辐射能数值不相等，在法线方向（$\theta=0°$），其值最大；θ 角增大时，其值按该角的余弦规律变化；当 $\theta=90°$ 时，其值为 0。因此兰贝特定律又称为辐射的余弦定律。

应该指出，式（14-15）与式（14-8）相比，除了取定向辐射强度为常数外，其表达形式不同，体现为辐射面积不同。前者用单位辐射面积，而后者用的是单位可见面积。这意味着只要可见面积相同，则定向辐射强度对漫射体来说是各向同性的；反之，若用单位辐射面积，则各个方向的辐射能按余弦规律变化，这体现了辐射的方向性。

服从兰贝特定律的漫射体，其辐射力 E 和定向辐射强度 I 的关系可由式（14-15）变形后积分求得，即

$$E = \int_{\omega=2\pi} \frac{\mathrm{d}\Phi}{\mathrm{d}A} = I \int_0^{2\pi} \mathrm{d}\varphi \int_0^{\pi/2} \cos\theta\sin\theta\mathrm{d}\theta$$
$$= I\pi \tag{14-16}$$

该式表明，对于服从兰贝特定律的漫射体，其辐射力 E 在数值上等于定向辐射强度 I 的 π 倍。

【例题 14-3】 一人工黑体腔上直径为 20mm 的圆孔可看作黑体辐射小孔，其辐射力相当于温度为 1600K 的黑体辐射力。一辐射热流量计与该小孔相距 1m，且与该小孔法线方向成 60°角，热流量计的吸热面积为 $1.6\times10^{-5}\,\mathrm{m}^2$。试求该热流量计所探测到的黑体投入辐射。

解 根据式（14-15）可得

$$\mathrm{d}\Phi = I\mathrm{d}A\cos\theta\mathrm{d}\omega$$

其中，

$$\mathrm{d}A = \frac{1}{4}\pi d^2 = \frac{1}{4}\times 3.14\times(20\times10^{-3})^2 = 3.14\times10^{-4}(\mathrm{m}^2)$$

$$\cos\theta = \cos60° = 0.5$$

$$\mathrm{d}\omega = \frac{\mathrm{d}A_\mathrm{c}}{R^2} = \frac{1.6\times10^{-5}}{1^2} = 1.6\times10^{-5}(\mathrm{sr})$$

考虑到小孔的黑体性质，由式（14-16）和斯忒藩—玻尔兹曼定律可得

$$I = \frac{E_\mathrm{b}}{\pi} = \frac{\sigma_\mathrm{b}T^4}{\pi} = \frac{(5.67\times10^{-8})\times1600^4}{3.14} = 1.18\times10^5(\mathrm{W/m}^2)$$

因此该热流量计所探测到的黑体投入辐射 $\mathrm{d}G'$ 为

$$\mathrm{d}G' = \mathrm{d}\Phi = (1.18\times10^5)\times(3.14\times10^{-4})\times0.5\times(1.6\times10^{-5}) = 2.97\times10^{-4}(\mathrm{W})$$

五、基尔霍夫（Kirchhoff）定律

1. 实际物体的辐射特性

实际物体（这里指固体和液体）的辐射不同于黑体。实际物体的单色辐射力 E_λ 低于同温度黑体的单色辐射力 $E_{b\lambda}$，而且单色辐射力随波长作不规则的变化；其辐射力 E 也低于同温度黑体的辐射力 E_b。把实际物体的辐射力 E 与同温度黑体辐射力 E_b 的比值称为实际物体的黑度或发射率，记作 ε，即

$$\varepsilon = \frac{E}{E_b} = \frac{\int_0^\infty \varepsilon_\lambda E_{b\lambda} \, d\lambda}{E_b} \qquad (14\text{-}17)$$

式中，$\varepsilon_\lambda = E_\lambda / E_{b\lambda}$ 称为实际物体的单色黑度或单色发射率，即实际物体的单色辐射力 E_λ 与同温度黑体的单色辐射力 $E_{b\lambda}$ 的比值。实际物体的黑度或单色黑度均介于 0 和 1 之间。

实际物体的黑度取决于物体种类、温度和表面状况等。这说明黑度只与发射辐射的物体本身有关，而不涉及环境中的其他辐射物体。不同物体的黑度各不相同。如常温下白大理石的黑度为 0.95，而镀锌铁皮的黑度只有 0.23。同一物体的黑度又随温度而变化。如严重氧化的铝表面在 50℃ 和 500℃ 的温度下，其黑度分别是 0.2 和 0.3。物体的表面状况对黑度也有很大影响。如常温下无光泽黄铜的黑度为 0.22，而磨光后黄铜的黑度却只有 0.05。大部分非金属材料的黑度都很高，且与表面状况（包括颜色在内）的关系不大，一般在 0.85～0.95 之间，缺乏资料时可近似取为 0.90。

根据黑度的定义，若黑度已知，实际物体的辐射力为 $E = \varepsilon E_b = \varepsilon \sigma_b T^4$，此式就是前面述及的式（11-5b）。该式表明，实际物体的辐射力小于同温度下黑体的辐射力，并与热力学温度的四次方成正比，习惯上也称之为四次方定律。但实验发现，实际物体的辐射力并不严格地同热力学温度的四次方成正比，考虑到对不同物体采用不同的方次很不方便。因此，仍可认为实际物体的辐射力遵循四次方定律，而把由此引起的修正包括到用实验方法确定的黑度 ε 中去。

实际物体表面并不完全是漫射的，因此其辐射在空间各个方向上的分布也并不完全符合兰贝特定律。这就是说，实际物体的定向辐射强度在不同方向上有些变化。实际物体在空间某一方向上的定向辐射强度 I_θ 与同温度黑体在空间该方向上的定向辐射强度 $I_{b\theta}$ 的比值称为定向黑度或定向发射率，记作 ε_θ，即

$$\varepsilon_\theta = \frac{I_\theta}{I_{b\theta}} \qquad (14\text{-}18)$$

实验表明，虽然实际物体的定向黑度 ε_θ 在不同方向有变化，但并不显著地影响其在半球空间内的平均值。如对于高度磨光的金属表面，半球平均黑度与法向黑度的比值约为 1.20；对于其他光滑的物体表面约为 0.90；对于一般的物体表面约为 0.98。因此对于一般的实际物体，认为其定向黑度不随方向变化，即假定实际物体是近似符合兰贝特定律的漫射体，并取其法向黑度作为物体的黑度；对于高度磨光的金属，可将其法向黑度乘以 1.20 作为黑度值；对于其他光滑表面的物体，将其法向黑度乘以 0.90 作为黑度值即可。

2. 实际物体的吸收特性

实际物体的吸收特性也不同于黑体。前面述及了物体的吸收比 α，即物体吸收的能量占投入辐射的百分数。若是物体对某一特定波长的投入辐射所吸收的百分数则称为单色吸收比，记为 α_λ。对于黑体来说，$\alpha = \alpha_\lambda = 1$。对于实际物体，$\alpha < 1$，$\alpha_\lambda < 1$，且 $\alpha \neq \alpha_\lambda$。实际物体

的吸收比 α 与单色吸收比 α_λ 之间的关系可表示为

$$\alpha = \frac{\int_0^\infty \alpha_\lambda G_\lambda \, \mathrm{d}\lambda}{G} \tag{14-19}$$

式中 G_λ——单色投入辐射，$\mathrm{W/m^3}$；

  G——投入辐射，$G = \int_0^\infty G_\lambda \, \mathrm{d}\lambda$ ，$\mathrm{W/m^2}$。

若投入辐射来自黑体，则 $G_\lambda = E_{b\lambda}$；$G = E_b$。

单色吸收比 α_λ 对投入辐射的波长有选择性，这给分析和计算带来很大不便。α_λ 随波长而异，即实际物体的吸收比除与自身物体种类、温度和表面状况等有关外，还与投入辐射按波长的分布有关，而投入辐射按波长的分布又与发出投入辐射的物体种类、温度和表面状况等有关，且投入辐射又不一定来自一个物体。因此物体的吸收比较黑度更为复杂，需要由吸收辐射的一方和发出投入辐射的一方共同确定。若实际物体的单色吸收比与波长无关，即 α_λ =常数，则不管投入辐射处于何种情况，实际物体对它的吸收比 α 也为常数。换句话说，这时物体的吸收比只取决于本身而与环境中其他物体无关。

通常把单色吸收比与波长无关的物体称为灰体。在某一温度下，对于灰体有

$$\alpha = \alpha_\lambda = 常数 \tag{14-20}$$

如同黑体一样，灰体也是一种热辐射的理想体。工业辐射范围内，多数物体的辐射波长位于红外线区段，在此区段内物体的单色吸收比 α_λ 随波长 λ 变化不大，因此允许把这些物体看作灰体。但对于太阳辐射，由于可见光占较大比例，而各种颜色的物体对可见光的吸收具有强烈的选择性，即其单色吸收比 α_λ 随波长 λ 有较大变化，则不能把吸收太阳辐射的物体看作灰体。

3. 基尔霍夫定律

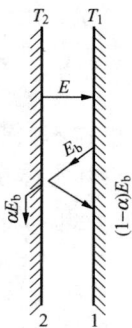

图 14-8 基尔霍夫
定律的证明

基尔霍夫定律揭示了实际物体的辐射与吸收之间的内在联系。如图 14-8 所示两个互相靠近的大平板，两板间充满不参与辐射和吸收的气体，且与周围环境无任何联系。板 1 是黑体，板 2 是吸收比为 α、黑度为 ε 的实际物体。板 2 的辐射力为 E，这份能量投射到板 1 上被全部吸收。同时，板 1 的辐射力为 E_b，这份能量落到板 2 上，只被吸收 αE_b，其余部分 $(1-\alpha)E_b$ 则被反射回板 1，并被其表面全部吸收。则板 2 支出与收入的差额即为两板间辐射换热的热流密度 q，即

$$q = E - \alpha E_b \tag{14-21}$$

假定板 1 和 2 的温度相等即处于热平衡，热流密度 $q=0$，则式 (14-21) 变为

$$\frac{E}{\alpha} = E_b \tag{14-21a}$$

因为板 2 的黑度 $\varepsilon = E/E_b$，则式 (14-21a) 可变为

$$\alpha = \varepsilon \tag{14-21b}$$

式 (14-21a) 和式 (14-21b) 就是基尔霍夫定律的两种数学表达式。式 (14-21a) 表明，在热平衡条件下，任何物体的辐射和它对来自黑体辐射的吸收比的比值，恒等于同温度下黑体的辐射力。式 (14-21b) 表明，在热平衡条件下，任何物体对黑体投入辐射的吸收比恒等于同温度下该物体的黑度。由基尔霍夫定律可知，物体的辐射能力越大，其吸收能力也越

大。换句话说，善于辐射的物体必善于吸收，反之亦然。因为实际物体的吸收比 α 小于 1，而黑体的吸收比 α 等于 1，因此同温度下黑体的辐射力最大。

推导基尔霍夫定律时假定两物体处于热平衡，且投入辐射来自黑体。但这两个条件实际上并不一定满足，为此引入漫—灰体的概念。漫—灰体也是一种热辐射的理想体，它是漫射体与灰体的组合体，即热辐射服从兰贝特定律且单色吸收比与波长无关的物体称为漫—灰体。漫—灰体的单色吸收比 α_λ 与投入辐射无关，在某一温度下是一个常数；其黑度也只与自身条件有关，与辐射来自何方无关。假定某一温度下，一漫—灰体与一黑体处于热平衡，根据基尔霍夫定律，有 $\alpha = \varepsilon$。然后使漫—灰体所受到的辐射变为不是来自同温度下的黑体，但保持其自身温度不变，此时考虑到漫—灰体吸收比及黑度的上述性质，仍然会有 $\alpha = \varepsilon$ 的结论。因此对于漫—灰体，不论投入辐射是否来自黑体，也不论是否处于热平衡，其吸收比 α 恒等于同温度下的黑度 ε。

应该指出，基尔霍夫定律有几种不同层次的表达式，适用条件各不相同，如表 14 - 1 所示。

表 14 - 1   基尔霍夫定律不同层次的表达式

不同层次	表达式	成立条件
单色、定向	$\alpha_{\lambda,\theta} = \varepsilon_{\lambda,\theta}$	无条件成立
全波长、定向	$\alpha_\theta = \varepsilon_\theta$	灰 体
单色、半球空间	$\alpha_\lambda = \varepsilon_\lambda$	漫射体
全波长、半球空间	$\alpha = \varepsilon$	漫—灰体或与黑体辐射处于热平衡的物体

表 14 - 1 中，$\alpha_{\lambda,\theta}$、$\varepsilon_{\lambda,\theta}$ 分别是单色定向吸收比和单色定向黑度；α_θ、ε_θ 分别是定向吸收比和定向黑度。

【例题 14 - 4】 已知太阳可视为温度 5800K 的黑体。某漫射体表面的单色黑度 ε_λ 随波长 λ 的变化规律是：$\lambda = 0 \sim 1.4\mu m$，$\varepsilon_\lambda = 0.8$；$\lambda > 1.4\mu m$，$\varepsilon_\lambda = 0.1$。当太阳在该物体表面的投入辐射为 $800W/m^2$ 时，试计算该物体表面对太阳辐射的总吸收比以及单位面积上所吸收的太阳辐射。

解 根据表 14 - 1 可得漫射体的基尔霍夫定律表达式为

$$\alpha_\lambda = \varepsilon_\lambda$$

则

$$\lambda = 0 \sim 1.4\mu m, \alpha_\lambda = \varepsilon_\lambda = 0.8; \lambda > 1.4\mu m, \alpha_\lambda = \varepsilon_\lambda = 0.1$$

根据式（14 - 19），考虑到投入辐射来自黑体，则

$$\alpha = \frac{\int_0^\infty \alpha_\lambda G_\lambda \, d\lambda}{G} = \frac{\int_0^\infty \alpha_\lambda E_{b\lambda} \, d\lambda}{E_b} = \frac{\int_0^{1.4} \alpha_\lambda E_{b\lambda} \, d\lambda + \int_{1.4}^\infty \alpha_\lambda E_{b\lambda} \, d\lambda}{E_b}$$

其中

$$\frac{\int_0^{1.4} E_{b\lambda} \, d\lambda}{E_b} = \frac{1}{T} \frac{\int_0^{1.4} E_{b\lambda} \, d(\lambda T)}{E_b} = F_{b(0 \sim 1.4T)}$$

$$\frac{\int_{1.4}^\infty E_{b\lambda} \, d\lambda}{E_b} = 1 - \frac{\int_0^{1.4} E_{b\lambda} \, d\lambda}{E_b} = 1 - F_{b(0 \sim 1.4T)}$$

查附录 23 可得黑体辐射函数为
$$F_{b(0\sim1.4T)} = f(1.4T) = f(1.4\times5800) = f(8.12\times10^3) = 0.860\,8$$
则该物体表面对太阳辐射的总吸收比为
$$\alpha = 0.8F_{b(0\sim1.4T)} + 0.1[1-F_{b(0\sim1.4T)}] = 0.8\times0.860\,8 + 0.1\times(1-0.860\,8) = 0.702\,6$$
根据式（14-1）可得单位面积上所吸收的太阳辐射 G_α 为
$$G_\alpha = \alpha G = 0.702\,6\times800 = 562(\text{W/m}^2)$$

第三节 辐射换热的基本计算

如前所述，物体不停地向环境物体发出辐射，同时又不断地吸收、反射或透过环境物体（可以包括该物体本身）发出的辐射。辐射和吸收、反射或透过等过程的综合结果就造成了以辐射方式进行的物体间的热量传递，称为辐射换热。研究物体（这里指固体或液体）间的辐射换热，一般采用辐射的封闭腔模型和辐射网络法。将所有参与辐射的物体表面设想为一封闭的辐射系统，即所谓的辐射封闭腔。因为若不形成封闭腔，在计算某一物体表面与周围物体表面间的辐射换热时，离开该物体表面向半球空间各个方向的辐射能中，必然有一部分能量辐射到所计算的表面之外；同时由半球空间各个方向投入到该物体表面上的辐射能也必然包括该表面之外的辐射能。因此，应该把所计算的物体及环境中的其他物体一并看作一个封闭腔，这样便于从能量平衡的角度来分析辐射换热。应该指出，组成辐射封闭腔的各物体（或称为表面，以体现辐射的表面性，区别于气体辐射）可以全部是物理真实的，也可以部分是虚构的。此外，物体间的辐射换热常应用前面述及的热路热阻的概念，采用辐射网络法求解。所谓辐射网络法，是指把辐射热路的热阻比拟成等效电路的电阻，从而通过等效的网络图来求解辐射换热的方法。因此，辐射网络法的基本步骤是，首先作出辐射网络图，然后获得辐射换热热阻，进一步再进行辐射换热计算，通常计算某一物体的净辐射换热量。

一、辐射换热热阻

1. 辐射角系数

辐射角系数，简称角系数，是指离开表面 1 的辐射能被表面 2（也可能是表面 1 本身）所拦截的份额，称为表面 1 对 2 的辐射角系数，记作 $X_{1,2}$。同理可定义表面 2 对 1 的辐射角系数，记作 $X_{2,1}$。其中，离开一个表面的辐射能既包括其本身的辐射能，又包括对外来投入辐射的反射部分。

假定所研究物体的表面是漫射的，且各位置处向外辐射都是均匀的，则当物体表面的温度和黑度等改变时，只是辐射能随之而异，而这份辐射能在空间不同方向上分配的比例将固定不变，即角系数固定不变，这是漫射体的兰贝特定律所决定的。因此常利用黑体来分析角系数，所得结论同样适用于一般的漫射体。

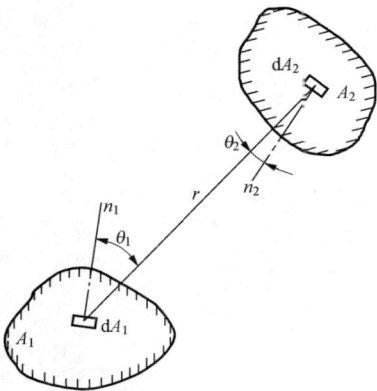

图 14-9 任意位置的两黑体表面间的辐射角系数

如图 14-9 所示，两黑体表面积和温度分别是 A_1、T_1 和 A_2、T_2。取中心距离为 R 的两微元表面 dA_1 和 dA_2，中心连线与它们的法线 n_1 和 n_2 夹角分别是 θ_1 和

θ_2，dA_2（或 dA_1）对 dA_1（或 dA_2）所张立体角是 $d\omega_1$（或 $d\omega_2$），离开 dA_1（或 dA_2）而被 dA_2（或 dA_1）所拦截的辐射能是 $d\Phi_{1,2}$（或 $d\Phi_{2,1}$）。根据角系数的定义，并结合式（14-15）、式（14-6）及式（14-16）不难导出角系数的表达式，即

$$X_{1,2} = \frac{1}{A_1}\int_{A_1}\int_{A_2}\frac{\cos\theta_1\cos\theta_2}{\pi R^2}dA_1dA_2 \quad (14\text{-}22a)$$

$$X_{2,1} = \frac{1}{A_2}\int_{A_1}\int_{A_2}\frac{\cos\theta_1\cos\theta_2}{\pi R^2}dA_1dA_2 \quad (14\text{-}22b)$$

上式表明，角系数是一个纯几何量，仅与辐射表面的形状、尺寸和相对位置等几何因素有关。这是辐射角系数的基本特征。

角系数的基本性质包括：

（1）相对性。根据式（14-22a）和式（14-22b），可得

$$A_1X_{1,2} = A_2X_{2,1} \quad (14\text{-}23)$$

这就是角系数的相对性。

（2）完整性。在辐射封闭腔内，根据能量平衡，离开某一表面 i 的辐射能被封闭腔内各表面（包括表面 i 本身）所拦截，因此

$$\sum_{j=1}^{n}X_{i,j} = 1 \quad (14\text{-}24)$$

式中，$X_{i,j}$ 是表面 i 对封闭腔内任一表面 j 的辐射角系数；若表面 i 是非凹表面，$X_{i,i}=0$；但若是凹表面，则 $X_{i,i}\neq0$。式（14-24）称为角系数的完整性。

（3）分解性。如图 14-10 所示，离开表面 1 而落到表面 2 上的辐射能等于落到表面 2 上各部分的辐射能之和，即

$$\Phi_1X_{1,2} = \Phi_1X_{1,2a} + \Phi_1X_{1,2b}$$

则

$$X_{1,2} = X_{1,2a} + X_{1,2b} \quad (14\text{-}25a)$$

若把表面 2 进一步分解成许多小部分，则仍有

$$X_{1,2} = \sum_{i=1}^{n}X_{1,2i} \quad (14\text{-}25b)$$

式中，$X_{1,2i}$ 是表面 1 对表面 2 分解成的任一部分 i 的辐射角系数。式（14-25）就是角系数的分解性。应该指出，利用角系数的分解性时，只是对角系数符号中第二个角码进行分解，对第一个角码则不存在如式（14-25）的分解性。

（4）对称性。某表面对其他大小、形状等相同且相对于该表面位置对称的表面的角系数具有等值性，这就是角系数的对称性。

确定角系数的基本方法一般有：

（1）直接积分法。它是指积分角系数的表达式（14-22）直接获得角系数值的方法。但该方法需要求解多重积分，会遇到数学上的困难。因此常采用代数分析法和几何分析法确定角系数。

（2）代数分析法。利用角系数的基本性质，通过求解代数方程而获得角系数的方法称为代数分析法。

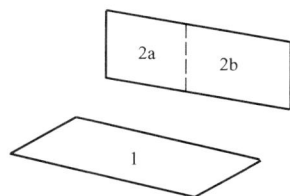

图 14-10 说明角系数分解性的图示

（3）几何分析法。几何分析法是指利用已知几何关系的角系数线图和基本性质获得角系数的方法。常见的已知几何关系的角系数线图如图 14 - 11～图 14 - 13 所示。

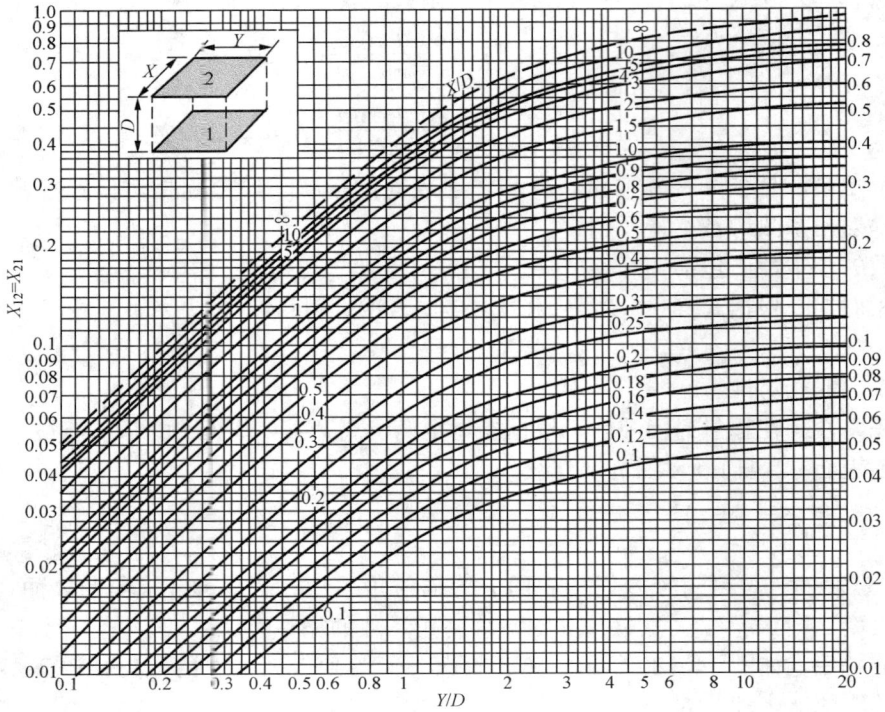

图 14 - 11　两平行矩形表面间的角系数

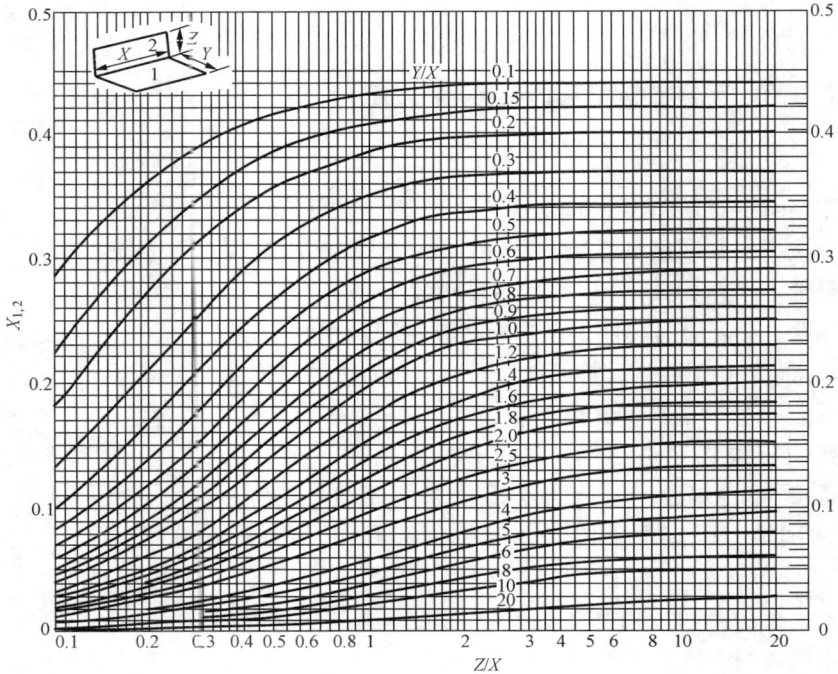

图 14 - 12　互相垂直且有公共边的两矩形表面间的角系数

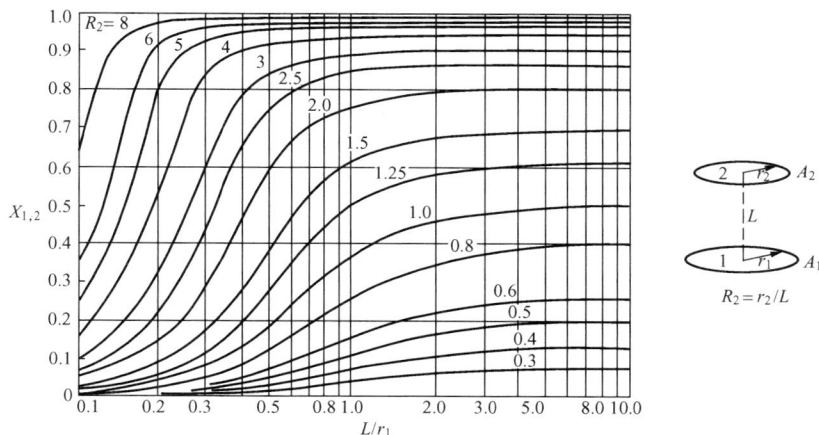

图 14 - 13　两同轴圆盘间的角系数

读者可通过例题体会代数分析法和几何分析法如何确定角系数。

2. 辐射的空间热阻

以两个黑体表面 1 和 2 组成的辐射封闭腔为例。设离开表面 1 的辐射能被表面 2 所拦截的份额是 $A_1 E_{b1} X_{1,2}$，而离开表面 2 的辐射能被表面 1 所拦截的份额是 $A_2 E_{b2} X_{2,1}$，则表面 1 和 2 间的辐射换热量为

$$\Phi_{1,2} = A_1 E_{b1} X_{1,2} - A_2 E_{b2} X_{2,1} \qquad (a)$$

根据角系数的相对性，即 $A_1 X_{1,2} = A_2 X_{2,1}$，式（a）可改写为

$$\Phi_{1,2} = A_1 X_{1,2}(E_{b1} - E_{b2}) = A_2 X_{2,1}(E_{b1} - E_{b2}) \qquad (b)$$

或

$$\Phi_{1,2} = \frac{E_{b1} - E_{b2}}{\dfrac{1}{A_1 X_{1,2}}} = \frac{E_{b1} - E_{b2}}{\dfrac{1}{A_2 X_{2,1}}} \qquad (14 - 26)$$

式中　$1/A_1 X_{1,2}$，$1/A_2 X_{2,1}$——具有热阻的性质，称为辐射的空间热阻，它是一个纯几何量，取决于物体表面的形状、尺寸和相对位置等几何因素，而与表面的温度和黑度等无关，$1/m^2$；

$(E_{b1} - E_{b2})$——两黑体间的辐射势差，W/m^2。

若空间热阻已知，利用网络图 14 - 14 很容易求得两黑体表面间的辐射换热量，即式（14 - 26）。若考虑辐射换热的方向，即可求得表面 1 和 2 的净辐射换热量 Φ_1 和 Φ_2。设 $T_1 > T_2$，则 $\Phi_1 = -\Phi_2 = \Phi_{1,2}$。同理可得三个黑体表面所组成的辐射封闭腔中每个表面的净辐射换热量。如图 14 - 15 所示，每一个表面的净辐射热流量应该等于该表面和另外两个表面间的辐射换热量之和。以表面 1 为例，其净辐射热流量 Φ_1 为

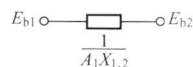

图 14 - 14　两个黑体表面间的辐射换热网络图

$$\Phi_1 = \frac{E_{b1} - E_{b2}}{\dfrac{1}{A_1 X_{1,2}}} + \frac{E_{b1} - E_{b3}}{\dfrac{1}{A_1 X_{1,3}}} \qquad (14 - 27a)$$

若是 n 个黑体表面组成辐射的封闭腔，表面间相互进行辐射换热，则任一表面 i 的净辐射热流量 Φ_i 可仿照式（14 - 27a）给出，即

$$Q_i = \sum_{j=1}^{n} \frac{E_{bi} - E_{bj}}{\dfrac{1}{A_i X_{i,j}}} \tag{14-27b}$$

式中，$X_{i,j}$ 是表面 i 对封闭腔内任一表面 j 的辐射角系数，但 $i \neq j$。

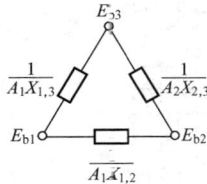

图 14 - 15 三个黑体表面间的辐射换热网络图

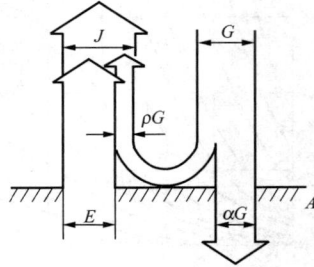

图 14 - 16 有效辐射示意图

3. 辐射的表面热阻

从有效辐射出发讲述辐射的表面热阻。所谓有效辐射，是指某一温度下，单位时间内离开物体表面单位面积的总辐射能，记作 J，单位为 W/m^2。离开物体表面的总辐射能中既包括物体自身的辐射，也包括对投入辐射的反射，因此有效辐射是物体的自身辐射和反射辐射之和，如图 14 - 16 所示，有效辐射可表示为

$$J = E + \rho G \tag{14-28}$$

式中 E——物体的自身辐射，W/m^2；

       G——物体的投入辐射，W/m^2；

       ρ——物体的反射比。

通常在物体表面以外能感受到的辐射能即是有效辐射，并且也是用探测仪表所测量的物体单位表面积上的辐射功率。

若物体为一漫—灰体，表面温度均匀，其辐射黑度 ε、反射比 ρ 及吸收比 α 等为常数，穿透比 $\tau = 0$，则式（14 - 23）可改写为

$$J = \varepsilon E_b + (1-\alpha)G = \varepsilon E_b + (1-\varepsilon)G \tag{14-29a}$$

上式应用了前述的式（11 - 5b）、式（14 - 3）和式（14 - 21b）。显然，黑体的有效辐射 $J = E_b$，即黑体的有效辐射等于其自身辐射。

根据能量平衡，该漫—灰体表面的净辐热换热量 Φ 可表示为

$$\Phi = A(J - G) \tag{c}$$

$$\Phi = A(E - \alpha G) = A(\varepsilon E_b - \varepsilon G) \tag{d}$$

式中，投入辐射 G 一般未知。消去 G，可得

$$J = E_b - \left(\frac{1-\varepsilon}{\varepsilon A}\right)\Phi \tag{14-29b}$$

改写式（14 - 29b）为

$$\Phi = \frac{E_b - J}{\dfrac{1-\varepsilon}{\varepsilon A}} \tag{14-30a}$$

式中   分母 $(1-\varepsilon)/\varepsilon A$——具有热阻的性质，称为辐射的表面热阻，它与漫—灰体表面积及

其表面性质，如黑度等有关，$1/m^2$。

$(E_b - J)$——物体的表面辐射势差，W/m^2。

显然，黑体的表面热阻等于 0，即黑体不存在表面热阻。

式（14 - 30a）更一般的形式为

$$\Phi_i = \frac{E_{bi} - J_i}{\dfrac{1 - \varepsilon_i}{\varepsilon_i A_i}} \qquad\qquad (14\text{ - }30b)$$

【例题 14 - 5】　　试确定如图 14 - 17 所示辐射的角系数 $X_{1,2}$。

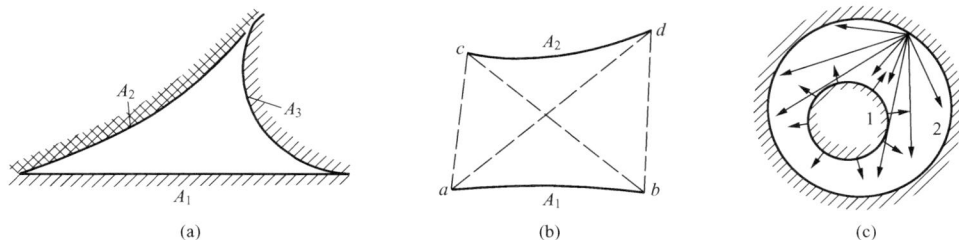

图 14 - 17　例题 14 - 5 图

（a）三个非凹表面组成封闭腔的辐射；（b）两个非凹表面间的辐射；

（c）一凸表面被另一凹表面包围形成所谓内包壳的辐射

解　　（1）根据角系数的相对性得

$$\begin{cases} A_1 X_{1,2} = A_2 X_{2,1} \\ A_1 X_{1,3} = A_3 X_{3,1} \\ A_2 X_{2,3} = A_3 X_{3,2} \end{cases}$$

再由角系数的完整性得

$$\begin{cases} X_{1,2} + X_{1,3} = 1 \\ X_{2,1} + X_{2,3} = 1 \\ X_{3,1} + X_{3,2} = 1 \end{cases}$$

上述两个方程组可解出 6 个未知的角系数。如表面 1 对 2 的辐射角系数为

$$X_{1,2} = \frac{A_1 + A_2 - A_3}{2A_1}$$

或

$$X_{1,2} = \frac{L_1 + L_2 - L_3}{2L_1}$$

其他各个角系数亦可仿照 $X_{1,2}$ 的模式确定。

（2）做辅助线 ac 和 bd，并连接交叉线 ad 和 cb，它们代表垂直于纸面方向上的四个非凹表面。在辐射的封闭腔 $abcd$ 中，根据角系数的完整性得

$$X_{ab,cd} = 1 - X_{ab,ac} - X_{ab,bd}$$

再把图形 abc 和 abd 看成两个各由三个非凹表面组成的封闭腔。则根据（1）中的结论，可得

$$X_{ab,ac} = \frac{ab + ac - bc}{2ab}$$

$$X_{ab,bd} = \frac{ab + bd - ad}{2ab}$$

因此

$$X_{ab,cd} = 1 - \frac{ab + ac - bc}{2ab} - \frac{ab + bd - ad}{2ab}$$

$$= \frac{(ad + bc) - (ac + bd)}{2ab}$$

上式更一般的形式为

$$X_{1,2} = \frac{交叉线之和 - 非交叉线之和}{2 \times 表面1的断面长度}$$

（3）包壳内，表面1对2的角系数 $X_{1,2} = 1$，且 $X_{1,1} = 0$，即离开表面1的辐射能全部被表面2所拦截。根据角系数的相对性得

$$A_1 X_{1,2} = A_2 X_{2,1}$$

则

$$X_{2,1} = \frac{A_1}{A_2} X_{1,2} = \frac{A_1}{A_2}$$

【例题 14-6】 如图 14-18 所示两个互相垂直的平面，试确定表面 1 对 2 的角系数 $X_{1,2}$。

解 首先由角系数线图 14-12 确定相互垂直的平面间角系数 $X_{2,A}$ 和 $X_{2,1+A}$，查图后得

$$X_{2,A} = 0.10, X_{2,1+A} = 0.15$$

根据角系数的分解性，得

$$X_{2,1+A} = X_{2,1} + X_{2,A}$$

即

$$X_{2,1} = X_{2,1+A} - X_{2,A}$$

利用角系数的相对性，即 $A_1 X_{1,2} = A_2 X_{2,1}$，代入数值后得

$$X_{1,2} = \frac{A_2}{A_1} X_{2,1} = \frac{A_2(X_{2,1+A} - X_{2,A})}{A_1}$$

$$= \frac{(2.5 \times 1.5) \times (0.15 - 0.10)}{1.5 \times 1} = 0.125$$

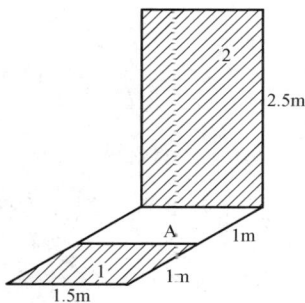

图 14-18 例题 14-6 图

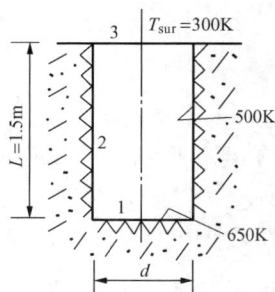

图 14-19 例题 14-7 图

【例题 14-7】 一直径为 0.75m 的圆筒形埋地式电加热炉，如图 14-19 所示。在操作过程中需要将其顶盖移去一段时间，此时加热炉侧壁温度为 500K，筒底温度为 650K，加热

炉所在的厂房温度为 300K。试求该加热炉顶盖移去期间单位时间内散失的辐射热量。假设加热炉的侧壁和底面可看作黑体。

解　根据题意，厂房相对于加热炉顶盖可认为是大空间，因此从加热炉的侧壁和底面通过顶盖开口散失到厂房中的辐射热量几乎能全部被厂房中的物体所吸收，可以把顶盖开口处当作一个假想的黑体表面，其温度等于厂房温度，这样组成了 3 个黑体表面的封闭腔，则

$$\Phi = \Phi_{13} + \Phi_{23}$$

根据式（14-27）可得

$$\Phi = \frac{E_{b1} - E_{b3}}{\dfrac{1}{A_1 X_{13}}} + \frac{E_{b2} - E_{b3}}{\dfrac{1}{A_2 X_{23}}}$$

查角系数线图 14-13，$r_2/L = d/2L = 0.75/(2 \times 1.5) = 0.25$，$L/r_1 = 2L/d = 2 \times 1.5/0.75 = 4$，则

$$X_{1,3} = 0.06$$

根据角系数的完整性得

$$X_{1,2} = 1 - X_{1,3} = 1 - 0.06 = 0.94$$

再由角系数的相对性得

$$X_{2,1} = \frac{A_1}{A_2} X_{1,2} = \frac{\pi(d/2)^2}{\pi d L} X_{1,2} = \frac{3.14 \times (0.75/2)^2}{3.14 \times 0.75 \times 1.5} \times 0.94 = 0.118$$

考虑角系数的对称性，则

$$X_{2,3} = X_{2,1} = 0.118$$

因此该加热炉顶盖移去期间单位时间内散失的辐射热量 Φ 为

$$\Phi = \frac{\sigma_b(T_1^4 - T_3^4)}{\dfrac{1}{\pi(d/2)^2 X_{1,3}}} + \frac{\sigma_b(T_2^4 - T_3^4)}{\dfrac{1}{\pi d l X_{2,3}}}$$

$$= \frac{(5.67 \times 10^{-8}) \times (650^4 - 300^4)}{\dfrac{1}{[3.14 \times (0.75/2)^2] \times 0.06}} + \frac{(5.67 \times 10^{-8}) \times (500^4 - 300^4)}{\dfrac{1}{(3.14 \times 0.75 \times 1.5) \times 0.118}}$$

$$= 1542(\text{W})$$

二、漫—灰体表面间的辐射换热

1. 两个漫—灰体表面间的辐射换热

与两个黑体表面间的辐射换热相类似，可得组成辐射封闭腔的两个漫—灰体表面 1 和 2 间的辐射换热量为

$$\Phi_{1,2} = \frac{J_1 - J_2}{\dfrac{1}{A_1 X_{1,2}}} = \frac{J_1 - J_2}{\dfrac{1}{A_2 X_{2,1}}} \tag{14-31}$$

式中　$1/A_1 X_{1,2}$，$1/A_2 X_{2,1}$——辐射空间热阻，$1/m^2$；

$(J_1 - J_2)$——两漫—灰体的空间辐射势差，W/m^2。

根据式（14-30b），可得漫—灰体表面 1 和 2 的净辐射热流量 Φ_1 和 Φ_2 分别为

$$\Phi_1 = \frac{E_{b1} - J_1}{\dfrac{1 - \varepsilon_1}{\varepsilon_1 A_1}} \tag{14-32a}$$

$$\Phi_2 = \frac{J_2 - E_{b2}}{\dfrac{1-\varepsilon_2}{\varepsilon_2 A_2}} \tag{14-32b}$$

式中，分母$(1-\varepsilon_1)/\varepsilon_1 A_1$ 和$(1-\varepsilon_2)/\varepsilon_2 A_2$ 即是前述的辐射表面热阻，单位为 $1/\text{m}^2$。作出辐射网络图 14-20，则

$$\Phi_{1,2} = \frac{E_{b1} - E_{b2}}{\dfrac{1-\varepsilon_1}{\varepsilon_1 A_1} + \dfrac{1}{A_1 X_{1,2}} + \dfrac{1-\varepsilon_2}{\varepsilon_2 A_2}} \tag{14-33}$$

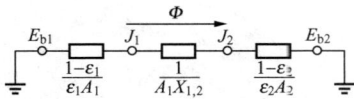

图 14-20　两漫—灰体表面间的辐射网络图

显然，$\Phi_1 = -\Phi_2 = \Phi_{1,2}$。若有效辐射 J_1 和 J_2 未知，可先由式（14-33）求得 $\Phi_{1,2}$，再代入式（14-32）即可求解。

作为式（14-33）的应用，下面讲述三个特例。如图 14-21 所示，（a）一非凹表面 1 和一凹表面 2 组成辐射的封闭腔；（b）相距很近的两个大平壁间的辐射换热；（c）小热源 1 安置于大空间 2 内组成辐射的封闭腔。

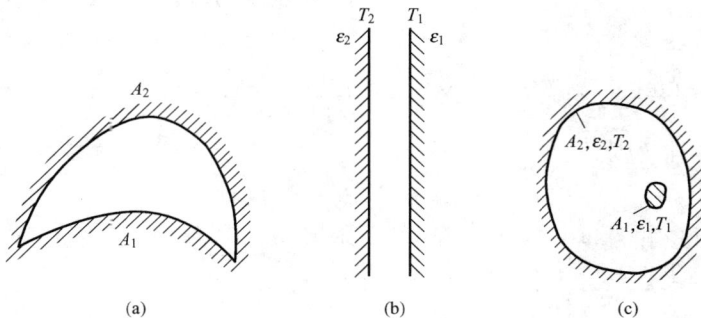

图 14-21　两漫—灰体表面间辐射换热的特例

（a）表面 1 为一非凹表面，表面 2 为一凹表面；（b）相距很近的两个大平壁；
（c）小热源 1 安置于一个大房间 2 内

将上述物体均看作漫—灰体，则

（1）辐射角系数 $X_{1,2}=1$，则式（14-33）简化为

$$\Phi_{1,2} = \frac{A_1(E_{b1} - E_{b2})}{\dfrac{1}{\varepsilon_1} + \dfrac{A_1}{A_2}\left(\dfrac{1}{\varepsilon_2}-1\right)} \tag{14-34}$$

（2）近似认为相距很近的两个大平壁组成辐射的封闭腔，而不向平壁以外的空间辐射能量。两大平壁的表面积相等，即 $A_1=A_2=A$，且角系数 $X_{1,2}=1$，则式（14-33）简化为

$$\Phi_{1,2} = \frac{A(E_{b1} - E_{b2})}{\dfrac{1}{\varepsilon_1} + \dfrac{1}{\varepsilon_2} - 1} \tag{14-35}$$

（3）小热源的辐射表面积远小于大空间的辐射表面积，即 $A_1 \ll A_2$，则相对于表面积 A_2，可忽略表面积 A_1，且 $X_{1,2}=1$，则式（14-33）简化为

$$\Phi_{1,2} = \varepsilon_1 A_1(E_{b1} - E_{b2}) \tag{14-36}$$

上述式中，黑体辐射力 E_b 可由斯忒藩—玻尔兹曼定律求得。

【例题 14 - 8】　　热水瓶瓶胆具有表面均匀的夹层结构，瓶内存放温度为 100℃的开水，环境温度为 20℃，若瓶胆内、外层温度分别与瓶内开水及环境温度相同，并且夹层内壁外侧与外壁内侧都涂银，夹层中间抽真空，夹层两侧壁面黑度均为 0.02。试求：①瓶胆夹层内单位面积的辐射换热量。②若以软木作为保温材料代替夹层结构，需要多厚的软木才能达到与瓶胆夹层相同的保温效果。已知软木的导热系数为 0.044W/(m·K)，近似按平壁处理。

解　　（1）夹层两侧壁可看作是两距离很近的平行平壁，根据式（14 - 35）可得夹层单位面积的辐射换热量 q_r 为

$$q_r = \frac{\Phi}{A} = \frac{E_{b1} - E_{b2}}{\frac{1}{\varepsilon_1} + \frac{1}{\varepsilon_2} - 1} = \frac{\sigma_b(T_1^4 - T_2^4)}{\frac{1}{\varepsilon_1} + \frac{1}{\varepsilon_2} - 1}$$

$$= \frac{(5.67 \times 10^{-8}) \times \left[(100 + 273)^4 - (20 + 273)^4\right]}{\frac{1}{0.02} + \frac{1}{0.02} - 1}$$

$$= 6.865(W/m^2)$$

（2）软木的热量传递方式是导热，则根据傅里叶定律可得夹层单位面积的导热热量 q_c 为

$$q_c = \frac{\Delta t}{\delta / \lambda}$$

则

$$\delta = \frac{\Delta t \cdot \lambda}{q_c}$$

考虑到导热量 q_c 相当于辐射换热量 q_r，则软木厚度 δ 为

$$\delta = \frac{\Delta t \cdot \lambda}{q_r} = \frac{(100 - 20) \times 0.044}{6.865} = 0.513(m) = 513(mm)$$

【例题 14 - 9】　　用裸露的热电偶测定管道内空气流的温度，热电偶的指示值为 150℃。已知热电偶接点表面黑度为 0.6，热接点与空气流间的表面传热系数为 145W/(m²·K)，管道内壁温度为 85℃。试求空气流的真实温度和测量误差。

解　　热电偶接点与管道内壁间有辐射换热，同时空气流与热电偶接点间又有对流换热，忽略热电偶接点的导热热量。当达到稳态时，辐射换热量应等于对流换热量。设空气流的真实温度为 t_f，热电偶接点的温度为 t_c。考虑到热电偶接点表面积 A_c 远小于管道内表面积 A_p，根据式（14 - 36）可得辐射换热量 Φ_r 为

$$\Phi_r = \varepsilon A_c (E_{bc} - E_{bw})$$

根据牛顿冷却公式可得对流换热量 Φ_{con} 为

$$\Phi_{con} = hA(t_f - t_c)$$

由于 $\Phi_r = \Phi_{con}$，因此

$$\varepsilon A_c (E_{bc} - E_{bw}) = hA_c(t_f - t_c)$$

$$t_f = t_c + \frac{\varepsilon}{h}(E_{bc} - E_{bw})$$

应用斯忒藩—玻尔兹曼定律可得

$$t_f = t_c + \frac{\varepsilon}{h}\sigma_b(T_c^4 - T_w^4)$$

$$=150+\frac{0.6}{145}\times(5.67\times10^{-8})\times[(150+273)^4-(85+273)^4]$$

$$=153.66(℃)$$

即空气流的真实温度为 t_f 为 153.66℃，则绝对误差为（153.66－150）＝3.66℃；相对误差为 3.66/153.66＝2.4%。从本题可知热电偶指示值并不能反映流体的真实温度。根据式 $t_f=t_c+\frac{\varepsilon}{h}\sigma_b(T_c^4-T_w^4)$，若要减少测量误差有如下措施：①减小热电偶接点的黑度 ε，如进行表面磨光等。②增大流体与热电偶接点间的表面传热系数 h，如增强流体扰动等。③提高管道内壁面的温度 T_w，如敷设管道保温层等。④加装热电偶的遮热装置，以降低热电偶接点与管道壁面间的温差等。

2. 三个及三个以上漫—灰体表面间的辐射换热

三个漫—灰体表面组成辐射的封闭腔，其辐射网络图如图 14 - 22 所示。节点 J_1、J_2 及 J_3 处的热流量方程分别为

$$\frac{E_{b1}-J_1}{\frac{1-\varepsilon_1}{\varepsilon_1A_1}}+\frac{J_2-J_1}{\frac{1}{A_1X_{1,2}}}+\frac{J_3-J_1}{\frac{1}{A_1X_{1,3}}}=0 \qquad (14-37a)$$

$$\frac{E_{b2}-J_2}{\frac{1-\varepsilon_2}{\varepsilon_2A_2}}+\frac{J_1-J_2}{\frac{1}{A_2X_{2,1}}}+\frac{J_3-J_2}{\frac{1}{A_2X_{2,3}}}=0 \qquad (14-37b)$$

$$\frac{E_{b3}-J_3}{\frac{1-\varepsilon_3}{\varepsilon_3A_3}}+\frac{J_2-J_3}{\frac{1}{A_3X_{3,2}}}+\frac{J_1-J_3}{\frac{1}{A_3X_{3,1}}}=0 \qquad (14-37c)$$

根据上面三式可以解出节点处的有效辐射 J_1、J_2 及 J_3，代入式（14 - 30）即可求得各个漫—灰体表面的净辐射热流量 Φ_1、Φ_2 及 Φ_3。

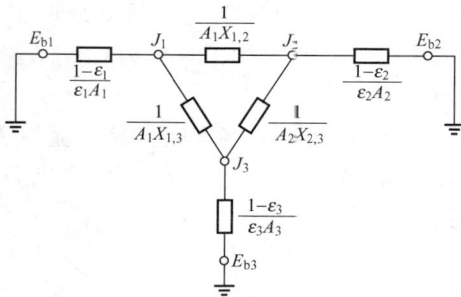

图 14 - 22　三个漫—灰体表面间
的辐射换热网络图

应该指出，组成辐射封闭腔的三个漫—灰体表面中，若有一个是黑体或绝热表面（即所谓的重辐射面），或者其中两个表面分别是黑体和绝热表面，可使计算工作量大大减少。

（1）有一个表面是黑体表面。设表面 3 是黑体表面。黑体表面没有表面热阻，其有效辐射等于黑体辐射力，即 $J_3=E_{b3}$。这样可以简化辐射网络图，如图 14 - 23（a）所示，同时热流量计算式中也可以少求解一个未知量。

（2）有一个表面是绝热表面。如电炉及加热炉中保温很好的耐火炉墙等，其净辐射热流量 $\Phi=0$。设表面 3 绝热，则式（14 - 29b）变为

$$J_3=E_{b3} \qquad (14-38)$$

即绝热表面的有效辐射等于某一温度下的黑体辐射。虽然这与已知表面为黑体表面时的表达式相同，但黑体表面温度一般是已知的，而绝热表面温度却是未知的，并由其他两个表面所决定，其辐射网络网如图 14 - 23（b）或（c）所示。按照串、并联电路的解法即可求得净辐射换热量以及绝热表面的未知温度。

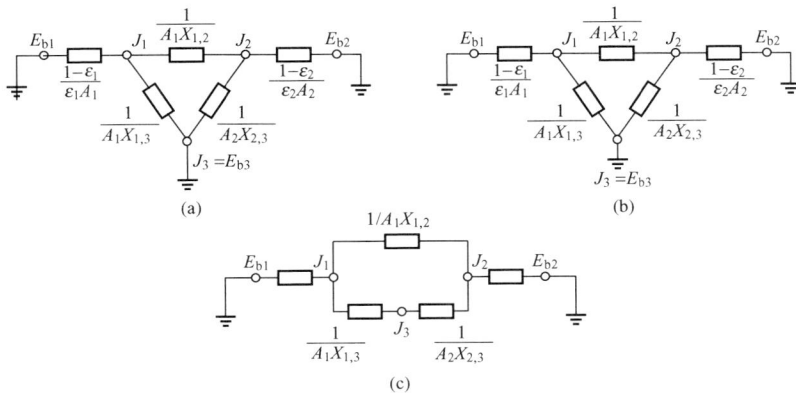

图 14 - 23　三个漫—灰体组成封闭腔的辐射换热特例
(a) 表面 3 为黑体；(b) 表面 3 为绝热表面；(c) 图 (b) 的另一种表达方式

同理，可作出三个以上漫—灰体表面组成封闭腔的辐射网络图，并列出相应的节点热流量方程及表面的净辐射换热量方程，只是方程数目较多，适宜用计算机求解，读者可参阅相关文献。

第四节　气体辐射及太阳辐射简介

一、气体辐射

1. 气体的辐射和吸收特性

进行辐射换热的物体（指前述的固体和液体）之间，一般有气体介质存在。但前面讲述中，却忽略了气体介质的辐射和吸收。实验证明，并不是所有的气体都具有辐射和吸收能力。氦、氖等惰性气体和空气、氧、氮、氢等分子结构对称的双原子气体，辐射和吸收能力很微弱，可被忽略；但对于二氧化碳、水蒸气、甲烷、一氧化碳等三原子、多原子及结构不对称的双原子气体，则具有较强的辐射和吸收能力，不能忽略。具有辐射和吸收能力的气体称为吸收性气体。空气不是吸收性气体，因此前面讲述的物体间辐射换热中，空气作为中间介质，一般忽略其对辐射换热的影响。

即使具有辐射和吸收能力的气体，一般对波长也具有强烈的选择性，即只是在某些波长区段内才有辐射和吸收能力。通常把具有辐射和吸收能力的波长区段称为光带。在光带以外，气体可视为透明体。如二氧化碳和水蒸气的主要光带都有三段，并且有两处光带重叠，如图 14 - 24 所示，对光带以外的辐射和吸收，则可忽略。因此一般不能把气体看成灰体，即其辐射黑度 ε_g 将不等于吸收比 α_g。但气体辐射在空间方向上的分布可认为服从兰贝特定律，因此常把气体看成漫射体，仍可满足针对某一波长的基尔霍夫定律，即

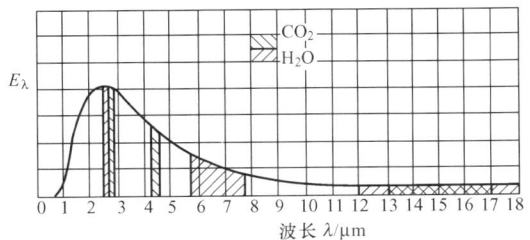

图 14 - 24　CO_2 和 H_2O
主要光带示意图

$$\varepsilon_{g,\lambda} = \alpha_{g,\lambda} \tag{14-39}$$

如前所述，气体辐射还具有容积性。因为，对于有限的气体层厚度，气体层界面所能感受的辐射为到达界面的整个容积内气体的辐射；投射到气体层界面上的辐射能要在整个容积内的辐射行程中被吸收而减弱。因此，气体的辐射和吸收是在整个容积内进行的，与容积的形状和尺寸等有关。

2. 气体的黑度和吸收比

理论与实验表明，对于吸收性气体，气体层越厚，即射线行程 L 越大，气体温度 T_g 越低及压力 p 越高，则射线沿途接触的气体分子数越多，该气体的单色黑度 $\varepsilon_{g,\lambda}$ 和单色吸收比 $\alpha_{g,\lambda}$ 也越大。将 $\varepsilon_{g,\lambda}$ 和 $\alpha_{g,\lambda}$ 写成函数形式为

$$\varepsilon_{g,\lambda} = \alpha_{g,\lambda} = f(T_g, pL) \tag{14-40}$$

上式是针对某一波长的热辐射在单一气体中某个方向上的传递过程而言。多数情况下，实际应用的是混合气体（也可以是单一气体）在所有光带范围和各个方向上的辐射黑度 ε_g 和吸收比 α_g。此时，式（14-40）的基本形式仍然适用，但如前所述，不能把气体看作灰体，因此 $\alpha_g \neq \varepsilon_g$，将 ε_g 和 α_g 写成函数形式分别为

$$\varepsilon_g = f(T_g, pL) \tag{14-41}$$

$$\alpha_g = f(T_g, T_w, pL) \tag{14-42}$$

式中　T_g、T_w——气体和容积壁面的热力学温度，K；

　　　　p——气体中某组分气体的分压力，Pa；

　　　　L——气体在整个容积的平均射线行程，m。

考虑到容积形状的差异，容积内气体在各个方向上的射线行程并不相同，因此常用当量半球的处理方法得到平均射线行程。所谓当量半球，是指半球内的气体具有与所研究情况相同的成分、温度和压力时，该半球内气体对球心的辐射力等于所研究情况下气体对指定位置的辐射力。此时当量半球的半径即是平均射线行程。如表 14-2 列出了几种典型形状内的气体平均射线行程。缺少资料的情况下，任意几何形状内的气体平均射线行程可按近似公式计算，即

$$L = 3.6 \frac{V}{A} \tag{14-43}$$

式中　V——气体容积，m^3；

　　　　A——容积壁面，即所谓包壁的面积，m^2。

表 14-2   气体辐射的平均射线行程

气体容积的形状	特征尺寸	受到气体辐射的位置	平均射线行程
球体	内直径 d	整个包壁或壁面上任一位置	$0.65d$
立方体	边长 b	整个包壁或任一壁面	$0.60b$
无限长圆筒体	内直径 d	侧壁面	$0.95d$
高度等于底圆直径	内直径 d	整个包壁	$0.60d$
的圆筒体		底圆中心	$0.71d$
两无限大平壁之间	间距 δ	夹层壁面	1.8δ
位于顺排或叉排管束间的容积	间距 s_1、s_2、外直径 D	管束壁面	$0.9D\left(\dfrac{4s_1 s_2}{\pi D^2} - 1\right)$

下面以含有二氧化碳（CO_2）和水蒸气（H_2O）的混合气体为例说明气体黑度和吸收比的计算方法。首先给出其计算式为

$$\varepsilon_g = C_{CO_2}\varepsilon_{CO_2} + C_{H_2O}\varepsilon_{H_2O} - \Delta\varepsilon \tag{14-44}$$

$$\alpha_g = C'_{CO_2}\alpha_{CO_2} + C'_{H_2O}\alpha_{H_2O} - \Delta\alpha \tag{14-45}$$

式中，ε_{CO_2}、ε_{H_2O}分别是总压力 $p_t = 1atm$ 时 CO_2 和 H_2O 的黑度；α_{CO_2}、α_{H_2O}分别是总压力 $p_t = 1atm$ 时 CO_2 和 H_2O 的吸收比；C_{CO_2}、C_{H_2O}分别是总压力 $p_t \neq 1atm$ 时 CO_2 和 H_2O 黑度的修正系数；C'_{CO_2}、C'_{H_2O}分别是总压力 $p_t \neq 1atm$ 时 CO_2 和 H_2O 吸收比的修正系数；$\Delta\varepsilon$、$\Delta\alpha$ 分别是考虑 CO_2 和 H_2O 具有重叠光带时的黑度和吸收比修正值。霍脱尔（Hottle）和爱勃特（Egbert）等人绘制了关于 CO_2 和 H_2O 的黑度和吸收比的计算线图，如图 14-25 和图 14-26 所示。图中曲线揭示了式（14-44）和式（14-45）的具体函数关系。至于修正系数 C_{CO_2} 和 C'_{CO_2} 以及 C_{H_2O} 和 C'_{H_2O}，可查图 14-27 和图 14-28；$\Delta\varepsilon$ 和 $\Delta\alpha$ 可查图 14-29。应该指出，利用图 14-25 和图 14-26 查 CO_2 和 H_2O 的吸收比 α_{CO_2} 和 α_{H_2O} 时，需要作适当地改变。即式（14-45）中 α_{CO_2} 和 α_{H_2O} 改为

$$\alpha_{CO_2} = \varepsilon'_{CO_2}\left(\frac{T_g}{T_w}\right)^{0.65} \tag{14-46}$$

$$\alpha_{H_2O} = \varepsilon'_{H_2O}\left(\frac{T_g}{T_w}\right)^{0.45} \tag{14-47}$$

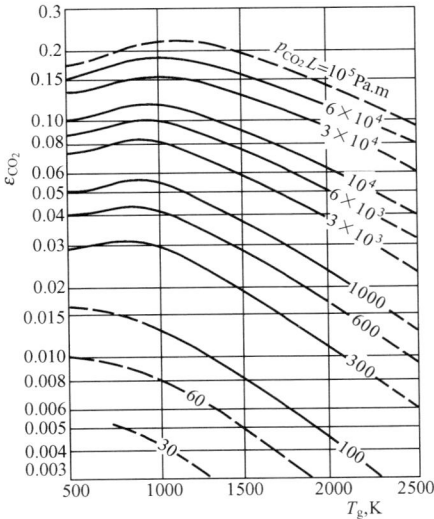

图 14-25 CO_2 的黑度曲线　　　图 14-26 H_2O 的黑度曲线

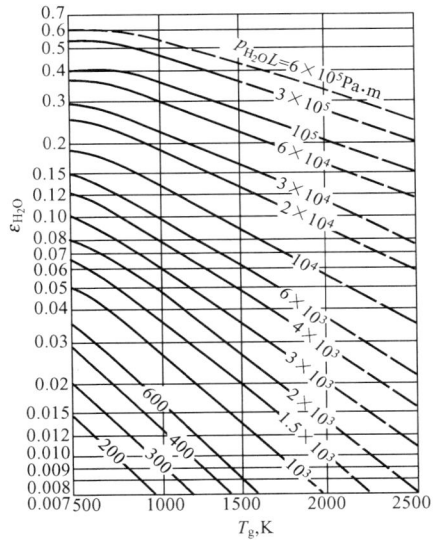

式中，ε'_{CO_2}、ε'_{H_2O}仍按图 14-25 和图 14-26 查得，只是查图时需用 T_w 代替 T_g，用 $p_{CO_2}L\frac{T_w}{T_g}$ 和 $p_{H_2O}L\frac{T_w}{T_g}$ 分别代替 $p_{CO_2}L$ 和 $p_{H_2O}L$。吸收比的修正系数 C'_{CO_2} 和 C'_{H_2O} 仍按图 14-27 和图 14-28 查得，但需用 $p_{CO_2}L\frac{T_w}{T_g}$ 和 $p_{H_2O}L\frac{T_w}{T_g}$ 分别代替 $p_{CO_2}L$ 和 $p_{H_2O}L$；重叠光带时吸收比的修正值 $\Delta\alpha$ 仍查图 14-29，用 T_w 代替 T_g，查得的 $\Delta\varepsilon$ 即为 $\Delta\alpha$。

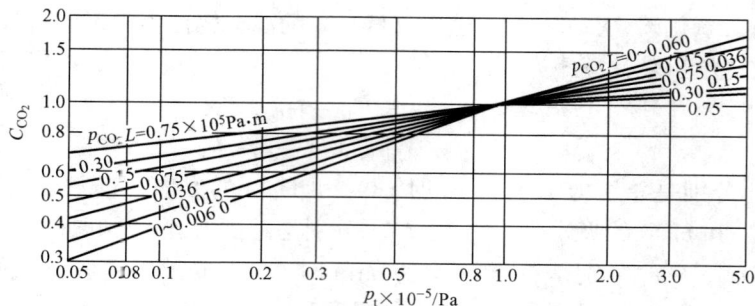

图 14 - 27　$p_t \neq 1\text{atm}$ 时 CO_2 黑度的修正系数 C_{CO_2}

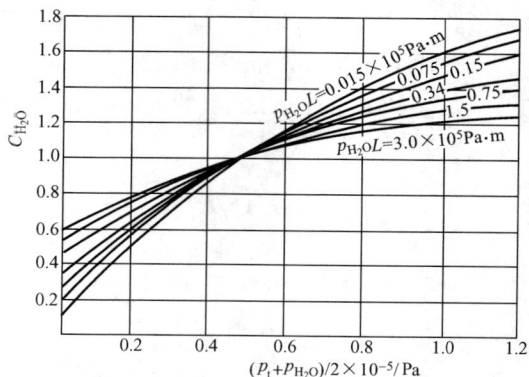

图 14 - 28　$p_t \neq 1\text{atm}$ 时 H_2O 黑度的修正系数 C_{H_2O}

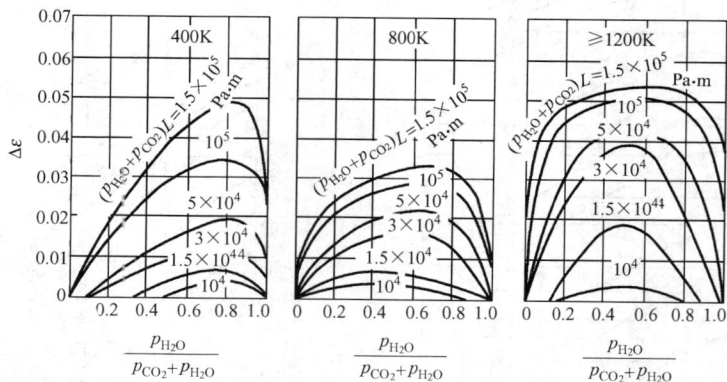

图 14 - 29　考虑 CO_2 和 H_2O 光带重叠时黑度的修正系数 $\Delta\varepsilon$

3. 气体与其包壁间的辐射换热

从包壁角度考察能量平衡，则

$$\Phi = (G - J)A \tag{a}$$

式中　Φ——气体与其包壁间的辐射热流量，W；

G——包壁的投入辐射，W/m^2；

J——包壁的有效辐射，W/m^2；

A——辐射换热面积，m^2。

考虑到包壁的黑度一般较大，因此近似认为经过一次反射和透过，就能把能量全部吸收

完。于是

$$G = E_g + (1 - \alpha_g)E_w \tag{b}$$

$$J = E_w + (1 - \varepsilon_w)E_g \tag{c}$$

式中　E_g、E_w 分别是气体和包壁的辐射力，W/m^2。将式（b）和（c）代入式（a），得

$$\Phi = \varepsilon_w A(\varepsilon_g E_{bg} - \alpha_g E_{bw}) \tag{14-48}$$

实际上，反射和吸收不可能一次完成。因此改写式（14-48）为

$$\Phi = \varepsilon'_w A(\varepsilon_g E_{bg} - \alpha_g E_{bw}) \tag{14-49}$$

式中，ε'_w 是考虑包壁多次反射和吸收的修正黑度，其值应介于 1 和 ε_w 之间。对于黑度 $\varepsilon_w \geqslant 0.7$ 的包壁表面，可以取 ε'_w 为

$$\varepsilon'_w = \frac{1 + \varepsilon_w}{2} \tag{14-50}$$

4. 炉内烟气的辐射换热

化石燃料在锅炉中燃烧时，燃烧产物中除气体外，还悬浮有固体颗粒，如炭黑、焦炭和灰粒等。习惯上称燃烧产物为烟气。烟气中结构不对称的双原子气体，如一氧化碳等，三原子及多原子气体，如二氧化碳、水蒸气、甲烷等具有辐射和吸收能力，不能忽略；更主要的是固体颗粒，其辐射和吸收能力较强，必须予以重视。如煤粉炉的燃烧产物中，焦炭的辐射力可占总辐射力的 25%～30%，灰粒的辐射力则可达 40%～60%。因此，目前的锅炉热工计算中，常认为燃烧产物的辐射和吸收以其中的固体颗粒为主，并近似看作是漫—灰体，而将由此产生的修正都归到辐射黑度和吸收比中去。

烟气的辐射黑度 ε_f 和吸收比 α_f 常用如下的计算式，即

$$\varepsilon_f = \alpha_f = 1 - e^{-kp_t L} \tag{14-51}$$

式中　k——烟气辐射的总衰减系数，由实验式获得，$(Pa \cdot m)^{-1}$；

p_t——烟气的总压力，Pa；

L——烟气的平均射线行程，m。

炉内烟气的黑度和吸收比确定后，烟气与其包壁间的辐射换热即可求出。形式同式（14-48）和式（14-49），只是把其中气体黑度 ε_g 和吸收比 α_g 变为烟气黑度 ε_f 和吸收比 α_f，且令其相等即可。

【例题 14-10】　直径为 1m 的烟道中有气体流过，该气体温度为 1000℃，压力为 $1.013\,25 \times 10^5$ Pa，气体中二氧化碳的体积分数为 5%，其余为透明体。若烟道壁面温度为 500℃，黑度近似为 1，试求该气体与烟道壁面间辐射换热的热流密度。

解　根据烟道内气体容积的形状，查表 14-2 可得气体辐射的平均射线行程 L 为

$$L = 0.95d = 0.95 \times 1 = 0.95(m)$$

烟道气体中 CO_2 的分压力 p_{CO_2} 为

$$p_{CO_2} = p(V_{CO_2}/V) = (1.013\,25 \times 10^5) \times 0.05 = 5066.25(Pa)$$

则

$$p_{CO_2}L = 5066.25 \times 0.95 = 4.8 \times 10^3(Pa \cdot m)$$

考虑到烟道气体中只有 CO_2 具有辐射和吸收能力，因此根据式（14-44）～式（14-46）可得

$$\varepsilon_g = C_{CO_2}\varepsilon_{CO_2}, \quad \alpha_g = C'_{CO_2}\alpha_{CO_2}, \quad \alpha_{CO_2} = \varepsilon'_{CO_2}\left(\frac{T_g}{T_w}\right)^{0.65}$$

当温度 $T_g = 1000 + 273 = 1273K$，$p_{CO_2}L = 4.8 \times 10^3 Pa \cdot m$ 时，查图 14 - 25 可得 CO_2 的黑度 ε_{CO_2} 为

$$\varepsilon_{CO_2} = 0.08$$

当总压力 $p_t = 1.013\,25 \times 10^5 Pa$，即 $p_t = 1atm$ 时，修正系数 $C_{CO_2} = 1.0$，则

$$\varepsilon_g = C_{CO_2}\varepsilon_{CO_2} = 1.0 \times 0.08 = 0.08$$

当温度 $T_w = 500 + 273 = 773K$，$p_{CO_2}L(T_w/T_g) = (4.8 \times 10^3) \times (773/1273) = 2.9 \times 10^3 Pa \cdot m$ 时，查图 14 - 25 可得 CO_2 的黑度 ε'_{CO_2} 为

$$\varepsilon'_{CO_2} = 0.08$$

当总压力 $p_t = 1atm$ 时，修正系数 $C'_{CO_2} = 1.0$，则

$$\alpha_g = C'_{CO_2}\alpha_{CO_2} = C'_{CO_2}\varepsilon'_{CO_2}(T_g/T_w)^{0.65} = 1.0 \times 0.08 \times (1273/773)^{0.65} = 0.1$$

根据式（14 - 48），可得气体与烟道壁面间辐射换热的热流密度 q 为

$$\begin{aligned}q &= \varepsilon_w(\varepsilon_g E_{bg} - \alpha_g E_{bw}) = \varepsilon_w \sigma_b(\varepsilon_g T_g^4 - \alpha_g T_w^4) \\ &= 1 \times (5.67 \times 10^{-8}) \times (0.08 \times 1273^4 - 0.1 \times 773^4) \\ &= 9.89 \times 10^3 (W/m^2)\end{aligned}$$

二、太阳辐射简介

太阳是个炽热的气团，内部不断进行着核聚变反应，因此可产生巨大的能量，并以电磁波的方式向宇宙空间辐射出去。地球就是依靠到达大气层外缘的太阳辐射能量（简称太阳能）以维持人类生存的。当然，太阳能穿过大气层到达地球表面的过程中还要因反射、吸收和散射等而衰减。大气层中的云层和较大的尘粒等能把太阳能部分地反射回宇宙空间去；而大气层中的尘埃、臭氧（O_3）、二氧化碳和水蒸气等气体则对太阳能有明显的吸收和散射作用。如大气层中的臭氧可以保护人类不受紫外线的伤害，就是因为臭氧对太阳能中的紫外线有强烈的吸收作用；二氧化碳和水蒸气对太阳能中的可见光是透明的，即可见光能够透过它们到达地球表面，但对红外线却有明显的吸收能力，特别是地球表面工业辐射的红外线将被其吸收，穿透比相对较弱，因此二氧化碳和水蒸气等就像玻璃一样，亦可形成温室效应，使地球变暖。

太阳可近似看作一个温度约为 5800K 的黑体，它向宇宙空间辐射的能量中有 99% 集中在 $0.2 \sim 3\mu m$ 的短波区段，其中可见光部分（$0.38 \sim 0.76\mu m$）约占 43%；红外线部分（$> 0.76\mu m$）约占 48.3% 以及紫外线部分（$< 0.38\mu m$）约占 8.7%，最大单色辐射力约在波长 $0.5\mu m$ 处，位于可见光区段。到达地球大气层外缘的太阳能可以测得。据测定，某一温度下，单位时间内在日—地平均距离处，地球大气层外缘与太阳辐射线相垂直的单位表面积所接受到的太阳能为 (1367 ± 1.6) W/m^2，此值称为太阳常数，记作 S_c。实际上，单位时间内地球大气层外缘单位表面积所接受到的太阳能 G_s 为

$$G_s = fS_c\cos\theta \tag{14 - 52}$$

式中　f——日—地距离的修正系数，一般取 $f = 0.97 \sim 1.03$；

θ——太阳射线与地面法线间的夹角，称为天顶角，如图 14 - 30 所示。

如前所述，太阳能穿过大气层到达地球表面的过程中会因反

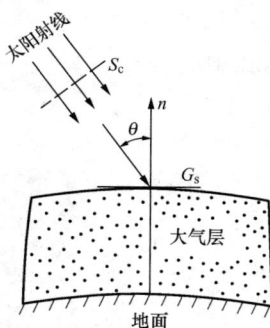

图 14 - 30　大气层外缘太阳
辐射的方向特性

射、吸收和散射等而衰减，同时考虑到时间、地点及环境污染等因素，真正到达地球表面的太阳能 G'_s 一定小于太阳常数 S_c 及由式（14-52）所计算的结果 G_s，一般 G'_s 在 $(0\sim1100)$ W/m^2 的范围内变化。

目前，太阳能的利用技术有：太阳能集热器、太阳能光电转换、太阳能暖房、太阳能干燥、太阳能制冷和空调以及太阳能海水淡化技术等等。总之，太阳辐射能源作为一种无污染的清洁能源，它的利用将越来越受到人们的重视。

复 习 思 考 题

14-1　简述热辐射的本质和一般性质。

14-2　何谓黑体？并指出研究热辐射及辐射换热时引入黑体的意义。

14-3　解释在定义辐射力时加上"半球空间"及"全波长"的限定的原因。

14-4　黑体的定向辐射强度与空间方向无关是否意味着其辐射能在半球空间的各方向上是均匀分布的？

14-5　解释玻璃房的"温室效应"现象。并结合近些年，地球气温逐年上升，原因之一是 CO_2 和 SO_2 等气体排放量增加，进一步阐述"温室效应"现象。

14-6　简述实际物体的辐射和吸收特性，并指出实际物体黑度和吸收比的关系及其影响因素。

14-7　何谓漫—灰体？并指出引入这一假定的合理性及意义。

14-8　说明辐射换热计算时常采用封闭腔模型和网络法的原因。

14-9　何谓辐射角系数？"角系数是一个纯几何量"的结论是在什么前提下得到的？

14-10　何谓有效辐射？并指出研究辐射换热时引入有效辐射的意义。

14-11　何谓辐射表面热阻和空间热阻？并指出辐射热阻法和导热或对流换热热阻法求解热流量有何不同？

14-12　试述气体的辐射和吸收特性，并解释气体不能看作灰体的原因。

习　　　题

14-1　试计算温度为 2800K 黑体的最大单色辐射力所对应的波长 λ_{max}，并计算其最大单色辐射力 $E_{b\lambda,max}$。

14-2　对于 300℃ 的黑体辐射，某种玻璃能透过 $0.5\sim0.7\mu m$ 波长范围内的射线，而其他波长的射线则不能透过。若已知该玻璃的总吸收比为 0.30，试求该玻璃对 300℃ 的黑体投入辐射的总反射比。

14-3　一漫射表面 A_1，表面积为 $1cm^2$，法向定向辐射强度为 3500 W/ $(m^2 \cdot sr)$。离开 A_1 中心 0.5m 的圆周上布置有另外三个表面积均为 $1cm^2$ 的表面 A_2、A_3 和 A_4，相对位置如图 14-31 所示。试计算：①表面 A_1 的中心对表面 A_2、A_3 和 A_4 所张的立体角；②表面 A_1 向表面 A_2、A_3 和 A_4 所发射的辐射能；③表面 A_2、A_3 和

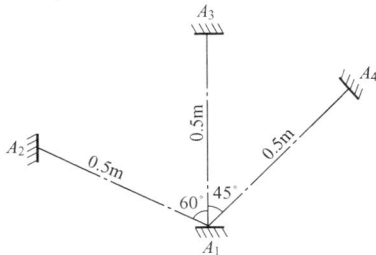

图 14-31　习题 14-3 图

A_4 所接受的定向辐射强度。

14-4 一盏 100W 的白炽灯，发光时钨丝的温度为 2800K，黑度为 0.3。试求：①钨丝所需的最小表面积；②钨丝的辐射能中，可见光区段的辐射能所占的份额。

14-5 一人工黑体腔上具有黑体性质的小圆孔，其辐射力为 $3.72\times10^5\,\text{W/m}^2$。一辐射热流量计置于该小孔正前方 1m 处，该热流量计的吸热面积为 $1.6\times10^{-5}\,\text{m}^2$。若小孔的直径为 20mm，试求该热流量计所探测到的小孔对其的投入辐射。

14-6 物体表面黑度的测定常采用比较法。现用比较法测得某一物体表面在 800K 时的辐射力恰等于一黑体在 400K 时的辐射力。试求：①该物体表面的黑度；②若比较的标准不是黑体而是黑度等于 0.8 的实际物体，且两表面的温度仍为 800K 和 400K 不变，此时所测物体表面的黑度是多少？

14-7 一表面温度为 1100K 的实际物体，在 $1\sim4\mu m$ 的波长范围内，黑度为 0.6，在 $4\sim10\mu m$ 的波长范围内，黑度为 0.4，其他波段的黑度近似为零。试求该物体表面的辐射力及其总黑度。

14-8 面积相等的两黑体表面，相距甚近且平行放置，温度分别为 800K 和 400K，试计算两表面间的辐射换热量。若两表面为漫—灰体表面，黑度分别为 0.8 和 0.6，其他条件不变，试问两表面间的辐射换热量又为多少？

14-9 两面积相等的平行平壁，其间距远小于宽度和高度，温度分别为 327℃和 27℃，黑度均为 0.8。试计算：①壁面 1 的自身辐射；②壁面 1 的投入辐射；③壁面 1 的有效辐射；④壁面 1 和 2 间的辐射换热量。

14-10 试确定图 14-32 所示几何结构的角系数 $X_{1,2}$。

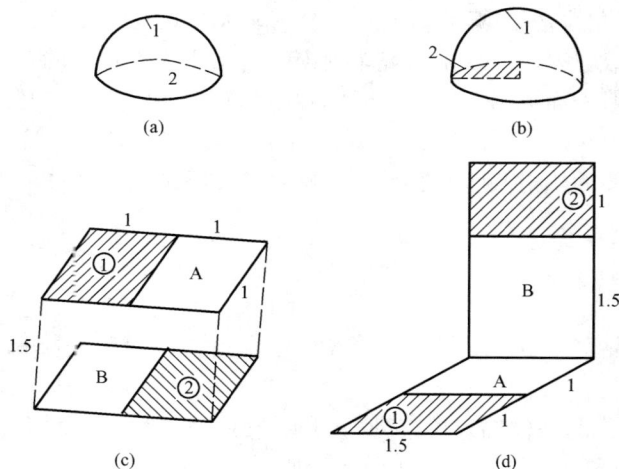

图 14-32 习题 14-10 图

14-11 一半球形容器，半径为 1m，在其底部的圆形面积上有温度为 200℃的辐射表面 1 和温度为 40℃的吸收表面 2，它们各占圆形面积的一半。表面 1 和表面 2 均为黑体表面，而容器的球形壁面 3 为绝热表面。试计算表面 1 和 2 的净辐射热流量以及壁面 3 的温度。

14-12 空气在壁面温度为 100℃的大管道内流过，现用热电偶测量空气流的温度。已知热电偶热接点的表面黑度 0.6，气流与热接点间的表面传热系数为 142W/(m²·K)。设热电偶读数为 177℃，试计算空气的真实温度。

14-13　一电站锅炉的炉膛容积为 1200m³，炉墙面积为 1264m²。该锅炉运行时燃烧产物温度为 1100℃，产物中二氧化碳和水蒸气的摩尔分数分别为 0.124 和 0.121，其余气体为非吸收性气体。当炉内压力为 9.733×10^4 Pa 时，试计算其燃烧产物对炉墙壁面的平均黑度和吸收比。

14-14　一燃气轮机的燃烧室可简化为内直径为 0.4m 的一根长管道，其平均壁面温度为 800K，燃气平均温度为 1300K。设燃烧室壁面为黑体表面，当燃气的平均黑度和吸收比分别为 0.149 和 0.219 时，试计算燃气和燃烧室壁面间的辐射换热量。

14-15　一大型建筑物的水平屋顶采用金属板覆盖。白天在太阳辐射下该屋顶得到 1100W/m² 的投入辐射，同时温度为 25℃的空气流过该屋顶，气流与屋顶间的表面传热系数为 25W/(m²·K)。已知该屋顶金属板的黑度为 0.20，对太阳投入辐射的吸收比为 0.65，试确定该屋顶的平均温度。假设屋顶下部的绝热良好。

第十五章　传热过程与换热器

第一节　传　热　过　程

一、传热过程及传热过程方程式

所谓传热过程，是指高温流体通过固体壁面把热量传递给低温流体的过程。如前所述，传热过程是一种广义的复合换热，它一般由三个环节组成，即高温流体传递热量给固体壁面；固体壁面内部的热量传递及固体壁面传递热量给低温流体。根据热路热阻的概念，传热过程是热阻环节串联的热量传递过程，并且每个环节还可能有三种热量基本传递方式的不同组合而产生的并联热阻。如室内暖气片和锅炉水冷壁的传热过程如下：

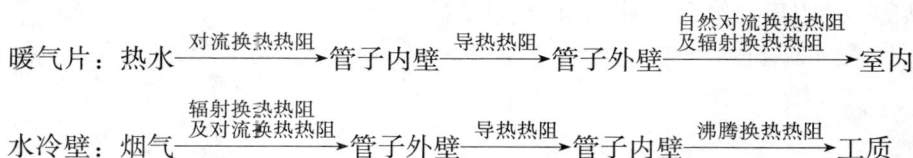

暖气片：热水 $\xrightarrow{\text{对流换热热阻}}$ 管子内壁 $\xrightarrow{\text{导热热阻}}$ 管子外壁 $\xrightarrow[\text{及辐射换热热阻}]{\text{自然对流换热热阻}}$ 室内

水冷壁：烟气 $\xrightarrow[\text{及对流换热热阻}]{\text{辐射换热热阻}}$ 管子外壁 $\xrightarrow{\text{导热热阻}}$ 管子内壁 $\xrightarrow{\text{沸腾换热热阻}}$ 工质

因此，稳态传热过程的传热量 Φ 可表示为

$$\Phi = \frac{\Delta t}{\sum\limits_{i=1}^{3} R_{ti}} = \frac{\Delta t}{\sum\limits_{i=1}^{3} r_{ti}/A_i} \qquad (15-1)$$

式中　Δt ——传热过程中高、低温流体的温度差，即温压，K；

R_{ti} ——每个传热环节的热阻，$R_{ti} = r_{ti}/A_i$，K/W；

r_{ti} ——每个传热环节的面积热阻，$m^2 \cdot K/W$。

设每个环节的传热面积均为 A，将式（15-1）改写为

$$\Phi = kA\Delta t \qquad (15-2)$$

$$k = 1/\sum_{i=1}^{3} r_{ti}$$

式中　k——传热系数，它是总的面积热阻的倒数，表示高、低温流体温压为 1K 时，单位时间内单位传热面积所传递的热量，其值大小反映传热过程的强烈程度，不仅取决于参与传热过程的流体种类，还与过程本身有关（如流速的大小、有无相变等），W/($m^2 \cdot K$)。

表 15-1 给出了通常情况下传热系数的概略值，供读者参考。

表 15-1　传热系数的概略值

传热过程	传热系数 k [W/ ($m^2 \cdot K$)]
从气体到气体（常压）	10～30
从气体到高压水蒸气或水	10～100
从水到水	1000～2500
从油到水	100～600
从凝结水蒸气到水	2000～6000
从凝结有机物蒸气到水	500～1000

应该指出，辐射换热的热流量计算不是以温压作为热量传递的势差，若按式（15-2）

计算则不相对应，因此需要进行当量转换，一般把辐射换热量折合成对流换热量，并表示成牛顿冷却公式的形式，即

$$\Phi_r = h_r A \Delta t \tag{15-3}$$

若同时考虑辐射换热和对流换热，则总换热量为

$$\Phi = \Phi_r + \Phi_{con} = (h_r + h_c) A \Delta t \tag{15-4}$$

式中　Φ_r、Φ_{con}——辐射换热量和对流换热量，W；

h_r——辐射换热表面传热系数或辐射换热系数，$W/(m^2 \cdot K)$；

h_c——对流换热表面传热系数，$W/(m^2 \cdot K)$。

实际的传热过程，高、低温流体的温度不断变化，而不是上述所表示的定值。因此应用传热过程方程式（15-2）时，需要使用整个传热面积上的平均温度差，即平均温压，记作 Δt_m。这样式（15-2）更一般的形式为

$$\Phi = kA \Delta t_m \tag{15-5}$$

式（15-5）就是所谓的传热过程方程式。

二、大平壁的传热过程

如图15-1所示，大平壁厚度为 δ，表面积为 A，导热系数为 λ，左侧温度为 t_{f1} 的高温流体与大平壁间的表面传热系数为 h_1，右侧温度为 t_{f2} 的低温流体与大平壁间的表面传热系数为 h_2。

各传热环节的热流量分别表示为

$$\Phi_1 = h_1 A (t_{f1} - t_{w1}) \tag{a}$$

$$\Phi_2 = -\lambda A \frac{t_{w2} - t_{w1}}{\delta} \tag{b}$$

$$\Phi_3 = h_2 A (t_{w2} - t_{f2}) \tag{c}$$

式中，热流量 $\Phi_1 = \Phi_2 = \Phi_3$（稳态传热过程），令其等于 Φ；t_{w1}、t_{w2} 分别是大平壁两侧壁面温度，一般是未知的。相加上述三式，消去 t_{w1} 和 t_{w2}，可得

图15-1　通过大平壁的传热过程

$$\Phi = \frac{A(t_{f1} - t_{f2})}{\frac{1}{h_1} + \frac{\delta}{\lambda} + \frac{1}{h_2}} \tag{15-6}$$

式中，分母分别是传热过程三个环节的热阻，即 $1/h_1$、$1/h_2$ 分别是高温流体侧和低温流体侧的对流换热热阻，δ/λ 是大平壁本身的导热热阻。改写式（15-6）为传热过程方程式的形式，即

$$\Phi = kA(t_{f1} - t_{f2}) \tag{15-7}$$

式中，k 是传热系数，其表达式为

$$k = \left(\frac{1}{h_1} + \frac{\delta}{\lambda} + \frac{1}{h_2}\right)^{-1} \tag{15-8}$$

若是多层大平壁，可以把其看作是一个传热环节，则热流量可表示为

$$\Phi = \frac{A(t_{f1} - t_{f2})}{\frac{1}{h_1} + \sum_{i=1}^{n} \frac{\delta_i}{\lambda_i} + \frac{1}{h_2}} \tag{15-9}$$

式中，传热系数 k 的表达式为

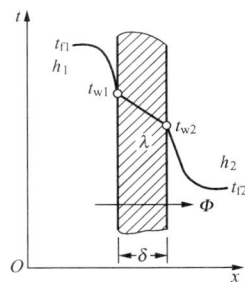

$$k = \left(\frac{1}{h_1} + \sum_{i=1}^{n} \frac{\delta_i}{\lambda_i} + \frac{1}{h_2} \right)^{-1} \tag{15-10}$$

【例题 15-1】　　一教室内有厚度为 380mm 的砖砌外墙，两侧各有厚度为 15mm 的粉刷层，砖墙和内、外粉刷层的导热系数分别为 0.7W/(m·K)、0.6W/(m·K) 和 0.75W/(m·K)，砖墙内、外壁面和周围空气间的表面传热系数分别为 8W/(m²·K) 和 23W/(m²·K)，内、外空气温度分别为 18℃和 −10℃。试求通过该砖墙的传热系数、单位面积砖墙的传热量及内墙壁面的温度。

解　　本题是三层大平壁的传热过程。根据式（15-10）可得其传热系数 k 为

$$k = \left(\frac{1}{h_1} + \sum_{i=1}^{3} \frac{\delta_i}{\lambda_i} + \frac{1}{h_2} \right)^{-1}$$

$$= \left(\frac{1}{8} + \frac{15 \times 10^{-3}}{0.6} + \frac{380 \times 10^{-3}}{0.7} + \frac{15 \times 10^{-3}}{0.75} + \frac{1}{23} \right)^{-1}$$

$$= 1.323 [\text{W}/(\text{m}^2 \cdot \text{K})]$$

则根据式（15-9）得通过砖墙单位面积的传热量 q 为

$$q = \frac{\Phi}{A} = k(t_{\text{f1}} - t_{\text{f2}}) = 1.323 \times [18 - (-10)] = 37.04 (\text{W}/\text{m}^2)$$

根据传热过程热阻环节串联的特点，内墙壁面的温度 t_{w1} 为

$$q = \frac{t_{\text{f1}} - t_{\text{w1}}}{1/h_1}$$

$$t_{\text{w1}} = t_{\text{f1}} - \frac{q}{h_1} = 18 - \frac{37.04}{8} = 13.37 (\text{℃})$$

三、长圆管壁的传热过程

与大平壁类似，计算如图 15-2 所示的长圆管壁，可得稳态传热时的热流量为

$$\Phi = \frac{t_{\text{f1}} - t_{\text{f2}}}{\dfrac{1}{h_1 A_1} + \dfrac{1}{2\pi\lambda L}\ln\left(\dfrac{r_2}{r_1}\right) + \dfrac{1}{h_2 A_2}} \tag{15-11}$$

式中，分母分别是传热过程三个环节的热阻。改写式（15-11）为传热过程方程式的形式，即

$$\Phi = k_1 A_1 (t_{\text{f1}} - t_{\text{f2}}) \tag{15-12}$$

式中，k_1 是以长圆管壁内表面积 A_1 为基准得到的传热系数，其表达式为

$$k_1 = \left(\frac{1}{h_1} + \frac{A_1}{2\pi\lambda L}\ln\frac{r_2}{r_1} + \frac{A_1}{A_2}\frac{1}{h_2} \right)^{-1} \tag{15-13}$$

若是多层长圆管壁，传热过程的热流量为

$$\Phi = \frac{t_{\text{f1}} - t_{\text{f2}}}{\dfrac{1}{h_1 A_1} + \displaystyle\sum_{i=1}^{n} \dfrac{1}{2\pi\lambda_i L}\ln\left(\dfrac{r_{i+1}}{r_i}\right) + \dfrac{1}{h_2 A_{i+1}}} \tag{15-14}$$

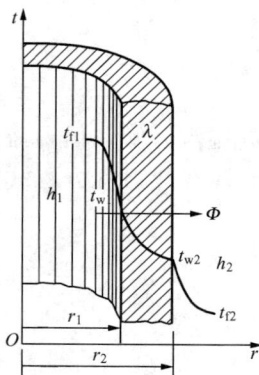

图 15-2　通过长圆管壁的传热过程

式中，分母是传热过程的总热阻，取总的面积热阻的倒数即是传热系数。

同理，可以求得以长圆管壁外表面积 A_2 为基准的传热过程方程式及传热系数的表达式。另外，以圆管壁的表面积计算式代入或用直径之比代替半径之比，也可得到相应的表达

式，请读者自己推导。

应该指出，若长圆管壁厚度较小，如内、外半径之比 $r_1/r_2 > 1/2$，且计算精度要求不太高，则可将长圆管壁近似为大平壁来计算其传热过程。实际应用中还可根据具体情况，将较小的热阻环节略去以简化计算。

需要强调，对于圆管壁外表面敷设保温层的传热过程，其传热量并不总是随着保温层厚度的增加而减小，区别于平壁外表面敷设保温层的情况。

假设一单层圆管壁，外表面敷设一保温层，保温层外半径为 r_x，导热系数为 λ_x，保温层外表面与低温流体间的表面传热系数仍为 h_2，其余各量同上，则该传热过程总热阻 R_t 为

$$R_t = \frac{1}{h_1 A_1} + \frac{1}{2\pi \lambda L}\ln\left(\frac{r_2}{r_1}\right) + \frac{1}{2\pi \lambda_x L}\ln\left(\frac{r_x}{r_2}\right) + \frac{1}{h_2 A_x}$$

$$= \frac{1}{2h_1 \pi r_1 L} + \frac{1}{2\pi \lambda L}\ln\left(\frac{r_2}{r_1}\right) + \frac{1}{2\pi \lambda_x L}\ln\left(\frac{r_x}{r_2}\right) + \frac{1}{2h_2 \pi r_x L} \qquad (15\text{-}15)$$

由式（15-15）可知，保温层的导热热阻 $R_\lambda = \ln(r_x/r_2)/2\pi \lambda_x L$ 随着外半径 r_x（或保温层厚度）的增加而增大，但对流换热热阻 $R_{h_2} = 1/2h_2 \pi r_x L$ 却随着外半径 r_x（或保温层厚度）的增加而减小。总热阻 R_t 究竟增大还是减小，要由 R_λ 的增大量和 R_{h_2} 的减小量共同决定。为此，将总热阻 R_t 对保温层外半径 r_x 求导数，并令其等于零，可得 R_t 获得极值时的保温层外半径 r_x 为

$$r_x = \frac{\lambda_x}{h_2} \qquad (15\text{-}16\text{a})$$

将总热阻 R_t 对保温层外半径 r_x 求二阶导数，并将式（15-16a）代入，结果大于零，可知总热阻取得极小值，而传热量 Φ 将取得极大值。习惯上将传热量取得极大值时的保温层外半径称为临界绝缘半径，记作 r_c，即

$$r_c = r_x = \frac{\lambda_x}{h_2} \qquad (15\text{-}16\text{b})$$

相应地，可定义临界绝缘直径，记作 d_c，即

$$d_c = 2r_c = \frac{2\lambda_x}{h_2} \qquad (15\text{-}16\text{c})$$

如图 15-3 所示，当管外半径 $r_2 < r_c$ 时，若敷设保温层后的外半径 $r_x < r_c$，则随着保温层厚度的增加，总热阻 R_t 减小，传热量 Φ 增大；若 $r_x = r_c$，则 R_t 最小，Φ 最大；若 $r_x > r_c$，则随着保温层厚度的增加，R_t 才开始增大，Φ 逐渐减小。要使保温层真正起到削弱传热，即保温的作用，则敷设保温层后的总热阻必须大于未敷设时的总热阻。此时只有保温层的外半径 r_x 大于某一个最小外半径 r_{min} 才能满足要求。所谓最小外半径 r_{min}，是指敷设保温层前、后总热阻或传热量相等时所对应的半径。当管外半径 $r_2 > r_c$ 时，只要敷设保温层就能满足要求。对于生产和生活中常见的动力类圆管道，基本上都能达到 $r_2 > r_c$，因此

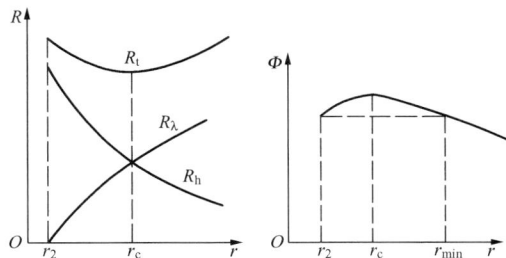

图 15-3　临界绝缘半径与总热阻及传热量的关系

不必考虑临界绝缘半径 r_c 和最小外半径 r_{min} 的问题。而对于一些电气类圆管道，如外加表皮

的绝缘电缆，其中导线的外半径 $r_2 < r_c$，增加绝缘层后，一般也达不到 r_{min}，因此其作用一方面是电绝缘，另一方面则使传热量增大而获得好的冷却效果。

【例题 15‐2】 一蒸气管道，内、外直径分别为 200mm 和 216mm，外面敷设厚度为 60mm 的岩棉保温层。管道的导热系数为 45W/（m·K），保温层的导热系数为 0.04W/（m·K），管内蒸气温度为 220℃，管外空气温度为 20℃，管道与蒸气间的表面传热系数为 1000W/（m²·K），保温层与空气间的表面传热系数为 10W/（m²·K）。试求通过该管道的传热系数、单位管长的散热损失及保温层外表面的温度。

解 管道内直径为 $d_1 = 200\text{mm} = 0.2\text{m}$，外直径为 $d_2 = 216\text{mm} = 0.216\text{m}$，保温层的外直径为 $d_3 = d_2 + 2\delta_2 = 216 + 2 \times 60 = 336\text{mm} = 0.336\text{m}$。则根据式（15‐14）可得单位管道长度的散热损失 q_l 为

$$q_l = \frac{\Phi}{L} = \frac{t_{f1} - t_{f2}}{\dfrac{L}{h_1 A_1} + \sum\limits_{i=1}^{2} \dfrac{1}{2\pi\lambda_i}\ln\left(\dfrac{r_{i+1}}{r_i}\right) + \dfrac{L}{h_2 A_{i+1}}}$$

$$= \frac{t_{f1} - t_{f2}}{\dfrac{1}{h_1 \pi d_1} + \dfrac{1}{2\pi\lambda_1}\ln\left(\dfrac{d_2}{d_1}\right) + \dfrac{1}{2\pi\lambda_2}\ln\left(\dfrac{d_3}{d_2}\right) + \dfrac{1}{h_2 \pi d_3}}$$

其中分母的倒数即为单位管长的传热系数，则

$$k = \left[\frac{1}{h_1 \pi d_1} + \frac{1}{2\pi\lambda_1}\ln\left(\frac{d_2}{d_1}\right) + \frac{1}{2\pi\lambda_2}\ln\left(\frac{d_3}{d_2}\right) + \frac{1}{h_2 \pi d_3}\right]^{-1}$$

$$= \left[\frac{1}{1000\pi \times 0.2} + \frac{1}{2\pi \times 45}\ln\left(\frac{0.216}{0.2}\right) + \frac{1}{2\pi \times 0.04}\ln\left(\frac{0.336}{0.216}\right) + \frac{1}{10\pi \times 0.336}\right]^{-1}$$

$$= 0.539[\text{W/(m}^2 \cdot \text{K)}]$$

因此单位管长的散热损失 q_l 为

$$q_l = k(t_{f1} - t_{f2}) = 0.539 \times (220 - 20) = 107.8(\text{W/m})$$

根据传热过程热阻环节串联的特点，保温层外表面的温度 t_{w3} 为

$$q_l = \frac{t_{w3} - t_{f2}}{1/(h_2 \pi d_3)}$$

$$t_{w3} = t_{f2} + \frac{q_l}{h_2 \pi d_3} = 20 + \frac{107.8}{10 \times 3.14 \times 0.336} = 30.2(℃)$$

本题是否可将圆管壁近似作平壁处理，请读者自己练习。

【例题 15‐3】 一外直径为 20mm 的导线用橡胶作绝缘，橡胶绝缘层的厚度为 10mm，导热系数为 0.15W/（m·K），与外部空气间的表面传热系数为 10W/（m²·K）。试分析此情况下的橡胶绝缘层是否妨碍导线的散热。

解 本题绝缘层外直径 $d_2 = d_1 + 2\delta = 20 + 2 \times 10 = 40\text{mm}$。根据式（15‐16c）得临界绝缘直径 d_c 为

$$d_c = 2\frac{\lambda_x}{h_2} = 2 \times \frac{0.15}{10} = 0.03\text{m} = 30(\text{mm})$$

显然，导线绝缘层外直径大于临界绝缘直径，即 $d_2 > d_c$，根据图 15‐3 可知此时的热阻比临界绝缘直径时的热阻要大，使得导线的散热量减少。因此从有利于导线的散热考虑，橡胶绝缘层厚度应取（$d_c - d_1$）/2 =（30−20）/2 =5mm 为宜。

四、肋壁的传热过程

所谓肋片，是指固体壁面上的延伸表面。肋片和它所依附的固体壁面一起称为肋壁。如图 15 - 4 所示，平壁的一侧为肋壁，总表面积为 A_2，包括肋片表面积 A_f 和肋间的平壁表面积 A_0，即 $A_2 = A_f + A_0$；平壁的另一侧无肋，表面积为 A_1，显然 $A_1 < A_2$；平壁厚度为 δ，平壁和肋片是同一种材料，导热系数为 λ；该肋壁无肋侧流体温度为 t_{f1}，表面传热系数为 h_1，有肋侧流体温度为 t_{f2}，表面传热系数为 h_2；肋片效率为 η_f，即

$$\eta_f = \frac{肋片的实际散热量}{假定整个肋片处于肋基温度时的散热量} = \frac{\Phi_f}{h_2 A_f (t_{w2} - t_{f2})}$$
$$(15 - 17)$$

应该指出，肋片效率与肋壁的导热系数、肋壁和流体间的表面传热系数以及肋壁的几何尺寸等因素有关，因此敷设肋片时，需根据具体情况来确定肋片效率，图 15 - 5 示出了常见肋片的效率曲线，一般应使肋片效率 $\eta_f > 0.8$。

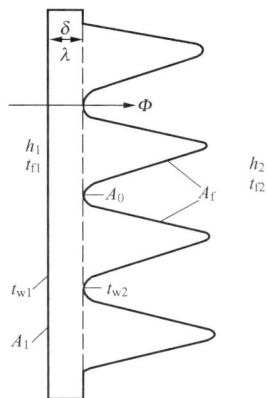

图 15 - 4　通过肋壁的传热过程

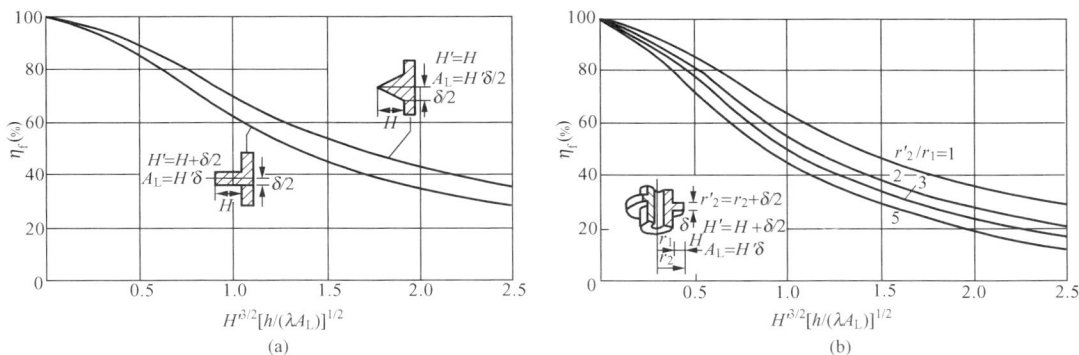

图 15 - 5　常见肋片的效率曲线

（a）矩形与三角形直肋的肋片效率曲线；（b）矩形剖面环肋的肋片效率曲线

肋壁各传热环节的热流量可表示为

$$\Phi_1 = h_1 A_1 (t_{f1} - t_{w1}) \tag{d}$$

$$\Phi_2 = -\lambda A_1 \frac{t_{w2} - t_{w1}}{\delta} \tag{e}$$

$$\Phi_3 = h_2 A_0 (t_{w2} - t_{f2}) + \Phi_f = h_2 A_0 (t_{w2} - t_{f2}) + \eta_f h_2 A_f (t_{w2} - t_{f2})$$
$$= h_2 (t_{w2} - t_{f2})(A_0 + \eta_f A_f)$$
$$= \eta_t h_2 A_2 (t_{w2} - t_{f2}) \tag{f}$$

式中，η_t 称为肋壁总效率，即

$$\eta_t = \frac{肋壁的实际散热量}{假定整个肋壁处于肋基温度时的散热量} = \frac{A_0 + \eta_f A_f}{A_2} \tag{15 - 18}$$

稳态条件下，$\Phi_1 = \Phi_2 = \Phi_3$，并令其等于 Φ；然后消去式（d）、式（e）和式（f）中未知的壁面温度 t_{w1} 和 t_{w2}，则肋壁的传热量 Φ 为

$$\Phi = \frac{t_{f1} - t_{f2}}{\dfrac{1}{h_1 A_1} + \dfrac{\delta}{\lambda A_1} + \dfrac{1}{h_2 \eta_t A_2}} \qquad (15\text{-}19)$$

写成以无肋侧表面积 A_1 为基准的传热过程方程式的形式，即

$$\Phi = k_1 A_1 (t_{f1} - t_{f2}) \qquad (15\text{-}20)$$

式中，传热系数 k_1 的表达式为

$$k_1 = \left(\frac{1}{h_1} + \frac{\delta}{\lambda} + \frac{1}{h_2 \eta_t \beta} \right)^{-1} \qquad (15\text{-}21)$$

式中，β 称为肋化系数，指肋壁总表面积与无肋侧表面积之比，即

$$\beta = \frac{A_2}{A_1} \qquad (15\text{-}22)$$

肋化系数 β 反映了壁面加肋后面积增加的倍率，通常 $\beta \gg 1$。同理可得以有肋侧表面积 A_2 为基准的肋壁传热过程方程式及传热系数的表达式。

　　分析式（15-21），并与不加肋片时大平壁的传热系数表达式（15-8）比较，可以看出，当 $\eta_t \beta > 1$ 时，表面加肋能强化传热。一般情况下，$\eta_t < 1$，但 $\beta \gg 1$，因此可以保证 $\eta_t \beta > 1$。应该指出，肋化系数 β 不宜选择过大。因为由式（15-18）可知，过大的 β 会使肋壁效率 η_t 降低，而且若式（15-19）中 $1/\eta_t h_2 \beta$ 小于 $1/h_1$ 后进一步增大 β，其强化传热的效果已不明显。一般应使 $1/\eta_t h_2 \beta$ 接近 $1/h_1$ 为宜。

　　不难计算，肋片敷设在表面传热系数小的壁面一侧时，强化传热的效果明显。但有时壁面加肋片不是为了强化传热，而是为了使壁面的温度降低，这时应把肋片加在冷流体一侧的壁面上，因为这一侧加肋后能使其对流换热热阻在总热阻中所占比例减小，在总传热量不变的情况下，作用在其上的温压也会相应减小，因此其壁面温度更接近冷流体的温度，即处于较低的水平而不至于超过壁面材料的温限。如锅炉中的再热器，常在蒸汽侧加肋片，起到降低壁温、防止超温的作用。

【例题 15-4】　　一厚度为 10mm 的大平壁，导热系数为 50W/(m·K)，两侧的流体温度分别为 75℃和 15℃，与流体间的表面传热系数分别为 200W/(m²·K) 和 10W/(m²·K)，其中一侧敷设肋片后，肋化系数为 13，肋壁效率为 0.9。试求以未敷设肋片侧表面积为基准的热流密度及敷设肋片后热流密度的变化。

　　解　根据式（15-6）可得敷设肋片前该平壁的热流密度 q 为

$$q = \frac{\Phi}{A} = \frac{t_{f1} - t_{f2}}{\dfrac{1}{h_1} + \dfrac{\delta}{\lambda} + \dfrac{1}{h_2}} = \frac{75 - 15}{\dfrac{1}{200} + \dfrac{10 \times 10^{-3}}{50} + \dfrac{1}{10}} = 570.3 (\text{W/m}^2)$$

根据式（15-19）可得敷设肋片后该平壁的热流密度 q' 为

$$q' = \frac{\Phi}{A_1} = \frac{t_{f1} - t_{f2}}{\dfrac{1}{h_1} + \dfrac{\delta}{\lambda} + \dfrac{1}{h_2 \eta_t \beta}} = \frac{75 - 15}{\dfrac{1}{200} + \dfrac{10 \times 10^{-3}}{50} + \dfrac{1}{10 \times 0.9 \times 13}} = 4364.4 (\text{W/m}^2)$$

因此敷设肋片前、后热流密度的变化为

$$\frac{q'}{q} = \frac{4364.4}{570.3} = 7.65$$

即敷设肋片后传热量比没有敷设肋片时增加了 7.65 倍。

　　本题若肋片敷设在表面传热系数较大的一侧，则

$$q'' = \frac{\Phi}{A_2} = \frac{t_{f1} - t_{f2}}{\frac{1}{h_1 \eta_t \beta} + \frac{\delta}{\lambda} + \frac{1}{h_2}} = \frac{75 - 15}{\frac{1}{200 \times 0.9 \times 13} + \frac{10 \times 10^{-3}}{50} + \frac{1}{10}} = 596.3 (\text{W/m}^2)$$

比较敷设肋片前、后热流密度的变化，则

$$\frac{q''}{q} = \frac{596.3}{570.3} = 1.05$$

即敷设肋片后传热量比没有敷设肋片时只增加了 1.05 倍，可见强化效果并不理想，因此只有在表面传热系数较小的一侧敷设肋片时强化效果才明显。

第二节 换热器概述

为满足某种工艺要求使热量从高温流体传递给低温流体的装置统称为换热器。按工作原理通常把换热器分为三类，即混合式、回热式和间壁式换热器。混合式换热器中，热量是依靠高、低温流体直接接触和相互混合来传递的，并且伴有流体间质量的交换。理论上，混合式换热器的换热效果最好，可以达到高、低温流体以相同的温度离开换热器。实际上不可避免地存在热量损失甚至质量损失。正是因为高、低流体需要进行混合，在应用上也会受到两种流体不能混合的限制。火电厂中喷水减温器、冷却水塔和除氧器等都属于这类换热器，如图 15 - 6 （a）所示。回热式换热器又称为蓄热式换热器，常用于气体间的换热。高、低温

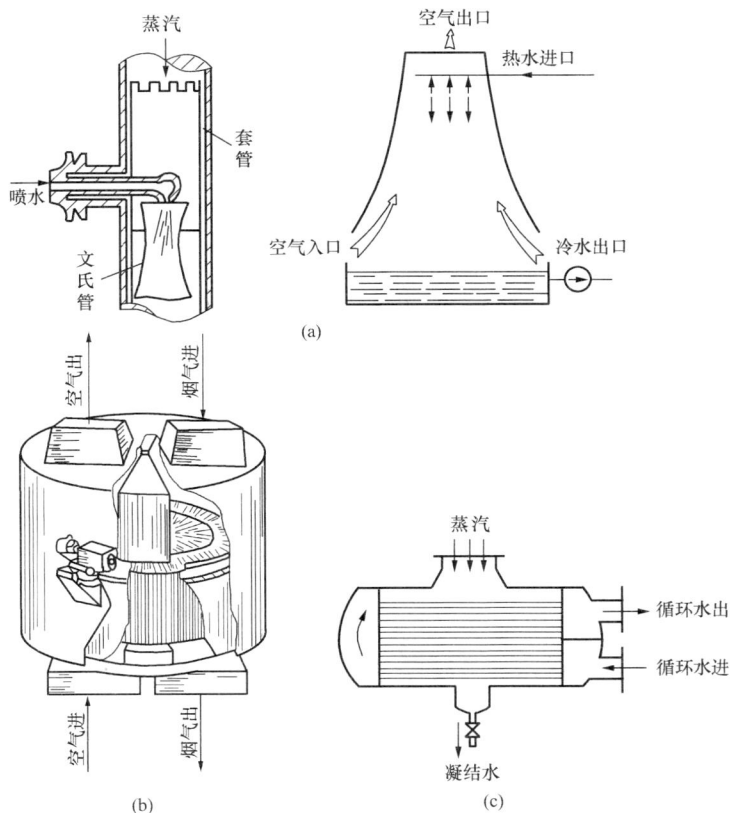

图 15 - 6　常见换热器的类型

（a）混合式换热器（喷水减温器和冷却水塔）；（b）回热式换热器（回转式空气预热器）；（c）间壁式换热器（凝汽器）

气体周期性地交替通过同一流道，流道一般由蓄热元件组成，高温气体把热量传递给蓄热元件，当低温气体通过时再获得从蓄热元件传递的热量，周而复始。显然，该类换热器中热量传递是非稳态的。使用中要尽量避免高、低气体的直接混合。火电厂中回转式空气预热器等属于这类换热器，如图 15 - 6（b）所示。间壁式换热器是生产和生活中应用较广的一类换热器，其中高、低温流体被固体壁面隔开而互不接触，热量通过固体壁面从高温流体传递至低温流体。因此间壁式换热器的热量传递是一个基本的传热过程。如火电厂中凝汽器、油冷却器、水冷壁、过热器及回热加热器等都属于这类换热器，如图 15 - 6（c）所示；热管换热器是近年发展起来的一种存在相变换热的间壁式换热器，如图 15 - 7 所示；生活中居室内的暖气片等亦属于间壁式换热器。本篇只重点讲述间壁式换热器。

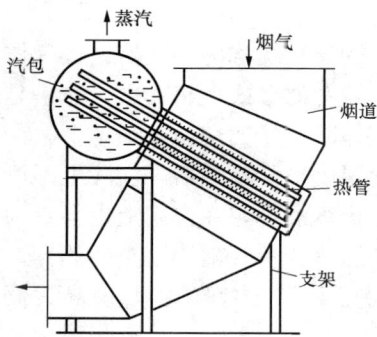

图 15 - 7 热管式换热器
（热管余热锅炉）

一、间壁式换热器的主要类型

1. 壳（套）管式换热器

该型换热器由壳体和管束共同组成，一种流体在管束内，即管侧流动，另一种流体在管外壳内，即壳侧流动，两种不同温度的流体通过管壁传递热量。按照两种流体的流动方向，壳管式换热器又有顺流、逆流和混合流之分，如图 15 - 8 所示。若两种流体在传热过程中流动方向相同，称为顺流；流动方向相反，称为逆流；若不能明确区分顺流或逆流，但两种流体总的流动趋势可大致体现为顺流或逆流，则称为混合流。理论和实践证明，对于具有蛇形管束的壳管式换热器，若蛇形管束的折转次数超过四次，两种流体总的流动趋势是顺流，可以看作是纯顺流；总的趋势是逆流，可以看作是纯逆流。壳管式换热器除上述分类外，还可按其壳侧和管侧的流程来区分。壳侧的流程称为壳程，管侧的流程称为管程。流体在壳侧的一次进、出称为一个壳程；在管侧的一次去、回称为两个管程。如 1 - 2 型壳管式换热器，表示两种流体分别经过 1 个壳程和 2 个管程完成热量传递。

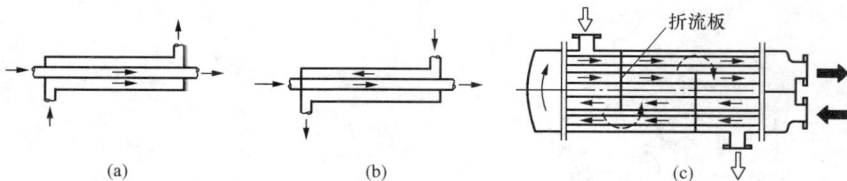

图 15 - 8 壳（套）管式换热器的流动方式
（a）顺流；（b）逆流；（c）1 - 2 型混合流

2. 交叉流换热器

该型换热器因为其中的两种流体流动方向互相垂直而得名，但按换热表面的结构不同又有管束式、管翅式和板翅式等区别，如图 15 - 9 所示。管束式和管翅式换热器中，管内流体都在各自的管内流动而不掺混；但管束式换热器中管外流体可以自由掺混，管翅式换热器中管外流体由于翅片的间隔不相掺混。而板翅式换热器中的两种流体各自都不掺混。交叉流换热器中流体是否可以自由掺混，对换热器的平均温压有一定影响。

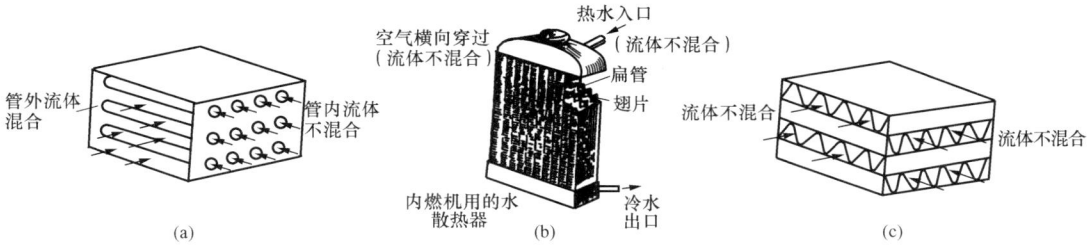

图 15 - 9　交叉流换热器示意图
(a) 管束式交叉流换热器；(b) 管翅式交叉流换热器；(c) 板翅式交叉流换热器

3. 板式换热器

该型换热器中两种流体分别在某形状的板式壁面两侧作逆向流动，可构成多流程换热。根据板的形状可分为平行板式和螺旋板式等，如图 15 - 10 所示。平行板式换热器由一组几何形状相同的平行薄平板叠加而成，板间被密封垫片隔开，并构成流道，两种流体间隔地在每个流道中流过。常见的螺旋板式换热器由两块金属薄板卷制而成，两种流体在板间的螺旋状流道中流过。

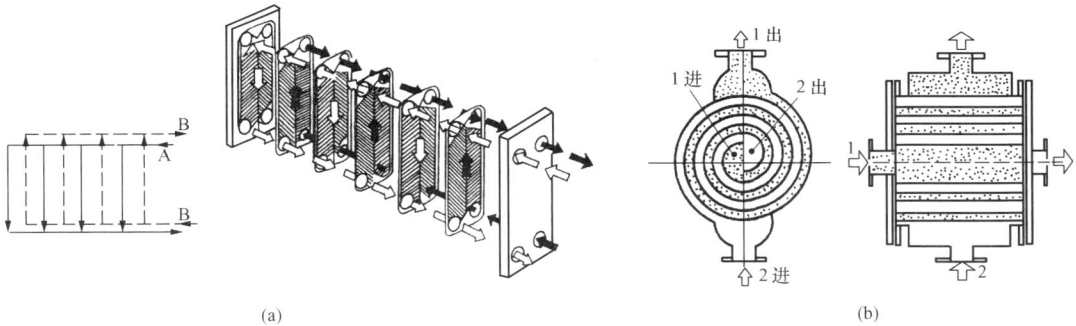

图 15 - 10　板式换热器示意图
(a) 平行板式换热器；(b) 螺旋板式换热器

总之，间壁换热器的型式多并且应用广，并不局限于上述的几种形式，如前面提及的热管换热器就是一种另外型式的间壁式换热器。

二、间壁式换热器的平均温压

间壁式换热器的传热过程方程式是前述的式 (15 - 5)，即 $\Phi = kA\Delta t_m$，式中 Δt_m 是高、低温流体在整个换热面积上的平均温压，一般采用对数平均温压更精确些。

1. 纯顺流和纯逆流换热器的对数平均温压

通常以角码"1"和"2"分别表示高、低温流体；以角码"'"和"''"分别表示换热器进、出口参数值。首先，对换热器的传热过程作几点假设：①高、低温流体的质量流量 q_{m1}、q_{m2} 和比定压热容 c_{p1}、c_{p2} 以及传热系数 k 在整个换热面上均为定值。②换热面沿流体流动方向上的导热忽略不计。③换热器的散热损失忽略不计，认为高温流体的放热量与低温流体的吸热量相等，即

$$\Phi = q_{m1}c_{p1}(t_1' - t_1'') = q_{m2}c_{p2}(t_2'' - t_2') \tag{15 - 23}$$

式中　t_1'、t_1''——高温流体的进、出口温度，℃；

　　t_2'、t_2''——低温流体的进、出口温度，℃。

式（15 - 23）称为热平衡方程式。④若流体在换热器同一换热面上全部为相变换热，仍按将要讲述的对数平均温压计算式来计算，只是相变流体的进、出口温度始终为相应压力下的饱和温度；但若某一种流体在换热器的一部分表面上发生相变换热，则需要把有相变和无相变部分分段计算。

　　根据上述假设条件，列出换热器中某微元面积处的传热过程方程式和热平衡方程式，并进行适当的积分整理，可得对数平均温压 Δt_{m} 的计算式为

$$\Delta t_{\mathrm{m}} = \frac{\Delta t' - \Delta t''}{\ln\left(\dfrac{\Delta t'}{\Delta t''}\right)} \tag{15 - 24}$$

该式对纯顺流和纯逆流换热器均适用。因为式中出现了对数，因此称之为对数平均温压。式中，$\Delta t'$、$\Delta t''$ 是换热器同侧的两种流体温度之差。对于纯逆流换热器，$\Delta t' = t_1' - t_2''$，$\Delta t'' = t_1'' - t_2'$，且可能出现 $\Delta t' \leqslant \Delta t''$；若 $\Delta t' = \Delta t''$，不再应用式（15 - 24），直接应用 $\Delta t_{\mathrm{m}} = \Delta t'$ 即 $\Delta t''$ 即可；对于纯顺流换热器，$\Delta t' = t_1' - t_2'$，$\Delta t'' = t_1'' - t_2''$，且一定有 $\Delta t' > \Delta t''$。

　　应该指出，若温压 $\Delta t'$ 和 $\Delta t''$ 相差不大，可用算术平均温压代替对数平均温压而不致造成较大误差，如 $\Delta t'$ 和 $\Delta t''$ 中的大者 $\Delta t_{\max}$ 与小者 $\Delta t_{\min}$ 之比 $\Delta t_{\max}/\Delta t_{\min} \leqslant 2$ 时，两种温压的差别小于 4%；而 $\Delta t_{\max}/\Delta t_{\min} \leqslant 1.7$ 时，两种温压的差别可小于 2.3%。

　　理论与实践表明，换热器在相同的流体进、出口温度下，以纯逆流方式的对数平均温压最大，纯顺流方式的对数平均温压最小，且纯逆流方式的低温流体出口温度可能超过高温流体出口温度，因此采用纯逆流方式可以获得较理想的换热效果。若换热效果相同，采用纯逆流方式还可以减小换热面积，节省金属。但纯逆流方式的换热器，两种流体的高温和低温部分分别集中在一侧，易使整个壁面温度分布不均匀，工作条件变差。因此有时为了改善工作条件，如壁面不超温或产生较小的热应力等而有意采用顺流方式，或先逆流而后顺流方式布置换热器。

　　2. 非纯顺流或纯逆流换热器的平均温压

　　当间壁式换热器中两种流体的流动不是纯顺流也不是纯逆流，如出现混合流或交叉流时，其平均温压介于纯顺流和纯逆流之间。通常先按纯逆流方式计算对数平均温压 Δt_{m}，再乘以相应的修正系数 ψ 即可。修正系数 ψ 是辅助量 R 和 P 的函数，即

$$\psi = f(R, P) \tag{15 - 25}$$

其中

$$R = \frac{\text{高温流体的温度降低值}}{\text{低温流体的温度升高值}} = \frac{t_1' - t_1''}{t_2'' - t_2'} \tag{15 - 26a}$$

$$P = \frac{\text{低温流体的温度升高值}}{\text{高低温流体的进口温度差}} = \frac{t_2'' - t_2'}{t_1' - t_2'} \tag{15 - 26b}$$

修正系数函数 $\psi = f(R, P)$ 的具体形式随换热器的型式而异，鲍曼（Bowman）等人已把几种常见换热器的修正系数函数绘制成了计算线图，如图 15 - 11～图 15 - 14 所示，可以方便地查得 ψ。若 R 值大于图示范围，使用 RP 和 $1/R$ 分别代替 R 和 P 即可。

　　【例题 15 - 5】　已知热流体进口温度为 80℃，出口温度为 50℃，而冷流体进口温度为 10℃，出口温度为 30℃。试计算换热器为下列情况下的对数平均温压：①纯顺流。②纯逆流。③1 - 2 型壳管式。

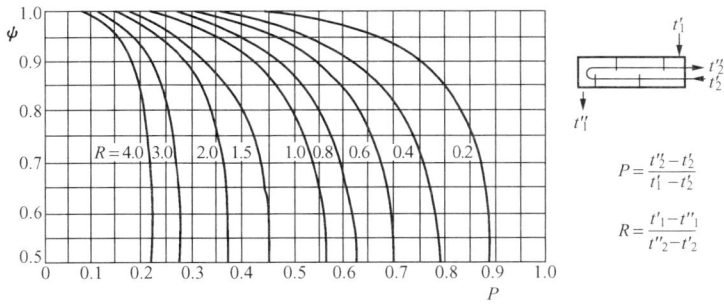

图 15 - 11　壳侧 1 程，管侧 2、4、6、8⋯程的修正系数 ψ 值

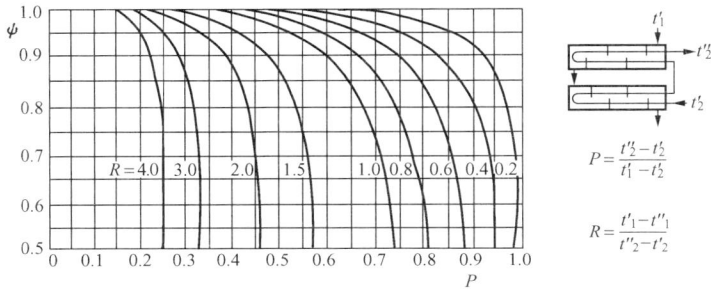

图 15 - 12　壳侧 2 程，管侧 4、8、12、16⋯程的修正系数 ψ 值

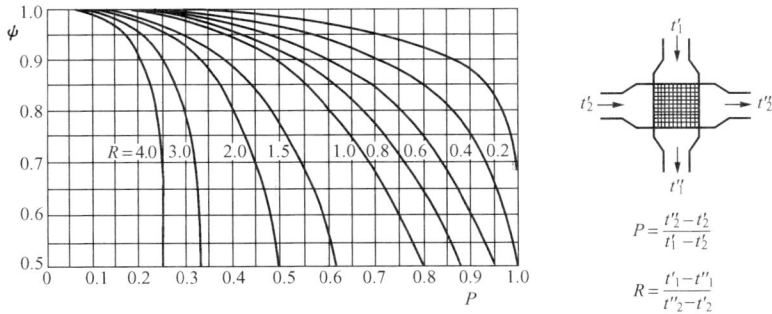

图 15 - 13　一次交叉流，两种流体各自均不混合时的修正系数 ψ 值

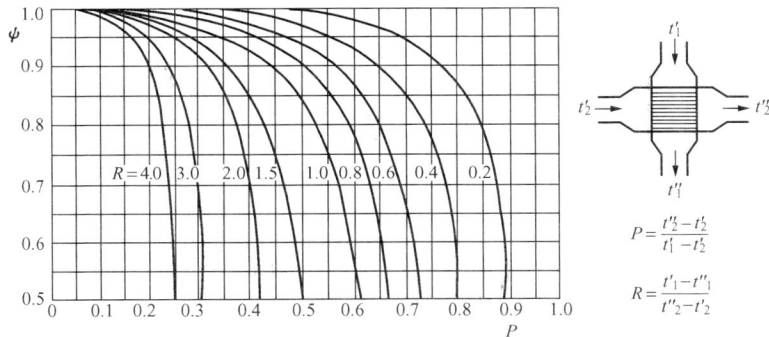

图 15 - 14　一次交叉流，一种流体混合、另一种流体不混合时的修正系数 ψ 值

解 根据题意，$t_1'=80℃$，$t_1''=50℃$；$t_2'=10℃$，$t_2''=30℃$，则

（1）纯顺流时，$\Delta t'=t_1'-t_2'=80-10=70℃$；$\Delta t''=t_1''-t_2''=50-30=20℃$，则

$$\Delta t_{m1} = \frac{\Delta t' - \Delta t''}{\ln\left(\dfrac{\Delta t'}{\Delta t''}\right)} = \frac{70 - 20}{\ln\dfrac{70}{20}} = 39.9(℃)$$

（2）纯逆流时，$\Delta t'=t_1'-t_2''=80-30=50℃$；$\Delta t''=t_1''-t_2'=50-10=40℃$，则

$$\Delta t_{m2} = \frac{\Delta t' - \Delta t''}{\ln\left(\dfrac{\Delta t'}{\Delta t''}\right)} = \frac{50 - 40}{\ln\dfrac{50}{40}} = 44.8(℃)$$

（3）1-2 型壳管式，因为不是纯顺流或纯逆流，因此先按纯逆流考虑，再进行修正即可。$R=\dfrac{t_1'-t_1''}{t_2''-t_2'}=\dfrac{80-50}{30-10}=1.5$；$P=\dfrac{t_2''-t_2'}{t_1'-t_2'}=\dfrac{30-10}{80-10}=0.284$，因此查图 5-11 可得 1-2 型壳管式换热器的修正系数 ψ 为

$$\psi = f(R,P) = f(1.5, 0.284) = 0.95$$

则

$$\Delta t_{m3} = \psi \Delta t_{m2} = 0.95 \times 44.8 = 42.6(℃)$$

可见，换热器在相同的流体进、出口温度下，以纯逆流方式的对数平均温压最大，纯顺流方式最小，其他方式则介于纯顺流和纯逆流之间。

三、间壁式换热器的效能

所谓换热器的效能（或称为有效度），是指换热器的实际换热量 Φ 与最大可能的换热量 $\Phi_{max,p}$ 之比，记作 ε。已经知道，换热器进行换热时，高温流体至多被冷却到低温流体的进口温度，而低温流体的出口温度不可能超过高温流体的进口温度，否则违反热力学第二定律。因此换热器最大可能的温压是高、低温流体的进口温度之差，且只有热容小的流体才可能实现。若换热器的实际换热量也按小热容流体计算，则换热器的效能 ε 可表示为

$$\varepsilon = \frac{\Phi}{\Phi_{max,p}} = \frac{(q_m c_p)_{min} |t' - t''|_{max}}{(q_m c_p)_{min}(t_1' - t_2')} = \frac{|t' - t''|_{max}}{t_1' - t_2'} \tag{15-27}$$

式中，当 $q_{m1} c_{p1} < q_{m2} c_{p2}$ 时，$\varepsilon = \dfrac{t_1' - t_1''}{t_1' - t_2'}$；当 $q_{m2} c_{p2} < q_{m1} c_{p1}$ 时，$\varepsilon = \dfrac{t_2'' - t_2'}{t_1' - t_2'}$。获得换热器的效能 ε 后，可以方便地求出换热器的实际换热量 Φ，即

$$\Phi = \varepsilon (q_m c_p)_{min}(t_1' - t_2') \tag{15-28}$$

1. 纯逆流和纯顺流间壁式换热器的效能

和前述对数平均温压的几点假设相同，进一步列出换热器中某微元面积处的传热过程方程式和热平衡方程式，并进行适当的积分整理，可得换热器效能 ε 的计算式为

纯顺流
$$\varepsilon = \frac{1 - e^{-NTU(1+C)}}{1 + C} \tag{15-29}$$

纯逆流
$$\varepsilon = \frac{1 - e^{-NTU(1+C)}}{1 + Ce^{-NTU(1-C)}} \tag{15-30}$$

式中，C 称为流体的热容比或水当量比，它是进行换热的两种流体所具有的热容中较小的热容与较大的热容之比，即

$$C = \frac{(q_m c_p)_{min}}{(q_m c_p)_{max}} \tag{15-31}$$

NTU 称为传热单元数，它表示单位温压下换热器的实际换热量能使小热容流体温度升高的数值，它是一个无量纲数，在一定意义上反映换热器的换热能力。

$$\text{NTU} = \frac{kA}{(q_m c_p)_{\min}} \qquad (15 \text{-} 32)$$

作为特例，当高、低温流体之一发生相变，该流体的热容可认为无限大时，热容比 $C = \dfrac{(q_m c_p)_{\min}}{(q_m c_p)_{\max}} \approx 0$，则无论是纯顺流还是纯逆流换热器，其效能 ε 均可表示为

$$\varepsilon = 1 - e^{-\text{NTU}} \qquad (15 \text{-} 33)$$

当高、低温流体的热容相等，即热容比 $C = \dfrac{(q_m c_p)_{\min}}{(q_m c_p)_{\max}} = 1$ 时，纯顺流和纯逆流换热器的效能 ε 有不同的表达式，即

纯顺流
$$\varepsilon = \frac{1 - e^{-2\text{NTU}}}{2} \qquad (15 \text{-} 34)$$

纯逆流
$$\varepsilon = \frac{\text{NTU}}{1 + \text{NTU}} \qquad (15 \text{-} 35)$$

需要说明，对于等热容的纯逆流方式，式（15-30）将变成 $\varepsilon = 0/0$，即效能为不定值，因此不能根据式（15-30）求得。现直接应用传热过程方程式和热平衡方程式推导如下。

$$\Phi = kA \Delta t_{\mathrm{m}} = q_{m1} c_{p1}(t_1' - t_1'') \qquad (a)$$

式中，高、低温流体的平均温压 Δt_{m} 由于两流体热容相等，也具有处处相等的特点，取 $\Delta t_{\mathrm{m}} = t_1' - t_2''$，则式（a）变为

$$kA(t_1' - t_2'') = q_{m1} c_{p1}(t_1' - t_1'') \qquad (b)$$

$$t_1' - t_1'' = \frac{kA}{q_{m1} c_{p1}}(t_1' - t_2'') = \text{NTU}(t_1' - t_2'') \qquad (c)$$

根据纯逆流换热器效能 ε 的定义式，并结合式（c），得

$$\varepsilon = \frac{t_1' - t_1''}{t_1' - t_2'} = \frac{t_1' - t_1''}{(t_1' - t_1'') - (t_2' - t_1'')}$$

$$= \frac{\text{NTU}(t_1' - t_1'')}{\text{NTU}(t_1' - t_2'') - (t_2' - t_1'')} \qquad (d)$$

将等热容的条件代入热平衡方程式（5-23），得

$$t_1' - t_1'' = t_2'' - t_2' \qquad (e)$$

则

$$t_2' - t_1'' = -(t_1' - t_2'') \qquad (f)$$

将式（f）代入式（d），即得等热容条件下纯逆流换热器效能 ε 的计算式（15-35）。

总之，间壁式换热器的效能 ε 可表示为热容比 C 和传热单元数 NTU 的函数，即

$$\varepsilon = f(C, \text{NTU}) \qquad (15 \text{-} 36)$$

2. 非纯逆流和纯顺流间壁式换热器的效能

当间壁式换热器中两种物体的流动不是纯逆流也不是纯顺流，如出现混合流或交叉流时，其效能的计算式较为复杂，但仍可写成式（15-36）的函数形式，并且已经绘制了计算线图备查，如图 15-15～图 15-20 示出了几种常见间壁式换热器的效能线图，其中包含纯

逆流和纯顺流方式。从图示可以看出，当传热单元数 NTU 增大时，换热器的效能 ε 起初随之增加很快，但当 NTU 值接近 5 时，曲线趋于水平，这表明此时再增加 NTU 的意义已不是很大。

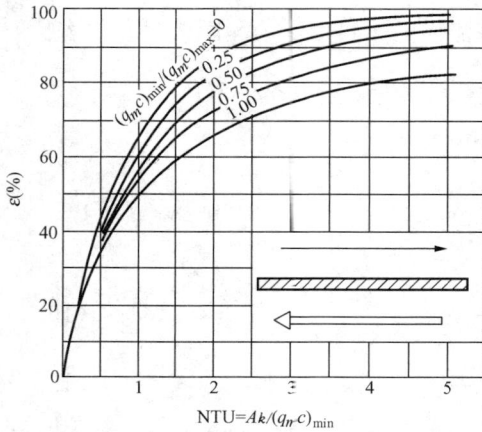

图 15-15 逆流换热器的
$\varepsilon = f (C, NTU)$ 关系线图

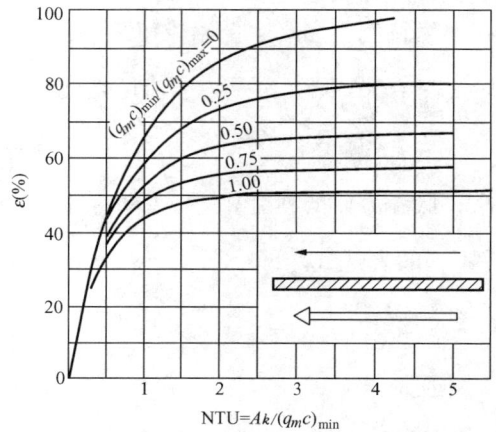

图 15-16 顺流换热器的
$\varepsilon = f (C, NTU)$ 关系线图

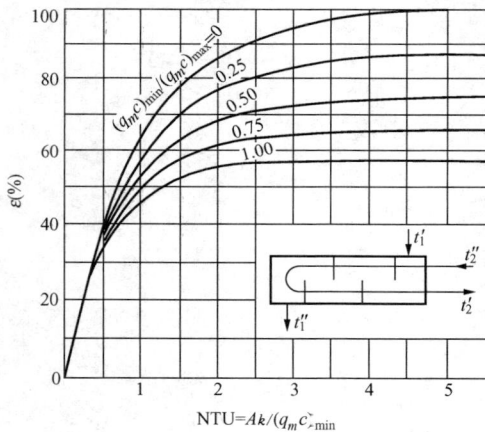

图 15-17 壳侧 1 程，管侧 2、4、6、…
程换热器 $\varepsilon = f (C, NTU)$ 关系线图

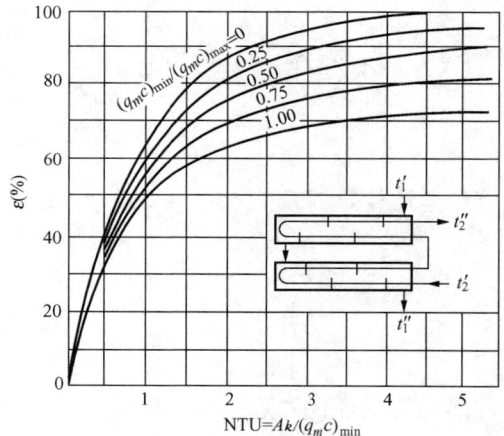

图 15-18 壳侧 2 程，管侧 4、8、12、…
程换热器 $\varepsilon = f (C, NTU)$ 关系线图

【例题 15-6】 一蒸汽—空气加热器利用蒸汽凝结放热来加热空气，加热面积为 52.9m²，蒸汽为绝对压力 3×10^5 Pa 下的干饱和蒸汽，空气进口温度为 2℃，质量流量为 8.4kg/s，该加热器的传热系数为 40W/(m²·K)。试求该加热器的换热量。

解 首先假设空气的出口温度以确定其比热容，再进行该加热器效能和换热量的计算，最后校核。现假设空气出口温度 $t''_2 < 100℃$，则空气的算术平均温度不会超过 60℃，此时查附录可得空气的比定压热容为 $c_{p2} = 1.005$kJ/(kg·K) $= 1005$ J/(kg·K)。因为该加热器中的蒸汽是凝结换热，因此可认为其热容无限大，即 $q_{m1}c_{p1} \to \infty$，则空气的热容较小，可得

传热单元数 NTU 为

$$\text{NTU} = \frac{kA}{(q_m c_p)_{\min}} = \frac{kA}{q_{m2} c_{p2}} = \frac{40 \times 52.9}{8.4 \times 1005} = 0.251$$

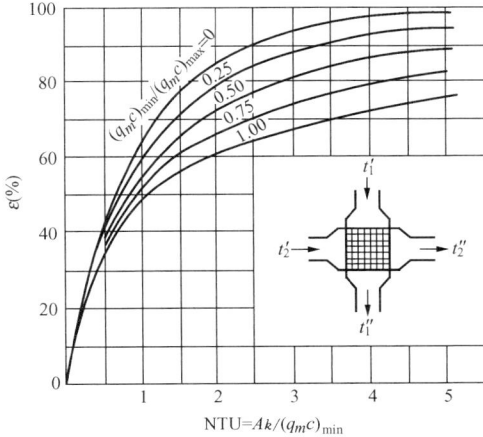

图 15-19 两种流体均不混合的一次交叉流
换热器 ε＝f（C，NTU）关系线图

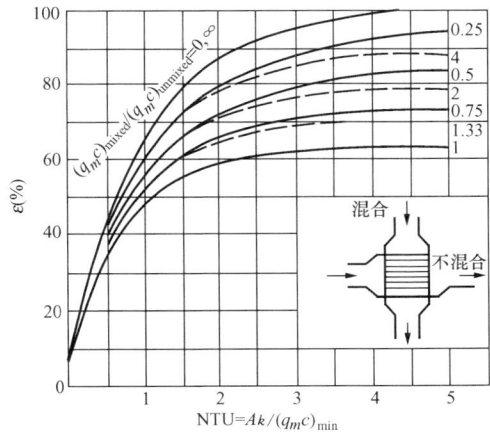

图 15-20 一种流体混合的一次交叉流换
热器 ε＝f（C，NTU）关系线图

热容比 $C = q_{m2} c_{p2} / q_{m1} c_{p1} \approx 0$，因此选用的效能计算式为式（15-33），即

$$\varepsilon = 1 - e^{-\text{NTU}} = 1 - \exp(-0.251) = 0.222$$

查附录 19 可得绝对压力 $3 \times 10^5 \text{Pa}$ 下的干饱和蒸汽的饱和温度为 $t_s = 133.5℃$，则根据效能的定义式（15-27）得

$$\varepsilon = \frac{t''_2 - t'_2}{t'_1 - t'_2}$$

即

$$t''_2 = t'_2 + \varepsilon(t'_1 - t'_2) = 2 + 0.222 \times (133.5 - 2) = 31.2(℃)$$

该温度满足假设条件，因此上述计算有效。根据式（15-28）得该加热器的换热量 Φ 为

$$\Phi = \varepsilon(q_m c_p)_{\min}(t'_1 - t'_2) = \varepsilon(q_{m2} c_{p2})(t'_1 - t'_2)$$
$$= 0.222 \times (8.4 \times 1005) \times (133.5 - 2) = 2.465 \times 10^5 (\text{W})$$

或者由热平衡方程式得该加热器的换热量 Φ 为

$$\Phi = q_{m2} c_{p2}(t''_2 - t'_2) = 8.4 \times 1005 \times (31.2 - 2) = 2.465 \times 10^5 (\text{W})$$

第三节　间壁式换热器的热计算

间壁式换热器的热计算主要有两类，即设计计算和校核计算。设计计算是根据已有的条件，设计一台新的换热器，主要是确定所需要的换热量和换热面积。校核计算是在非设计工况下，对已有的换热器进行性能核算，看是否能满足新的需要。常用的热计算方法有两种，即对数平均温压（LMTD）法和效能—传热单元数（ε-NTU）法。两种方法都既可用于设计计算，也可用于校核计算，但通常用平均温压法进行设计计算，而用效能—传热单元数法进行校核计算。基本的计算式有两条，即前述的式（15-5）和式（15-23）。式（15-5）是传热过程方

程式，即

$$\Phi = kA \Delta t_m$$

式（15 - 23）是热平衡方程式，即

$$\Phi = q_{m1} c_{p1}(t'_1 - t''_1) = q_{m2} c_{p2}(t''_2 - t'_2)$$

一、间壁式换热器的设计计算

设计计算时，一般已知高、低温流体的质量流量 q_{m1}、q_{m2}，比定压热容 c_{p1}、c_{p2}（换热器的换热过程可近似为定压过程，比定压热容常由定性温度来确定），进、出口四个温度中的三个温度值，计算换热器所需的换热量和换热面积。应用对数平均温压（LMTD）法进行设计计算的基本步骤如下：

（1）根据设计要求和经验，初步布置换热面，如材料、流道尺寸及流动方式等。

（2）根据已知条件，由热平衡方程式求出进、出口四个温度中那个未知温度值。相应地获得换热量 Φ 和对数平均温压 Δt_m，并确定合理的对数平均温压修正系数 ψ。

（3）根据传热系数的表达式，通过求得各项热阻值，计算传热系数 k。其中，对流换热热阻需应用前述的实验关联式，辐射换热热阻常转换为对流换热热阻来考虑等。

（4）根据传热过程方程式，求出换热面积 A，进一步获得相应的换热面几何尺寸等。

（5）根据工程流体力学的知识，校核高、低流体在所设计流道中的流动阻力损失，若不满足要求，需重新按步骤（1）～（4）进行设计。

如前所述，对数平均温压法常用于设计计算，因为它所求得的对数平均温压修正系数 ψ 能体现所设计的换热器接近纯逆流的程度，以达到较好的换热效果。实际设计中，一般要求 $\psi > 0.9$，至少 $\psi \geqslant 0.8$。另一方面，对数平均温压法用于校核计算时，所假设的出口温度对于热平衡量 Φ 和传热量 Φ' 都有很明显的影响，两者不能很快达到精度要求，计算量较大。

应用效能—传热单元数（εNTU）法也可进行换热器的设计计算，请读者自己练习。

【例题 15 - 7】   一冷油器为套管式换热器，内直径为 1.27cm 且管壁厚度为 0.127cm 的直管与套管同心，套管外绝热。油以 0.063kg/s 的流量在直管内流动，冷却水在直管与套管间的环形空间流动，且与油流动方向相反。油从 177℃冷却到 65.5℃，冷却水的进、出口温度分别为 10℃和 47.1℃。已知油的比热容为 1.675kJ/(kg·K)，油与管壁间的表面传热系数为 1.7kW/(m²·K)；冷却水的比热容为 4.19kJ/(kg·K)，水与管壁间的表面传热系数为 3.97kW/(m²·K)。若忽略管壁的导热热阻，试求：①冷却水的质量流量。②该换热器所需的管长。

解   根据热平衡方程式计算冷却水的质量流量 q_{m2} 为

$$\Phi = q_{m1} c_{p1}(t'_1 - t''_1) = q_{m2} c_{p2}(t''_2 - t'_2)$$

$$q_{m2} = \frac{q_{m1} c_{p1}(t'_1 - t''_1)}{c_{p2}(t''_2 - t'_2)} = \frac{0.063 \times (1.675 \times 10^3) \times (177 - 65.5)}{(4.19 \times 10^3) \times (47.1 - 10)} = 0.0757 (\text{kg/s})$$

该换热器的换热量 Φ 为

$$\Phi = q_{m1} c_{p1}(t'_1 - t''_1) = 0.063 \times (1.675 \times 10^3) \times (177 - 65.5) = 11766 (\text{W})$$

对数平均温压 Δt_m 为

$$\Delta t_m = \frac{\Delta t' - \Delta t''}{\ln \dfrac{\Delta t'}{\Delta t''}} = \frac{(t'_1 - t''_2) - (t''_1 - t'_2)}{\ln \dfrac{t'_1 - t''_2}{t''_1 - t'_2}} = \frac{(177 - 47.1) - (65.5 - 10)}{\ln \dfrac{177 - 47.1}{65.5 - 10}}$$

$$= 87.5 (℃)$$

忽略管壁导热热阻，以直管外表面积为基准的传热系数 k_2 为

$$k_2 = \left(\frac{d_2}{d_1} \frac{1}{h_1} + \frac{1}{h_2} \right)^{-1} = \left(\frac{d_1 + 2\delta}{d_1} \frac{1}{h_1} + \frac{1}{h_2} \right)^{-1}$$

$$= \left(\frac{1.27 + 2 \times 0.127\delta}{1.27} \frac{1}{1.7 \times 10^3} + \frac{1}{3.97 \times 10^3} \right)^{-1}$$

$$= 1044 [\text{W}/(\text{m}^2 \cdot \text{K})]$$

根据传热过程方程式得该换热器的换热面积 A 为

$$A = \frac{\Phi}{k \Delta t_m} = \frac{11766}{1044 \times 87.5} = 0.129 (\text{m}^2)$$

则该换热器所需的管长 L 为

$$L = \frac{A}{\pi d_2} = \frac{0.129}{3.14 \times [(1.27 + 2 \times 0.127) \times 10^{-2}]} = 2.70 (\text{m})$$

二、间壁式换热器的校核计算

校核计算时，一般已知换热器换热面积 A，高、低温流体的质量流量 q_{m1}、q_{m2}，比定压热容 c_{p1}、c_{p2}，两个进口温度 t_1' 和 t_2'，校核高、低温流体两个出口温度和换热量，看能否满足工作需要。应用效能—传热单元数（ε-NTU）法进行校核计算的基本步骤如下：

（1）假设一个出口温度值，由热平衡方程式求得另一个出口温度值。

（2）根据进、出口四个温度求得一个换热量 Φ。

（3）根据已有换热器的布置，通过求取各项热阻值，计算传热系数 k。

（4）根据传热系数 k、换热面积 A 及高、低温流体的热容 $q_{m1} c_{p1}$ 和 $q_{m2} c_{p2}$，求得热容比 C 和传热单元数 NTU。

（5）根据已有换热器的型式，查 $\varepsilon = f(C, \text{NTU})$ 线图或利用其效能计算式求得效能 ε。

（6）根据效能 ε 计算出另一个换热量 Φ'。

（7）根据效能的定义式求出一个未知的出口温度值，再由热平衡方程式得到另一个未知的温度值。

（8）比较前述步骤求得的两个换热量 Φ 和 Φ'，或者比较后面求得的温度值与前面假设得到的温度值，一般情况下两者是不同的，这说明假设的那个出口温度不准确，需重新假设，再重复步骤（1）～（8），直到两个换热量或两个温度值达到精度要求为止。应该指出，有时为方便计算，可根据经验直接假设传热系数 k，然后按上述步骤（4）～（7），接下来是步骤（2）、（3）和（8），步骤（8）中，可比较换热量或传热系数达到精度要求即可。

如前所述，效能—传热单元数法常用于校核计算，因为效能 ε 直接体现了所校核的换热器在非设计工况下能否保持较高的换热量和所要求的出口温度。同时考虑所假设的出口温度对传热系数 k 的影响远不如对换热量 Φ 的影响大，因此易于达到最后的精度要求，可减小计算量。

应用对数平均温压（LMTD）法也可进行换热器的校核计算，请读者自己练习。

【例题 15-8】 逆流式油冷却器中，油的进口温度为 130℃，流量为 0.5kg/s，比热容为 2220J/（kg·K）。冷却水的进口温度为 15℃，流量为 0.3kg/s，比热容为 4182J/（kg·K）。该冷却器的换热面积为 2.4m²，传热系数为 330W/（m²·K）。试求该冷却器的效能和两种流体的出口温度。

解 油和冷却水的热容分别为

$$q_{m1}c_{p1} = 0.5 \times 2220 = 1110 \text{W/K}; q_{m2}c_{p2} = 0.3 \times 4182 = 1255(\text{W/K})$$

因此热容比 C 为

$$C = \frac{q_{m1}c_{p1}}{q_{m2}c_{p2}} = \frac{1110}{1255} = 0.884$$

传热单元数 NTU 为

$$\text{NTU} = \frac{kA}{q_{m1}c_{p1}} = \frac{330 \times 2.4}{1110} = 0.714$$

根据式（15-30）可得该冷却器的效能为

$$\varepsilon = \frac{1 - \mathrm{e}^{-\text{NTU}(1-C)}}{1 - C\mathrm{e}^{-\text{NTU}(1-C)}} = \frac{1 - \exp[-0.714 \times (1 - 0.884)]}{1 - 0.884 \times \exp[-0.714 \times (1 - 0.884)]} = 0.427$$

再由效能的定义式（15-27）可得油的出口温度 t''_1 为

$$\varepsilon = \frac{t'_1 - t''_1}{t'_1 - t'_2}$$

$$t''_1 = t'_1 - \varepsilon(t'_1 - t'_2) = 130 - 0.427 \times (130 - 15) = 80.9(\text{℃})$$

根据热平衡式可得冷却水的出口温度 t''_2 为

$$\Phi = q_{m1}c_{p1}(t'_1 - t''_1) = q_{m2}c_{p2}(t''_2 - t'_2)$$

$$t''_2 = t'_2 + \frac{q_{m1}c_{p1}}{q_{m2}c_{p2}}(t'_1 - t''_1) = 15 + \frac{1110}{1255} \times (130 - 80.9) = 58.4(\text{℃})$$

当然，本题也可以通过查 $\varepsilon = f(C, \text{NTU})$ 线图求得效能。

三、关于换热器的综合考虑

换热器的热计算只是换热器问题中的一个局部组成，其他计算还包括流动阻力计算、材料强度计算、必要的技术经济性和安全可靠性分析与比较等，因此本着安全和经济的原则，必须综合考虑换热器问题，避免片面性。例如，提高换热器中流体的流速可以强化传热，节省一些初投资，但也会使流体流动的阻力损失增加，从而运行费用上升；另一方面，流体的流速过低易使换热器表面积垢；但流速过高却易发生振动、噪声或磨损等不稳定工况。因此必须合理安排流速以达到安全和经济的目的。关于换热器问题更全面的论述，读者可参阅相关文献。

第四节 传热的强化与削弱

所谓强化传热，是指通过分析影响传热的各种因素，采取相应的强化措施以提高换热设备单位面积或单位体积的传热量，达到节约能源、节省金属和满足生产、生活需要的目的。削弱传热是指通过分析影响传热的各种因素，针对那些不必要的热损失，采取相应的隔热保温等措施以降低能量和金属消耗或保持温度，达到保护设备、节能和满足生产、生活需要的目的。

一、强化和削弱传热的基本原则

如前所述，传热过程是由几个（一般是三个）热阻环节串联而成，每个串联环节又可以是基本热量传递方式的不同组合并联而成。根据热阻对传热的影响，通过基本的数学运算便可知道，若强化和削弱传热，就要判断传热过程中哪个环节的分热阻在总热阻中的比例最大或最小，针对这个分热阻采取相应措施才能收到显著效果。若各个分热阻所占比例相当，就要对各个分热阻同时采取措施。至于传热温压对传热的影响不言而喻，但提高或降低传热温压往往受客观条件限制。

【例题 15-9】　一冷却器的管内为冷却水，管外是压缩空气。管道外直径为 16mm，厚度为 1.5mm，导热系数为 111W/(m·K)，冷却水与管道间的表面传热系数为 6000W/(m²·K)，压缩空气横向绕流管道，与管道间的表面传热系数为 90W/(m²·K)。试求：①该冷却器的传热系数。②若压缩空气与管道间的表面传热系数增加一倍，传热系数有何变化？③若冷却水与管道间的表面传热系数增加一倍，传热系数又如何？

解　（1）以管道外表面积为基准的传热系数 k_2 的表达式为

$$k_2 = \left(\frac{d_2}{d_1}\frac{1}{h_1} + \frac{d_2}{2\lambda}\ln\frac{d_2}{d_1} + \frac{1}{h_2}\right)^{-1} = \left(\frac{d_2}{d_2-2\delta}\frac{1}{h_1} + \frac{d_2}{2\lambda}\ln\frac{d_2}{d_2-2\delta} + \frac{1}{h_2}\right)^{-1}$$

$$= \left(\frac{16}{16-2\times1.5}\times\frac{1}{6000} + \frac{16\times10^{-3}}{2\times111}\times\ln\frac{16}{16-2\times1.5} + \frac{1}{90}\right)^{-1}$$

$$= \frac{1}{0.000205 + 0.0000419 + 0.0111}$$

$$= 88.5[\text{W}/(\text{m}^2\cdot\text{K})]$$

比较上式分母中的三项热阻，管壁导热热阻远小于另外两项，因此以下计算中可略去。

（2）压缩空气与管道间的表面传热系数增加一倍，则略去管壁导热热阻后的传热系数为

$$k'_2 = \left(\frac{d_2}{d_2-2\delta}\frac{1}{h_1} + \frac{1}{h'_2}\right)^{-1}$$

$$= \left(\frac{16}{16-2\times1.5}\times\frac{1}{6000} + \frac{1}{180}\right)^{-1}$$

$$= 174[\text{W}/(\text{m}^2\cdot\text{K})]$$

可见传热系数 k'_2 较（1）中传热系数 k_2 增加了 96%。

（3）冷却水与管道间的表面传热系数增加一倍，则略去管壁导热热阻后的传热系数为

$$k''_2 = \left(\frac{d_2}{d_2-2\delta}\frac{1}{h'_1} + \frac{1}{h_2}\right)^{-1}$$

$$= \left(\frac{16}{16-2\times1.5}\times\frac{1}{12000} + \frac{1}{90}\right)^{-1}$$

$$= 89.2[\text{W}/(\text{m}^2\cdot\text{K})]$$

可见传热系数 k''_2 较（1）中传热系数 k_2 只增加了不到 1%。这说明强化空气侧的换热效果远较强化冷却水侧好。因此要强化一个具体的传热过程，应针对分热阻最大的那个环节采取相应措施效果才明显。

二、强化和削弱传热的基本途径

根据传热过程方程式（15-5），即 $\Phi = kA\Delta t_m$ 可知，强化和削弱传热一般可以从三个方面着手。

（1）传热的平均温压 Δt_m。强化传热时，提高 Δt_m。一方面是改变高、低流体的温度值，使高温流体温度更高或低温流体温度更低，这是最直接但往往也是易受限制的方法；另一方面是保持高、低温流体温度不变的情况下，提高 Δt_m，如流体流动尽量采用逆流方式等。削弱传热时，降低 Δt_m，与提高 Δt_m 相反。

（2）传热面积 A。强化传热时，增加 A。通常从改进传热面结构方面来增加 A，并尽量

使设备结构紧凑，金属消耗不致太多，如采用肋片以强化传热等。削弱传热时，降低 A，与增加 A 相反。

（3）传热系数 k。改变传热系数是强化和削弱传热最有效的途径。强化传热时，提高 k。若传热量 Φ 和传热温压 Δt_m 不变，提高 k，可以减小传热面积 A，节省金属；若传热量 Φ 和传热面积 A 不变，提高 k，可以减小传热温压 Δt_m，提高传热效率，即以较小的传热温压获得同样的传热量。根据 k 的计算式不难看出，分别或同时降低三种热量传递方式的面积热阻就可以提高 k，而其中尤以提高各热量传递方式的特征值效果明显，如提高物体的导热系数 λ、提高流体与壁面间的表面传热系数 h 以及提高辐射角系数 X、黑度 ε 等。削弱传热时，降低 k，与提高 k 相反。

三、强化传热的具体措施

1. 对流换热的强化

强化传热主要集中在对流换热和辐射换热领域，尤其是对流换热领域。对流换热的强化措施可分为无源强化和有源强化两种。所谓无源强化，是指不需要外加动力和消耗额外能量的强化技术，又称为被动式技术；有源强化则指依靠外加动力（如机械力、电磁力等）并消耗额外能量的强化技术，又称为主动式技术。

对流换热的有源强化技术主要包括：①机械搅拌或电磁场作用下使流体扰动和混合加强。②外加动力使换热表面或流体振动；③对流体施加声波或超声波，使流体受到周期性压缩和膨胀以增强脉动。④喷入不同或同种流体到换热流体中或者吸走部分换热流体等等。有源强化技术不如无源强化技术应用那样广泛。

对流换热的无源强化技术主要包括：

（1）无相变流体对流换热的无源强化。

1）改变流体的流动状况。例如：提高流体的流动速度；增加流体的扰动，如添加扰流子、涡流发生器等，采用螺纹管、波纹管等，流体横向绕流管束等。

2）改变流体的物性。例如：改变流体的种类，如发电机的冷却由空冷向氢冷、水冷的转变等；流体中添加异种介质，如气体中加入固体颗粒，蒸汽或气体中加入液滴，液体中加入固体颗粒等形成混合流，增加其热容量、密度及导热系数等；有时可以发生相变，以强化传热。

3）改变换热面的几何因素，如几何形状、尺寸、相对位置及表面状况等。例如：采用弯管、短管等；采用小直径管、异形管等；采用延伸表面，如敷设肋片等；改变管道布置，如叉排布置管束、逆流方式等；采用粗糙表面等。

4）改变热量传递方式。如在流道中放置对流—辐射板以强化传热。对流—辐射板一般用金属网、多孔陶瓷板或陶瓷环等做成，处于流道中的对流—辐射板能以辐射方式向换热面辐射能量，因此换热面除原有的对流换热外，又额外增加了对流—辐射板对其的辐射换热，从而起到强化传热的作用。

（2）相变流体对流换热的无源强化。

1）改变换热面结构。如用挤压或打磨等方法使换热面变粗糙以强化沸腾换热；在换热面上切削出细小沟槽或螺纹、矮肋等以强化凝结换热。

2）采用表面涂层技术。如用烧结、机械加工或电火花等方法使管壁覆盖一层很薄的多孔层以强化沸腾换热；在凝结换热表面涂以非湿润物质（如聚四氟乙烯等）或在蒸汽中加入促进剂（如油酸等）以促进形成珠状凝结。

3）对于凝结换热，通过有效地去除不凝结气体或加速凝结液的泄流等都能起到强化作用。如发电厂的凝汽器需要加装抽气器或真空泵等以去除不凝结气体（如空气等）；通过加装中间导流装置或使用离心力方法等可加速凝结液的泄流。

总之，除流体种类和固体壁面的材料因素外，对于无相变对流换热，只要能减薄或破坏速度边界层，能使流体或流体与其中的异种介质间的扰动和混合加强，特别是贴壁处的扰动和混合加强的措施都能强化传热；对于强化沸腾换热，关键是增加汽化核心的数目等；而对于强化凝结换热，则应从减薄凝结液膜的厚度、排除不凝结气体、加速凝结液的泄流及尽量维持珠状凝结等方面着手。应该指出，强化对流换热后，在换热量增加的同时可能导致流体流动阻力的增加，这意味着运行费用的增加，而且往往伴随着制造成本的增加。因此要权衡利弊，综合考虑各种因素。

2. 辐射换热的强化

如前所述，所有影响热辐射、吸收以及表面热阻、空间热阻等的因素都能影响辐射换热。因此强化辐射换热的主要措施有：

（1）选用黑度大的辐射物体或尽量提高物体的辐射黑度，可减小表面热阻，增强辐射及辐射换热。如辐射表面涂镀光谱选择性材料或黑度大的材料等。

（2）改变辐射物体间的几何条件。如增加辐射表面积或减小物体间的距离等，可减小空间热阻，增强辐射换热。

（3）针对不同辐射类型，通过改变物体表面状况以强化辐射换热。如太阳辐射对颜色很敏感，可选用黑色材料；而工业辐射对粗糙度很敏感，可使表面粗糙度大些等。

（4）提高辐射物体的温度。对于流体辐射，其温度越高，流速越低，辐射换热所占比例较对流换热越大等。

3. 导热的强化

一般情况下，换热设备的固体壁面是金属材料，且壁厚较小，因此导热热阻相对较小，强化传热时常不予考虑。但若导热热阻与其两侧的对流换热热阻或辐射换热热阻相差较小时，导热热阻不能忽略，因此必须考虑导热的强化。强化导热的主要措施有：

（1）选用导热系数大的物体或提高物体的导热系数，如增大物体的湿度等。

（2）清洁导热壁面，减小污垢热阻。换热器运行一段时间后，换热壁面上常会积起水垢、油垢和烟灰等垢层，或者换热壁面与流体相互作用发生腐蚀而形成垢层，这些情形统称为结垢，结垢的换热壁面随之将产生附加热阻，使得传热系数减小，传热量降低，进而换热器性能恶化。一般情况下，污垢热阻较小，但当传热过程各环节传热被强化后，污垢热阻所占比例将增加，因此应尽量减小污垢热阻对传热过程特别是导热环节的影响，如锅炉中的吹灰装置及凝汽器中的胶球清洗装置等就是用来减小污垢热阻，以强化壁面导热。

（3）改变导热物体的几何条件，如减小导热壁面的厚度或增大导热壁面的长度等。

（4）提高导热的温压和导热面积，如敷设肋片等，但易受换热设备及使用条件的限制等。

四、削弱传热的具体措施

1. 导热的削弱

削弱传热主要集中在导热和辐射换热方面，尤其是控制导热过程方面。削弱导热过程的主要措施是应用导热系数小的保温材料。开发和应用保温材料的技术被称为隔热保温技术或绝热技术。

对高于环境温度的热力设备和管道，多采用无机的保温材料。常用类型包括：①多孔型，如微孔硅酸钙等。②纤维型，如岩棉玻璃布缝毡等。③粒状结构，如膨胀珍珠岩等。这三类保温材料除了本身导热系数小外，主要因为它们结构中形成了许多存储空气的细小空间，由于空气的导热系数很小，使得整体的导热性能下降。

对低于环境温度的热力设备和管道，常应用保温材料以防止外界热量导入。常用类型包括：①常压下工作的疏松纤维或泡状多孔保温材料，如聚苯乙烯泡沫塑料、聚氨酯泡沫塑料等。②超细粉末状保温材料，包括氧化镁、氧化铝、石英砂、玻璃、二氧化硅及炭黑等，其粒径达 $10\mu m$ 以下的量级。常压下这些粉末的导热系数就很低；当把这些粉末抽真空到 $0.1Pa$ 时，其导热系数将比空气还低一个数量级。③多层真空保温材料，即前述的超级保温材料。如存储液氮或液氧等容器的保温层，常采用多层塑料薄膜，外涂反射比很大的箔层，箔层间嵌有质轻且导热系数小的材料作分隔层，层间抽真空至 $10^{-3}\sim10^{-2}Pa$ 或更低，经过这些处理后其导热系数可达 10^{-4} 的数量级。

应该指出，对于保温材料要特别注意防潮，一般除了考虑使用条件外，可以在保温材料表面或内部添加憎水剂以减弱其吸湿受潮程度，保证隔热保温效果。

总之，隔热保温技术已发展成为传热学应用技术的一个重要分支。

2. 辐射换热及对流换热的削弱

削弱辐射换热的主要措施包括：①采用辐射黑度较小的物体或尽量减小物体的辐射黑度和增加对投入辐射的吸收比等，如表面涂层（涂以氧化铜或镍黑等）既增加吸收比又降低本身的黑度，使辐射换热得以削弱。②改变辐射物体间的几何条件，如在辐射表面间插入遮热板等。遮热板大多采用黑度低且反射比高的金属薄板制成，当一块达不到削弱要求时，可采用多层遮热板。遮热板的工程应用甚广，原因在于其削弱辐射换热的效果明显，如黑度为 0.8 的两个平行平板间插入一块黑度为 0.05 的遮热板，可以使辐射换热量减小为原来的 1/27。③改变物体表面状况以削弱辐射换热，如太阳辐射对颜色很敏感，可选用浅色材料；而工业辐射对粗糙度很敏感，可使表面光洁等。④降低辐射物体的温度，如流体温度低但流速较高时，其辐射换热与对流换热相比易于忽略等。

至于削弱对流换热，可以从强化对流换热的相反方面着手。应该指出，削弱对流换热最有效的方法是改变热量传递方式，如改对流换热为辐射换热，保温瓶夹层抽真空即是这样的例子；改对流换热为导热，太阳能集热器的覆盖层与吸收面间堆放蜂窝状的透明元件以抑制自然对流换热就是如此。

复 习 思 考 题

15-1 试对锅炉省煤器和汽轮机凝汽器的传热过程进行分析，看看是哪些基本热量传递方式的组合。

15-2 何谓临界绝缘直径？并指出什么情况下需要考虑临界绝缘直径。

15-3 简述壁面上敷设肋片的目的和原则。

15-4 按照工作原理，换热器主要有哪些类型？并举例简要说明其工作原理。

15-5 纯顺流和纯逆流换热器各有何优缺点？有的锅炉过热器低温段布置成逆流，而高温段则布置成顺流，试解释原因。

15-6　简述换热器热计算的内容和方法，并指出各计算方法有何优缺点。

15-7　何谓换热器的效能和传热单元数？并指出它们的物理意义。

15-8　试述强化与削弱传热的基本原则和途径。

15-9　从热阻分析的角度，在圆管外侧敷设肋片和保温层有何异同？并指出何种情况下在圆管外侧敷设肋片会削弱传热，敷设保温层反而会强化传热？

15-10　何谓污垢热阻？试指出在换热器热计算中如何考虑污垢热阻。

15-11　两漫-灰的平行平壁间进行辐射换热，两壁面黑度分别为 ε_1 和 ε_2，并保持壁面温度 T_1 和 T_2，且 $T_1 > T_2$。为削弱两壁面间的辐射换热，现用一个两侧面黑度不同的薄遮热板将两壁面隔开。试问：①为最大限度地减小两壁面间的辐射换热量，遮热板应如何放置，即将该遮热板黑度小的一侧还是大的一侧朝向温度较高的平壁？②遮热板黑度小的一侧或黑度大的一侧朝向温度较高的平壁，这两种放置方案中哪一种使该遮热板的温度更高？

习　　题

15-1　冷、热水通过一厚度为 8mm 的钢板进行传热，其中冷、热水与钢板间的表面传热系数分别为 1450W/(m²·K) 和 2330W/(m²·K)，钢板的导热系数为 46.5W/(m·K)。若冷、热水的平均温差为 60℃，试求该传热过程的传热系数和热流密度。

15-2　一锅炉水冷壁管外直径为 52mm，厚度为 3mm，导热系数为 42W/(m·K)。已知管外的烟气温度为 1100℃，管内的沸水温度为 200℃，管道与烟气间的表面传热系数为 100W/(m²·K)，管道与沸水间的表面传热系数为 5000W/(m²·K)。试计算下列三种情况下水冷壁按管道外表面积计算的传热系数和单位管长的热负荷：①水冷壁面是洁净的；②管外表面有一层厚度为 1mm 的烟灰，导热系数为 0.08 W/(m·K)；③管内表面有一层厚度为 2mm 的水垢，导热系数为 1W/(m·K)。

15-3　一厚度为 8mm 的大平壁，导热系数为 40W/(m·K)，两侧的流体温度分别为 70℃和 10℃，两侧面和流体间的表面传热系数分别为 195W/(m²·K) 和 9.5W/(m²·K)，其中冷流体的一侧壁面敷设肋片，肋化系数为 13，肋壁效率为 0.8。试求：①以未敷设肋片侧表面积为基准的热流密度及敷设肋片后热流密度的变化。②若将相同的肋片敷设在热流体一侧壁面上，肋化系数和肋壁效率不变，情况如何？

15-4　一温度为 90℃的电线，被温度为 20℃的空气冷却，该电线表面和空气间的表面传热系数为 25W/(m²·K)。为增强散热，拟将直径为 2mm 的该电线包一层厚度为 5mm、导热系数为 0.15 W/(m·K) 的橡胶层。若包橡胶后该电线表面与空气间的表面传热系数变为 12W/(m²·K)，试问：①包橡胶层能否达到增强散热的目的？②若电线内的电流保持不变，该电线的表面温度为多少？

15-5　一套管式换热器中，油的进、出口温度分别为 80℃和 120℃，水的进、出口温度分别为 180℃和 160℃。试比较该换热器纯顺流和纯逆流布置时的对数平均温压。

15-6　一套管式换热器，热流体的进、出口温度分别为 65℃和 40℃，冷流体的进口温度为 15℃，冷流体的热容量是热流体的 0.8 倍。试求：①该换热器是顺流还是逆流方式？②该换热器的对数平均温压。③该换热器的效能。

15-7　一顺流壳管式空气加热器，水在温度为 80℃时进入该加热器管内，在温度为

50℃时离开，空气在该加热器管外从 15℃加热到 30℃。已知传热系数为 40W/（m² · K），总传热量为 3×10⁴W，试求该加热器的传热面积。

15 - 8　一台 1 - 2 型壳管式冷却器用水来冷却空气。管外空气温度从 119℃下降到 45℃，管内水从 16℃升高到 35℃。已知空气流量为 19.6kg/min，该冷却器的传热系数为 84W/（m² · K），试计算：①水的流量；②传热量；③所需的传热面积。

15 - 9　一间壁式换热器中，高温流体从 300℃冷却到 140℃，低温流体从 44℃加热到 124℃。试计算：①换热器的传热面积足够大时，高温流体在纯顺流换热器中所能冷却到的最低温度；②换热器的传热面积足够大时，高温流体在纯逆流换热器中所能冷却到的最低温度；③相同的流体进、出口温度下纯顺流和纯逆流换热器所需的传热面积之比。假定两种流动方式下的传热量和传热系数均相同。

15 - 10　一逆流间壁式冷却器，饱和苯液被水从 77℃冷却到 47℃，苯液的质量流量为 1kg/s，比热容为 1758J/（kg · K），冷却水的质量流量为 0.63kg/s，进口温度为 13℃，比热容为 4186J/（kg · K）。已知传热系数为 310W/（m² · K），试用 ε-NTU 法求所需的传热面积。

15 - 11　一套管换热器，换热面积为 2m²，高、低温流体的进口温度分别为 150℃和 10℃。已知两流体的热容量均为 1000W/K，该换热器的传热系数为 1000W/（m² · K），试分别计算按纯顺流和纯逆流布置时，该换热器的效能、传热量和两流体的出口温度。

15 - 12　一台壳管式氨冷凝器，总传热面积为 114m²，传热系数为 900W/（m² · K），冷却水和氨气的进口温度分别为 28℃和 38℃，冷却水的质量流量为 24kg/s。试计算冷却水的出口温度和冷凝热流量。

15 - 13　一逆流壳管式冷油器中，油从 100℃冷却到 60℃，水由 25℃加热到 50℃。已知该换热器的传热系数为 340W/（m² · K），传热面积为 1.8m²，试求该换热器的效能。若该换热器运行一年后，发现水只能被加热到 45℃，而油的出口温度大于 60℃，试求此时该换热器的效能和污垢热阻。

15 - 14　一近似按平壁处理的钢管，其厚度为 2mm，导热系数为 20W/(m · K)，两侧面与流体发生对流换热，表面传热系数分别为 $h_1 = 800$W/(m² · K) 和 $h_2 = 50$W/(m² · K)，两侧流体的平均温差为 60℃。为强化传热采取如下措施：①h_1 增加 60%；②h_2 增加 20%；③以导热系数为 330W/(m · K) 的等厚度铜管代替钢管。试分别计算传热量增加的百分比。

15 - 15　试证明：两个平行平壁之间加上 n 块遮热板后，辐射换热量将减小到无遮热板时的 $\frac{1}{n+1}$。假设包括两平壁和遮热板在内的各壁面均为漫—灰体表面，且黑度均相同。

附　　　　录

物　　质	M $\left(\dfrac{kg}{kmol}\right)$	c_p $\left(\dfrac{kJ}{kg \cdot K}\right)$	$C_{p,m}$ $\left(\dfrac{J}{mol \cdot K}\right)$	c_V $\left(\dfrac{kJ}{kg \cdot K}\right)$	$C_{V,m}$ $\left(\dfrac{J}{mol \cdot K}\right)$	R $\left(\dfrac{kJ}{kg \cdot K}\right)$	k c_p/c_V
氩 Ar	39.94	0.523	20.89	0.315	12.57	0.208	1.67
氦 He	4.003	5.200	20.81	3.123	12.50	2.077	1.67
氢 H_2	2.016	14.32	28.86	10.19	20.55	4.124	1.40
氮 N_2	28.02	1.038	29.08	0.742	20.77	0.297	1.40
氧 O_2	32.00	0.917	29.34	0.657	21.03	0.260	1.39
一氧化碳 CO	28.01	1.042	29.19	0.745	20.88	0.297	1.40
空　　气	28.97	1.004	29.09	0.717	20.78	0.287	1.40
水蒸气 H_2O	18.016	1.867	33.64	1.406	25.33	0.461	1.33
二氧化碳 CO_2	44.01	0.845	37.19	0.656	28.88	0.189	1.29
二氧化硫 SO_2	64.07	0.644	41.26	0.514	32.94	0.130	1.25
甲烷 CH_4	16.04	2.227	35.72	1.709	27.41	0.519	1.30
丙烷 C_3H_3	44.09	1.691	74.56	1.502	66.25	0.189	1.13

温度(℃) ＼ 气体	O_2	N_2	CO	CO_2	H_2O	SO_2	空气
0	29.274	29.115	29.123	35.860	33.499	38.854	29.073
100	29.877	29.199	29.262	42.206	34.055	42.412	29.266
200	30.815	29.471	29.647	43.589	34.964	45.552	29.676
300	31.832	29.952	30.254	46.515	36.036	48.232	30.266
400	32.758	30.576	30.974	48.860	37.191	50.242	30.949
500	33.549	31.250	31.707	50.815	38.406	51.707	31.640
600	34.202	31.920	32.402	52.452	39.662	52.879	32.301
700	34.746	32.540	33.025	53.826	40.951	53.759	32.900
800	35.203	33.101	33.574	54.977	42.249	54.428	33.432
900	35.584	33.599	34.055	55.952	43.513	55.015	33.905
1000	35.914	34.043	34.470	56.773	44.723	55.433	34.315
1100	36.216	34.424	34.826	57.472	45.858	55.768	34.679
1200	36.486	34.763	35.140	58.071	46.913	56.061	35.002
1300	36.752	35.060	35.412	58.586	47.897	56.354	35.291
1400	36.999	35.320	35.646	59.030	48.801	56.564	35.546
1500	37.242	35.546	35.856	59.411	49.639	56.773	35.772
1600	37.480	35.747	36.040	59.737	50.409	56.899	35.977
1700	37.715	35.927	36.203	60.022	51.133	57.024	36.170
1800	37.945	36.090	36.350	60.269	51.782	57.150	36.346
1900	38.175	36.237	36.480	60.478	52.377	57.234	36.509
2000	38.406	36.367	36.597	60.654	52.930	57.317	36.655
2100	38.636	36.484	36.706	60.801	53.449	57.359	36.798
2200	38.858	36.593	36.802	60.918	53.930	57.443	36.928
2300	39.080	36.693	36.894	61.006	54.370	57.485	37.053

续表

气体 温度(℃)	O₂	N₂	CO	CO₂	H₂O	SO₂	空气
2400	39.293	36.785	36.978	61.060	54.780	57.527	37.170
2500	39.502	36.869	37.053	61.035	55.161	57.610	37.270
2600	39.708	37.022			55.525		37.480
2700	39.909	37.106			55.864		37.514
2800	39.984	37.189			56.187		37.597
2900	40.152	37.231			56.486		37.681
3000	40.277	37.263	37.388	61.178	56.522	57.736	37.765
*M*①	32.000	28.016	28.010	44.010	18.020	64.06	28.964

① *M* 为物质的摩尔质量，下同。

附录 3　　　　　　　　　气体的平均摩尔定压热容　　　　　　　J/(mol·K)

气体 温度(℃)	O₂	N₂	CO	CO₂	H₂O	SO₂	空气
0	29.274	29.115	29.123	35.860	33.499	38.854	29.073
100	29.538	29.144	29.178	38.112	33.741	40.654	29.153
200	29.931	29.228	29.303	40.059	34.118	42.329	29.299
300	30.400	29.383	29.517	41.755	34.575	43.878	29.521
400	30.878	29.601	29.789	43.250	35.090	45.217	29.789
500	31.334	29.864	30.099	44.573	35.630	46.390	30.095
600	31.761	30.149	30.425	45.753	36.195	47.353	30.405
700	32.150	30.451	30.752	46.813	36.789	48.232	30.723
800	32.502	30.748	31.070	47.763	37.392	48.944	31.028
900	32.835	31.037	31.376	48.617	38.008	49.614	31.321
1000	33.118	31.313	31.665	49.392	38.619	50.158	31.598
1100	33.386	31.577	31.937	50.099	39.226	50.660	31.862
1200	33.633	31.828	32.192	50.740	39.825	51.079	32.109
1300	33.863	32.067	32.427	51.322	40.407	51.623	32.343
1400	34.076	32.293	32.653	51.858	40.976	51.958	32.565
1500	34.282	32.502	32.858	52.348	41.525	52.251	32.774
1600	34.474	32.699	33.051	52.800	42.056	52.544	32.967
1700	34.658	32.883	33.231	53.218	42.576	52.796	33.151
1800	34.834	33.055	33.402	53.604	43.070	53.047	33.319
1900	35.006	33.218	33.561	53.959	43.539	53.214	33.482
2000	35.169	33.373	33.708	54.290	43.995	53.465	33.641
2100	35.328	33.520	33.850	54.596	44.435	53.633	33.787
2200	35.483	33.658	33.980	54.881	44.853	53.800	33.926
2300	35.634	33.787	34.106	55.144	45.255	53.968	34.060
2400	35.785	33.909	34.223	55.391	45.644	54.135	34.185
2500	35.927	34.022	34.336	55.617	46.017	54.261	34.307
2600	36.069	34.206	34.499	55.852	46.381	54.387	34.332
2700	36.207	34.290	34.583	56.061	46.729	54.512	34.457
2800	36.341	34.415	34.667	56.229	47.060	54.596	34.542
2900	36.509	34.499	34.750	56.438	47.378	54.721	34.625
3000	36.676	34.583	34.834	56.606		54.847	34.709
M	32.000	28.016	28.010	44.010	18.020	64.060	28.964

附录 4　　　　　　　**气体的平均摩尔定容热容**　　　　　　J/(mol·K)

温度(℃) \ 气体	O₂	N₂	CO	CO₂	H₂O	SO₂	空气
0	20.959	20.800	20.808	27.545	25.184	30.522	20.758
100	21.223	20.829	20.863	29.797	25.426	32.322	20.838
200	21.616	20.913	20.988	31.744	25.803	33.997	20.984
300	22.085	21.068	21.202	33.440	26.260	35.546	21.206
400	22.563	21.286	21.474	34.935	26.775	36.886	21.474
500	23.019	21.549	21.784	36.258	27.315	38.058	21.780
600	23.446	21.834	22.100	37.438	27.880	39.021	22.090
700	23.835	22.136	22.437	38.498	28.474	39.900	22.408
800	24.187	22.433	22.755	39.448	29.077	40.612	22.713
900	24.510	22.722	23.061	40.302	29.693	41.282	23.006
1000	24.803	22.998	23.360	41.077	30.304	41.826	23.283
1100	25.071	23.262	23.622	41.784	30.911	42.329	23.541
1200	25.318	23.513	23.877	42.425	31.510	42.747	23.794
1300	25.548	23.752	24.112	43.007	32.092		24.028
1400	25.761	23.978	24.338	43.543	32.661		24.250
1500	25.967	24.187	24.543	44.033	33.210		24.459
1600	26.159	24.384	24.736	44.485	33.741		24.652
1700	26.343	24.568	24.916	44.903	34.261		24.836
1800	26.519	24.740	25.087	45.289	34.755		25.004
1900	26.691	24.903	25.246	45.644	35.224		25.167
2000	26.854	25.058	25.393	45.975	35.680		25.326
2100	27.013	25.205	25.536	46.281	36.120		25.472
2200	27.168	25.343	25.665	46.566	36.538		25.611
2300	27.319	25.472	25.791	46.829	36.940		25.745
2400	27.470	25.594	25.908	47.076	37.330		25.870
2500	27.612	25.707	26.021	47.302	37.702		25.992
2600	27.754				38.066		
2700	27.892				38.414		
2800					38.745		
2900					39.063		
3000							
M	32.000	28.016	28.010	44.010	18.020	64.06	28.964

附录 5　　　　　　　**气体的平均比定压热容**　　　　　　kJ/(kg·K)

温度(℃) \ 气体	O₂	N₂	CO	CO₂	H₂O	SO₂	空气
0	0.915	1.039	1.040	0.815	1.859	0.607	1.004
100	0.923	1.040	1.042	0.866	1.873	0.636	1.006
200	0.935	1.043	1.046	0.910	1.894	0.662	1.012
300	0.950	1.049	1.054	0.949	1.919	0.687	1.019
400	0.965	1.057	1.063	0.983	1.948	0.708	1.028
500	0.979	1.066	1.075	1.013	1.978	0.724	1.039
600	0.993	1.076	1.086	1.040	2.009	0.737	1.050
700	1.005	1.087	1.098	1.064	2.042	0.754	1.061
800	1.016	1.097	1.109	1.085	2.075	0.762	1.071
900	1.026	1.108	1.120	1.104	2.110	0.775	1.081
1000	1.035	1.118	1.130	1.122	2.144	0.783	1.091
1100	1.043	1.127	1.140	1.138	2.177	0.791	1.100
1200	1.051	1.136	1.149	1.153	2.211	0.795	1.108
1300	1.058	1.145	1.158	1.166	2.243	—	1.117

温度(℃) 气体	O_2	N_2	CO	CO_2	H_2O	SO_2	空气
1400	1.065	1.153	1.166	1.178	2.274	—	1.124
1500	1.071	1.160	1.173	1.189	2.305	—	1.131
1600	1.077	1.167	1.180	1.200	2.335	—	1.138
1700	1.083	1.174	1.187	1.209	2.363	—	1.144
1800	1.089	1.180	1.192	1.218	2.391	—	1.150
1900	1.094	1.186	1.198	1.226	2.417	—	1.156
2000	1.099	1.191	1.203	1.233	2.442	—	1.161
2100	1.104	1.197	1.208	1.241	2.466	—	1.166
2200	1.109	1.201	1.213	1.247	2.489	—	1.171
2300	1.114	1.206	1.218	1.253	2.512	—	1.176
2400	1.118	1.210	1.222	1.259	2.533	—	1.180
2500	1.123	1.214	1.226	1.264	2.554	—	1.184
2600	1.127	—	—	—	2.574	—	—
2700	1.131	—	—	—	2.594	—	—
2800	—	—	—	—	2.612	—	—
2900	—	—	—	—	2.630	—	—
3000	—	—	—	—	—	—	—

附录 6　　　　　　　　　气体的平均比定容热容　　　　　　　　kJ/(kg・K)

温度(℃) 气体	O_2	N_2	CO	CO_2	H_2O	SO_2	空气
0	0.655	0.742	0.743	0.626	1.398	0.477	0.716
100	0.663	0.744	0.745	0.677	1.411	0.507	0.719
200	0.675	0.747	0.749	0.721	1.432	0.532	0.724
300	0.690	0.752	0.757	0.760	1.457	0.557	0.732
400	0.705	0.760	0.767	0.794	1.486	0.578	0.741
500	0.719	0.769	0.777	0.824	1.516	0.595	0.752
600	0.733	0.779	0.789	0.851	1.547	0.607	0.762
700	0.745	0.790	0.801	0.875	1.581	0.621	0.773
800	0.756	0.801	0.812	0.896	1.614	0.632	0.784
900	0.766	0.811	0.823	0.916	1.618	0.645	0.794
1000	0.775	0.821	0.834	0.933	1.682	0.653	0.804
1100	0.783	0.830	0.843	0.950	1.716	0.662	0.813
1200	0.791	0.839	0.857	0.964	1.749	0.666	0.821
1300	0.798	0.848	0.861	0.977	1.781	—	0.829
1400	0.805	0.856	0.869	0.989	1.813	—	0.837
1500	0.811	0.863	0.876	1.001	1.843	—	0.844
1600	0.817	0.870	0.883	1.011	1.874	—	0.851
1700	0.823	0.877	0.889	1.020	1.902	—	0.857
1800	0.829	0.883	0.896	1.029	1.929	—	0.863
1900	0.834	0.889	0.901	1.037	1.955	—	0.869
2000	0.839	0.894	0.906	1.045	1.980	—	0.874
2100	0.844	0.900	0.911	1.052	2.005	—	0.879
2200	0.849	0.905	0.916	1.058	2.028	—	0.884
2300	0.854	0.909	0.921	1.064	2.050	—	0.889
2400	0.858	0.914	0.925	1.070	2.072	—	0.893
2500	0.863	0.918	0.929	1.075	2.093	—	0.897
2600	0.868	—	—	—	2.113	—	—
2700	0.872	—	—	—	2.132	—	—
2800	—	—	—	—	2.151	—	—
2900	—	—	—	—	2.168	—	—
3000	—	—	—	—	—	—	—

附录 7　　　　　　　**气体的平均体积定压热容**　　　　　kJ/(m³·K)

温度(℃)＼气体	O₂	N₂	CO	CO₂	H₂O	SO₂	空气
0	1.306	1.299	1.299	1.600	1.494	1.733	1.297
100	1.318	1.300	1.302	1.700	1.505	1.813	1.300
200	1.335	1.304	1.307	1.787	1.522	1.888	1.307
300	1.356	1.311	1.317	1.863	1.542	1.955	1.317
400	1.377	1.321	1.329	1.930	1.565	2.018	1.329
500	1.398	1.332	1.343	1.989	1.590	2.068	1.343
600	1.417	1.345	1.357	2.041	1.615	2.114	1.357
700	1.434	1.359	1.372	2.088	1.641	2.152	1.371
800	1.450	1.372	1.386	2.131	1.668	2.181	1.384
900	1.465	1.385	1.400	2.169	1.696	2.215	1.398
1000	1.478	1.397	1.413	2.204	1.723	2.236	1.410
1100	1.489	1.409	1.425	2.235	1.750	2.261	1.421
1200	1.501	1.420	1.436	2.264	1.777	2.278	1.433
1300	1.511	1.431	1.447	2.290	1.803	—	1.443
1400	1.520	1.441	1.457	2.314	1.828	—	1.453
1500	1.529	1.450	1.466	2.335	1.853	—	1.462
1600	1.538	1.459	1.475	2.355	1.876	—	1.471
1700	1.546	1.467	1.483	2.374	1.900	—	1.479
1800	1.554	1.475	1.490	2.392	1.921	—	1.487
1900	1.562	1.482	1.497	2.407	1.942	—	1.494
2000	1.569	1.489	1.504	2.422	1.963	—	1.501
2100	1.576	1.496	1.510	2.436	1.982	—	1.507
2200	1.583	1.502	1.516	2.448	2.001	—	1.514
2300	1.590	1.507	1.521	2.460	2.019	—	1.519
2400	1.596	1.513	1.527	2.471	2.036	—	1.525
2500	1.603	1.518	1.532	2.481	2.053	—	1.530
2600	1.609	—	—	—	2.069	—	—
2700	1.615	—	—	—	2.085	—	—
2800	—	—	—	—	2.100	—	—
2900	—	—	—	—	2.113	—	—
3000	—	—	—	—	—	—	—

附录 8　　　　　　　**气体的平均体积定容热容**　　　　　kJ/(m³·K)

温度(℃)＼气体	O₂	N₂	CO	CO₂	H₂O	SO₂	空气
0	0.935	0.928	0.928	1.299	1.124	1.361	0.926
100	0.947	0.929	0.931	1.329	1.134	1.440	0.929
200	0.964	0.933	0.936	1.416	1.151	1.516	0.936
300	0.985	0.940	0.946	1.492	1.171	1.597	0.946
400	1.007	0.950	0.958	1.559	1.194	1.645	0.958
500	1.027	0.961	0.972	1.618	1.219	1.700	0.972
600	1.046	0.974	0.986	1.670	1.241	1.742	0.986
700	1.063	0.988	1.001	1.717	1.270	1.779	1.000
800	1.079	1.001	1.015	1.760	1.297	1.813	1.013

温度(℃) \ 气体	O₂	N₂	CO	CO₂	H₂O	SO₂	空气
900	1.094	1.014	1.029	1.798	1.325	1.842	1.026
1000	1.107	1.026	1.042	1.833	1.352	1.867	1.039
1100	1.118	1.038	1.054	1.864	1.379	1.888	1.050
1200	1.130	1.049	1.065	1.893	1.406	1.905	1.062
1300	1.140	1.060	1.076	1.919	1.432	—	1.072
1400	1.149	1.070	1.086	1.943	1.457	—	1.082
1500	1.158	1.079	1.095	1.964	1.482	—	1.091
1600	1.167	1.088	1.104	1.985	1.505	—	1.100
1700	1.175	1.096	1.112	2.003	1.529	—	1.108
1800	1.183	1.104	1.119	2.021	1.550	—	1.116
1900	1.191	1.111	1.126	2.036	1.571	—	1.123
2000	1.198	1.118	1.133	2.051	1.592	—	1.130
2100	1.205	1.125	1.139	2.065	1.611	—	1.136
2200	1.212	1.130	1.145	2.077	1.630	—	1.143
2300	1.219	1.136	1.151	2.089	1.648	—	1.148
2400	1.225	1.142	1.156	2.100	1.666	—	1.154
2500	1.232	1.147	1.161	2.110	1.682	—	1.159
2600	1.233	—	—	—	1.698		
2700	1.244	—	—	—	1.714		
2800	—	—	—	—	1.729		
2900	—	—	—	—	1.743		
3000	—				—		

附录 9　　　　298～1500K 气体的摩尔热容公式(曲线关系式)

$$C_{p0,m} = a + bT + eT^2 \qquad \text{J/(mol·K)}$$

气　体	a	$b \times 10^3$	$e \times 10^3$
氢　H₂	29.0856	−0.8373	2.0138
氮　N₂	27.3146	5.2335	−0.0042
氧　O₂	25.8911	12.9874	−3.8644
氯　Cl₂	31.7191	10.1488	−4.0402
一氧化碳　CO	26.8742	6.9710	−0.8206
二氧化碳　CO₂	26.0167	43.5259	−14.8422
二氧化硫　SO₂	29.7932	39.8248	−14.6998
水蒸气　H₂O	30.3794	9.6212	1.1848
甲烷　CH₄	14.1555	75.5466	−18.0032
乙烷　C₂H₆	9.4007	159.9399	−46.2599
丙烷　C₃H₈	10.0901	239.464	−73.4071
丁烷　C₄H₁₀	16.0940	307.1017	−94.8519
氨　NH₃	25.4808	36.8940	−6.3053
乙烯　N₂H₄	11.8486	119.7466	−36.5340
一氧化氮　NO	29.3913	−1.5491	10.6595
乙炔　C₂H₂	30.6934	52.8457	−16.2824
硫化氢　H₂S	27.8924	21.4950	−3.5755

附录 10　　　　　**0～1500℃气体的平均比热容与平均体积热容(直线关系式)**

气体	平均比热容[kJ/(kg・K)]	平均体积比热容[kJ/(m³・K)]
空　气	$c_{Vm}=0.7088+0.000093t$ $c_{pm}=0.9956+0.000093t$	$c_{vVm}=0.9157+0.0001201t$ $c_{vpm}=1.287+0.0001201t$
H_2	$c_{Vm}=10.12+0.0005945t$ $c_{pm}=14.33+0.0005945t$	$c_{vVm}=0.9094+0.0000523t$ $c_{vpm}=1.28+0.0000523t$
N_2	$c_{Vm}=0.7304+0.00008955t$ $c_{pm}=1.032+0.00008955t$	$c_{vVm}=0.9131+0.0001107t$ $c_{vpm}=1.306+0.0001107t$
O_2	$c_{Vm}=0.6594+0.0001065t$ $c_{pm}=0.919+0.0001065t$	$c_{vVm}=0.943+0.0001577t$ $c_{vVm}=1.313+0.0001577t$
CO	$c_{Vm}=0.7331+0.00009681t$ $c_{pm}=1.035+0.00009681t$	$c_{vVm}=0.9173+0.000121t$ $c_{vpm}=1.291+0.000121t$
H_2O	$c_{Vm}=1.372+0.0003111t$ $c_{pm}=1.833+0.0003111t$	$c_{vVm}=1.102+0.0002498t$ $c_{vpm}=1.473+0.0002498t$
CO_2	$c_{Vm}=0.6837+0.0002406t$ $c_{pm}=0.8725+0.0002406t$	$c_{vVm}=1.3423+0.0004723t$ $c_{vpm}=1.7132+0.0004723t$

附录 11　　　　　　　　　**理想气体状况下空气的热力性质**

$T(K)$	$t(℃)$	$h(kJ/kg)$	$u(kJ/kg)$	$s^0[kJ/(kg・K)]$
200	−73.15	200.13	142.72	6.2950
220	−53.15	220.18	157.03	6.3905
240	−33.15	240.22	171.34	6.4777
260	−13.15	260.28	185.65	6.5580
280	6.85	280.35	199.98	6.6323
300	26.85	300.43	214.32	6.7016
320	46.85	320.53	228.68	6.7665
340	66.85	340.66	248.07	6.8275
360	86.85	360.81	257.48	6.8851
380	106.85	381.01	271.94	6.9397
400	126.85	401.25	286.43	6.9916
450	176.85	452.07	322.91	7.1113
500	226.85	503.30	359.79	7.2193
550	276.85	555.01	397.15	7.3178
600	326.85	607.26	435.04	7.4087
650	376.85	660.09	473.52	7.4933
700	426.85	713.51	512.59	7.5725
750	476.85	767.53	552.26	7.6470
800	526.85	822.15	592.53	7.7175
850	576.85	877.35	633.37	7.7844
900	626.85	933.10	674.77	7.8482
950	676.85	989.38	716.70	7.9090
1000	726.85	1046.16	759.13	7.9673
1200	926.85	1277.73	933.29	8.1783
1400	1126.85	1515.18	1113.34	8.3612

$T(\mathrm{K})$	$t(℃)$	$h(\mathrm{kJ/kg})$	$u(\mathrm{kJ/kg})$	$s^0[\mathrm{kJ/(kg \cdot K)}]$
1600	1326.85	1757.19	1297.94	8.5228
1800	1526.85	2002.78	1486.12	8.6674
2000	1726.85	2251.28	1677.22	8.7983
2200	1926.85	2502.20	1870.73	8.9179
2400	2126.85	2755.17	2066.29	9.0279
2600	2326.85	3009.91	2263.63	9.1299
2800	2526.85	3266.21	2462.52	9.2248
3000	2726.85	3523.87	2662.78	9.3137
3200	2926.85	3782.75	2864.25	9.3972
3400	3126.85	4042.71	3066.80	9.4762

附录 12　　　　　饱和水与饱和水蒸气的热力性质(按温度排列)

温度	压力	比体积		焓		汽化潜热	熵	
		液体	蒸汽	液体	蒸汽		液体	蒸汽
t ($℃$)	p (MPa)	v' $\left(\dfrac{\mathrm{m}^3}{\mathrm{kg}}\right)$	v'' $\left(\dfrac{\mathrm{m}^3}{\mathrm{kg}}\right)$	h' $\left(\dfrac{\mathrm{kJ}}{\mathrm{kg}}\right)$	h'' $\left(\dfrac{\mathrm{kJ}}{\mathrm{kg}}\right)$	r $\left(\dfrac{\mathrm{kJ}}{\mathrm{kg}}\right)$	s' $\left(\dfrac{\mathrm{kJ}}{\mathrm{kg \cdot K}}\right)$	s'' $\left(\dfrac{\mathrm{kJ}}{\mathrm{kg \cdot K}}\right)$
0	0.0006108	0.0010002	206.321	−0.04	2501.0	2501.0	−0.0002	9.1565
0.01	0.0006112	0.0010022	206.175	0.000614	2501.0	2501.0	0.0000	9.1562
1	0.0006566	0.0010001	192.611	4.17	2502.8	2498.6	0.0152	9.1298
2	0.0007054	0.0010001	179.935	8.39	2504.7	2496.3	0.0306	9.1035
3	0.0007575	0.0010000	168.165	12.60	2506.5	2493.9	0.0459	9.0773
4	0.0008129	0.0010000	157.267	16.80	2508.3	2491.5	0.0611	9.0514
5	0.0008718	0.0010000	147.167	21.01	2510.2	2489.2	0.0762	9.0258
6	0.0009346	0.0010000	137.768	25.21	2512.0	2486.8	0.0913	9.0003
7	0.0010012	0.0010001	129.061	29.41	2513.9	2484.5	0.1063	8.9751
8	0.0010721	0.0010001	120.952	33.60	2515.7	2482.1	0.1213	8.9501
9	0.0011473	0.0010002	113.423	37.80	2517.5	2479.7	0.1362	8.9254
10	0.0012271	0.0010003	106.419	41.99	2519.4	2477.4	0.1510	8.9009
11	0.0013118	0.0010003	99.896	46.19	2521.2	2475.0	0.1658	8.8766
12	0.0014015	0.0010004	93.828	50.38	2523.0	2472.6	0.1805	8.8525
13	0.0014967	0.0010006	88.165	54.57	2524.9	2470.2	0.1952	8.8286
14	0.0015974	0.0010007	82.893	58.75	2526.7	2467.9	0.2098	8.8050
15	0.0017041	0.0010008	77.970	62.94	2528.5	2465.7	0.2243	8.7815
16	0.0018170	0.0010010	73.376	67.13	2530.4	2463.3	0.2388	8.7583
17	0.0019364	0.0010012	69.087	71.31	2532.2	2460.9	0.2533	8.7353
18	0.0020626	0.0010013	65.080	75.50	2534.0	2458.5	0.2677	8.7125
19	0.0021960	0.0010015	61.334	79.68	2535.9	2456.2	0.2820	8.6898
20	0.0023368	0.0010017	57.833	83.86	2537.7	2453.8	0.2963	8.6674
22	0.0026424	0.0010022	51.488	92.22	2541.4	2449.2	0.3247	8.6232
24	0.0029824	0.0010026	45.923	100.59	2545.0	2444.4	0.3530	8.5797
26	0.0033600	0.0010032	41.031	108.95	2543.6	2439.6	0.3810	8.5370
28	0.0037785	0.0010037	36.726	117.31	2552.3	2435.0	0.4088	8.4950
30	0.0042417	0.0010043	32.929	125.66	2555.5	2430.2	0.4365	8.4537
35	0.0056217	0.0010060	25.246	146.56	2565.0	2413.4	0.5049	8.3536
40	0.0073749	0.0010078	19.548	167.45	2574.0	2406.5	0.5721	8.2576

续表

温度	压力	比体积		焓		汽化潜热	熵	
		液体	蒸汽	液体	蒸汽		液体	蒸汽
t (℃)	p (MPa)	v' $\left(\frac{m^3}{kg}\right)$	v'' $\left(\frac{m^3}{kg}\right)$	h' $\left(\frac{kJ}{kg}\right)$	h'' $\left(\frac{kJ}{kg}\right)$	r $\left(\frac{kJ}{kg}\right)$	s' $\left(\frac{kJ}{kg\cdot K}\right)$	s'' $\left(\frac{kJ}{kg\cdot K}\right)$
45	0.0095817	0.0010099	15.278	188.35	2582.9	2394.5	0.6383	8.1655
50	0.012335	0.0010121	12.048	209.26	2591.8	2382.5	0.7035	8.0771
55	0.015740	0.0010145	9.5812	230.17	2600.7	2370.5	0.7677	7.9922
60	0.019919	0.0010171	7.6807	251.09	2609.5	2358.4	0.8310	7.9106
65	0.025008	0.0010199	6.2042	272.02	2618.2	2346.2	0.8933	7.8320
70	0.031161	0.0010228	5.0479	292.97	2626.8	2333.8	0.9548	7.7565
75	0.038548	0.0010259	4.1356	313.94	2635.3	2321.4	1.0154	7.6837
80	0.047359	0.0010292	3.4104	334.92	2643.8	2208.9	1.0752	7.6135
85	0.057803	0.0010326	2.8300	355.92	2652.1	2296.2	1.1343	7.5459
90	0.070108	0.0010361	2.3624	376.94	2660.3	2283.4	1.1925	7.4805
95	0.084525	0.0010398	1.9832	397.99	2668.4	2270.4	1.2500	7.4174
100	0.101325	0.0010437	1.6738	419.06	2676.3	2227.2	1.3069	7.3564
110	0.14326	0.0010519	1.2106	461.32	2691.8	2230.5	1.4185	7.2402
120	0.19854	0.0010606	0.89202	503.7	2706.6	2202.9	1.5276	7.1310
130	0.27012	0.0010700	0.66851	546.3	2720.7	2174.4	1.6344	7.0281
140	0.36136	0.0010801	0.50875	589.1	2734.0	2144.9	1.7390	6.9307
150	0.47597	0.0010908	0.39261	632.2	2746.3	2114.1	1.8416	6.8381
160	0.61804	0.0011012	0.30685	675.5	2757.7	2082.2	1.9425	6.7498
170	0.79202	0.0011145	0.24259	719.1	2768.0	2048.9	2.0416	6.6652
180	1.0027	0.0011275	0.19381	763.1	2777.1	2014.0	2.1393	6.5838
190	1.2552	0.0011415	0.15631	807.5	2784.9	1977.4	2.2356	6.5052
200	1.5551	0.0011565	0.12714	852.4	2791.4	1939.0	2.3307	6.4289
210	1.9079	0.0011726	0.10422	897.8	2796.4	1898.6	2.4247	6.3546
220	2.3201	0.0011900	0.08602	943.3	2799.9	1856.2	2.5178	6.2819
230	2.7979	0.0012087	0.07143	990.7	2801.7	1811.4	2.6102	6.2104
240	3.3480	0.0012291	0.05964	1037.6	2801.6	1764.0	2.7021	6.1397
250	3.9776	0.0012513	0.05002	1085.8	2799.5	1723.7	2.7936	6.0693
260	4.6940	0.0012756	0.04212	1135.0	2795.2	1660.2	2.8850	5.9989
270	5.5051	0.0013025	0.03557	1185.4	2788.3	1602.9	2.9766	5.9278
280	6.4191	0.0013324	0.03010	1237.0	2778.6	1541.6	3.0687	5.8555
290	7.4448	0.0013659	0.02551	1290.3	2765.4	1475.1	3.1616	5.7811
300	8.5917	0.0014041	0.02162	1345.4	2748.4	1403.0	3.2559	5.7038
310	9.8697	0.0014480	0.01829	1402.9	2726.8	1326.9	3.3522	5.6224
320	11.290	0.0014965	0.01544	1463.4	2699.6	1236.2	3.4513	5.5356
330	12.865	0.0015614	0.01296	1527.5	2665.5	1138.0	3.5546	5.4414
340	14.608	0.0016390	0.01078	1596.8	2622.3	1025.5	3.6638	5.3363
350	16.537	0.0017407	0.008822	1672.9	2566.1	893.2	3.7816	5.2149
360	18.674	0.0018930	0.006970	1763.1	2485.7	722.6	3.9189	5.0603
370	21.053	0.002231	0.004958	1896.2	2335.7	439.5	4.1198	4.8031
371	21.306	0.002298	0.004710	1916.5	2310.7	394.2	4.1503	4.7624
372	21.562	0.002392	0.004432	1942.0	2280.1	338.1	4.1891	4.7130
373	21.821	0.002525	0.004090	1974.5	2238.3	263.8	4.2385	4.6467
374	22.084	0.002834	0.003432	2039.2	2150.7	111.5	4.3374	4.5096

临界参数

$$p_c = 22.115 \text{MPa}$$
$$v_c = 0.003147 \text{m}^3/\text{kg}$$
$$t_c = 374.12℃$$
$$h_c = 2095.2 \text{kJ/kg}$$
$$s_c = 4.4237 \text{kJ/(kg·K)}$$

附录 13　　　　　　　饱和水与饱和水蒸气的热力性质(按压力排列)

压力	温度	比体积		焓		汽化潜热	熵	
		液体	蒸汽	液体	蒸汽		液体	蒸汽
p (MPa)	t (℃)	v' $\left(\dfrac{\text{m}^3}{\text{kg}}\right)$	v'' $\left(\dfrac{\text{m}^3}{\text{kg}}\right)$	h' $\left(\dfrac{\text{kJ}}{\text{kg}}\right)$	h'' $\left(\dfrac{\text{kJ}}{\text{kg}}\right)$	r $\left(\dfrac{\text{kJ}}{\text{kg}}\right)$	s' $\left(\dfrac{\text{kJ}}{\text{kg·K}}\right)$	s'' $\left(\dfrac{\text{kJ}}{\text{kg·K}}\right)$
0.0010	6.982	0.0010001	129.208	29.33	2513.8	2484.5	0.1060	8.9756
0.0020	17.511	0.0010012	67.006	73.45	2533.2	2459.8	0.2606	8.7236
0.0030	24.098	0.0010027	45.668	101.00	2545.2	2444.2	0.3543	8.5776
0.0040	28.981	0.0010040	34.803	121.41	2554.1	2432.7	0.4224	8.4747
0.0050	32.90	0.0010052	28.196	137.77	2561.2	2423.4	0.4762	8.3952
0.0060	36.18	0.0010064	23.742	151.50	2567.1	2415.6	0.5209	8.3305
0.0070	39.02	0.0010074	20.532	163.38	2572.2	2408.8	0.5591	8.2760
0.0080	41.53	0.0010084	18.106	173.87	2576.7	2402.8	0.5926	8.2289
0.0090	43.79	0.0010094	16.206	183.28	2580.8	2397.5	0.6224	8.1875
0.010	45.83	0.0010102	14.676	191.84	2584.4	2392.6	0.6493	8.1505
0.015	54.00	0.0010140	10.025	225.98	2598.9	2372.9	0.7549	8.0089
0.020	60.09	0.0010172	7.6515	251.46	2609.6	2358.1	0.8321	7.9092
0.025	64.99	0.0010199	6.2060	271.99	2618.1	2346.1	0.8932	7.8321
0.030	69.12	0.0010223	5.2308	289.31	2625.3	2336.0	0.9441	7.7695
0.040	75.89	0.0010265	3.9949	317.65	2636.8	2319.2	1.0261	7.6711
0.050	81.35	0.0010301	3.2415	340.57	2645.0	2305.4	1.0912	7.5951
0.060	85.95	0.0010333	2.7329	359.93	2653.6	2293.7	1.1454	7.5332
0.070	89.96	0.0010361	2.3658	376.77	2660.2	2283.4	1.1921	7.4811
0.080	93.51	0.0010387	2.0879	391.72	2666.0	2274.3	1.2330	7.4360
0.090	96.71	0.0010412	1.8701	405.21	2671.1	2265.9	1.2696	7.3963
0.10	99.63	0.0010434	1.6946	417.51	2675.7	2258.2	1.3027	7.3608
0.12	104.81	0.0010476	1.4289	439.36	2683.8	2244.4	1.3609	7.2996
0.14	109.32	0.0010513	1.2370	458.42	2690.8	2232.4	1.4109	7.2480
0.16	113.32	0.0010547	1.0917	475.38	2696.8	2221.4	1.4550	7.2032
0.18	116.93	0.0010579	0.97775	490.70	2702.1	2211.4	1.4944	7.1638
0.20	120.23	0.0010608	0.88592	504.7	2706.9	2202.2	1.5301	7.1286
0.25	127.43	0.0010675	0.71881	535.4	2717.2	2181.8	1.6072	7.0540
0.30	133.54	0.0010735	0.60586	561.4	2725.5	2164.1	1.6717	6.9930
0.35	138.88	0.0010789	0.52425	584.3	2732.5	2148.2	1.7273	6.9414
0.40	143.62	0.0010839	0.46242	604.7	2738.5	2133.8	1.7764	6.8966
0.45	147.92	0.0010885	0.41392	623.2	2743.8	2120.6	1.8204	6.8570
0.50	151.85	0.0010928	0.37481	640.1	2748.5	2108.4	1.8604	6.8515
0.60	158.84	0.0011009	0.31556	670.4	2756.4	2086.0	1.9308	6.7598
0.70	164.96	0.0011082	0.27274	697.1	2762.9	2065.8	1.9918	6.7074

压力	温度	比体积		焓		汽化潜热	熵	
		液体	蒸汽	液体	蒸汽		液体	蒸汽
p (MPa)	t (℃)	v' $\left(\dfrac{m^3}{kg}\right)$	v'' $\left(\dfrac{m^3}{kg}\right)$	h' $\left(\dfrac{kJ}{kg}\right)$	h'' $\left(\dfrac{kJ}{kg}\right)$	r $\left(\dfrac{kJ}{kg}\right)$	s' $\left(\dfrac{kJ}{kg\cdot K}\right)$	s'' $\left(\dfrac{kJ}{kg\cdot K}\right)$
0.80	170.42	0.0011150	0.24030	720.9	2768.4	2047.5	2.0457	6.6618
0.90	175.36	0.0011213	0.21484	742.6	2773.0	2030.4	2.0941	6.6212
1.00	179.88	0.0011274	0.19430	762.6	2777.0	2014.4	2.1382	6.5847
1.10	184.06	0.0011331	0.17739	781.1	2780.4	1999.3	2.1786	6.5515
1.20	187.96	0.0011386	0.16320	798.4	2783.4	1985.0	2.2160	6.5210
1.30	191.60	0.0011438	0.15112	814.7	2786.0	1971.3	2.2509	6.4927
1.40	195.04	0.0011489	0.14072	830.1	2788.4	1958.3	2.2836	6.4665
1.50	198.28	0.0011538	0.13165	844.7	2790.4	1945.7	2.3144	6.4418
1.60	201.37	0.0011586	0.12368	858.6	2792.2	1933.6	2.3436	6.4187
1.70	204.30	0.0011633	0.11661	871.8	2793.8	1922.0	2.3712	6.3967
1.80	207.10	0.0011678	0.11031	884.6	2795.1	1910.5	2.3976	6.3759
1.90	209.79	0.0011722	0.10464	896.8	2796.4	1899.6	2.4227	6.3561
2.00	212.37	0.0011766	0.09953	908.6	2797.4	1888.8	2.4468	6.3373
2.20	217.24	0.0011850	0.09064	930.9	2799.1	1868.2	2.4922	6.3018
2.40	221.78	0.0011932	0.08319	951.9	2800.4	1848.5	2.5343	6.2691
2.60	226.03	0.0012011	0.07685	971.7	2801.2	1829.5	2.5736	6.2386
2.80	230.04	0.0012088	0.07138	990.5	2801.7	1811.2	2.6106	6.2101
3.00	233.84	0.0012163	0.06662	1008.4	2801.9	1793.5	2.6455	6.1832
3.50	242.54	0.0012345	0.05702	1049.8	2801.3	1751.5	2.7253	6.1218
4.00	250.33	0.0012521	0.04974	1087.5	2799.4	1711.9	2.7967	6.0670
5.00	263.92	0.0012858	0.03941	1154.6	2792.8	1638.2	2.9209	5.9712
6.00	275.56	0.0013187	0.03241	1213.9	2783.3	1569.4	3.0277	3.8878
7.00	285.80	0.0013514	0.02734	1267.7	2771.4	1503.7	3.1225	5.8126
8.00	294.98	0.0013843	0.02349	1317.5	2757.5	1440.0	3.2083	5.7430
9.00	303.31	0.0014179	0.02046	1364.2	2741.8	1377.6	3.2875	5.6773
10.0	310.96	0.0014526	0.01800	1408.6	2724.4	1315.8	3.3616	5.6143
11.0	318.04	0.0014887	0.01597	1451.2	2705.4	1254.2	3.4316	5.5531
12.0	324.64	0.0015267	0.01425	1492.6	2684.8	1192.2	3.4986	5.4930
13.0	330.81	0.0015670	0.01277	1533.0	2662.4	1129.4	3.5633	5.4333
14.0	336.63	0.0016104	0.01149	1572.8	2638.3	1065.5	3.6262	5.3737
15.0	342.12	0.0016580	0.01035	1612.2	2611.6	999.4	3.6877	5.3122
16.0	347.32	0.0017101	0.009330	1651.5	2582.7	931.2	3.7486	5.2496
17.0	352.26	0.0017690	0.008401	1691.6	2550.8	859.2	3.8103	5.1841
18.0	356.96	0.0018380	0.007534	1733.4	2514.4	781.0	3.8739	5.1135
19.0	361.44	0.0019231	0.006700	1778.2	2470.1	691.9	3.9417	5.0321
20.0	365.71	0.002038	0.005873	1828.8	2413.8	585.0	4.0181	4.9338
21.0	369.79	0.002218	0.005006	1892.2	2340.2	448.0	4.1137	4.8106
22.0	373.68	0.002675	0.003757	2007.7	2192.5	184.8	4.2891	4.5748

附录 14　　　　　　　　　　　未饱和水与过热水蒸气的热力性质

p	0.001MPa			0.005MPa		
	$t_s=6.982$			$t_s=32.90$		
	$v'=0.0010001$　$v''=129.208$			$v'=0.0010052$　$v''=28.196$		
	$h'=29.33$　$h''=2513.8$			$h'=137.77$　$h''=2561.2$		
	$s'=0.1060$　$s''=8.9756$			$s'=0.4762$　$s''=8.3952$		
t	v	h	s	v	h	s
℃	m³/kg	kJ/kg	kJ/(kg·K)	m³/kg	kJ/kg	kJ/(kg·K)
0	0.0010002	0.0	−0.0001	0.0010002	0.0	−0.0001
10	130.60	2519.5	8.9956	0.0010002	42.0	0.1510
20	135.23	2538.1	9.0604	0.0010017	83.9	0.2963
40	144.47	2575.5	9.1837	28.86	2574.6	8.4385
60	153.71	2613.0	9.2997	30.71	2612.3	8.5552
80	162.95	2650.6	9.4093	32.57	2650.0	8.6652
100	172.19	2688.3	9.5132	34.42	2687.9	8.7695
120	181.42	2726.2	9.6122	36.27	2725.9	8.8687
140	190.66	2764.3	9.7066	38.12	2764.0	8.9633
160	199.89	2802.6	9.7971	39.97	2802.3	9.0539
180	209.12	2841.0	9.8839	41.81	2840.8	9.1408
200	218.35	2879.7	9.9674	43.66	2879.5	9.2244
220	227.58	2918.6	10.0480	45.51	2918.5	9.3049
240	236.82	2957.7	10.1257	47.36	2957.6	9.3828
260	246.05	2997.1	10.2010	49.20	2997.0	9.4580
280	255.28	3036.7	10.2739	51.05	3036.6	9.5310
300	264.51	3076.5	10.3446	52.90	3076.4	9.6017
350	287.58	3177.2	10.5130	57.51	3177.1	9.7702
400	310.66	3279.5	10.6709	62.13	3279.4	9.9280
450	333.74	3383.4	10.820	66.74	3383.3	10.077
500	356.81	3489.0	10.961	71.36	3489.0	10.218
550	379.89	3596.3	11.095	75.98	3596.2	10.352
600	402.96	3705.3	11.224	80.59	3705.3	10.481

p	0.01MPa			0.1MPa		
	$t_s=45.83$ $v'=0.0010102$　$v''=14.676$ $h'=191.84$　$h''=2584.4$ $s'=0.6493$　$s''=8.1505$			$t_s=99.63$ $v'=0.0010434$　$v''=1.6946$ $h'=417.51$　$h''=2675.7$ $s'=1.3027$　$s''=7.3608$		
t	v	h	s	v	h	s
℃	m³/kg	kJ/kg	kJ/(kg·K)	m³/kg	kJ/kg	kJ/(kg·K)
0	0.0010002	0.0	−0.0001	0.0010002	0.1	−0.0001
10	0.0010002	42.0	0.1510	0.0010002	42.1	0.1510
20	0.0010017	83.9	0.2963	0.0010017	84.0	0.2963
40	0.0010078	167.4	0.5721	0.0010078	167.5	0.5721
60	15.34	2611.3	8.2331	0.0010171	251.2	0.8309
80	16.27	2649.3	8.3437	0.0010292	335.0	1.0752
100	17.20	2687.3	8.4484	1.696	2676.5	7.3628
120	18.12	2725.4	8.5479	1.793	2716.8	7.4681
140	19.05	2763.6	8.6427	1.889	2756.6	7.5669
160	19.98	2802.0	8.7334	1.984	2796.2	7.6605
180	20.90	2840.6	8.8204	2.078	2835.7	7.7496
200	21.82	2879.3	8.9041	2.172	2875.2	7.8348
220	22.75	2918.3	8.9848	2.266	2914.7	7.9166
240	23.67	2957.4	9.0626	2.359	2954.3	7.9954
260	24.60	2996.8	9.1379	2.453	2994.1	8.0714
280	25.52	3036.5	9.2109	2.546	3034.0	8.1440
300	26.44	3076.3	9.2817	2.639	3074.1	8.2162
350	28.75	3177.0	9.4502	2.871	3175.3	8.3854
400	31.06	3279.4	9.6081	3.103	3278.0	8.5439
450	33.37	3383.3	9.7570	3.334	3382.2	8.6932
500	35.68	3488.9	9.8982	3.565	3487.9	8.8346
550	37.99	3596.2	10.033	3.797	3595.4	8.9693
600	40.29	3705.2	10.161	4.028	3704.5	9.0979

p	0.5MPa			1MPa		
	t_s=151.85 v'=0.0010928　v''=0.37481 h'=640.1　h''=2748.5 s'=1.8604　s''=6.8215			t_s=179.88 v'=0.0011274　v''=0.19430 h'=762.6　h''=2777.0 s'=2.1382　s''=6.5847		
t	v	h	s	v	h	s
℃	m³/kg	kJ/kg	kJ/(kg·K)	m³/kg	kJ/kg	kJ/(kg·K)
0	0.0010000	0.5	−0.0001	0.0009997	1.0	−0.0001
10	0.0010000	42.5	0.1509	0.0009998	43.0	0.1509
20	0.0010015	84.3	0.2962	0.0010013	84.8	0.2961
40	0.0010076	167.9	0.5719	0.0010074	168.3	0.5717
60	0.0010169	251.5	0.8307	0.0010167	251.9	0.8305
80	0.0010290	335.3	1.0750	0.0010287	335.7	1.0746
100	0.0010435	419.4	1.3066	0.0010432	419.7	1.3062
120	0.0010605	503.9	1.5273	0.0010602	504.3	1.5269
140	0.0010800	589.2	1.7388	0.0010796	589.5	1.7383
160	0.3836	2767.3	6.8654	0.0011019	675.7	1.9420
180	0.4046	2812.1	6.9665	0.1944	2777.3	6.5854
200	0.4250	2855.5	7.0602	0.2059	2827.5	6.6940
220	0.4450	2898.0	7.1481	0.2169	2874.9	6.7921
240	0.4646	2939.9	7.2315	0.2275	2920.5	6.8826
260	0.4841	2981.5	7.3110	0.2378	2964.8	6.9674
280	0.5034	3022.9	7.3872	0.2480	3008.3	7.0475
300	0.5226	3064.2	7.4606	0.2580	3051.3	7.1239
350	0.5701	3167.6	7.6335	0.2825	3157.7	7.3018
400	0.6172	3271.8	7.7944	0.3066	3264.0	7.4606
420	0.6360	3313.8	7.8558	0.3161	3306.6	7.5283
440	0.6548	3355.9	7.9158	0.3256	3349.3	7.5890
450	0.6641	3377.1	7.9452	0.3304	3370.7	7.6188
460	0.6735	3398.3	7.9743	0.3351	3392.1	7.6482
480	0.6922	3440.9	8.0316	0.3446	3435.1	7.7061
500	0.7109	3483.7	8.0877	0.3540	3478.3	7.7627
550	0.7575	3591.7	8.2232	0.3776	3587.2	7.8991
600	0.8040	3701.4	8.3525	0.4010	3697.4	8.0292

p	3MPa			5MPa		
	$t_s=233.84$ $v'=0.0012163$　$v''=0.06662$ $h'=1008.4$　$h''=2801.9$ $s'=2.6455$　$s''=6.1832$			$t_s=263.92$ $v'=0.0012858$　$v''=0.03941$ $h'=1154.6$　$h''=2792.8$ $s'=2.9209$　$s''=5.9712$		
t	v	h	s	v	h	s
℃	m³/kg	kJ/kg	kJ/(kg·K)	m³/kg	kJ/kg	kJ/(kg·K)
0	0.0009987	3.0	0.0001	0.0009977	5.1	0.0002
10	0.0009988	44.9	0.1507	0.0009979	46.9	0.1505
20	0.0010004	86.7	0.2957	0.0009995	88.6	0.2952
40	0.0010065	170.1	0.5709	0.0010056	171.9	0.5702
60	0.0010158	253.6	0.8294	0.0010149	255.3	0.8283
80	0.0010278	337.3	1.0733	0.0010268	338.8	1.0720
100	0.0010422	421.2	1.3046	0.0010412	422.7	1.3030
120	0.0010590	505.7	1.5250	0.0010579	507.1	1.5232
140	0.0010783	590.8	1.7362	0.0010771	592.1	1.7342
160	0.0011005	676.9	1.9396	0.0010990	678.0	1.9373
180	0.0011258	764.1	2.1366	0.0011241	765.2	2.1330
200	0.0011550	853.0	2.3284	0.0011530	853.8	2.3253
220	0.0011891	943.9	2.5166	0.0011866	944.4	2.5129
240	0.06818	2823.0	6.2245	0.0012264	1037.8	2.6985
260	0.07286	2885.5	6.3440	0.0012750	1135.0	2.8842
280	0.07714	2941.8	6.4477	0.04224	2857.0	6.0889
300	0.08116	2994.2	6.5408	0.04532	2925.4	6.2104
350	0.09053	3115.7	6.7443	0.05194	3069.2	6.4513
400	0.09933	3231.6	6.9231	0.05780	3196.9	6.6486
420	0.10276	3276.9	6.9894	0.06002	3245.4	6.7198
440	0.1061	3321.9	7.0535	0.06220	3293.2	6.7875
450	0.1078	3344.4	7.0847	0.06327	3316.8	6.8204
460	0.1095	3366.8	7.1155	0.06434	3340.4	6.8528
480	0.1128	3411.6	7.1758	0.06644	3387.2	6.9158
500	0.1161	3456.4	7.2345	0.06853	3433.8	6.9768
550	0.1243	3568.6	7.3752	0.07363	3549.6	7.1221
600	0.1324	3681.5	7.5084	0.07864	3665.4	7.2586

续表

p	7MPa			10MPa		
	$t_s=285.80$ $v'=0.00\_3514$　$v''=0.02734$ $h'=126^\pi.7$　$h''=2771.4$ $s'=3.\_225$　$s''=5.8126$			$t_s=310.96$ $v'=0.0014526$　$v''=0.01800$ $h'=1408.6$　$h''=2724.4$ $s'=3.3616$　$s''=5.6143$		
t	v	h	s	v	h	s
℃	m³/kg	kJ/kg	kJ/(kg·K)	m³/kg	kJ/kg	kJ/(kg·K)
0	0.0009967	7.1	0.0004	0.0009953	10.1	0.0005
10	0.0009970	48.8	0.1504	0.0009956	51.7	0.1500
20	0.0009986	90.4	0.2948	0.0009972	93.2	0.2942
40	0.0010047	173.6	0.5694	0.0010034	176.3	0.5682
60	0.0010140	256.9	0.8273	0.0010126	259.4	0.8257
80	0.0010259	340.4	1.0707	0.0010244	342.8	1.0687
100	0.0010401	424.2	1.3015	0.0010386	426.5	1.2992
120	0.0010567	508.5	1.5215	0.0010551	510.6	1.5188
140	0.0010758	593.4	1.7321	0.0010739	595.4	1.7291
160	0.0010976	679.2	1.9350	0.0010954	681.0	1.9315
180	0.0011224	766.2	2.1312	0.0011199	767.8	2.1272
200	0.0011510	854.6	2.3222	0.0011480	855.9	2.3176
220	0.0011841	945.0	2.5093	0.0011805	946.0	2.5040
240	0.0012233	1038.0	2.6941	0.0012188	1038.4	2.6878
260	0.0012708	1134.7	2.8789	0.0012648	1134.3	2.8711
280	0.0013307	1236.7	3.0667	0.0013221	1235.2	3.0567
300	0.02946	2839.2	5.9322	0.0013978	1343.7	3.2494
350	0.03524	3017.0	6.2306	0.02242	2924.2	5.9464
400	0.03992	3159.7	6.4511	0.02641	3098.5	6.2158
450	0.04414	3288.0	6.6350	0.02974	3242.2	6.4220
500	0.04810	3410.5	6.7988	0.03277	3374.1	6.5984
520	0.04964	3458.6	6.8602	0.03392	3425.1	6.6635
540	0.05116	3506.4	6.9198	0.03505	3475.4	6.7262
550	0.05191	3530.2	6.9490	0.03561	3500.4	6.7568
560	0.05266	3554.1	6.9778	0.03616	3525.4	6.7869
580	0.05414	3601.6	7.0342	0.03726	3574.9	6.8456
600	0.05561	3649.0	7.0890	0.03833	3624.0	6.9025

p	14MPa			20MPa		
	$t_s = 336.63$ $v' = 0.0016104$ $v'' = 0.01149$ $h' = 1572.8$ $h'' = 2638.3$ $s' = 3.6262$ $s'' = 5.3737$			$t_s = 365.71$ $v' = 0.002038$ $v'' = 0.005873$ $h' = 1828.8$ $h'' = 2413.8$ $s' = 4.0181$ $s'' = 4.9338$		
t	v	h	s	v	h	s
℃	m³/kg	kJ/kg	kJ/(kg·K)	m³/kg	kJ/kg	kJ/(kg·K)
0	0.0009933	14.1	0.0007	0.0009904	20.1	0.0008
10	0.0009938	55.6	0.1496	0.0009910	61.3	0.1489
20	0.0009955	97.0	0.2933	0.0009929	102.5	0.2919
40	0.0010017	179.8	0.5666	0.0009992	185.1	0.5643
60	0.0010109	262.8	0.8236	0.0010083	267.8	0.8204
80	0.0010226	346.0	1.0661	0.0010199	350.8	1.0623
100	0.0010366	429.5	1.2961	0.0010337	434.0	1.2916
120	0.0010529	513.5	1.5153	0.0010496	517.7	1.5101
140	0.0010715	598.0	1.7251	0.0010679	602.0	1.7192
160	0.0010926	683.4	1.9269	0.0010886	687.1	1.9203
180	0.0011167	769.9	2.1220	0.0011120	773.1	2.1145
200	0.0011442	857.7	2.3117	0.0011387	860.4	2.3030
220	0.0011759	947.2	2.4970	0.0011693	949.3	2.4870
240	0.0012129	1039.1	2.6796	0.0012047	1040.3	2.6678
260	0.0012572	1134.1	2.8612	0.0012466	1134.1	2.8470
280	0.0013115	1233.5	3.0441	0.0012971	1231.6	3.0266
300	0.0013816	1339.5	3.2324	0.0013606	1334.6	3.2095
350	0.01323	2753.5	5.5606	0.001666	1648.4	3.7327
400	0.01722	3004.0	5.9488	0.009952	2820.1	5.5578
450	0.02007	3175.8	6.1953	0.01270	3062.4	5.9061
500	0.02251	3323.0	6.3922	0.01477	3240.2	6.1440
520	0.02342	3378.4	6.4630	0.01551	3303.7	6.2251
540	0.02430	3432.5	6.5304	0.01621	3364.6	6.3009
550	0.02473	3459.2	6.5631	0.01655	3394.3	6.3373
560	0.02515	3485.8	6.5951	0.01688	3423.6	6.3726
580	0.02599	3538.2	6.6573	0.01753	3480.9	6.4406
600	0.02681	3589.8	6.7172	0.01816	3536.9	6.5055

p	25MPa			30MPa		
	$t_s=336.63$ $v'=0.0016104$　$v''=0.01149$ $h'=1572.8$　$h''=2638.3$ $s'=3.6262$　$s''=5.3737$			$t_s=365.71$ $v'=0.002038$　$v''=0.005873$ $h'=1828.8$　$h''=2413.8$ $s'=4.0181$　$s''=4.9338$		
t	v	h	s	v	h	s
℃	m³/kg	kJ/kg	kJ/(kg·K)	m³/kg	kJ/kg	kJ/(kg·K)
0	0.0009881	25.1	0.0009	0.0009857	30.0	0.0008
10	0.0009888	66.1	0.1482	0.0009866	70.8	0.1475
20	0.0009907	107.1	0.2907	0.0009886	111.7	0.2895
40	0.0009971	189.4	0.5623	0.0009950	193.8	0.5604
60	0.0010062	272.0	0.8178	0.0010041	276.1	0.8153
80	0.0010177	354.8	1.0591	0.0010155	358.7	1.0560
100	0.0010313	437.8	1.2879	0.0010289	441.6	1.2843
120	0.0010470	521.3	1.5059	0.0010445	524.9	1.5017
140	0.0010650	605.4	1.7144	0.0010621	603.1	1.7097
160	0.0010853	690.2	1.9148	0.0010821	693.3	1.9095
180	0.0011082	775.9	2.1083	0.0011046	778.7	2.1022
200	0.0011343	862.8	2.2960	0.0011300	865.2	2.2891
220	0.0011640	951.2	2.4789	0.0011590	953.1	2.4711
240	0.0011983	1041.5	2.6584	0.0011922	1042.8	2.6493
260	0.0012384	1134.3	2.8359	0.0012307	1134.8	2.8252
280	0.0012863	1230.5	3.0130	0.0012762	1229.9	3.0002
300	0.0013453	1331.5	3.1922	0.0013315	1329.0	3.1763
350	0.001600	1626.4	3.6844	0.001554	1611.3	3.6475
400	0.006009	2583.2	5.1472	0.002806	2159.1	4.4854
450	0.009168	2952.1	5.6787	0.006730	2823.1	5.4458
500	0.01113	3165.0	5.9639	0.008679	3083.9	5.7954
520	0.01180	3237.0	6.0558	0.009309	3166.1	5.9004
540	0.01242	3304.7	6.1401	0.009889	3241.7	5.9945
550	0.01272	3337.3	6.1800	0.010165	3277.7	6.0385
560	0.01301	3369.2	6.2185	0.01043	3312.6	6.0806
580	0.01358	3431.2	6.2921	0.01095	3379.8	6.1604
600	0.01413	3491.2	6.3616	0.01144	3444.2	6.2351

附录 15　　　常见金属材料的密度、比热容和导热系数

材料名称	密度 ρ[kg/m³]	20℃ 比定压热容 cp[J/(kg·K)]	20℃ 导热系数 λ[W/(m·K)]	导热系数 λ[W/(m·K)]　温度 t(℃)									
				-100	0	100	200	300	400	600	800	1000	1200
银	10500	234	427	431	428	422	415	407	399	384			
黄金	19300	127	315	331	318	313	310	305	300	287			
纯铜（紫铜）	8930	386	398	421	401	393	389	384	379	366	352		
黄铜（70Cu-30Zn）	8440	377	109	90	106	131	143	145	148				
铝青铜（90Cu-10Al）	8360	420	56		49	57	66						
青铜（89Cu-11Sn）	8800	343	24.8		24	28.4	33.2						
铜合金（60Cu-40Ni）	8920	410	22.2	19	22.2	23.4							
纯铝	2710	902	236	243	236	240	238	234	228	215			
杜拉铝（96Al-4Cu）	2790	881	169	124	160	188	188	193					
铝合金（87Al-13Si）	2660	871	162	139	158	173	176	180					
铝合金（92Al-8Mg）	2610	904	107	86	102	123	148						
纯铁	7870	455	81.1	96.7	83.5	72.1	63.5	56.5	50.3	39.4	29.6	29.4	31.6
阿姆口铁	7860	455	73.2	82.9	74.7	67.5	61.0	54.8	49.9	38.6	29.3	29.3	31.1
灰铸铁（3C）	7570	470	39.2		28.5	32.4	35.8	37.2	36.6	20.8	19.2		
碳钢（0.5C）	7840	465	49.6		50.5	47.5	44.8	42.0	39.4	34.0	29.0		
碳钢（1.0C）	7790	470	43.2		43.0	42.8	42.2	41.5	40.6	36.7	32.2		
碳钢（1.5C）	7750	470	36.7		36.8	36.6	36.2	35.7	34.7	31.7	27.8		
铬钢（5Cr）	7830	460	36.1		36.3	35.2	34.7	33.5	31.4	28.0	27.2		
铬钢（13Cr）	7740	460	26.8		26.5	27.0	27.0	27.0	27.6	28.4	29.0	29.0	
铬钢（17Cr）	7710	460	22		22	22.2	22.6	22.6	23.3	24.0	24.8	25.5	
铬钢（26Cr）	7650	460	22.6		22.6	23.8	25.5	27.2	28.5	31.8	35.1	38	
镍钢（1Ni）	7900	460	45.5	40.8	45.2	46.8	46.1	44.1	41.2	35.7			
镍钢（3.5Ni）	7910	460	36.5	30.7	36.0	38.8	39.7	39.2	37.8	35.7			
镍钢（25Ni）	8030	460	13.0										

续表

材料名称	20℃ 密度 ρ[kg/m³]	20℃ 比定压热容 c_p[J/(kg·K)]	20℃ 导热系数 λ[W/(m·K)]	导热系数 λ[W/(m·K)] 温度 t(℃) −100	0	100	200	300	400	600	800	1000	1200
镍钢 (35Ni)	8110	460	13.8	10.9	13.4	15.4	17.1	18.6	20.1	23.1			
镍钢 (44Ni)	8190	460	15.8	15.7	15.7	16.1	16.5	16.9	17.1	17.8	18.4		
镍钢 (50Ni)	8260	460	19.6	17.3	19.4	20.5	21.0	21.1	21.3	22.5			
铬镍钢 (18-20Cr/8-12Ni)	7820	400	15.2	12.1	14.7	16.6	18.0	19.4	20.5	23.5	26.3	28.2	30.9
铬镍钢 (17-19Cr/9-13Ni)	7830	460	14.7	11.8	14.3	16.1	17.5	18.8	20.2	22.8	25.5		
锰镍钢 (12-13Mn/3Ni)	7800	487	13.6			14.8	16.0	17.1	18.3				
锰钢 (0.4Mn)	7860	440	51.2			51.0	50.0	47.0	43.5	35.5	27.0		
钨钢 (5-6W)	8070	436	18.7	18.4		19.7	21.0	22.3	23.6	24.9	26.3		
钨	19350	134	179	204	182	166	153	142	134	125	119	114	110
镁	1730	1020	156	160	157	154	152	150					
锌	7140	388	121	123	122	117	112						
镍	8900	444	91.4	144	94	82.8	74.2	67.3	64.4	69.0	73.3	77.6	81.9
铂	21450	133	71.4	73.3	71.5	71.6	72.0	72.8	73.6	76.6	80.0	84.2	88.9
锡	7310	228	67	75	68.2	63.2	60.9						
铅	11340	128	35.3	37.2	35.5	34.3	32.8	31.5					
铍	1850	1758	219	382	218	170	145	129	118				
钼	9590	255	138	146	139	135	131	127	123	116	109	103	93.7
钛	4500	520	22	23.3	22.4	20.7	19.9	19.5	19.4	19.9			
锆	6570	276	22.9	26.5	23.2	21.8	21.2	20.9	21.4	22.3	24.5	26.4	28.0
铀	19070	116	27.4	24.3	27	29.1	31.1	33.4	35.7	40.6	45.6		

附录 16　　　　　　　　**几种保温、建筑等材料的密度和导热系数**

材 料 名 称	温 度（℃）	密 度（kg/m³）	导热系数［W/(m·K)］
膨胀珍珠岩散料	25	60～300	0.021～0.062
沥青膨胀珍珠岩	31	233～282	0.069～0.076
磷酸盐膨胀珍珠岩制品	20	200～250	0.044～0.052
水玻璃膨胀珍珠岩制品	20	200～300	0.056～0.065
岩棉制品	20	80～150	0.035～0.038
膨胀蛭石	20	100～130	0.051～0.07
沥青蛭石板管	20	350～400	0.081～0.10
矿渣棉	30	207	0.058
石棉粉	22	744～1400	0.099～0.19
石棉砖	21	384	0.099
石棉绳		590～730	0.10～0.21
石棉绒		35～230	0.055～0.077
石棉板	30	770～1045	0.10～0.14
碳酸镁石棉灰		240～490	0.077～0.086
硅藻土石棉灰		280～380	0.085～0.11
粉煤灰砖	27	458～589	0.12～0.22
玻璃丝	35	120～492	0.058～0.07
玻璃棉毡	28	18.4～38.3	0.043
软木板	20	105～437	0.044～0.079
木丝纤维板	25	245	0.048
稻草浆板	20	325～365	0.068～0.084
麻杆板	25	108～147	0.056～0.11
甘蔗板	20	282	0.067～0.072
葵芯板	20	95.5	0.05
玉米梗板	22	25.2	0.065
棉花	20	117	0.049
丝	20	57.7	0.036
锯木屑	20	179	0.083
铝箔间隔层（5层）	21		0.042
红砖（营造状态）	25	1860	0.87
红砖	35	1560	0.49
松木（垂直木纹）	15	496	0.15
松木（平行木纹）	21	527	0.35
水泥	30	1900	0.30
混凝土板	35	1930	0.79
耐酸混凝土板	30	2250	1.5～1.6
黄砂	30	1580～1700	0.28～0.34
泥土	20		0.83
黏土	27	1460	1.3
瓷砖	37	2090	1.1
玻璃	45	2500	0.65～0.71
花岗石		2643	1.73～3.98
大理石		2499～2707	2.70
云母		290	0.58
冰	0	913	2.22
硬泡沫塑料	30	29.5～56.3	0.041～0.048
软泡沫塑料	30	41～162	0.043～0.056

续表

材料名称	温度（℃）	密度（kg/m³）	导热系数［W/(m·K)］
聚苯乙烯	30	24.7～37.8	0.04～0.043
聚氯乙烯	30		0.14～0.151
聚四氟乙烯	20	2240	0.186
橡胶制品	0	1200	0.163
水垢			1.28～3.14
烟灰			0.07～0.116

附录17　　　　　　　　　几种保温、耐火材料的密度和导热系数

材料名称	材料最高允许温度（℃）	密度（kg/m³）	导热系数［W/(m·K)］
膨胀珍珠岩	1000	55	$0.0424+0.000137t$
水泥珍珠岩制品	600	300～400	$0.0651+0.000105t$
超细玻璃棉毡、管	400	18～20	$0.033+0.00023t$
水泥蛭石制品	800	400～450	$0.103+0.000198t$
岩棉玻璃布缝板	600	100	$0.0314+0.000198t$
矿渣棉	550～600	350	$0.0674+0.000215t$
A级硅藻土制品	900	500	$0.0395+0.00019t$
B级硅藻土制品	900	550	$0.0477+0.0002t$
微孔硅酸钙制品	650	≤250	$0.041+0.0002t$
粉煤灰泡沫砖	300	500	$0.099+0.0002t$
耐火黏土砖	1350～1450	1800～2040	$(0.70～0.84)+0.00058t$
轻质耐火黏土砖	1250～1300	800～1300	$(0.29～0.41)+0.00026t$
超轻质耐火黏土砖	1150～1300	540～610	$0.093+0.00016t$
超轻质耐火黏土砖	1100	270～330	$0.058+0.00017t$
硅砖	1700	1900～1950	$0.93+0.0007t$
镁砖	1600～1700	2300～2600	$2.1+0.00019t$
铬砖	1600～1700	2600～2800	$4.7+0.00017t$

注 t 是材料的平均温度数值，℃。

附录18　　　　　　　　　　饱和水的热物理性质

t (℃)	$p\times10^{-5}$ (Pa)	ρ' (kg/m³)	c_p ［kJ/(kg·K)］	$\lambda\times10^2$ ［W/(m·K)］	$a\times10^8$ (m²/s)	$\mu\times10^6$ (Pa·s)	$\nu\times10^6$ (m²/s)	$\alpha_V\times10^4$ (K⁻¹)	$\sigma\times10^4$ (N/m)	Pr
0	0.00611	999.8	4.212	55.1	13.1	1788	1.789	−0.81	756.4	13.67
10	0.01228	999.7	4.191	57.4	13.7	1306	1.306	+0.87	741.6	9.52
20	0.02338	998.2	4.183	59.9	14.3	1004	1.006	2.09	726.9	7.02
30	0.04245	995.6	4.174	61.8	14.9	801.5	0.805	3.05	712.2	5.42
40	0.07381	992.2	4.174	63.5	15.3	653.3	0.659	3.86	696.5	4.31
50	0.12345	988.0	4.174	64.8	15.7	549.4	0.556	4.57	676.9	3.54
60	0.19933	983.2	4.179	65.9	16.0	469.9	0.478	5.22	662.2	2.99
70	0.3118	977.7	4.187	66.8	16.3	406.1	0.415	5.83	643.5	2.55
80	0.4738	971.8	4.195	67.4	16.6	355.1	0.365	6.40	625.9	2.21
90	0.7012	965.3	4.208	68.0	16.8	314.9	0.326	6.96	607.2	1.95
100	1.013	958.4	4.220	68.3	16.9	282.5	0.295	7.50	588.6	1.75
110	1.43	950.9	4.233	68.5	17.0	259.0	0.272	8.04	569.0	1.60
120	1.98	943.1	4.250	68.6	17.1	237.4	0.252	8.58	548.4	1.47
130	2.70	934.9	4.266	68.6	17.2	217.8	0.233	9.12	528.8	1.36
140	3.61	926.2	4.287	68.5	17.2	201.1	0.217	9.68	507.2	1.26
150	4.76	917.0	4.313	68.4	17.3	186.4	0.203	10.26	486.6	1.17

续表

t (℃)	$p \times 10^{-5}$ (Pa)	ρ' (kg/m³)	c_p [kJ/(kg·K)]	$\lambda \times 10^2$ [W/(m·K)]	$a \times 10^8$ (m²/s)	$\mu \times 10^6$ (Pa·s)	$\nu \times 10^6$ (m²/s)	$\alpha_V \times 10^4$ (K⁻¹)	$\sigma \times 10^4$ (N/m)	Pr
160	6.18	907.5	4.346	68.3	17.3	173.6	0.191	10.87	466.0	1.10
170	7.91	897.5	4.380	67.9	17.3	162.8	0.181	11.52	443.4	1.05
180	10.02	887.1	4.417	67.4	17.2	153.0	0.173	12.21	422.8	1.00
190	12.54	876.6	4.459	67.0	17.1	144.2	0.165	12.96	400.2	0.96
200	15.54	864.8	4.505	66.3	17.0	136.4	0.158	13.77	376.7	0.93
210	19.06	852.8	4.555	65.5	16.9	130.5	0.153	14.67	354.1	0.91
220	23.18	840.3	4.614	64.5	16.6	124.6	0.148	15.67	331.6	0.89
230	27.95	827.3	4.681	63.7	16.4	119.7	0.145	16.80	310.0	0.88
240	33.45	813.6	4.756	32.8	16.2	114.8	0.141	18.08	285.5	0.87
250	39.74	799.0	4.844	61.8	15.9	109.9	0.137	19.55	261.9	0.86
260	46.89	793.8	1.949	60.5	15.6	105.9	0.135	21.27	237.4	0.87
270	55.00	767.7	5.070	59.0	15.1	102.0	0.133	23.31	214.8	0.88
280	64.13	750.5	5.230	57.4	14.6	98.1	0.131	25.79	191.3	0.90
290	74.37	732.2	5.485	55.8	13.9	94.2	0.129	28.84	168.7	0.93
300	85.83	712.4	5.736	54.0	13.2	91.2	0.128	32.73	144.2	0.97
310	98.60	691.0	6.071	52.3	12.5	88.3	0.128	37.85	120.7	1.03
320	112.78	667.4	6.574	50.6	11.5	85.3	0.128	44.91	98.10	1.11
330	128.51	641.0	7.244	48.4	10.4	81.4	0.127	55.31	76.71	1.22
340	145.93	610.8	8.165	45.7	9.17	77.5	0.127	72.10	56.70	1.39
350	165.21	574.7	9.504	43.0	7.88	72.6	0.126	103.7	38.16	1.60
360	186.57	527.9	13.984	39.5	5.36	66.7	0.126	182.9	20.21	2.35
370	210.33	451.5	40.321	33.7	1.86	56.9	0.126	676.7	4.709	6.79

附录 19　　　　　　　　干饱和水蒸气的热物理性质

t (℃)	$p \times 10^{-5}$ (Pa)	ρ'' (kg/m³)	r (kJ/kg)	c_p [kJ/(kg·K)]	$\lambda \times 10^2$ [W/(m·K)]	$a \times 10^3 /$ (m²/s)	$\mu \times 10^6$ (Pa·s)	$\nu \times 10^6 /$ (m²/s)	Pr
0	0.00611	0.004851	2500.6	1.8543	1.83	7313.0	8.022	1655.01	0.815
10	0.01228	0.009404	2476.9	1.8594	1.88	3881.3	8.424	896.54	0.831
20	0.02338	0.01731	2453.3	1.8661	1.94	2167.2	8.84	509.90	0.847
30	0.04245	0.03040	2429.7	1.874.4	2.00	1265.1	9.218	303.53	0.863
40	0.07381	0.05121	2405.9	1.8853	2.06	768.45	9.620	188.04	0.883
50	0.12345	0.08308	2381.9	1.8987	2.12	483.59	10.022	120.72	0.896
60	0.19933	0.1303	2357.6	1.9155	2.19	315.55	10.424	80.07	0.913
70	0.3118	0.1982	2333.1	1.9364	2.25	210.57	10.817	54.57	0.930
80	0.4738	0.2934	2308.1	1.9615	2.33	145.53	11.219	38.25	0.947
90	0.7012	0.1234	2282.7	1.9921	2.40	102.22	11.621	27.44	0.966
100	1.0133	0.5975	2256.6	2.0281	2.48	73.57	12.023	20.12	0.984
110	1.4324	0.8260	2229.9	2.0704	2.56	53.83	12.425	15.03	1.00
120	1.9848	1.121	2202.4	2.1198	2.65	40.15	12.798	11.41	1.02
130	2.7002	1.495	2174.0	2.1763	2.76	30.46	13.170	8.80	1.04
140	3.612	1.965	2144.6	2.2408	2.85	23.28	13.543	6.89	1.06
150	4.757	2.545	2114.1	2.3145	2.97	18.10	13.896	5.45	1.08
160	6.177	3.256	2085.3	2.3974	3.08	14.20	14.249	4.37	1.11
170	7.915	4.118	2049.2	2.4911	3.21	11.25	14.612	3.54	1.13
180	10.019	5.154	2014.5	2.5958	3.36	9.03	14.965	2.90	1.15
190	12.502	6.390	1978.2	2.7126	3.51	7.29	15.298	2.39	1.18
200	15.537	7.854	1940.1	2.8428	3.68	5.92	15.651	1.99	1.21

续表

t (℃)	$p \times 10^{-5}$ (Pa)	ρ'' (kg/m³)	r (kJ/kg)	c_p [kJ/(kg·K)]	$\lambda \times 10^2$ [W/(m·K)]	$a \times 10^3 /$ (m²/s)	$\mu \times 10^6$ (Pa·s)	$\nu \times 10^6 /$ (m²/s)	Pr
210	19.062	9.580	1900.0	2.9877	3.87	4.86	15.995	1.67	1.24
220	23.178	11.61	1857.7	3.1497	4.07	4.00	16.338	1.41	1.26
230	27.951	13.98	1813.0	3.3310	4.30	3.32	16.701	1.19	1.29
240	33.446	16.74	1765.7	3.5366	4.54	2.76	17.073	1.02	1.33
250	39.735	19.96	1715.4	3.7723	4.84	2.31	17.446	0.873	1.36
260	46.892	23.70	1661.8	4.0470	5.18	1.94	17.848	0.752	1.40
270	54.496	28.06	1604.5	4.3735	5.55	1.63	18.280	0.651	1.44
280	64.127	33.15	1543.1	1.7675	6.00	1.37	18.750	0.565	1.49
290	74.375	39.12	1476.7	5.2528	6.55	1.15	19.270	0.492	1.54
300	85.831	46.15	1404.7	5.8632	7.22	0.96	19.839	0.430	1.61
310	98.557	54.52	1325.9	6.6503	8.06	0.80	20.691	0.380	1.71
320	112.78	64.60	1238.5	7.7217	8.65	0.62	21.691	0.336	1.94
330	128.81	77.00	1140.4	9.3613	9.61	0.48	23.093	0.300	2.24
340	145.93	92.68	1027.6	12.2108	10.70	0.34	24.692	0.266	2.82
350	165.21	113.5	893.0	17.1504	11.90	0.22	26.594	0.234	3.83
360	186.57	143.7	720.6	25.1162	13.70	0.14	29.193	0.203	5.34
370	210.33	200.7	447.1	76.9157	16.60	0.04	33.989	0.169	15.7

附录 20　　　大气压力（$p = 1.01325 \times 10^5\,Pa$）下过热水蒸气的热物理性质

T (K)	ρ (kg/m³)	c_p [kJ/(kg·K)]	λ [W/(m·K)]	$a \times 10^5$ (m²/s)	$\mu \times 10^5$ (Pa·s)	$\nu \times 10^5 /$ (m²/s)	Pr
380	0.5863	2.060	0.0246	2.036	1.271	2.16	1.060
400	0.5542	2.014	0.0261	2.338	1.344	2.42	1.040
450	0.4902	1.980	0.0299	3.07	1.525	3.11	1.010
500	0.4405	1.985	0.0339	3.87	1.704	3.86	0.996
550	0.4005	1.997	0.0379	4.75	1.884	4.70	0.991
600	0.3852	2.026	0.0422	5.73	2.067	5.66	0.986
650	0.3380	2.056	0.0464	6.66	2.247	6.64	0.995
700	0.3140	2.085	0.0505	7.72	2.426	7.72	1.000
750	0.2931	2.119	0.0549	8.33	2.604	8.88	1.005
800	0.2730	2.152	0.0592	10.01	2.786	10.20	1.010
850	0.2579	2.186	0.0637	11.30	2.969	11.52	1.019

附录 21　　　大气压力（$p = 1.01325 \times 10^5\,Pa$）下烟气的热物理性质

（烟气中组成成分的质量分数：$0.13CO_2$、$0.11H_2O$、$0.76N_2$）

t (℃)	ρ (kg/m³)	c_p [kJ/(kg·K)]	$\lambda \times 10^2$ [W/(m·K)]	$a \times 10^6$ (m²/s)	$\mu \times 10^6$ (Pa·s)	$\nu \times 10^6$ (m²/s)	Pr
0	1.295	1.042	2.28	16.9	15.8	12.20	0.72
100	0.950	1.068	3.13	30.8	20.4	21.54	0.69
200	0.748	1.097	4.01	48.9	24.5	32.80	0.67
300	0.617	1.122	4.84	69.9	28.2	45.81	0.65
400	0.525	1.151	5.70	94.3	31.7	60.38	0.64
500	0.457	1.185	6.56	121.1	34.8	76.30	0.63
600	0.405	1.214	7.42	150.9	37.9	93.61	0.62

t (℃)	ρ (kg/m³)	c_p [kJ/(kg·K)]	$\lambda \times 10^2$ [W/(m·K)]	$a \times 10^6$ (m²/s)	$\mu \times 10^6$ (Pa·s)	$\nu \times 10^6$ (m²/s)	Pr
700	0.363	1.239	8.27	183.8	40.7	112.1	0.61
800	0.330	1.264	9.15	219.7	43.4	131.8	0.60
900	0.301	1.290	10.00	258.0	45.9	152.5	0.59
1000	0.275	1.306	10.90	303.4	48.4	174.3	0.58
1100	0.257	1.323	11.75	345.5	50.7	197.1	0.57
1200	0.240	1.340	12.62	392.4	53.0	221.0	0.56

附录 22　　　　　**大气压力（$p = 1.01325 \times 10^5$ Pa）下干空气的热物理性质**

t (℃)	ρ (kg/m³)	c_p [kJ/(kg·K)]	$\lambda \times 10^2$ [W/(m·K)]	$a \times 10^6$ (m²/s)	$\mu \times 10^6$ (Pa·s)	$\nu \times 10^6$ (m²/s)	Pr
−50	1.584	1.013	2.04	12.7	14.6	9.23	0.728
−40	1.515	1.013	2.12	13.8	15.2	10.04	0.728
−30	1.453	1.013	2.20	14.9	15.7	10.80	0.723
−20	1.395	1.009	2.28	16.2	16.2	11.61	0.716
−10	1.342	1.009	2.36	17.4	16.7	12.43	0.712
0	1.293	1.005	2.44	18.8	17.2	13.28	0.707
10	1.247	1.005	2.51	20.0	17.6	14.16	0.705
20	1.205	1.005	2.59	21.4	18.1	15.06	0.703
30	1.165	1.005	2.67	22.9	18.6	16.00	0.701
40	1.128	1.005	2.76	24.3	19.1	16.96	0.699
50	1.093	1.005	2.83	25.7	19.6	17.95	0.698
60	1.060	1.005	2.90	27.2	20.1	18.97	0.696
70	1.029	1.009	2.96	28.6	20.6	20.02	0.694
80	1.000	1.009	3.05	30.2	21.1	21.09	0.692
90	0.972	1.009	3.13	31.9	21.5	22.10	0.690
100	0.946	1.009	3.21	33.6	21.9	23.13	0.688
120	0.898	1.009	3.34	36.8	22.8	25.45	0.686
140	0.854	1.013	3.49	40.3	23.7	27.80	0.684
160	0.815	1.017	3.64	43.9	24.5	30.09	0.682
180	0.779	1.002	3.78	47.5	25.3	32.49	0.681
200	0.746	1.026	3.93	51.4	26.0	34.85	0.680
250	0.674	1.038	4.27	61.1	27.4	40.61	0.677
300	0.615	1.047	4.60	71.6	29.7	48.33	0.674
350	0.566	1.059	4.91	81.9	31.4	55.46	0.676
400	0.524	1.068	5.21	93.1	33.0	63.09	0.678
500	0.456	1.093	5.74	115.3	36.2	79.38	0.687
600	0.404	1.114	6.22	138.3	39.1	96.89	0.699
700	0.362	1.135	6.71	163.4	41.8	115.4	0.706
800	0.329	1.156	7.18	188.8	44.3	134.8	0.713
900	0.301	1.172	7.63	216.2	46.7	155.1	0.771
1000	0.277	1.185	8.07	245.9	49.0	177.1	0.719
1100	0.257	1.197	8.50	276.2	51.2	199.3	0.722
1200	0.239	1.210	9.15	316.5	53.5	233.7	0.724

附录 23 黑体辐射函数表

$\lambda T\ (\mu m \cdot K)$	$F_{b(0\sim\lambda)}\ (\%)$	$\lambda T\ (\mu m \cdot K)$	$F_{b(0\sim\lambda)}\ (\%)$
1000	0.032	6600	78.320
1200	0.213	6800	79.613
1400	0.779	7000	80.811
1600	1.972	7200	81.922
1800	3.934	7400	82.953
2000	6.673	7600	83.910
2200	10.089	7800	84.801
2400	14.026	8000	85.629
2600	18.312	8500	87.461
2800	22.790	9000	89.003
2898	25.011	9500	90.309
3000	27.323	10000	91.420
3200	31.810	10500	92.371
3400	36.174	11000	93.189
3600	40.361	11500	93.996
3800	44.338	12000	94.510
4000	48.088	13000	95.514
4200	51.601	14000	96.290
4400	54.880	15000	96.998
4600	57.928	16000	97.381
4800	60.756	18000	98.086
5000	63.375	20000	98.560
5200	65.897	25000	99.222
5400	68.036	30000	99.534
5600	70.105	40000	99.797
5800	72.016	50000	99.895
6000	73.782	75000	99.971
6200	75.414	100000	99.991
6400	76.923		

附录 24 几种物体表面的法向黑度

材料种类和表面状况	温度 t (℃)	法向黑度 ε_n
碾压的钢板	21	0.657
氧化的钢	200～600	0.80
具有光滑氧化层的钢板	20	0.82
磨光的铁	400～1000	0.14～0.38
生锈的铁板	20	0.685
氧化的铁	125～525	0.78～0.82
粗糙的铁锭	926～1120	0.87～0.95
镀有锡且发亮的铁片	25	0.043～0.064
磨光铁上电镀一层镍，但不再磨光	38	0.11
镀锌的铁皮	38	0.23
磨光的紫铜	20	0.03
磨光的黄铜	38	0.05
无光泽的黄铜	38	0.22
粗糙的黄铜	38	0.74
氧化的铜	20	0.78
基质为铜的镀铝表面	190～600	0.18～0.19

材料种类和表面状况	温度 t（℃）	法向黑度 ε_n
磨光的铝	50～500	0.04～0.06
粗糙的铝板	20～25	0.06～0.07
严重氧化的铝	50～500	0.2～0.3
灰色，氧化的铅	38	0.28
粗糙的铅	38	0.43
磨光的铬	150	0.058
铬镍合金	52～1034	0.64～0.76
磨光的金	200～600	0.02～0.03
磨光的或电镀的银	38～1090	0.01～0.03
白大理石	38～538	0.95～0.93
锅炉炉渣	0～1000	0.70～0.97
石灰泥	38～260	0.92
磨光的玻璃	38	0.90
平滑的玻璃	38	0.94
上釉的瓷件	20	0.93
石棉板	38	0.96
石棉纸	38	0.93
耐火砖	500～1000	0.8～0.9
红砖（粗糙表面）	20	0.88～0.93
碳化硅涂料	1010～1400	0.82～0.92
油毛毡	20	0.93
抹灰的墙	20	0.94
灯黑	20～400	0.95～0.97
平木板	20	0.78
硬橡皮	20	0.92
木料	20	0.80～0.92
各种颜色的油漆	100	0.92～0.96
雪	0	0.80
水（厚度大于 0.1mm）	0～100	0.96
人体的皮肤	32	0.98

注　绝大部分非金属材料的黑度在 0.85～0.95 之间，缺乏资料时，可近似取为 0.90。

附录 25　　　　　　　**换热器中一些流体的污垢热阻的参考值**

水的污垢热阻（$m^2 \cdot K/W$）				
热流体温度（℃）	<115		115～205	
水温（℃）	<50		>50	
水流速（m/s）	<1	>1	<1	>1
海水	0.0001	0.0001	0.0002	0.0002
含盐的水	0.0004	0.0002	0.0005	0.0004
经处理的冷却塔或喷水池中的水	0.0002	0.0002	0.0004	0.0004
未处理的冷却塔或喷水池中的水	0.0005	0.0005	0.001	0.0007
自来水或池水	0.0002	0.0002	0.0004	0.0004
河水	0.0004～0.0005	0.0002～0.0004	0.0005～0.0007	0.0004～0.0005
含淤泥的水	0.0005	0.0004	0.007	0.0005
硬水（>256.8g/m^3）	0.0005	0.0005	0.001	0.001
发动机冷却套用水	0.0002	0.0002	0.0002	0.0002
蒸馏水与闭式循环冷凝水	0.0001	0.0001	0.0001	0.0001
经处理的锅炉给水	0.0002	0.0001	0.0002	0.0002

续表

水的污垢热阻（m² · K/W）				
热流体温度（℃）	<115		115～205	
水温（℃）	<50		>50	
水流速（m/s）	<1	>1	<1	>1
锅炉排污水	0.0004	0.0004	0.0004	0.0004

几种工业流体的污垢热阻（m² · K/W）					
油		其他液体		蒸汽和气体	
一般燃料油	0.001	制冷剂	0.0002	发动机蒸气	0.0002
发动机润滑油	0.0002	氨	0.0002	水蒸气（无油润滑）	0.0001
变压器油	0.0002	氨（油润滑）	0.0005	废水蒸气（油润滑）	0.0003～0.0004
淬火油	0.0007	甲醇溶液	0.0004	制冷剂（油润滑）气体	0.0004
		乙醇溶液	0.0004	压缩空气	0.0002
		乙二醇溶液	0.0004	二氧化碳	0.0004
		工业有机传热流体	0.0002～0.0004	燃天然气的烟气	0.001
		液压流体	0.0002	燃煤的烟气	0.002
				氨气	0.0002

附录 26　　　　　　　　　　湿空气的焓—含湿量图

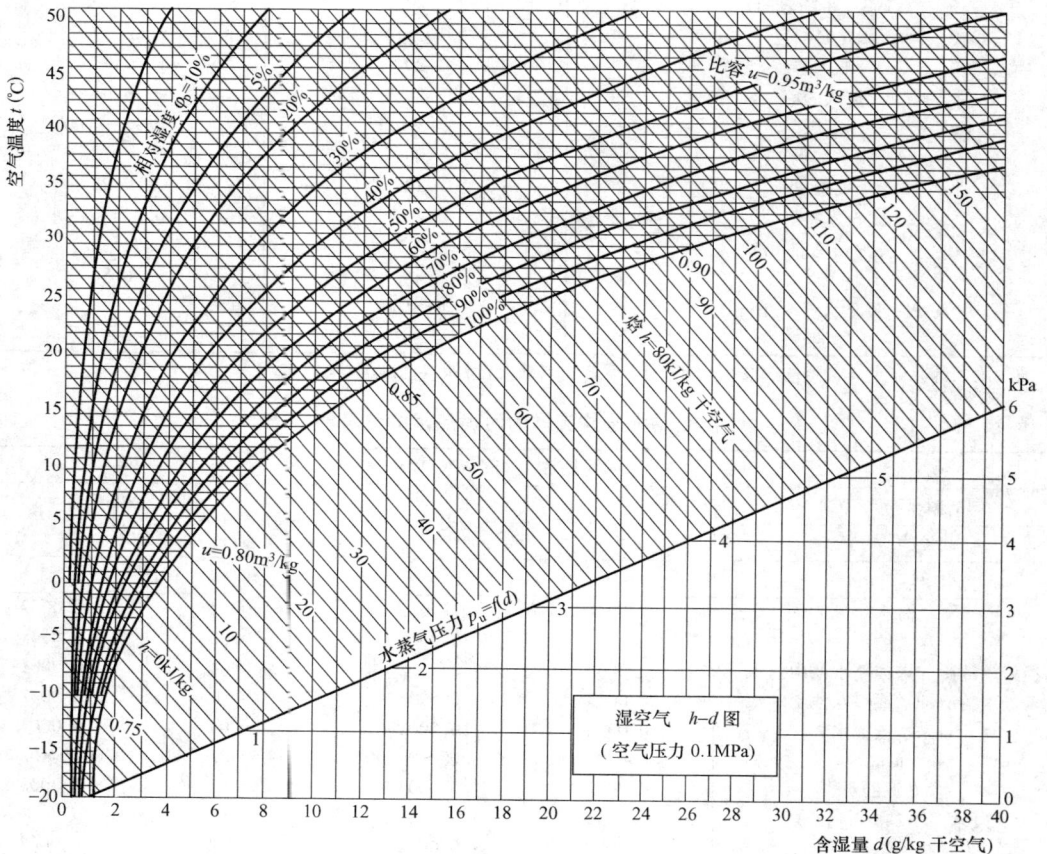

附录 27　　　　　　　　　　**传 热 学 主 要 符 号 表**

英文符号	名　　称	国际单位
a	热扩散率	m^2/s
A	表面积，截面积	m^2，m^2
A_c	截面积	m^2
b	实验系数	
c	电磁波的速度，比热容	m/s，$J/(kg \cdot K)$
c_p	比定压热容	$J/(kg \cdot K)$
c_1	黑体辐射第一常数	$W \cdot m^2$
c_2	黑体辐射第二常数	$m \cdot K$
C	常数，实验系数	
d	直径	m
D	直径	m
E	辐射力	W/m^2
E_b	黑体辐射力	W/m^2
E_λ	单色辐射力	W/m^3
f	电磁波频率	Hz
F_b	黑体波段辐射力的百分数	
g	重力加速度	m/s^2
G	投入辐射	W/m^2
H	高度	m
h	表面传热系数	$W/(m^2 \cdot K)$
I	定向强度辐射，电流	$W/(m^2 \cdot sr)$，A
J	有效辐射	W/m^2
k	传热系数，辐射衰减系数	$W/(m^2 \cdot K)$，m^{-1}
L	长度，平均射线行程	m，m
NTU	传热单元数	
p	压力	Pa
P	周长	m
q	热流密度	W/m^2
q_m	质量流量	kg/s
Q	热量	J
r	半径，汽化潜热	m，J/kg
r_t	面积热阻	$m^2 \cdot K/W$
R	半径，曲率半径，电阻	m，m，Ω
R_t	单位面积热阻	K/W
s	管间距	m
t	摄氏温度	$℃$
T	热力学温度	K
U	电位差	V
v	速度	m/s
V	体积	m^3
x	直角坐标，特征尺寸	m
X	无量纲坐标	
y	直角坐标	m
z	直角坐标，柱坐标	m

续表

希腊文符号	名　　称	国际单位
α	吸收比	
α_λ	单色吸收比	
α_V	体积膨胀系数	K^{-1}
β	肋化系数	
δ	厚度	m
Δ	差值	
ε	黑度，换热器效能	
ε_λ	单色黑度	
η	效率	
θ	过余温度，纬度方向角	K（℃），rad
Θ	无量纲过余温度	
λ	导热系数，波长	W/（m・K），m
μ	动力黏度	Pa・s
ν	运动黏度	m^2/s
ρ	密度，反射比	kg/m^3
ρ_λ	单色反射比	
σ	表面张力	N/m
σ_b	斯忒藩—玻尔兹曼常数	W/（m^2・K^4）
τ	时间，穿透比	s
τ_λ	单色穿透比	
τ_c	时间常数	
φ	经度方向角	rad
Φ	热流量	W
ψ	平面角，绕流冲击角 对数平均温压修正系数	rad，rad
ω	立体角	sr

主要角码符号	名　　称	英　　文
b	黑体	blackbody
c	临界的，截面	critical，cross-section
con	对流	convection
e	当量的	equivalent
f	流体，肋片	fluid，fin
g	气体	gas
l	液体	liquid
m	平均的，中心的，质量	mean，middle，mass
max	最大的	maximum
p	压力，可能的	pressure，possible
r	辐射	radiation
min	最小的	minimum

主要角码符号	名　　称	英　文
s	饱和的	saturated
v	气体	vapor
w	壁面	wall

相似准则数	名　　称	英　文
$Bi = \dfrac{hx}{\lambda}$	毕渥数	Biot Number
$Fo = \dfrac{a\tau}{x^2}$	傅里叶数	Fourier Number
$Gr = \dfrac{g\alpha_v \Delta t x^3}{\nu^2}$	格拉晓夫数	Grashof Number
$Nu = \dfrac{hx}{\lambda}$	努塞尔数	Nusselt Number
$Pr = \dfrac{\nu}{a}$	普朗特数	Prandtl Number
$Ra = RePr$	瑞利数	Rayleigh Number
$Re = \dfrac{w_f x}{\rho} = \dfrac{v_f x}{\nu}$	雷诺数	Reynolds Number

参 考 文 献

1　沈维道，蒋智敏，童钧耕. 工程热力学. 4 版. 北京：高等教育出版社，2007.

2　刘桂玉，刘志刚，阴建民，等. 工程热力学. 北京：高等教育出版社，1998.

3　曾丹苓，敖越，朱克雄，等. 工程热力学. 2 版. 北京：高等教育出版社，1986.

4　严家碌. 工程热力学. 4 版. 北京：高等教育出版社，2006.

5　朱明善，林兆庄，刘颖，等. 工程热力学. 北京：清华大学出版社，1995.

6　贝尔 H D. 工程热力学理论基础及应用. 杨东华等译. 北京：科学出版社，1983.

7　周云龙，洪文鹏. 工程流体力学. 3 版. 北京：中国电力出版社，2006.

8　杜广生. 工程流体力学. 北京：中国电力出版社，2007.

9　孔珑. 工程流体力学. 3 版. 北京：中国电力出版社，2007.

10　贺礼清. 工程流体力学. 北京：石油工业出版社，2004.

11　赵孝保. 工程流体力学. 南京：东南大学出版社，2004.

12　胡敏良. 流体力学. 2 版. 武汉：武汉理工大学出版社，2003.

13　王补宣. 工程传热传质学. 北京：科学出版社，1982.

14　杨世铭，陶文铨. 传热学. 4 版. 北京：高等教育出版社，2007.

15　俞佐平，陆煜. 传热学. 3 版. 北京：高等教育出版社，1995.

16　章熙民，任泽霈，梅飞鸣. 传热学. 4 版. 北京：中国建筑工业出版社，2001.

17　王秋旺. 传热学重点难点及典型题精解. 西安：西安交通大学出版社，2001.

18　Holman，J. P.. Heat Transfer. Eighth Edition. New York：McGraw-Hill Inc.，1997.

19　Incropera，F. P.，DeWitt，D. P.. Fundamentals of Heat Transfer. New York：John Wiley & Sons Inc.，1981.